U0358635

国家社科基金重大项目"中国古代环境美学史研究"
（13&ZD072）最终成果

中国古代环境美学史

宋代卷

陈望衡 范明华
——主编

丁利荣 著

江苏人民出版社

图书在版编目(CIP)数据

中国古代环境美学史. 宋代卷 / 陈望衡, 范明华主
编；丁利荣著. -- 南京：江苏人民出版社，2024.1
ISBN 978 - 7 - 214 - 27205 - 8

Ⅰ. ①中… Ⅱ. ①陈… ②范… ③丁… Ⅲ. ①环境科
学—美学史—中国—宋代 Ⅳ. ①X1 - 05

中国版本图书馆 CIP 数据核字(2022)第 082907 号

中国古代环境美学史
陈望衡　范明华　主编
宋代卷
丁利荣　著

项 目 统 筹	康海源　胡海弘
责 任 编 辑	张　文　陆诗濛
装 帧 设 计	潇　枫
责 任 监 制	王　娟
出 版 发 行	江苏人民出版社
地　　　址	南京市湖南路 1 号 A 楼,邮编:210009
照　　　排	江苏凤凰制版有限公司
印　　　刷	南京爱德印刷有限公司
开　　　本	652 毫米×960 毫米　1/16
印　　　张	172.75　插页 28
字　　　数	2300 千字
版　　　次	2024 年 1 月第 1 版
印　　　次	2024 年 1 月第 1 次印刷
标 准 书 号	ISBN 978 - 7 - 214 - 27205 - 8
定　　　价	880.00 元(全七册)

(江苏人民出版社图书凡印装错误可向承印厂调换)

总序:中国古代环境美学思想体系

    中国古代有着丰富而又深刻的环境美学思想,这思想可以追溯到距今约七八千年的新石器时代,而其奠基则主要在距今 2 000 多年的先秦时代,其中春秋战国时代的"百家争鸣"对于中国古代环境美学思想的形成起了重要的作用。汉、唐、宋、明、清是中国历史上存在时间较长的朝代,它们于中国环境美学的建构与完善分别起着重要的作用。大体上,汉代主要体现在家国意识的建构上,唐代主要体现为山水审美意识的拓展与提升,宋代主要为新的城市观念的建构,明代主要为园林思想的成熟,清代主要为中国古代环境美学的总结以及向近代环境美学的过渡。探查中国古代环境美学的发展历程,我们认为中国古代有一个完整的环境美学思想体系。

一、汉语"环境"一词考辨

    中国自远古起,就有环境思想,但"环境"这一概念产生得比较晚。构成环境一词的"环"与"境",其出现时间则要早得多。

    "环"字最早出现于金文中,写法不一。① 《说文解字》把"环"归入

---

① 方述鑫等编:《甲骨金文字典》,成都:巴蜀书社 1993 年版,第 23 页。

"玉"部，称"环，璧也"，"从玉，瞏声"，《绎史》将"环"图示为◎。可见，"环"是璧的一种，指圆形的、中间有圆孔的玉器，孔的直径和周边的宽度相等。环是古代一种重要礼器。《王度记》云："大夫俟放于郊三年，得环乃还，得玦乃去。""环"和"玦"（环形有缺口的玉）成为大夫能否得恩宠的信号。周朝设官职"环人"，《周礼·夏官司马》云："环人，下士六人，史二人，徒十有二人。"

离开讲礼的场合，"环"则显出其他的含义。

第一，从"环"的圆形生发出"环形"（圆形及类圆形）、"环绕"之义。《庄子·齐物论》云："枢始得其环中，以应无穷。"《庄子·大宗师》亦云："其妻子环而泣之。"又，《汉书·高帝纪》有语："章邯复振，守濮阳，环水。"

第二，与"环绕"相近，"环"有"包围"义。《吕氏春秋·仲秋纪·爱士》有"晋人已环缪公之车矣"语。

第三，"环"有"旋转"义。《茶经·五之煮》说："以竹箸环激汤心。"

第四，"环"有起点与终点重合即无起点亦无终点义。《史记·田单列传》云："奇正还相生，如环之无端。"《荀子·王制》云："始则终，终则始，若环之无端也。"没有了起点与终点之别，"环"又发展出"连续不断"之义，如《阅微草堂笔记·如是我闻》有"奇计环生"语。

第五，从"环"外在形象的完满生发出"周全""遍通""周密"等义。《楚辞·天问》有"环理天下"语，此处的"环"有"周全"义；《文心雕龙·风骨》云"思不环周"，又，《文心雕龙·明诗》云"六义环深"，此两处的"环"均有"周密"义。

"环"与其他字组合，还会产生新义，如《韩非子·五蠹》"自环者谓之私"，王先慎《诸子集成·韩非子集解》中引《说文解字》认为此"环"与"营"相通。

《说文解字》释"境"为"疆也。从土，竟声，经典通用竟"。何谓疆？界也。何谓界？画也。《后汉书·史弼传》云，古代先王"疆理天下，画界分境，水土异齐，风俗不同"，可见"境"的意思是"划（画）出的边界"。围绕着边界,"境"生发出不同的意思。

第一,就边界本身而言,"境"释为"疆界"。《史记·晋世家》:"(晋)秦接境。"《春秋繁露·玉英》:"妇人无出境之事。"《韩非子·存韩》:"窥兵于境上而未名所之。"《礼记·曲礼下》:"大夫、士去国,逾竟(境),为坛位,乡(向)国而哭。"《史记·孝文本纪》:"匈奴并暴边境,多杀吏民。"对"边境",《国语》有一生动比喻,其《楚语》曰:"夫边境者,国之尾也。""境"还可析出细貌,如《资治通鉴·梁纪五》云:"魏敕怀朔都督简锐骑二千护送阿那瑰达境首。"境首,犹言边境也。

第二,把边界当作一条线,就相关话语者所持立场而论,边界的两边就有了不同的归属地,分出"境内"和"境外"。《礼记·祭统》云:"诸侯之祭也,与竟内乐之。"《史记·卫青霍去病列传》云:"以臣之尊宠而不敢自擅专诛于境外。""境"的"内""外"之别给人造成一种亲疏有别之感,边界成了时刻提醒人们危机将临的警戒线。

第三,不管"境内""境外",都是指"地方"。《论衡·书虚》:"共五千里之境,同四海之内。"《桃花源记》:"率妻子邑人来此绝境,不复出焉。"这"地方"由东、西、南、北来圈定,称为"四境"。《淮南子·道应训》:"诚有其志,则四境之内皆得其利矣。"

第四,"境"也与"环"一样,其义从有形的地方拓展到精神之域。《淮南子》有诸多这样的用法,如《原道训》:"夫心者……驰骋于是非之境。"《俶真训》:"定于死生之境,而通于荣辱之理";"若夫无秋毫之微,芦苻之厚,四达无境"。《修务训》:"观始卒之端,见无外之境。"

最早把"境"的概念引入艺术理论中的是东汉学者蔡邕。他的论书著作《九势》云:"此名九势,得之虽无师授,亦能妙合古人,须翰墨功多,即造妙境耳。"

"境"与其他词义合作形成的语域,朝着诗学维度拓展,则产生了"意境"和"境界"。这两个语词不仅在诗论中,而且在画论、书论、文论中都成为评判作品是否达到最高水平的标准。"境界"还可指人生修炼达到精神通达的程度。

最早使用"意境"评诗的是唐代诗人王昌龄,传为其所作的《诗格》二卷中有"诗有三境"论,其中第三境即为"意境"。王昌龄还创"境象"概念,他在论第一境"物境"时说:"处身于境,视境于心,莹然掌中,然后用思,了然境象。"这"境象"与"意境"同义。

"境"从"身境"(物境)到"象境"(意境)的拓展,可以看作"境"在历史文化中,其精神因素不断增强的一个缩影。有学者认为,"境"从"实境"到"虚境",在精神审美因素上的提升与佛教有关。佛教著名的"六境"说根据不同的对象分出六种识境(色、声、香、味、触、法)。佛学意义上"境"更多地偏向"境界"的含义。

"境界",同样经过了从外在物理空间到内在精神空间的变化过程。汉代郑玄在《诗·大雅·江汉》"于疆于理"句下笺云:"正其境界,修其分理。"当中"境界"指"地方"。魏晋南北朝时期,佛学把"境界"引入精神领域,如《无量寿经》说"比丘白佛,斯义弘深,非我境界",此处"境界"指的就是内在修炼所达到的程度。

真正在审美意义上使用"境界"概念的是近代的王国维。他的《人间词话》试图以"境界"为核心概念来把握中国古代诗词的主要精神。"境界"成为艺术之本,亦成为艺术美乃至美之所在。

"环境"是晚出词,据资料库显示,先秦至民国的文献中,"环""境"组合使用大致有200多处。而在隋朝之前,"环境"用例至今没有发现。因此大致可以推断,"环境"最早可能出现在唐朝,进一步缩小范围,可认定在唐朝中后期。唐朝段文昌(773—835年)《平淮西碑》有"王师获金爵之赏,环境蒙优复之恩"。又,《唐大诏令集》卷一一八《令镇州行营兵马各守疆界诏》(下诏时间为大和年间)有"今但环境设备,使之不能侵轶,须以岁月,自当诛除。此所谓不战之功,不劳而定也"。此处的"环境"亦须作动宾短语理解,有"环绕某处全境"之意,不是合成词。

由上可见,唐代"环境"作为"地区"的用例还不太固定。宋代"环境"概念使用要多一些,且趋向于表示某个地区或地带。如北宋《新唐书·王凝传》曰:"时江南环境为盗区,凝以强弩拒采石。"《新唐书》完成于嘉祐五年,即公元 1060 年。)与此差不多同时的《黄州重建门记》曰:"环境之内,皆若家视。"(作者郑獬自叙本文完成于治平三年,即公元 1066年。)吕南公(1047—1086 年)《上运使郎中书》曰:"使环境之俗,欢荣戴赖,如倚父母。"上述"环境"都指环绕某处之全境。

康熙时的《佩文韵府》《骈字类编》中举"环境"这一条目时都有个例句:"诸军环境,不得妄加杀戮。"引自《文苑英华·讨凤翔郑注德音》。《文苑英华》编纂于太平兴国七年至雍熙三年(982—986 年),其所撷取的《讨凤翔郑注德音》一文来自唐代的"德音"(诏书的一种)。这样一来,"环境"的出现似乎要推到唐代。但仔细推敲"诸军环境"这句话,如把"环境"当成"某地"看,与"诸军"意思搭配不上。那么"诸军环境"该作何解呢? 直接查《唐大诏令集·讨凤翔郑注德音》,其文字却是"诸军还境,不得妄加杀戮",显然意思就较为清楚,"诸军还境"意为"各路军队回到凤翔这个地方"。古汉语"环"与"还"意义相通,《文苑英华》的写法是允许的,而清代的字书在收集"环境"这一词条时有些草率。即使唐代的说法成立,所引的例子也可能是孤证,况且《文苑英华》以及《唐大诏令集》都编定于宋代,因此,可以推定,"环境"用以指称地区,应是从北宋开始的。

有了北宋的发端,南宋使用"环境"一词就较为便当。南宋熊克《中兴小纪》卷四云:"时河东环境为盗区。"范浚《徐忠壮传》亦云:"当是时,河东环境,为敌区独。"都用了"河东环境",意思也一样。李曾伯《帅广条陈五事奏》有"蛮徭环境,动生猜疑"。"环境"也见于诗作,李纲《闻建寇逼境携家将由乐沙县以如剑浦》:"纷然群盗起,环境暗锋镝。"刘克庄《送邹莆田》:"租符环境少,花判入人深。"

此后,元、明、清的文献均有"环境"的用例。从以上考证大致可以看出,在古文文本中,"环境"的使用不是太普遍,严格地说,它还没有形成一个概念,其内涵与外延都不够确定。只有到了近代,"环境"才真正成为概念。

作为概念的"环境",其意义已经远不止于"地区"义,具有一定的人文内涵,凸显了地区与人生存发展的某种关系。鲁迅在《孤独者》中说:"后来的坏,如你平日所攻击的坏,那是环境教坏的。"这"环境"的用法就与此前时代的用法完全不同。显然,将这里的"环境"解释成地区、地带就完全不妥。

到了当代,由于人与自然的关系成为生存的一大问题,人们的环境意识进一步加强:一是从自然科学的维度,创建了各种环境科学,如环境化学、环境物理学、环境生物学、环境土壤学、环境工程学等;二是开拓出"社会环境"概念,相应地创建了社会环境科学;三是从生态学维度,创建生态环境科学,生态问题不仅涉及自然问题,也涉及人文问题,因此,出现了诸多具有交叉性、边缘性的生态环境科学,如环境哲学、环境伦理学、环境美学等。

梳理中国文化视野下"环境"语词及概念的发生与发展过程,对于我们研究古代的环境美学思想是很有必要的:

第一,要区别"环境"语词与"环境思想"。虽然"环境"语词在中国文化视野中晚出,但不说明中国古代的环境思想晚出。中国古代的环境思想具有两种形态:一种是感性的物质的形态,另一种是概念形态。而概念是需要用语词来代表的。中国古代与环境相关的概念很多,主要有天、地、天地、自然、山水、山河、江山、田园、家园、国家等,这些概念各自指称古代环境思想中的某个部分。也就是说,中国古代的环境思想,包括环境美学思想,更多不是通过"环境"这一概念,而是通过天地、山水、家园等概念表达出来的。

第二,"环境"这一语词,作为概念来使用时,在中国古代更多指自然环境,而不是指社会环境。"社会"当然有"环境"义,但是,在中国传统文化中,"社会"主要是作为政治学—社会学的范畴来使用的。研究中国古代的环境思想,应该以自然环境为主要研究对象。更兼,虽然自然环境文化通常被视为物质文化,但是,中国文化中的物质文化均具有深厚的精神内涵。换句话说,中国文化中的自然均为文化的自然,因此,研究中国古代的自然环境,不仅不能忽视其文化内涵,而且需要将其作为自然环境的灵魂来看待。

第三,基于"环境"由"环"与"境"构成,这两个概念的含义均不同情况地渗入"环境"概念,成为"环境"概念的内涵成分。

"环"作为独立的概念,不仅重视范围与边界,而且重视中心。受此影响,中国环境思想的中心概念与边界概念都非常重要,中国古代有"大九州"之说,《史记·孟子荀卿列传》载:"(邹衍)以为儒者所谓中国者,于天下乃八十一分居其一分耳。中国名曰赤县神州。赤县神州内自有九州,禹之序九州是也,不得为州数。中国外如赤县神州者九,乃所谓九州也。于是,有裨海环之,人民禽兽莫能相通者,如一区中者,乃为一州。如此者九,乃有大瀛海环其外,天地之际焉。""大九州"说强调中国是九州之中心,另外也强调九州外有大瀛海包围着。

"境"为域,此域虽也有"地域"义,但自唐开始,"境"越来越多地指精神之域,因此,它主要是一个文化概念,包含丰富的哲学、宗教、美学内容。"境"成为"环境"一词的重要构成部分后,将它的这一特质也带入"环境"概念,因此,研究中国古代的环境思想,不能不注意它的文化内涵、精神内涵。

第四,"环境"概念具有时代的变异性、承续性和发展性。尽管中国古代的环境概念与现代的环境概念不同,这种不同显示出环境概念的变异性,但是,古今环境思想更具有承续性。我们今天在使用天地、山水等古代的环境概念时,是在一定程度上接受了它们的古义的。当然,这其中也渗入了新的时代内容。这说明"环境"概念具有时代的发展性。

二、中国古代的"环境"概念系统

中国古代虽然没有"环境"这一语词,但有环境思想,而且还有类似"环境"的概念。这些概念大致可以分为两类:居室环境概念和自然环境概念。基于人们对环境的认识主要是指对自然环境的认识,加之居室类环境如都市、宫殿等所涉及的问题远不止于环境,且那些问题似比环境问题更重要,因此,讨论环境问题,一般将重点放在自然环境上。中国古代有关自然环境的概念主要有天地(天)、山水、山河(河山、江山)、家国(社稷、家园)、仙境(桃花源、瀛壶)等。

(一) 天地(天)

"天地"在古汉语中最初是分开来用的,出现很早。甲骨文中有"天"字,画作正面站立的人: 吴。人的头上有一四边形的圈,表示头顶的空间。已发现的甲骨文中没有"地"字,金文中有。《说文解字》释"天":"颠也,至高无上,从一大。"释"地":"元气初分,轻清阳为天,重浊阴为地,万物所陈列也。从土,也声。"最早将"天"与"地"合在一起且赋予其深刻哲学含义的是《周易》。《周易》的《经》部分,天、地是分用的;其《传》部分,既有分用,也有合用。分用的天有时相当于天地。合用的天、地则形成一个概念,相当于现今的"自然"。

作为宇宙的全称,"天地"概念更多用"天"来代替。这样做,是为了凸显天的至高性。

天地的性质有五:第一,天地是与人相对的,基本上属于物质的概念,但有精神性。第二,天地广大悉备。《中庸》认为天地无穷大,它说:"今夫天,斯昭昭之多;及其无穷也,日月星辰系焉,万物覆焉。今夫地,一撮土之多;及其广厚,载华岳而不重,振河海而不泄,万物载焉。"(第二十六章)第三,天地是万物的母体。这句话一是指天地生万物。《周易·系辞下》云:"天地之大德曰生。"二是指天地养万物。《周易·颐卦·象辞》云:"天地养万物。"第四,宇宙运动的规律为天地之道。《庄子》将天地之道概括成"正",说要"乘天地之正"(《逍遥游》)。《中庸》说:"天地之道,博也,厚也,高也,明也,悠也,久也。"(第二十六章)第五,天地具有神性。

自古以来,中华民族给予天地以崇高的礼赞。这种礼赞大体上有两种情况:其一,赞美天地兼赞美天道。《庄子》云"天地有大美而不言",此天地既是物质性的自然界,又是精神性的天道——自然规律。于是,"天地有大美"既说自然界有大美,又说自然规律有大美。其二,赞美天地兼赞美天工。如《淮南子·泰族训》云:"天地所包,阴阳所呕,雨露所濡,化生万物。瑶碧玉珠,翡翠玳瑁,文采明朗,润泽若濡,摩而不玩,久而不渝,奚仲不能旅,鲁般不能造,此之谓大巧。"这种"大巧"即天工。

天地如此伟大如此美,就不仅成为人膜拜的对象,还成为人效法的对象,于是,就有了天人相合的理论。

《周易·乾卦·文言》云:"夫'大人'者,与天地合其德,与日月合其明,与四时合其序,与鬼神合其吉凶,先天而天弗违,后天而奉天时。"与天地相合,意义重大,不仅可以获得平安,获得成功,而且可以获得"大乐"。《乐记·乐论》云"大乐与天地同和",而与天地同和的快乐,《庄子》称之为"天乐",天乐为"至乐"。《庄子·至乐》云"至乐无乐"。之所以称之为无乐,是因为它是天之乐,天无所谓乐与不乐。人能达此境界必然"通于万物"(《庄子·天道》),而能通于万物,人真就与天地合一了。因此,人与天合,不仅具有实践上遵循规律的意义,而且还具有精神上通达天道的意义。

(二)山水

"天地"主要是哲学概念,而"山水"则主要是美学概念。作为美学概念的"山水"发轫于先秦。孔子云"知者乐水,仁者乐山"(《论语·雍也》),这水与山成为乐的对象,说明它们已进入审美领域了。

山与水合成一个概念,应该是在魏晋。此时出现了以山水为题材的诗歌和画作,后人名之为山水诗、山水画,应该说,在这个时候,山水就成为一个美学概念,它不再指称自然形势,而专指自然美本体。东晋的谢灵运是中国第一位山水诗诗人。他的名篇《石壁精舍还湖中作》用到了"山水":"昏旦变气候,山水含清晖。"东晋另一位文学家左思的《招隐(其一)》亦用到了"山水",云:"非必丝与竹,山水有清音。"

"山水"与"天地"存在着内在联系。天地是宇宙概念,山水是宇宙的一部分,将山水归于天地,是不错的,但一般不这样做。在天地与山水这两个概念间,人们的关注点是它们不同的意义。从总体上来说,天地是哲学概念,而山水是美学概念。言天地,总离不开言本,人们认为天地是人之本,万物之本。言山水,总离不开言美,人们认为山水具有最大、最高的美，并且认为它是人工美之母、之师。天地虽然兼有物质与精神、具象与抽象两个方面的意义，但是由于它在时空上的无穷性，人们更多地从精神上、从抽象意义上去理解它。而山水则不是这样。虽然它也兼有物质与精神、具象与抽象两个方面的意义，但人们更看重的是它的物质的、具象的意义。相较于天地，山水具体得多，感性得多，亲和得多。如果说天地给予人的更多是理，是启示，那么，山水给予人的更多是美，是快乐。

"山水"与"自然"也存在着内在联系。自然，就其作为性质来说，它说的是性质中的一种——本性。凡物均有其本性，不只是自然物有本性，人也有本性。所以，自然不是自然物。自然，也作为物来理解。作为物，名之曰自然物，自然物的根本性质是非人工性。山水属于自然物。自然物的价值可以从两个方面来理解：一方面，自然物具有对自身及对整个自然界的价值，其中包括生态价值；另一方面，它也具有对人的价值，是这种价值让它接受人的评价、利用。山水的价值，也有这两个方面，但是，山水作为美学概念，凸显的是审美价值。因此，言及山水，我们几乎完全忽视其对自身的及对整个自然界的价值。

相较于"风景"概念，"山水"又抽象得多。可以这样说，山水，当其进入人的审美视界就成为风景。我们通常也将风景说为"景观"，其实，风景只是景观中的一种——自然景观。

中国的自然环境审美早在先秦就有萌芽，但一直没有一个合适的概念来描述它。"山水"的出现，意味着自然环境审美独立了。

中国的山水意识，有一个发展的过程。大体上，先秦时注重以山水"比德"，至魏晋南北朝注重山水"畅神"，由"比德"到"畅神"，明显体现出山水审美的自觉性的出现。郭熙在《林泉高致》中探寻君子爱山水的缘由，云："君子之所以爱夫山水者，其旨安在？丘园养素，所常处也；泉石啸傲，所常乐也；渔樵隐逸，所常适也；猿鹤飞鸣，所常观也。"明确将山水与人的关系归于人之"常处""常乐""常适""常观"。如果说"常处""常适"涉及居住，那么，这"常乐""常观"就属于审美了。

关于山水画,郭熙说:"世之笃论,谓山水有可行者,有可望者,有可游者,有可居者。画凡至此,皆入妙品。但可行可望,不如可居可游之为得。"(《林泉高致·山水训》)这说明,在中国人的心目中,山水,不管是现实山水还是画中山水,都具有家园感,山水是环境的概念。

(三)山河(河山、江山)

中国传统文化中,除了"山水"这样倾向于表达纯审美意象的概念,还有一些注重在审美中凸显国家意识的环境概念,主要有"山河""江山""河山"等。

南北朝的文学家庾信在《哀江南赋序》中用到"山河"概念,文云:"孙策以天下为三分,众才一旅;项籍用江东之子弟,人惟八千,遂乃分裂山河,宰割天下。岂有百万义师,一朝卷甲,芟夷斩伐,如草木焉?"这里的"山河"指国土,也指国家。《世说新语·言语》也这样用"山河"概念,文曰:"过江诸人,每至美日,辄相邀新亭,藉卉饮宴。周侯中坐而叹曰:'风景不殊,正自有山河之异!'皆相视流泪。"

与"山河"概念相类似的有"江山"。《世说新语·言语》中有一段文字:"袁彦伯为谢安南司马,都下诸人送至濑乡。将别,既自凄惘,叹曰:'江山辽落,居然有万里之势!'"这里的"江山"从字面上看,似是赞美自然风景,但这不是一般意义上的自然风景,而是祖国、国家、国土等意义上的自然风景,江山成为祖国、国家、国土以及国家主权等意义的代名词。

"河山"原是黄河与华山的合称。《史记·天官书第五》:"及秦并吞三晋、燕、代,自河山以南者中国。"这里的"河"指黄河,"山"指华山。但后来,河山用来指称祖国、国家、国土以及国家主权。《史记·赵世家》:"燕、秦谋王之河山,间三百里而通矣。"这里的"河山"指国土。

山河、江山、河山等概念虽然能指称祖国、国家、国土、国家主权等,但一般不能在文中替换成这样的概念,主要是因为山河、江山、河山等概念除具有祖国、国家、国土、国家主权等意义外,还具有审美的意义,其审美特性为壮美、崇高。一般来说,在国家遭受外族入侵的形势下,人们多用山河、江山、河山来指称祖国、国家、国土及国家主权。南宋诗词用这类概念最多,显示出深厚的忧患意识和昂扬的爱国主义情感。

（四）家国（社稷、田园）

很难说"家国"是环境概念,但是在一定的语境下,可以将其看作环境概念。

"家国"是"家"与"国"的组合。分别开来,它们各是一种社会形态,将它们合为一体,意在强调它们的血缘关系,国是家的组合体,家是国的构成单元。家国既是实体存在,也是一种思想、情怀。"家国"概念系统主要有两个系列。

第一,由"地"到"社稷"等概念构成的"国家"系列。

《周易·乾卦·彖辞》云:"大哉乾元,万物资始。"《坤卦·彖辞》云:"至哉坤元,万物资生。""乾元"指天,"坤元"指地。这里,"始"是生命之始,"生"是生命之成。生命之成,重在养。坤,作为地,最为重要的功能是养育生命。《说卦》说:"坤也者,地也,万物皆致养焉。"养物的前提是载物。《周易·坤卦·彖辞》说:"坤厚载物。"正是因为地能载物,故地"德合无疆。含弘光大,品物咸亨",如此,地就成为万物之母。

从这些表述来看,虽然是天与地共同作用生物,但地的作用更为人所看重。这种情况的出现,与农业社会有重要关系。农业社会虽然重视天象,但更重视大地。基于农业,让人顶礼膜拜的"大地"演化成了更让人感到亲和的"土地"。

大地是哲学化的概念,土地是功利化的概念。先秦古籍中,大地哲学主要集中在《周易》,土地功利则主要集中在《周礼》。《周礼·地官司徒第二》云"以土会之法,辨五地之物生","五地"指山林、川泽、丘陵、坟衍、原隰。土地功利,基础是农业,延伸则是政治,其中核心是国家、国土、国家主权。

正是因为土地有这样重要的功利,所以土地就成为祭祀的对象。于是,一个标志祭地的概念——"社"产生了。"社"与"稷"相联系,《孝经》云:"稷者,五谷之长。……故立稷而祭之。"社稷本来指两种祭礼,但此后引申出国家的意义,成为国家的另一称呼。

第二,由田园、园田、农家、田家等构成的"家园"系列。

这套概念系列衍生出了中国重要的诗歌流派——田园诗。田园诗产生的土壤是农业文明,浇灌它苗壮成长的雨露是环境审美。《诗经》中有诸多描绘农家生活的诗,应被视为田园诗的滥觞,但作为诗派,田园诗应该说是陶渊明开创的。田园诗在唐朝已相当兴盛,大诗人王维就写过诸多田园诗,如《山居秋暝》《桃源行》《辋川闲居赠裴秀才迪》《田园乐》《鸟鸣涧》《渭川田家》《田家》《新晴晚望》等。宋代田园诗写作蔚然成风。虽然田园诗也描写了农家生活的艰辛和官家对农民的压迫,具有揭示社会黑暗的价值,但是,田园诗的主体是展现田园风光之美,这无疑是最具农业文明特色的环境之美。

国家也好,家园也好,它们都由具有一定疆域的土地来承载。中华民族具有深刻的土地情结,这种情结与家国情怀复合在一起,具有极为丰富的文化内涵,成为中华民族的重要传统。

(五)仙境(桃花源、瀛壶)

中华民族理想的人物是神仙,神仙生活的地方为仙境。

神仙是自由的,可以说居无定所,但还是有相对比较固定的生活场所。神仙的居住场所大体上可以分为三类:一、天宫龙宫等;二、昆仑山、海上三神山等;三、桃花源之类。三类场所,第一类完全是虚幻的,人无法达到,值得我们重视的是二、三类,它们就在红尘中,诸多寻仙的人千方百计要寻找的就是这类仙境。

仙境中的风景极为优美,反映出中华民族崇尚自然美的传统。美好的自然风景总是以生态优良为首位,因而所有的仙境中人与动物均和谐相处。

仙境常被人们用来作为园林建设的理想范式。最早将海上仙山引入园林的是秦始皇,据《元和郡县图志》卷一:"兰池陂,即秦之兰池也,在县东二十五里。初,始皇引渭水为池。东西二百丈,南北二十里,筑为蓬莱山。刻石为鲸鱼,长二百丈。"以后的各个朝代都情况不一地将各种仙境引入园林,"一池三神山"更是成为园林建设的一种范式,沿用至今。计成的《园冶》描绘了理想的园林。他认为理想的园林应具有仙境的品格:"莫言世上无仙,斯住世之瀛壶也。"(《卷三·掇山》)"漏层阴而藏阁,迎先月以登台。拍起云流,觞飞霞伫。何如缑岭,堪偕子晋吹箫。欲拟瑶池,若待穆王待宴。寻闲是福,知享既仙。"(《卷一·相地》)

仙境基本性质是在人间又超人间。在人间,指适合人居;超人间,指它具有人间不可能具有的优秀品质——快乐,长寿,没有苦难。

陶渊明的《桃花源记》描写的桃花源是仙境的典范。桃花源人本生活在世俗社会中,只是因为逃避战乱才迁到这里,与世隔绝,从而"不知有汉,无论魏晋"。他们的长相、穿着与世俗之人没有什么不同,"男女衣着,悉如外人",但他们"黄发垂髫,并怡然自乐"。桃花源与世俗社会也没有什么不同,"阡陌交通,鸡犬相闻"。如果要找出什么不同,那就是和谐,就是宁静,就是快乐,就是长寿。

仙境作为中华民族的环境理想,是中华民族建设现实生活环境的指导,具有重要的意义。

三、中国古代环境意识的基础:农业文明

中国古代有关环境问题的思考与实践由来已久,溯其源,可达史前。史前人类早期的生产方式是渔猎,基本上是在相对固定的地域或地区生活,或是依赖着一片草原,或是依赖着一片山林,或是依赖着一片水域。渔猎的地区能够让人对这片土地产生一定的亲和感、依赖感,但是不够稳定,因为渔猎生产受资源的影响,人们不得不经常性地迁徙。而农业则不同。农业需要固守一片田园,年复一年地耕作、经营。对这块土地每年都要有投入,只有这样,才能有所收获。与之相关,农业需要定居。除非有不可抗拒的原因,农民一般不会迁移。从事农业的人们在相对比较固定的土地上一代又一代地生产着,生活着,发展着。环境的意识,从本质上来说,就产生在农业这种生产方式之中。

考古发现,距今约 12 000 年前的湖南道县玉蟾岩遗址就有稻谷的遗

存,这属于旧石器时代向新石器时代过渡的时期。此外,在江西万年仙人洞遗址和湖南澧县彭头山遗址,也发现了史前人类种植水稻的证据,这两处遗址距今均约 9000 年。在距今约 6000 年(属新石器时代早期)的浙江余姚河姆渡遗址,考古学家发现了大量稻谷、谷壳、稻秆和稻叶堆积,最厚处达一米。在气候干燥的黄河地区,史前人类也早早进入了农耕时代。甘肃秦安大地湾遗址,就发现了炭化黍,距今约 8000 年。这些史实证明中华民族很早就在创造着农业文明,而环境意识包括环境的审美意识就建构在农业文明的创造之中。

中国古代的环境意识,在农业文明的基础上,向着两个方面展开:

第一,家园意识。

谈环境经常要涉及的概念是自然。自然,只有当与人相关的时候,它才成为人的自然。人的自然首先是或者基本上是物质的自然。物质的自然,对于人的意义主要是两个,一是资源,二是环境。从理论与实践上来说,前者侧重于人的生产资料与生活资料的获取,后者则侧重于人身体上和心灵上的安顿。作为身体与心灵安顿之所的环境通常被称为"家园"。

农业生产的主要场所为田野,日出而作、日落而息的农业生产中,生产地与生活地一般不会分隔得太远,生产区与居住区总是挨着的,这两者共同构成了人们的家园。家园是环境问题的核心,环境审美的本质即是家园感。

农业生产是家庭产生的物质基础。渔猎生产中,人的合作不是生产必需的前提,即便有合作,这种合作也未必需要以家庭为单位。而农业生产是必须合作的,理想的生产单位是家庭。一般来说,男人从事较为繁重的田园劳作,女人则主要从事畜养和采集的劳动。有了孩子后,一般来说,男孩是父亲的帮手,女孩则是母亲的帮手。

在中华民族,一夫一妻的家庭究竟产生于何时,还是一个正在研究的课题,从理论上说,应该是农业社会。考古发现,西安半坡仰韶文化遗址存有大量房屋基址,房子分方形、圆形两类,面积不等,绝大多数屋子面积在 12—20 平方米。这正是对偶家庭所居住的屋子。严文明先生认为,半坡居民有 300—600 人,分为三级,最低级为对偶家庭,住 12 平方米左右的小屋子,数座小屋与中型屋子(面积 20—40 平方米)组成一个大家庭或家族,若干个大家庭组成氏族公社,三五个氏族公社组成胞族公社。[①] 考古发现,半坡人已经以农业为主要的生产方式了。可以说,中华民族最早的家庭就是应农业生产之需而建立的,并稳固地成为社会的基本单位。甲骨文中的"家",上为屋顶形,有覆盖的意义;下为豕,即猪。"家"字的创造明显表现出农业文明的影响。

中华民族最早的国家形态应是由氏族公社构成的胞族公社,胞族公社的首长就是族长,因此,以胞族公社为基本性质的国家实际上就是放大的家。炎帝部落与黄帝部落在实现合并之前都是胞族公社,其合并后,性质有了变化,成为胞族公社的联盟。

尽管由胞族公社联盟所构成的国在性质上与家有了区别,但社会的基本单位仍然是家。重要的还不是家这样的单位的存在,而是家观念一直是社会的主导观念,血缘关系一直被视为社会的基本关系,这和儒家学说有着重要关系。进入文明社会后,儒家试图为社会制定行事规则。儒家的基本立场是家观念。儒家建构的公民道德,其基础是正确处理家庭人员的关系。家庭人员之间的良性关系建立在等级和友爱两重原则的基础之上,而等级与友爱均以血缘亲疏为最高原则。儒家将这套家庭伦理观念推及社会,建立社会伦理,于是国就是放大的家,君主是全国人民共同的家长,而全国人民均是这个大家庭中的成员。

家意识的扩大即为国意识,国意识的缩小就是家意识。儒家经典《大学》云:"欲治其国者,先齐其家。""家齐而后国治。"齐家是治国之先,这"先"不仅具先后义,而且具习用义,就是说,齐家是治国的演习或者说练习,治国是齐家之后的大用。如此说来,治国与齐家在基本原则与方

---

① 参见严文明《仰韶房屋和聚落形态研究》,《仰韶文化研究》,北京:文物出版社 1989 年版,第 180—242 页。

式上是相通的。

中国文化中有两个重要概念——"国家"和"家国"。言"国家"，实际上说的是"国"，但要以"家"托着；言"家国"，虽然是既说"家"又说"国"，但是以"家"为先或者说为前的。不管是"国家"概念还是"家国"概念，"家"与"国"均密切联系，不可分割。

中华民族的环境意识具有强烈的家国情怀。这是中华民族环境意识包括环境审美意识的重要特质。这种特质的产生与中华民族以农为本的生产方式以及因此建构的家国意识有着重要关系。

第二，天人关系。

环境问题说到底还是天人关系问题。天人关系应该是人类共同的问题。天人关系中的"天"具有多义性，它可以理解成自然界，可以理解成上天的意旨、鬼神的意旨乃至不可知的命运等。从环境美学的维度来看，这"天"，只能理解成自然，但不能把所有自然现象都理解成环境，只有与人的生存、生活相关的那部分自然，可以被看作环境。

中国文化的以农为本，在很大程度上影响着中国人的天人关系。农业的基本性质是代自然司职，基于此，农业文明中的天人关系有两种形态：

其一，人与第一自然的关系。第一自然是人还不能对它施加影响的自然，而它可以对人的生产、生活产生影响。以人代自然司职为基本性质的农业，本就融会在自然活动的体系中，比如，春天，是万物生长的时节，也是播种农作物的时节。可以说，农作物及畜养物，都与自然共生，既如此，农业全面地接受着大自然的影响，包括有利的影响和不利的影响。对于这种影响，人们非常敏感。从农业功利的维度，人们形成了对于自然现象相对固定的审美观念。就天象景观来说，风调雨顺的景观是美的，狂风暴雨的景观就被认为是丑的。杜甫诗云："好雨知时节，当春乃发生。随风潜入夜，润物细无声。"（《春夜喜雨》）这"雨"好是因为"润物"。就大地景观来说，膏壤沃野、新绿满眼，是美的；不毛之地、荒寒之地，就是丑的。虽然在自然景观的审美过程中，人们不一定都会想到农业,但潜意识中,农业功利已成为衡量自然景观美丑的重要标尺。或者说,农业功利意识早就化为中华民族的集体无意识。

其二,人与第二自然的关系。第二自然是人工创造的自然。对于人工创造的自然,人类对它们具有极为真挚深厚的情感。农业文明中第二自然的整体形象为田园。田园中既有庄稼、牲畜等人造的自然物,也有人造的自然活动,它们共同构成一种田园景观。这种田园景观成为农业环境审美的重要对象。与之相关,田园诗以及田园散文在中国文学体系中占有重要地位。中华民族其乐融融的天伦之乐以及耕读传家的传统都建立在田园生活的基础上。正是因为如此,中国古代环境美学的一大特点就是重视田园环境的审美。

中国人的环境观念虽然在很大程度上受到以农为本的影响,但亦不受其约束。中国人的世界观既有务实的一面,又有务虚的一面;既有执着的一面,又有超越的一面。表现在环境审美上,则是既重功利——潜意识中的农业功利,又重超越——主要是对物质功利包括农业功利的超越。陶渊明在这方面很有代表性。他的《读山海经(其一)》云:

> 孟夏草木长,绕屋树扶疏。众鸟欣有托,吾亦爱吾庐。既耕亦
> 已种,时还读我书。穷巷隔深辙,颇回故人车。欢然酌春酒,摘我园
> 中蔬。微雨从东来,好风与之俱。泛览周王传,流观山海图。俯仰
> 终宇宙,不乐复何如!

诗中的景观审美明显具有田园风味,功利性也是有的,如"欢然酌春酒,摘我园中蔬";但是,当说到"微雨从东来,好风与之俱"就已经实现超越了。诗人更多体会到的不是功利,而是自然风物与人身心合一的美妙,最后诗人上升到哲学的高度——"俯仰终宇宙,不乐复何如!"

陶渊明是一位具有多重身份的诗人。首先,他是农民,农作物长得好不好,直接关系着生存,因此,他在意"种豆南山下,草盛豆苗稀。晨兴理荒秽,带月荷锄归。道狭草木长,夕露沾我衣。衣沾不足惜,但使愿无违"[《归园田居(其三)》]。但是,他不只是农民,他还是诗人,因此,他能

够说:"翩翩飞鸟,息我庭柯。敛翮闲止,好声相和。"(《停云》)更重要的是,他是哲学家,他能超越一切功利,实现与自然之间心灵的对话:"结庐在人境,而无车马喧。问君何能尔? 心远地自偏。采菊东篱下,悠然见南山。山气日夕嘉,飞鸟相与还。此还有真意,欲辩已忘言。"[《饮酒(其五)》]

以农为本,说的只是经济基础,审美与经济基础是存在联系的,但是这种联系更多是间接的、隐晦的、精神的、超越的。基于此,虽然中华民族对于自然环境的审美的根基是农业,但其表现方式是多元的、丰富多彩的。

四、中国古代环境美学理论体系(一):天人关系

如从黄帝时代算起,中华民族拥有五千年的文明,这文明中包含对环境美学问题的深层思考,形成了相当完善的理论系统。环境理论体系首先是环境哲学,环境美学是环境哲学的组成部分。环境哲学的核心问题是人天关系论。

(一)环境哲学中的天人关系

虽然人天关系不等于人与自然的关系,但人与自然的关系无疑是人天关系的主体。长期以来,中华民族对此问题有着诸多深刻的思考,大体上可以分为三个方面。

1. 天人合一论

张岱年先生说:"中国哲学有一个根本思想,即'天人合一',认为天人本来合一,而人生最高理想,是自觉地达到天人合一之境界。"[①]天人合一,有诸多理论。首先它涉及"天"的概念,天有自然义、本性义、天道(理)义、造物神义、鬼魅义,还有不可知义。其次,"合"亦有多种含义,有唯物主义的解释,也有唯心主义的解释,比如董仲舒的天人感应论,完全是唯心主义的。最后,这"合一"的"一",究竟是天,还是人,并不定于一

---

① 张岱年:《中国哲学大纲——中国哲学问题史》,北京:昆仑出版社 2010 年版,第 6 页。

尊。为了强调天的权威性,天人合一,这"一"就是天;为了凸显人的主体性,天人合一,这"一"就是人。比如张载的"为天地立心"说,也是天人合一。在张载看来,天地只是物质,并无精神,而人有灵性、有心性。他的"为天地立心"说,实质是让自然为人造福,凸显的是人的主体性。他并不否定自然规律的客观性,也不反对遵循自然规律办事,只是在这一语境中他不强调这一点。

天人合一论的精华是自然的客观性与人的主体性的统一。《周易·革卦》说:"汤武革命,顺乎天而应乎人。"顺乎天,顺的是天理;应乎人,应的是人心。这句话也许是中国古代天人合一思想的最佳表达。

天人合一论最有思想性的观点,是老子的"道法自然"说。其全句为"人法地,地法天,天法道,道法自然"(《老子》第二十五章)。这种表述,是有深意的。"人法地"的"地",是指大地。人的确只能效法或师法自然——特别是与人共同生活在大地上的自然物——进行创造。"地法天"的"天"不是指与大地相对的天空,而是指整个宇宙。作为部分的地,理所当然应服从整体的天。"法天",服从天,遵循天。那么,"天"又应服从、遵循什么呢?老子说是"道"。道即规律。宇宙,即天,它的运行是有序的,有规律的。"道"从何来,又是什么?老子认为道就在事物本身,道不是别的,就是事物之本然/本质,也就是自然——自然而然。本然是外在形态,本质是内在核心,自然而然是存在方式。作为宇宙整体的"天",究其本,是道的存在。人生活在地上,法地而生;地作为天的一部分,法天而存;天作为宇宙整体,循道而行;而道不是别的,就是事物自身的存在,包括它的内在本质与外在形态。说到底,人作为宇宙的一部分,其存在也应"法自然"。"法自然",于人而言,即是尊重人自身的自然,同时也尊重人以外的他物的自然,包括环境的自然,实现两种自然的统一。只有这样,人才能生存,才能发展。老子的"道法自然"具有深刻的人与环境和谐论以及生态和谐论思想。

2. 天人相分论

与天人合一论相对立的是天人相分论。持此论者,最早是荀子。他说"天行有常,不为尧存,不为桀亡。应之以治则吉,应之以乱则凶",强调要"明于天人之分"。(《荀子·天论》)庄子反对"以人灭天",对于治马高手伯乐残害马的天性的种种作为予以猛烈抨击,他尖锐地嘲讽鲁侯"以己养养鸟"导致鸟"三日而死"的愚蠢做法(《庄子·至乐》)。高度重视民生的管子也谈天人相分,他的立论多侧重于生产与生活。管子认为"天不变其常,地不易其则,春秋冬夏不更其节,古今一也"(《管子·形势》),强调"天"即自然规律是客观的、不变的,人必须法天、遵天,"凡有地牧民者,务在四时,守在仓廪"(《管子·牧民》)。管子还谈到环境建设,说要"因天材,就地利,故城郭不必中规矩,道路不必中准绳"(《管子·乘马》),一切从实际出发,尊重自然。

天人相分是客观存在的,不需要人为,而天人合一,需要人为。只有承认天人相分,并且努力认识进而把握天地之道、实践天地之道,才能实现天人合一。天人相分的观点,中国历代均有人在谈,如唐代有刘禹锡的"天人交相胜"说、柳宗元的"天人不相预"说。宋明理学虽更多地谈天人合一,但首先肯定的还是天人相分,是在肯定天人相分的前提下强调天人合一。

3. 天人相参论

《周易》提出天人地"三才"说。"三才"说的伟大价值在于彰显人在宇宙中的地位。人不仅居于天地之中,而且参与天地的创造。《中庸》更是明确提出,人"可以赞天地之化育","与天地参"(第二十二章)。

人"与天地参",有两种理解。按天人相分论,是天做天的事,人做人事,人不去干扰天地的运行。荀子说:"天有其时,地有其财,人有其治,夫是之谓能参。"(《荀子·天论》)按天人合一论,则是人一方面尊重天,循天而行;另一方面运乎心,逐利而行。天理与人利实现统一,天理为真,人利为善,两者的统一为美。

(二)环境建设与环境审美中的天人关系

中国古代的天人关系哲学是中国人的思维法则,也是中国人环境建设的指导思想。

中国人的环境建设开始于筑巢而居。《韩非子》云："上古之世，人民少而禽兽众，人民不胜禽兽虫蛇。有圣人作，构木为巢以避群害，而民悦之，使王天下，号之曰有巢氏。"(《韩非子·五蠹》)有巢氏的时代是巢居开始的时代，这个时代对于初民审美意识的生发具有极其重要的意义。居，是生存第一义。动物的居住，大体上有两种：一种基本上是利用自然环境，将就一个居住场所；另一种则是利用自然物质，建设一个居住场所。前者的特点是"就"，后者的特点是"建"。人类的居住场所，原来主要是"就"，比如，住在山洞里，为穴居。当人类觉得这种居住场所不理想，想自己动手盖一个屋子的时候，建筑就产生了。

从目前的考古发现来看，在旧石器时代，人类居住在洞穴里。而到了新石器时代，人类才开始建造属于自己的屋子，这距今大约一万年。

有两类建筑是值得格外注意的。一类是部落举行祭祀或集会的大房子，在距今7 000—5 000年的仰韶文化时期已有。在仰韶村遗址，考古人员发现一座面积在130平方米以上的大屋子；在半坡遗址，发现一座面积近160平方米的大房子；又在西坡遗址，发现一座面积竟达516平方米的房子。这更大的房屋，结构复杂，四周设有回廊，为四阿式建筑。我们有理由猜想，这大房子是部落最高首领举行重大活动的地方，相当于故宫中的太和殿。这样的建筑发现让建筑与礼制结上了关系，意义巨大。

另一类建筑为园林。园林的出现比较晚，考古发现，夏代、商代是有园林的。据甲骨卜辞记载，这样的园林，其功能是多元的，包括狩猎功能、种植功能、豢养功能，还有休闲观景等功能。这最后一项功能，我们可以将它概括为审美功能。此后的发展中，园林的狩猎功能、种植功能、豢养功能消失，园林成为人们的另一住所，这另一住所的最大好处是景观美丽，人们在这里可以放松身心，尽情地欣赏美景、宴饮欢乐。园林的审美功能日益凸显，成为园林的主导功能。园林，本来不是艺术，但因为审美功能成为园林的主导功能，而跻身艺术。如果要说这艺术与其他艺术有什么不同，那就是这艺术还保留着物质功能——可居。于是，园林成为艺术中唯一兼有物质功能的特殊存在。

城市是人类居住相对集中的地方,是一定区域内的政治中心、经济中心、交通中心和文化中心。城市出现得很早,距今约 6 000 年的凌家滩遗址出土了许多精美的玉器,其中有玉龙、玉冠饰、玉鹰、玉钺等只有部落首领及贵族才能拥有的玉器,专家认为,这个地方很可能就是古代的一座城市。无疑,城市是当时当地最为优越的生活环境。优越的生活必然不只是物质上富足,还包括精神上富足,而精神上富足,其最高层次无疑是审美。

就是在建设优秀的生活环境的过程中,人们逐渐形成了一些环境审美意识。这些意识,一方面是环境哲学的具体展开,另一方面,又是环境建设的理论指导。在中华民族长达五千年的环境建设实践中,有一些环境审美意识是最值得重视的。

1. 人为主体

环境建设中,人为主体。环境与自然不一样。自然可以与人不相干,而环境则不能没有人。人于环境不是被动的,而是可以按自己的需要选择并建设环境。前文谈到,环境于人的第一要义是居住,不是所有的自然环境都适合人居住,就是适合人居住的环境,其品位也有高下之别。这里就有一个人选地的问题。柳宗元在他的散文中说起一件逸事:潭州地方官杨中丞为名士戴简选了一块风景不错的好地建造住宅。在柳宗元看来,戴氏算是找到一块与他的心志相符的好地了,而这块好地也算是找对了主人,两者可说是惺惺相惜。于是,他说:"地虽胜,得人焉而居之,则山若增而高,水若辟而广,堂不待饰而已奂矣。"(《潭州杨中丞作东池戴氏堂记》)在审美关系中,物与人两个方面,柳宗元更看重的是人。在《邕州柳中丞作马退山茅亭记》中,他明确地说:"美不自美,因人而彰。"

人的主体性是环境审美的第一原则。主体性原则既表现在对自然的尊重上,也表现在对人的需要(包括审美需要)的充分考虑上。

2. 观天法地

环境建设中人的主体性突出体现在观天法地上。

观天法地有两个方面的意义：一、自然基础。天指天气，地指地理，二者都关涉到人的生存与发展问题。《周礼·考工记》就记载了营建都城时匠人对地形与日影的测量情况："匠人建国，水地以县，置槷以县，视以景。为规，识日出之景与日入之景，昼参诸日中之景，夜考之极星，以正朝夕。"二、礼制需要。中国人的环境建设重视礼制。都城是皇帝所居的地方，对于天象的观察尤其重要。皇帝居住的正殿应对应天上的紫微星。长安正是这样的："正紫宫于未央，表峣阙于闾阖。疏龙首以抗殿，状巍峨以岌嶪。"按张衡《西京赋》的说法，西汉的都城长安与刘邦还有一种特殊的关系："自我高祖之始入也，五纬相汁以旅于东井。"这是说"五纬"即金木水火土五星"相汁"（和谐），并列于"东井"（即井宿）。

3. 重视因借

中国的环境建设强调尊重自然。计成提出园林建设"因借"说，"因"的、"借"的均是自然："因者：随基势之高下，体形之端正，碍木删桠，泉流石注，互相借资；宜亭斯亭，宜榭斯榭，不妨偏径，顿置婉转，斯谓'精而合宜'者也。借者：园虽别内外，得景则无拘远近，晴峦耸秀，绀宇凌空；极目所至，俗则屏之，嘉则收之，不分町疃，尽为烟景，斯所谓'巧而得体'者也。"（《园冶·兴造论》）"因借"理论不仅适用于园林，也适用于一切环境建设。

4. 宛自天开

虽然总体上中国的环境建设以老子的"道法自然"说为最高指导思想，强调尊重自然格局、以自然为师，但是，也不是一味拜倒在自然的脚下，毫无作为。如《周易》的"三才"说，《中庸》的"与天地参"说。特别是荀子，其建立在"天人相分"哲学基础上的"有物"说，更是宣扬人的主体精神，强调向自然索取："大天而思之，孰与物畜而制之？从天而颂之，孰与制天命而用之？望时而待之，孰与应时而使之？因物而多之，孰与骋能而化之？"（《荀子·天论》）荀子的"骋能而化之"是对"道法自然"说的重要补充。事实上，中国的环境建设所持的建设理念正是"道法自然"与"骋能而化之"的统一。计成说园林"虽由人作，宛自天开"，堪为对这统一的精彩表述。

"宛自天开"既是对天工最高的赞美,也是对人工最高的赞美。除此以外,中国人的园林学说中还有"与造化争妙"(李格非《洛阳名园记·李氏仁丰园》)的观念。这与中国绘画理论中"画如江山""江山如画"的说法完全一致。"画如江山",江山至美;"江山如画",画又成最高之美了。概括起来,我们可以这样表述:天工至尊,人工至贵。

5. 遵礼守制

中国文化的礼制精神可以追溯到史前,史前的彩陶、玉器就是礼器。进入文明时代后,夏、商两朝均有礼制的建构,只是不完善。到周朝,主政的周公花大气力构建礼制。从《周礼》一书,我们可以看出周朝的礼制是何等的完备!儒家知识分子极力鼓吹礼制。自汉代始,以礼治国成为中国数千年治国的基本方略。礼制对中国人生活的影响是广泛而又深刻的,不独在政治中,也在环境建设之中。《周礼·考工记》就明确地说匠人营建国都是有礼制规定的:"匠人营国,方九里,旁三门。国中九经九纬,经涂九轨,左祖右社,面朝后市……"礼制虽然渐有变异,但基本上是有承传的,像宫殿建筑群的设置,"左祖右社,面朝后市"被一直贯彻下来,没有改变。

中国古代环境建设的礼制有一个核心的东西,就是等级制。这种等级制在统治者看来归属于天理,也就是说,人间的秩序是对应着天上的秩序的,因而它具有神圣性,不可违背。这种等级制好不好,不是我们在这里要讨论的问题。从审美的维度来看这种等级制,我们只能说,它营造了一种秩序,这种秩序经过礼制制定者或维护者的阐述,显出它的庄严与神圣。于是,中国的宫殿建筑因这种秩序表现出一种美——崇高之美。这种崇高感,恰如张衡《西京赋》所言:"惟帝王之神丽,惧尊卑之不殊。"

中国礼制的等级制不仅表现为由百姓到天子的递升体系,也体现为天子居中、臣民拱卫的体系,因此,在中国古代的环境建设中,中轴线是非常重要的,因其体现了礼制的尊严。而于审美来说,中轴线的设置的确创造了一种美——"中"之美。审美意义上的"中",具有稳定感、平衡感。人体具有中轴线,脊柱就是中轴,大体上两边对称。在中国,中之美不仅具有人体学的依据,还具有文化意义:中国自称中国,认为自己居世界地理之中,同时也是世界文化之中心,因此,中之美在中国特别受到青睐。

6. 活用风水

风水分为阳宅风水与阴宅风水,阳宅风水讲如何选择居住地,阴宅风水讲如何选择墓地。两者其实相通之处很多,基本原理一样。认真地研究风水的内容,迷信与科学兼而有之。从科学角度言之,它是中国最古老的建筑环境学、环境美学的萌芽。从迷信角度言之,它是中国古老的巫术文化的遗绪。而在哲学思想上,它是中国古老的天人合一论在地理学上的集中体现。

中国最古老的诗歌总集《诗经》中有关于相地的记载。《诗经·大雅·公刘》详细地描述了周人的祖先公刘率众迁居豳地的过程。公刘择地,注意到了这样几个方面:一、根据地的向阳向阴,辨别地气的冷暖,选择温暖的地方居住;二、根据地势的高低,选择干燥平坦的地方居住;三、根据山林情况,选择靠山的地方居住。从此诗的描绘来看,公刘择地既考虑到了实用价值又考虑到了审美价值。这些考虑可以视为中国风水学的萌芽。

中国风水学中的择地,虽然看起来很神秘,但其实不外乎两个标准,一是实用,二是美观。二者在风水学上是统一的。只要到通常视为风水好的地方去看看,不难发现,所谓风水好,好就好在对人的生存有利,对事业的发展有利,对审美的观赏有利,这三者缺一不可。

中国风水学,其实质是生命哲学,好的风水主要在于它有生命的意味或者说"生气"。《黄帝宅经》云:"宅以形势为身体,以泉水为血脉,以土地为皮肉,以草木为毛发,以舍屋为衣服,以门户为冠带,若得如斯,是事严雅,乃为上吉。"在中国风水学看来,美与善是统一的,就是说,凡风水好的地方均是风景美好的地方。《黄帝宅经》云:"《三元经》云:地善即苗茂,宅吉即人荣。又云:人之福者,喻如美貌之人。宅之吉者,如丑陋之子得好衣裳,神彩尤添一半。若命薄宅恶,即如丑人更又衣弊,如何堪也。"

中国人的哲学是面向未来的。为了今后的幸福,也为了子孙后代的幸福,甚至为了那不可知的来世的幸福,中国人用了一切办法,甚至包括相地这样的办法,来为自己以及死去的亲人寻找一个合适的长眠之地。风水学从本质上来说,是中国人特有的未来学。

风水学存在着道与术两个方面的内容。它的道主要是中国古代以阴阳为核心的哲学思想、天人合一思想、礼制思想。它的术则有重地形的"峦头"说和重推算的"理气"说。

风水学内容丰富,合理的、不合理的,乃至迷信的东西都有。它也存在理解与运用上的问题。事实上,古人运用风水理论就存在着诸多差别,宜具体问题具体分析,不可笼统论之。自古以来,关于风水学的争议不断,但其一直拥有旺盛的生命力。不管到底应对风水学作何评价,它的影响是客观存在的。今天我们有责任对它做深入的研究与分析。当代,最重要的是领会它的精神,是活用。

五、中国古代环境美学理论体系(二):家国情怀

环境美学的本质为家园感。在中国,家园感分为两个层次:一是家居,二是国居。家居与国居具有一体性,从而显示出一种情怀——家国情怀。

(一)中国古代环境美学中的家园意识

家园感,集中体现在以"居"为基础的生活之中。《说文解字》释"家":"家,居也。"中国传统文化中的"居",根据居住场所可分为城居、乡居、园居、山居等,根据居住的质量则可分为安居、和居、雅居、乐居四个层次。对于环境美学来说,我们关注的主要是居住的质量。中国古代环境美学理论体系的核心是家居意识,具体来说,有以下五个方面。

1. 安居

先秦诸子对于"安居"都非常重视,儒家最为突出。安居主要指人的

生命财产的保全。安或不安,一是取决于自然,二是取决于社会。对于来自自然的原因,因为诸多因素不可知,所以,诸子谈得不多,谈得多的,主要是社会的平安。社会的平安首先是政治上的,其中最重要的是没有战乱。孔子于此深有体会,他说:"危邦不入,乱邦不居。天下有道则见,无道则隐。"(《论语·泰伯》)逃避战乱,固然不失为明智之举,但反对战乱,消弭战乱的根源,更是儒家积极去做的。老子也是主张"安其居"的,他坚决反对战争,义正词严地警告统治者:"民不畏死,奈何以死惧之?"(《老子》第七十四章)社会的动乱不仅来自国与国之间的争夺杀戮,也来自统治者对人民的严酷的压迫与剥削。儒家主张仁政,反对苛政,意在让人民安居。中国古人所有关于安居的言论闪耀着人道主义的光芒。

2. 和居

和居,同样是侧重于社会上人与人之间的和谐。儒家于这方面贡献尤其突出。儒家认为和居的根本是尊礼重道:"有子曰:礼之用,和为贵。先王之道,斯为美。"(《论语·学而》)墨子主张以爱治国,他说:"诸侯相爱,则不野战;家主相爱,则不相篡;人与人相爱,则不相贼;君臣相爱,则惠忠;父子相爱,则慈孝;兄弟相爱,则和调。天下之人皆相爱,强不执弱,众不劫寡,富不侮贫,贵不敖贱,诈不欺愚。凡天下祸篡怨恨,可使毋起者,以相爱生也。"(《墨子·兼爱中》)墨子与孔子的和居思想都具有乌托邦的色彩,但精神非常可贵。

3. 雅居

雅居,源推隐士生活。中国的隐士文化源远流长,可追溯到商代的叔齐伯夷,而真正成为一种文化可能是在汉代。南齐文人孔稚珪作《北山移文》揭露隐士周颙"假步于山扃""情投于魏阙"的虚伪,可见此时"隐"已经成为重要的社会现象了。隐士过着仙人般自由自在的生活,充分享受着山林泉石之乐。

欧阳修说"举天下之至美与其乐,有不得兼焉者多矣"(《有美堂记》),有两种乐——"富贵者之乐"和"山林者之乐"(《浮槎山水记》)难以兼得。这实际上说的是隐士生活与仕宦生活难以兼得。然而,就不能想办法吗？办法是有的,那就是建别业。官员的正宅一般设在官衙的后部,由于与官衙相连,受到诸多限制,风景不佳是最大的缺点。别业一般建在郊外风景优美之处,官员于办公之余或退休之后在此生活,则可以尽享"山林者之乐"。另外,还可以在此读书、弹琴、会友、宴饮,尽享文人的生活。别业起于汉末,兴盛于唐,最著名的别业为王维的辋川别业。可以说,别业开私家园林的先河。

私家园林的生活是真正的雅居生活。《园冶》说园林中的生活"顿开尘外想,拟入画中行","尘外想"即隐士情怀,"画中行"即游山玩水,无疑,这就是雅居了。当然,雅居生活不只是"画中行",还有文人们醉心的其他生活,如弹琴吹箫、写诗作画等。文震亨的《长物志》描写园林中室庐、花木、水石、禽鱼、书画、几榻、器具、位置、衣饰、舟车、蔬果、香茗等种种设施,无不透出清雅高洁的情调。

雅居兼"山林者之乐"与"富贵者之乐"两种乐,又添加上文人情调,其环境之雅洁与人物之清高融为一体,如文震亨所说:"门庭雅洁,室庐清靓,亭台具旷士之怀,斋阁有幽人之致。"(《长物志·室庐》)雅居是中国知识分子理想的生活方式,与之相应,园林也就成为他们理想的生活环境。

4. 乐居

乐居,是中华民族最高的生活追求。它有两种哲学来源,一种是道家哲学。道家哲学认为,人生最大的问题是处理人与自然的关系,而处理好这一关系的关键,是"法自然"。这其中具有一定的生态和谐的意味,一是老子所说的"为无为",强调本色生存;二是为了保护资源,对动物要有一定的关爱,不可竭泽而渔;三是在审美层面,强调人与自然的和谐,如辛弃疾所说的"我见青山多妩媚,料青山、见我应如是。情与貌,略相似",又如计成所说的"鹤声送来枕上""鸥盟同结矶边"。

另一种是儒家哲学。儒家哲学认为,人生最大的快乐是仁爱相处,其中统治者与被统治者的仁爱相处最难,也最重要。为此,儒家提出礼乐治国,以礼区别等级,保证统治者的利益;以乐和同人心,削减阶级对立。孟子提出"与民同乐"论,他的"乐民之乐者,民亦乐其乐。忧民之忧者,民亦忧其忧"(《孟子·梁惠王下》)成为几千年来儒家津津乐道的经典。

理学是综合了儒道释三家思想而以儒学为主干的思想学说,对于乐居,亦有着诸多言论,这些言论相对集中在关于"颜子之乐"的讨论之中。《论语》中的颜子,生活极端贫困,然而,生活得很快乐。为什么能这样?显然是精神在起作用,也就是说,他生活在一种精神世界里,是这种精神让他快乐。这精神是什么? 有的说是"仁",有的说是"天地"。凡此等等,均说明,乐居最重要的是要具有一种高尚的精神境界,对于现实有一定的超越。回到环境问题,人能不能乐居,关键是能不能与环境建构起一种良性关系,人在这种关系中实现精神上的提升与超越。

5. 耕读传家

"耕读传家"是中国儒家知识分子重要的精神传统,此传统发源于先秦,成熟于清代中期。左宗棠、曾国藩堪谓此中代表,这两位清朝中兴大臣,均有过一段时间家乡务农、躬耕田野、课读子孙的经历。因为这样一种传统是在农村培养的,对于农村的建设具有重要的意义,所以我们才将它归入环境美学范围。笔者曾经在广西富川县农村做过调查,清朝时凡是大一点的村子均有自办的书院,书院遗址大多尚存。

"耕读传家"中"耕""读"二字是值得深究的。"耕",凸显中国文化以农为本的传统。治国以农为本,治家也以农为本,乃至立身也以农为本。"读"在中国有着独特的意义,读书不只是一般的学习知识,而是"学成文武艺,货与帝王家",即为国家效劳。

(二)中国古代环境美学中的国家意识

中国人的环境意识不仅具有浓郁的家园情怀,而且具有强烈的国家意识,特别是中国意识。其表现主要是:

1. 昆仑崇拜

中国人的环境观具有深厚的国家意识,这意识可以追溯到黄帝时代,突出体现是与黄帝相关的昆仑崇拜。昆仑在中国人的心目中,有着至高无上的地位。此山西起帕米尔高原,横贯新疆、西藏间,向东延伸到青海境内,全长 2 500 公里。被誉为中国母亲河的黄河、长江,其源头水系均可追溯到这里。从地理上讲,以它为主干的青藏高原是中国山河的脊梁,西高东低的格局对中国的气候乃至农业生产、中国人的生活、中国的城乡布局起着决定性的影响。因此,中国的风水学将昆仑看作中国龙脉之源。

尽管昆仑对于中华民族的生存具有重大的意义,但它成为中华民族的第一自然崇拜的根本原因还不在这里。昆仑之所以成为中华民族的第一自然崇拜,是因为昆仑是中华民族始祖黄帝最初生活的地方。《山海经·西山经》云:"西南四百里,曰昆仑之丘,是实惟帝之下都。"这段记载说昆仑之丘为"帝之下都","帝"指谁? 历史学家许顺湛说是黄帝:"帝之下都即黄帝宫,其地望在昆仑丘。"①

2. "中国"概念

战国时邹衍提出"大九州"说,将全世界分为八十一州,中国为其中一州,称赤县神州。于是,"中国"的概念就有了着落。司马迁接受此种说法。他在《史记·五帝本纪》中说:"尧崩,三年之丧毕……舜曰'天也',夫而后之中国践天子位焉。""中国"这一概念在中国古籍中多有出现,一般来说,它不指具体的朝代(政权),而指以汉族为主体的中华民族所生活的这块固有的土地,因此,它主要是国土概念,同时也指在这块土地上建立的国家。

"中国"这一概念中用了"中",体现出中华民族对于自己的国土、自己的国家的珍爱。在中华文化中,"中"不仅指空间意义上的居中,而且还有正确、恰当、核心、领导等多种美好的内涵。此外,按中国传统文化的理念,"中"就是"礼"。"《周礼·疏》引云:'礼者,所以均中国也。'"《白虎通义·礼乐》云:"先王推行道德,调和阴阳,覆被夷狄,故夷狄安乐,来朝中国,于是作乐乐之。"可见,用今天的概念来解读,"礼"就是文明。

---

① 许顺湛:《五帝时代研究》,郑州:中州古籍出版社 2005 年版,第 60 页。

"中国"这一概念就是礼仪之邦、文明之邦。

3. "华夏"概念

中国又称夏、华、①华夏②、诸夏③。这跟中国古代部族三集团有关，三集团为华夏集团、苗蛮集团、东夷集团。华夏集团主要由炎帝部落与黄帝部落构成，两个部落之间曾发生过战争，后来实现了统一，建立了联盟。华夏集团与东夷集团、苗蛮集团也发生过战争，最后也实现了统一。按《山海经》中的说法，三大集团还存在着血缘关系，而且均可以追溯到黄帝，为黄帝的后人。虽然《山海经》具有神话色彩，不是信史，但其中透露的信息告诉我们，主要生活在昆仑山一带、黄河流域、长江流域的史前人类之间是有着各种联系的，考古发现也证明了这一点。历史学家徐旭生认为"到春秋时期，三族的同化已经快完全成功，原来的差别已经快完全忘掉"，由于华夏集团"是三集团中最重要的集团"，"所以它就此成了我们中国全族的代表"。④

中国大地上存在着诸多民族，大家之所以认同"中国"概念，不仅是因为上面所说的种族上具有一定的血缘关系，而且是因为在长期的相处之中，诸民族的文化相互交融，达到彼此认同，以儒家为主体的汉民族文化成为中华民族文化的核心。

"夏""华"均是美好的词。"中国有礼仪之大，故称夏；有服章之美，谓之华。"（孔颖达《春秋左传正义》）将中国称为华夏，是中华民族对自己民族、国家、国土的赞美。蔡邕《郭有道碑文》云："考览六经，探综图纬，周流华夏，随集帝学。"这"周流华夏"的意思是巡视中国美好的土地，因此，华夏不仅指中华民族、中国，还指中国的国土。

中国传统文化一方面讲"夷夏之辨"，坚持夏文化优秀论（这自然有大民族主义之嫌），另一方面也讲"夷夏一体"。孟子提出"用夏变夷"，主

---

① 《左传·定公十年》："裔不谋夏，夷不乱华。"
② 《左传·襄公二十六年》："楚失华夏。"
③ 《左传·僖公二十一年》："以服事诸夏。"
④ 徐旭生：《中国古史的传说时代》，北京：文物出版社1985年版，第40页。

张以先进的夏文化改变落后的夷文化。而实际上夏文化也不断地学习夷文化中先进的东西,战国时始于赵国的"胡服骑射"就是一例。唐代,胡文化源源不绝地进入中原地区,成就了唐文化的博大与丰富。宋、元、明、清,夏文化与夷文化基本上就没有差别了。

应该说,世界上不论哪一个民族,其环境美学观念中均有家情怀和国情怀,但是,可以说没有哪一个民族能像中华民族这样,家情怀与国情怀达到如此高度的融会:国是放大的家,家是微型的国;国之本在家,家之主在国;国存家可存,国破家必亡。中国五千年来,虽政权有更迭,但基本国土没有变过,因此,家园、国土、国家,在中国文化中,其意义具有最大的叠合性。按中国文化,爱家不爱国是不可想象的,爱家必爱国,而爱国必爱国土。

中国古代的环境美学具有浓重、深刻的家国情怀,这是中国古代环境美学的本质性特点。

六、中国古代环境美学理论体系(三):准生态意识

科学的生态系统知识,中国古代应该是没有的,但这不等于说古人就没有生态意识。在长期与自然打交道的过程中,古人已经感到人与物之间存在着一种内在的联系,这种联系让人认识到,要想在这个世界上生活得好,就必须兼顾物的利益。人与物,不能是敌对的关系,而应该是友朋的关系。于是,准生态系统的意识产生了。这些意识大致可以归结为两个方面。

(一)中国古代环境美学中的物人共生观念

对于物与人的关系,中国古代有着极为可贵的物人共生观念。主要体现在如下一些命题上。

1. 尽物之性

中国文化中有着朴素的生态观念。《中庸》说:"唯天下至诚,为能尽其性。能尽其性,则能尽人之性。能尽人之性,则能尽物之性。能尽物之性,则可以赞天地之化育。"(第二十二章)将人之性与物之性作为一个

系统来考虑,并且认为它们的利益是一致的,这种思想明显体现出原始的生态意识,难能可贵。

2. 民胞物与

"民胞物与"是北宋哲学家张载在《西铭》中提出来的。原话是:"民吾同胞,物吾与也。"前一句是说如何处理人与人之间的关系:应将民看作同胞兄弟,既是同胞兄弟,就具有血缘关系,需要彼此关照。后一句是说人与物的关系,强调人与物是朋友、同事的关系,不仅共存于世界,而且共同创造事业。

"物吾与也"中的"与"有两义:

一为"相与"义。"物吾与也"即是说物是人的朋友。将物看作人的朋友,以待友之道来处理人与物的关系,说明人与物是平等的,人要尊重物,包括尊重物的利益。计成的《园冶》,说到园林景物时,云:"好鸟要朋,群麋偕侣。槛逗几番花信,门湾一带溪流。竹里通幽,松寮隐僻。送涛声而郁郁,起鹤舞而翩翩。"(《相地》)这是一种人与物和谐相处的景观,非常动人。

二为"参与"义。"物吾与也"即是说物是人的同事。人与物共同生存在这个世界上,共同从事生命的创造。这意味着人与物存在着生态关系:人与物共处于生态系统之中,为命运共同体。

3. 公天下之物

"公天下之物"是《列子》提出来的。《列子·杨朱》云:"身固生之主,物亦养之主。虽全生,不可有其身;虽不去物,不可有其物。有其物,有其身,是横私天下之身,横私天下之物。不横私天下之身,不横私天下物者,其唯圣人乎! 公天下之身,公天下之物,其唯至人矣! 此之谓至人者也。"《列子》认为,人是生命,要发展;物"亦养之主",要滋养。人的发展,追求"全生";物的滋养,同样追求"全生"。人要"全生",会损害物的利益;同样,物要"全生",会损害人的利益。怎么办?《列子》提出既"不横私天下之身",也"不横私天下物",让人与物各自受到一定的利益限制,同时又各自能得到一定的发展。这就是"公天下之身""公天下之物",其实质是生态公正。

4. 天下为公

"天下"这一概念,在中国古籍中出现得很多。天下,既可以指国家的天下,也可以是社会的天下,还可以是人与物共同拥有的天下。上述《列子》所谈的"天下"是人与物共同拥有的天下,即宇宙。而儒家经典《礼记》侧重于从社会的维度来谈"天下",《礼记·礼运》说:"大道之行也,天下为公。选贤与能,讲信修睦。故人不独亲其亲,不独子其子,使老有所终,壮有所用,幼有所长,矜寡孤独废疾者皆有所养。男有分,女有归。货恶其弃于地也,不必藏于己;力恶其不出于身也,不必为己。"如果说《列子》谈天下,突出的是自然生态公正,那么,《礼记》谈天下突出的则是社会生态公正。社会生态公正的关键是人各在其位、各尽其职、各得其利,即"老有所终,壮有所用,幼有所长,矜寡孤独废疾者皆有所养。男有分,女有归"。

(二) 中国古代环境美学中的资源保护意识

中国古代的环境保护意识与资源保护意识是合一的,主要表现为以下三种观念。

1. 网开一面

《周易·比卦》说:"王用三驱,失前禽,邑人不戒,吉。"朱熹对此的解释是:"天子不合围,开一面之网,来者不拒,去者不追。"周朝对于保护资源有着明确的规定:"凡田猎者受令焉。禁麛卵者,与其毒矢射者。""山虞掌山林之政令,物为之厉,而为之守禁。仲冬斩阳木,仲夏斩阴木。凡服耜,斩季材,以时入之。令万民时斩材,有期日。凡邦工入山林而抡材,不禁。春秋之斩木,不入禁。凡窃木者,有刑罚。"(《周礼·地官司徒第二》)当然,虽有这样的要求,是不是做到了,那是另一回事。事实上,在古代,对动物进行灭绝性屠杀的事时有发生。张衡在《西京赋》中就痛斥过这种行为:"泽虞是滥,何有春秋?摘澡漷,搜川渎。布九罭,设罥麗。擭昆鲕,珍水族……上无逸飞,下无遗走。攫胎拾卵,蚳蝝尽取。取乐今日,遑恤我后!"中国古代对于生态的保护,虽然为的是人的利益,但实际上兼顾了生态的利益。有必要指出的是,这种保护,主要是出于对资源的爱惜,还不能说是为了生态环境,只是客观上起到了保护环境的作用。

2. 珍惜天物

中国的环境保护思想还体现在对物的珍惜上。古人将浪费资源和劳动成果的行为称为"暴殄天物"。唐代李绅的《悯农》诗云:"春种一粒粟,秋收万颗子。四海无闲田,农夫犹饿死。/锄禾日当午,汗滴禾下土。谁知盘中餐,粒粒皆辛苦。"这诗已经成为蒙学经典。珍惜天物,虽然目的不是保护生态,但起到了保护生态的作用。

3. 见素抱朴

崇尚朴素生活,在中国有两个源头。一是道家的道德哲学。老子主张"见素抱朴"。"素",没有染色的丝;"朴",没有雕琢的木。两者均用来借指本色。"见素抱朴",用来说做人,即要求人按照人性的基本需要来生活。这样做为的是养生,但反对奢华,有珍惜财物的意义,而珍惜财物的客观效果是保护生态。

另一源头是儒家的伦理学说——崇尚节俭。它的意义是多方面的,主要是政治方面。贞观元年,唐太宗想营造新的宫殿,但最后放弃了,他对臣下说:"自古帝王凡有兴造,必须贵顺物情。……朕今欲造一殿,材木已具,远想秦皇之事,遂不复作也。"不仅如此,他还说:"自王公以下,第宅、车服、婚娶、丧葬,准品秩不合服用者,宜一切禁断。"(《贞观政要·论俭约》)尽管唐太宗主要是从政治上考虑问题的,但不浪费、少奢华,对于资源和环境的保护还是很有意义的。

七、结　语

中国古代的环境美学是中国人在自己的生产实践与生活实践中创立的。这一历史可以追溯到史前。在进入文明时代之始,曾有过以大禹为首的华夏部落联盟与特大洪水斗争的伟大事迹。正是这场漫长的、最终以人类胜利告终的斗争,让"九州攸同,四奥既居,九山栞旅,九川涤原,九泽既陂,四海会同"(《史记·夏本纪》),中华民族美好的生活环境由此奠定,而治水的诸多经验也成为中华民族环境思想的重要组成部分。由于时代久远,我们只能凭现存的祖国山河,凭有限的文字记载,想象那场气壮山河的斗争如何再造山河。中华民族长期以农立国,以地为本,以水为命,以家国为据,以和谐为贵,以道德为理,以天地为尊,以动植物为友,以安居为福,以乐天为境。所有这些,是中国人基本的生活状态。中国古代的环境美学思想就寄寓在这种生活状态之中,并且是这种生活状态的经验总结。虽然由古到今,中国人的生活状况已经发生了巨大的变化,但是中国人的文化心理仍然保持着诸多传统的基因。更重要的是,中国人所面对的一些关涉环境的主要问题并没有发生根本性的变化,如何处理好人与自然的关系、文明与生态的关系、个人与社会的关系、家与国的关系、国与世界的关系,仍然困扰着当代的中国人。从中国古代环境思想中寻找美学智慧,以更好地处理当代环境问题,其意义之重大不言而喻。

值得特别提及的是,当代全球正在建设的生态文明与农业文明有着重要的血缘关系。如果说生态文明是工业文明批判性的发展,那么,可以说生态文明是农业文明蜕化性的回归。生态文明建设,核心是处理好环境问题,实现文明与生态的协调发展,共生共荣。这方面,农业文明会给我们诸多有益的启迪。有着五千年农业文明的中国,为我们准备了智慧的宝库,值得我们深入发掘、认真学习。

陈望衡

目　录

引 论

　　经历晚唐和五代十国长期的动乱与分裂后,宋代终于一统天下。太祖刻石成碑,立祖宗之法:保全柴氏子孙、不杀士大夫、不加农田之赋,清明的政治制度终于迎来了一个相对稳定和平的社会环境。两宋成为中国文化发展史上一个重要的转型时代,社会各个领域都出现了新气象,社会安宁,科技兴盛,经济发展,文教兴盛。钱穆认为:“论中国古今社会之变,最要在宋代。宋以前,可称为古代变相的贵族社会,宋以下,始是纯粹的平民社会。故就宋代而言之,政治经济、社会人生,较之前代莫不有变。”①可以说,宋代步入了中国历史发展的新阶段,有学者称其为“中国的文艺复兴”②时期。

　　宋代文艺复兴是指传统儒学的复兴,旨在重建仁学体系,重构礼乐文明,由此形成了宋代新儒学——理学。理学在吸收儒道禅三家思想的基础上,重构心性之学,重建道统,进而构建理想的社会秩序。一种新的关于天人之际的理论体系得以形成,主要体现在三个方面:理气论、心性论和格物论。这一思想重塑了士人的精神空间和精神世界,与此相应,

---

① 钱穆:《理学与艺术》,《中国学术思想史论丛》第 6 册,安徽教育出版社 2004 年版,第 209 页。
② 日本学者宫崎市定在《东洋的近世:中国的文艺复兴》中明确提出宋代是中国的文艺复兴。

新的审美趣味和审美理想随之产生,并广泛地体现于宋人对自然环境、社会生活环境和文学艺术的美学追求上,从而体现出宋人独特的环境审美思想,我们称之为"大园林化"和"泛园林化"的环境美学思想。

环境美学追问的两个主要问题是"什么是最好的居住环境"以及"怎样营造更好的居住环境"。中国古典园林是中国人物质世界和精神世界的理想栖居地。几千年的古代文明,园林精神和园林意识在承继中又有变化,但直至宋代,园林化生活、园林意识才成为一种具有普遍性的全民化的生活理想,成为居住理念的自觉追求。如果说宋以前的园林更多具有一种政治功能、宗教气息和贵族色彩,那么宋代及以后的园林则成为常人居住的最理想形态,具有浓厚的平民化、生活化和艺术化气息。这种在中唐形成,在宋代成为自觉追求的园林意识持续到明清,到今天仍是人们追求的最理想的居住环境。

一、园林意识根本上是一种哲学意识

南北朝至隋唐是佛学发展的全盛时期,随着北宋的统一,时代需要产生与之相应的新的哲学思潮。宋代是儒学再度复兴的时期,当时绝大部分的儒家学者都在努力振兴儒学,重建礼乐文明,使儒学的地位重新居于佛道之上,在与佛道之学的斗争中,儒学再次发展了心性之学,形成了新儒学,即宋学。

宋学的发展经历了三个阶段:初期宋学、中期宋学和南渡宋学。初期宋学注重道德文章、气节政事,强调面向人生现实问题,阐发经学微言大义,此阶段宋学经义与时务并重,气象阔大。主要代表人物有范仲淹、欧阳修、王安石等。自王安石熙宁变法、范仲淹庆历变法失败以后,宋学精神发生了转向,从重视人事方面推广到更深微的心性方面。第二期宋学以周敦颐、邵雍、张载、二程为代表,强调"从心性本体最先源头上厚植基础"[1],是为理学形成的时期,"我们甚至可以说,初期诸儒多方面的大

---

[1] 钱穆:《中国学术思想史论丛》第5册,安徽教育出版社2004年版,第55页。

活动,要到中期才有结晶,有归宿。画龙点睛,点在中期。……点上睛,那条龙始全身才活气"①。南渡后的宋学,可以说是宋学的第三期,是"和合一切与扫荡一切的时代。朱子是和合一切者,象山是扫荡一切者"②。朱熹在格物论的基础上实现了理气论与心性论的统一,可谓理学的集大成者,也可以说是宋学的集大成者。在理气论、心性论和格物学的基础上,理学形成了物、心、理三者相感,物我相亲,天人一体的环境审美观,从而形成了外在社会和内在心灵相融合,形上与形下相融合,出世与入世相统一的人生哲学。可以说,朱子的理学思想体现了宋学的最高境界。

这一哲学精神在现实生活中的理想体现即是园林化的生存形态。在现实的居住环境中,园林式生活实现了哲学性与日常生活化的统一,精神与物质的统一,理趣与俗趣的统一,外向与内敛的统一,自然与人文的统一。园林式生活可居可游,可进可退,可出可入,实现了安居、和居、雅居、乐居的统一,是古人所向往的环境居住之美的理想形态,也是宋代理学思想在环境美学上的外化与显现。理学思想与宋代环境美学在哲学精神上存在着异质同构的特点,理学是园林意识自觉的哲学基础。

二、园林化生活的表现

与唐代神仙观念下的仙境不同,宋人不必远离尘嚣,到杳无人烟的山林寻求洞天福地,而是将追慕仙境的理想安放到了人间,并以园林式的典型形态将人世的礼乐风景呈现出来。宋代环境美学思想最突出的特色是"大园林化"和"泛园林化"思想的形成。

"大园林化"主要是从园林化范围的广度而言,除了一个个独具特色的小园林,还表现在自然环境审美的园林化、城市与农村人居环境的园林化及艺术作品中所表现出的园林化意识。自然环境的园林化,主要指

① 钱穆:《宋明理学概述》,九州出版社 2011 年版,第 30 页。
② 钱穆:《中国学术思想史论丛》第 5 册,安徽教育出版社 2004 年版,第 159 页。

对自然山水的审美呈园林景观化的取向,注重人居环境,体现出可游可居的特点。城市与农村人居环境的园林化,主要表现在无论是宫殿、官署、士人宅第,还是僧寺道观和市居村居,各个不同阶层的人们都崇尚园林式的生活环境和生活状态,也就是说不管是王居、士居,还是市居、农居、仙居、逸居等,均体现为对园林化居住环境的追求。文学艺术中的园林化,则是指在绘画、诗词等艺术形式中所表现出的园林意象和园林情结。三者共同呈现为心灵世界的园林式图景,而其背后的思想基础则是宋人以天地自然为一体的大园林、大家园的世界观和人生观。

"泛园林化"是就园林化影响的深度而言,主要指园林意识在物质层面、艺术层面和哲学层面的体现。可居的园林是园林化的典型形态和物质形态,山水文学、山水绘画等文学艺术中所体现的环境之美是园林意识的艺术表达,理学精神则是园林意识的哲学基础。三者一以贯之,园林是立体的山水画,通过园林可以把画中的山水以建筑的方式融入生活,让人们在其中安放自己的身心。园林如同一个小小的世界,其中的诸要素如山水、花木、建筑乃至家具,以至于生活方式形成一个和谐的整体,这即是我们所说的园林化的生存形态,它们体现出环境审美中的异质同构现象。

三、园林化生活的特点

园林化生活的居住特点主要表现在四个方面。

其一,居住意识。

人如何筑居于天地间是环境美学探讨的核心问题。居住以人为中心,包含两个层面的问题,即身之所居和心之所安,前者体现为形而下的物质居所,与吃穿住行、器物用具相关,是身之所居;后者体现为形而上的精神寄托,与终极关怀、精神家园相关,是心之所居。

人的身心安放于哪里?人生天地间,宋代的屋木山水画中,没有人的山水画是很少的。山水占据了画面的主体部分,屋木与人点缀在天地山水之间,虽是点缀,却构成了画眼所在,如同灵心一点,得此而活,得此而与环境相互成就。人是环境中的一部分,环境不能离开人而存在,人与环境融为一体的人居图式便清晰地展现出来。人虽是画眼所在,但不是自大唯我,而是整个生态系统中的一个要素,景无人则荒,景因人而有生气、而生情致,人因景而少了一点市井气和俗气,得一分纯朴。宋代屋木山水画既营造了生活的空间,也营造了精神的空间,是理想人居环境的图像化显现。

其二,家园意识。

宋代理学家要复兴仁学,重建仁本体,在继承传统儒学的基础上,更加注重仁在天人之际的逻辑建构和思想生成。仁者万物一体,宋儒的仁学建立在草木虫鱼的自然世界与家国天下的社会生活的内在关联上,所要追问的是天道与人道在性理上的贯通何以可能,即张载所说的"为天地立心",天地之心是如何立起来的,这是宋儒要解决的重要理论问题。宋代环境美学中的家园感正是建立在仁者万物为一体的基础上。

天人之际是如何贯通的? 人性本善,人的本善之性即人的先天之性,也是人的道心,人的先天之性是天地之性的承接。性善论的思想本于易经,《周易·系辞上》谓"一阴一阳之谓道,继之者善也,成之者性也",圣人用字精准,用一"继"字,而不用"付""受"字,是大有深意的。

> 盖人者,天地之子也。天地之理,全付于人而人受之,犹《孝经》所谓身体发肤,受之父母者是也。但谓之付则主于天地而言,谓之受则主于人而言,惟谓之继,则见得天人承接之意,而付与受两义皆在其中矣。[①]

可见,"继"与"付"和"受"不同,"付"偏于"给予",主动义,"受"偏于"承受",被动义,而"继"则是天人的承接关系,是天人之际的传与接,"付"与"受"两义皆涵摄其中,这也是宋代理学思想所要建构的天人之际的关捩。天授之,人尊之,天如何授,人如何尊,正是人如何"为天地立

---

① (清)李光地撰:《周易折中》下卷,中央编译出版社 2011 年版,第 477 页。

心,为生民立命"的核心所在。天付于人而受之,其理既无不善,则人之所以为性者,亦岂有不善哉,孟子的"人性本善"则从此生出。人的精纯之性得之于天,而天之性则是超越于人的善与不善的,可以说无善无不善,也可以说是至善,承继天道则谓之"继之者善也"。人性与物性皆承继天地之性,与天地之性相通。

物性与人性相通但又略有不同。物性自在如是,人性则需要克己复性,才能恢复得本性。物性是天地生生之意,元亨利贞,重在生生之意的通达。人性中也有物性的一面,但人性中除本有的性理之外,常为情执欲念所蔽,看不清宇宙生意的通达,于是神识混浊,失去清明的自性光辉。通过观生物气象,复己之性,就可见"自家意思"也是如此敞亮。正是程子所说"观乎圣人,则见天地"①的天地气象,是指从圣人气象中见出自然气象与天地精神,从而以盛德之形容显现天地之至性,"观乎圣人,则见天地",是意在强调圣人对天地精神与自然气象的开显,圣人与天地自然的生意贯通,这是圣人人格的最终完成,是理学最高美学境界的体现,这样才可以为"天地立心"。

自然气象与圣人气象由此通达起来,圣人气象是能得天地生物气象之人。"四德之元,犹五常之仁。偏言则一事,专言则包四者"②,朱子在《仁说》中指出:"天地之心,其德有四:元、亨、利、贞。而元无不统,其运行则为春夏秋冬之序,而春生之气,无所不通。故人为心,其德有四:仁、义、礼、智。而仁无所不包,其发用焉,则为爱恭宜别之情,而恻隐之心,无所不贯。"③可见,四德指元亨利贞,从自然的维度而言,指元气的发端、亨通、畅遂和完成,元为四德之首,五德指仁义礼智信,仁为五德之首。圣人气象在对自然现象的理解上,能会其意,识其元亨利贞的过程和德性,在人伦层面,则有仁义礼智信的中正气象,"元"与"仁"由此在本性上相通。因此,

---

① (宋)程颢、程颐撰,王孝鱼点校:《二程集》,中华书局 1981 年版,第 414 页。
② (宋)朱熹、吕祖谦编,叶采集解,严佐之导读:《近思录》,上海古籍出版社 2010 年版,第 9 页。
③ (宋)朱熹撰,朱杰人、严佐之、刘永翔主编:《朱子全书》第 23 册,上海古籍出版社、安徽教育出版社 2010 年版,第 3279 页。

对天地自然气象、草木虫鱼等物性的观察可以恢复人的清明本性,宋人爱花,也善莳花艺草,实是宋人深懂随时育物爱养之道,深通物性与人性通达之理。由此,理学家们透彻地阐释了天地自然何以既是人们物质上的家园,也是人精神上的家园。

其三,生命意识。

家园贵在有生生之意,旨在能生生不息。宋人认为天地之心是生物之心,天地之德是生生之德。生生并不仅仅是以人为中心,人只是天地自然大家园的守护者和受益者,人所能做的是肇自然之性,成造化之功,这就意味着生生首先是生态的、整体的和系统的自然观。中国古典哲学的天人合一首先是建立在可持续发展基础上的生态和谐,旨在维持自然生态的延续与发展,生命是一个网络系统,为了生命系统的延续,人的行为和活动必然是有节制的,要随顺自然的运行规律。这一精神不仅直观体现在宋人的艺术作品中,更是贯穿在宋代的农业环境、城市环境等生活实践的审美领域,既体现为一种客观生产生活实践中的格物精神,也表现为一种精神情感上的生态主义。

其四,涵养意识。

涵养是宋人对环境审美功能的重要论述。人内禀真气而生,外靠环境而养。环境有自然环境和社会环境。心性义理之学注重内养,是要涵养人的浩然正气,外在环境则是外在的涵养场所,内外相涵相摄。如程颐所言:"真元之气,气之所由生,不与外气相杂,但以外气涵养而已。若鱼在水,鱼之性命非是水为之,但必以水涵养,鱼乃得生尔。人居天地气中,与鱼在水无异。至于饮食之养,皆是外气涵养之道。"[①]鱼之生禀真元之气,鱼之养需外气涵养。生固然重要,养也不可须臾离也。人禀元气而生,亦需外气涵养。而环绕于人的自然环境和社会环境均是外气,人的长养需要外气的涵养,如"烟云供养""山水清供"等均是宋人对自然环境涵养人的心性的重视。

---

① (宋)程颢、程颐著,王孝鱼点校:《二程集》,中华书局1981年版,第166页。

　　总之,园林化是中国人最理想的人居环境,园林化生活方式中人与自然彼此交融的生活样态,是中国古代环境美学的最大智慧。在当代,园林不一定要在形式上具备古典园林的各种要素,更重要的是要有自觉的园林意识,山边树下,水畔桥头,不拘格套,都能体现出园林的意味。物我相亲,万物一体,如此,则园林意识可以无处不在。

　　当今生态文明下,如何重建城市、农村与自然环境的和谐发展,如何营构我们的生活样态,从而在外在的物质环境与内在的精神生活中形成一种互相涵养的生活空间,走出一条新的重返自然之路,需要有哲学的思考,更需要从传统智慧中汲取营养,获得启发。

第一章　宋代理学环境审美观

理学的兴起与理论体系的形成是宋代文化中的重要现象。理学的产生有其特殊的历史语境和现实需要，是宋代重建礼乐文明，重振儒学的需要。日本学者小岛毅认为朱子学是宋代思想文化史的最终到达点。① 从某种意义上来看，理学的发展是宋代历史发展与思想逻辑相统一的过程。与初期宋学的通经致用不同，理学以辨性明道为根本，更注重宇宙本体的探讨和心性工夫的修证。

宋代理学的发展经历了三个阶段，创始阶段以周敦颐、邵雍、张载为代表。周敦颐以太极图说立天道与人道，开宋儒新说；邵雍重物理性命之学，究极天地万物的流行生化之理和纯正统一的心性之学；张载在气化论的基础上提出民胞物与的思想。形成阶段以二程为代表。二程将理学思想的重点从宇宙论转向主体心性论，提出天理，强调体贴天道。集大成阶段以朱熹为代表。朱熹将理气、心性与格物理论相贯通，建构起宏大严密的哲学思想体系。

宋代理学家虽然没有明确地论述环境美学的思想，但相关言论却散

---

① ［日］小岛毅著，何晓毅译：《中国思想与宗教的奔流》，广西师范大学出版社 2014 年版，第169 页。

见在其思想著述中。理学对环境美学的深刻影响主要表现在建立人与自然的深层连接上,理学家们一方面从"知"的层面,在宇宙观和天人观上重建仁学思想体系,将仁的自然层面、社会层面和认知层面相贯通,另一方面,从"行"的层面,注重"仁"的践行与涵养功夫,强调环境的居养功能,成为宋代环境美学思想形成的哲学依据。

第一节 周敦颐的环境审美观[①]

中西在最高的智慧上都有相通的一面,但表达的方式或者说到达的方式却殊异。中国古代讲人为天地之心,亚里士多德则认为人与生俱来的理性是人区别于植物动物的最大的特征。亚里士多德认为宇宙间有一位上帝推动自然界的运作,而这个最初的推动者或上帝本身却是不动的,但他却是宇宙各星球乃至自然界各种活动的目的因。这与周敦颐所说的无极而太极也有相通之处,他认为太极是最高的理,是赋予万物以内在本质的统治原则,周敦颐将宇宙太极与人伦太极相结合,形成新的理学思想,从而将天地之道与人伦之道相统一,将天命与人事相统一。周敦颐的这一思想开启了理学发展之源,也开启了宋代环境审美的新世界。

关于周敦颐,学者一般注重他的心性理论,极少注意到他的环境理论。然而,只要我们略略展开视野则发现,他的心性理论是与环境理论密切结合在一起的。众所周知,人的生命是周敦颐哲学的中心概念,值得我们注意的是,周敦颐从不孤立地谈人的生命,他谈人的生命总是紧密地结合着人的环境,这环境在他笔下以天地或万物为表述。在周敦颐看来,人与环境是融为一体、不可分割的。他认为人的生命最高价值是乐生,用他自己的语言表述则是"颜子之乐",而实现这种快乐的唯一途径是人在天地万物中自然而自得地生活,也就是乐居。乐生与乐居的统

[①] 本节发表于《湖南社会科学》2016 年第 6 期,《理学视界的环境审美——论周敦颐的环境美学思想》,作者为课题组成员陈望衡、齐君。

一是周敦颐哲学的最高境界,它是真的也是善的,更是美的。这一总体境界如果逻辑上分为"人"论与"境"论两个部分,它的"境"论,就是环境美学思想。周敦颐环境美学思想上承《周易》,下开"两程",可以说是理学环境审美观的代表。

一、环境的"育生"功能

生,是中国哲学的基本概念,不独儒家重生,道家及其他诸家都重生。值得我们高度注意的,是《周易》最早将生与天地联系起来,《周易·系辞上传》云:"天地大德曰生。"这一命题中的"天地"有两个含义:其一是宇宙,在《周易》看来,宇宙的最大功能,或者说最大价值是创造生命,这一理解的前提是将天地看成是包括人在内的宇宙,它是一个无所不包的整体,至大无限。其二,如果将人相对独立出来,将天地看成是人的环境,那这一命题的意义,则无异于说,生命中最重要的是人的生命,是天地即环境的产物。

周敦颐充分肯定《周易》的这一思想。在《太极图说》中,他征引《周易》的话"乾道生男,坤道生女,二气交感,化生万物……原始反终,故知生死之说",然后,发表感叹:"大哉,易也,斯其至矣。"[①]此句前提是天地为乾坤两道、阴阳二气组合而成。既然"乾道生男,坤道生女",则无异于说人的生命是天地所生。由此推而广之,"二气交感,化生万物",二气为阴阳二气,阴阳二气就其最大的体现而言,为乾、坤二道,其最大的成果是生男生女;就其散而多元展现而言,它生出万物。万物,在《周易》看来,也多有生命,于是,天地就成为生命最大的母体。在《通书》中,周敦进一步地肯定这一思想:"大哉易也,性命之源乎!"[②]

天地生人即环境生人,具体是如何生的,周敦颐有个新的说法:"天

①（宋）周敦颐、邵雍:《太极图说·通书·观物篇》,上海古籍出版社1992年版,第9—12页。
②（宋）周敦颐:《周敦颐集》,岳麓书社2007年版,第65页。

以阳生万物,以阴成万物。"①

在《周易》中,"天地""天""地"三个概念既有区别,又有联系。在关于《乾》《坤》二卦的论述中,乾为天,坤为地,二者的区分是明显的。在谈到总体时,有的地方用"天地"这一概念,有些地方则用"天"这一概念。作为总体概念的"天"相当于"天地"。

周敦颐此处的"天"应该是总体概念,相当于"天地"。就本体论来说,此处的"天"指宇宙;就人与环境的关系来说,此处的"天"指环境,而且主要指自然环境。

"天以阳生万物,以阴成万物"是哲学命题,"天""阳""阴""万物"均是抽象程度很高的概念,因而,此命题不易为人理解。首先,"阳"是什么?"阴"是什么?其次,为什么"阳"对于生命的意义是"生",而"阴"对于生命的意义是"成"?

为《通书》做注的明代学者曹端对于周敦颐这一命题做了一个解释:"天以阳气生万物,春夏之生长可见矣;天以阴气成万物,观秋冬之收成可见矣。"②曹端的意思是,"阳"指"阳气",阳气具体是什么,曹端没有做说明,他只是打了一个比方,说阳气就像是春夏。这春夏对于各种作物,主要是助其生长。与之相应,"阴"指"阴气",阴气是什么,他也没有做说明,也只是打了一个比方,说它相当于秋冬,秋冬是作物收成的季节。曹端的解释也不是没有根据,在《通书·第二卷·刑》中,周敦颐说过:"天以春生万物,止之以秋。"③不过,周敦颐并没有将"阳"解释成"阳气",将"阴"解释成"阴气",因为"阳气"只能说它是"阳"的一种体现,同样,"阴气"也只能说它是"阴"的一种体现。一种体现只能作为例证,不能作为定义。虽然如此,这种解释是很有意义的,它的意义是将环境对于自然生命的重要价值具体化了。

环境是可以从时空两个维度来理解的。就时间维度来看环境,春夏

---

① (宋)周敦颐:《周敦颐集》,岳麓书社 2007 年版,第 71 页。
② (宋)周敦颐、邵雍:《太极图说·通书·观物篇》,上海古籍出版社 1992 年版,第 16 页。
③ (宋)周敦颐著,梁绍辉、徐荪铭等点校:《周敦颐集》,岳麓书社 2007 年版,第 82 页。

秋冬的线性流动是时间的一种体现。当然,作为自然现象,本无所谓环境,环境是对人而言的,但自然现象的线性流动,对于生命包括人的生命来说,具有极重要的意义。正是因为春夏秋冬的有序变化,为主要生活在大地上的生物创造了不同的生存环境。周敦颐、曹端都以农作物为例,说明春夏秋冬于农作物的生长有着特殊的意义。春夏,天气温润,作物生长;秋冬,天气冷燥,作物收获。

将"阳气"解释成"春夏",将"阴气"解释成"秋冬",以春夏秋冬于生命的意义来谈环境的育生功能,应该说是有道理的,不过还不全面。周敦颐的深刻就在于他在说完"天以阳生万物,以阴成万物"之后,还提出一个重要观点:

> 生,仁也;成,义也。故圣人在上,以仁育万物,以义正万民。天道行而万物顺,圣德修而万民化。大顺大化不见其迹,莫知其然之谓神。①

在周敦颐看来,人的生命是可以分成自然生命和社会生命两个方面的。人的自然生命与动植物的生命是没有本质性的区别,无外乎要生存,包括个体生命的保存及种族生命的保存。社会生命是动植物没有的,社会生命的内核是仁义,懂得仁义,人才有了社会生命。自然生命与社会生命全都有了,才是一个完整的人、真正的人。

周敦颐依据自然生命生成说,将社会生命的生成也分为两个层次:仁—生;义—成。仁,为社会生命之生;义,为社会生命之成。这仁义又是如何植入人的自然生命之中,让人由自然人成为社会人呢?周敦颐提出一个重要命题,"圣德修而万民化"。"圣德修",首先是有圣人的存在。周敦颐说"圣人在上",所谓在上,就是这社会有一个结构,这个结构的最上端即处于领导统治地位的人是圣人。圣人既是领导者,又是教育者。教育先于领导,重于领导。周敦颐在《通书·第一卷·师》中说:"圣人立

---

① (宋)周敦颐著,梁绍辉、徐荪铭等点校:《周敦颐集》,岳麓书社 2007 年版,第 71 页。

教,俾人自易其恶。"①那么,教什么? 德。德之中,仁义为核心。万民蒙受仁义的教育、感化,努力工作,认真生活,和谐相处,于是,这社会就"大顺大化"。"顺",讲究规律、秩序;"化",讲究友好、和谐。

这样,就人的个体生命来说,上升到一个境界,这个境界,儒家称之为"圣贤"。按儒家的观念,只要愿意任何人都可以成为圣贤;就人的群体生命——社会来说,也上升到一个境界,这个境界,儒家称之为"大同"。

回到环境与人的关系,人的自然生命是环境造就的,具体说是阳、阴的作用;人的社会生命也是环境造就的,具体说是仁、义的作用。

二、环境的生态和谐

关于天地生物,周敦颐清醒地认识到,生的是万物,那就是说,在天地这个大环境中,生活着的不只是人,还有其他生物。这样就有了一个如何处理人与万物关系的问题。周敦颐提出一个重要观点:"天地和则万物顺。"②

和,是中国哲学的重要范畴,不仅儒家重和,道家及其他诸家也都有强调。周敦颐论"和"涉及宇宙人生的诸多方面,仅就涉及环境问题来说,他的"和"论具有准生态平衡的意味,具体来说,有如下三个重要的观点。

第一,"万物各得其理然后和"③。

"万物各得其理",首先,万物有没有理? 曹端解释此句云:"天高地下,万物散殊,而无不各得其理。然后流而不息,合同而化而无不和也。"④理,即道,按道家哲学,道是宇宙的根本、最高法则。《老子・三十四章》说:"大道泛兮,其可左右。"⑤大道流行,衍生万物,万物各得其理而

① (宋)周敦颐、邵雍:《太极图说・通书・观物篇》,上海古籍出版社1992年版,第12页。
② 同上书,第25页。
③④ 同上书,第18页。
⑤ 陈鼓应注释:《老子今注今译》,商务印书馆2003年版,第194页。

生,也各得其理而灭,生生灭灭均由道左右着,而道并不居于物理之外,而在物理之中,因此,道的左右物,其实就是物理左右物,而物理左右物,说到底,就是物自己的本性左右物。物按自己的本性而生存,就是合道、循道。

那么,为什么又要说"得其理"呢,难道物还有不得其理的时候? 应该是有的。鱼之理是不离于水,如果没有水,鱼就失理了,失理,必然死亡。由于各种原因,鱼离水的情况是常见的。物失理,如果只是局部现象,问题不大;如果是全局性的现象,就是生态灾难。

周敦颐强调物"得其理",无异于为生态灾难敲起了警钟。

周敦颐强调"万物各得其理",其中的"各"耐人寻味。就物之个体来说,都在努力地寻找着或创造着最适合自己本性的生存条件,以求得更切合本性的生存。就物之全体来说,它们之间存在着一种相互利用又相互制约的平衡关系。因这种生态平衡的需要,物之个体的"得理"就不可能平等。往往是一物得其理,与之相关的另一物失其理。这种得失的产物是生态平衡。生态平衡立足点是物之全体,不是物之个体的生存与发展,而是物之类的协调发展。

就全局来说,万物不能各得其理,原因是多方面的,客观自然条件的变化是重要原因,但也不能不指出,人的不当行为也是导致某些物失去其理的原因。周敦颐的"万物各得其理然后和",以万物各得其理作为和的前提,其警世的意义是不言自明的。

第二,"天地之气感而太和焉"①。

"太和"为大和,最高的和。这最高的和如何实现? 周敦颐说由"天地之气感",什么是"气"? 何谓"气感"? 在中国古代哲学中,气不是指空气,虽然各家的解释不一,但都通向道。其逻辑大体是,气为生命力量,这种生命力量散见在生命体上,也弥散在宇宙之中,它们相互作用,见出一种整体之力,从而见出理,各理均通向宇宙之本——道。气感的实质

---

① (宋)周敦颐、邵雍:《太极图说·通书·观物篇》,上海古籍出版社 1992 年版,第 25 页。

是理感、道感。

理感、道感在具体的情势下而各有其意义。就物与物之间的生命关系来说,气感是一种生命间感。所谓生命间感,就是生命之间的互相作用所产生的感觉。从生物学、生态学、人类学的维度来谈地球上生命的关系,最基本的关系是生态关系。生态关系有两种状态:失衡状态和平衡状态。生态的失衡与平衡关系,集中体现在食物链上。对这种食物链,物种是敏感的,这种敏感也是"气感"——生态学意义上的气感。

生态学意义上的"气感",对于物种的意义是生命的保存与发展。人为万物之灵,人与人之间、人与物之间的"气感",不仅具有生命保存与发展的意义,还具有生命升华的意义,这种生命升华属于精神层面。因此,人与环境建构的关系就远不只是物质层面上的,还有精神层面上的,人与环境的精神关系包括宗教的、审美的、科学的、艺术的诸多方面。借助气感,人调节自身的行为,与环境建构良性关系,这种关系的建构,为的是建构宇宙"太和",同时也是为了建构人——真正的人。

周敦颐将这种由天地之气感包括人对于天地的气感所产生的"和"称之为"太和",是深刻的。"太和"概念的提出是理学的重要贡献,虽然周敦颐之后,也还有不少理学家论"太和",但周敦颐作为理学的先驱,其开创之功是不可没的。

第三,"是万为一,一实万分。万一各正,小大有定。"①

周敦颐认为,和的实质是"一",这"一"可以做两种理解。其一,这"一"就是道,道是宇宙唯一性的最高体现,道是总道理,它散为诸多小道理,每一小道理均体现在每一事物的具体行为上。这种说法是朱熹"月映万川"一说的由来。中国古代哲学讲本末,这"一"为本,而"万"为末。曹端阐释"一实万分"云:"自其本而之末,则一理之实,而万物分之以为体。然而谓之分,不是割成片去,只如月映万川相似。"②人对于环境的理

----

① (宋)周敦颐、邵雍:《太极图说·通书·观物篇》,上海古籍出版社1992年版,第28页。
② (宋)周敦颐、邵雍:《太极图说·通书·观物篇》,上海古籍出版社1992年版,第28页。

解,也应该提升到这种高度,即将决定人生存的环境看成是最高的存在,是道,是本,是"一",而人只不过是物,是末,是诸多的"分"之一。如果能够提升到这种高度来看环境,人就会对环境存有一种敬畏感,这种敬畏感就可能在一定程度上制约着人对环境作为。

其二,这"一"是一种整体观,整体观就是一体观。在考察人与环境的关系时,人应该有一种整体观,即将环境与人看成是一个整体,而且还是一个有机整体。按现代生态说,人与其他动植物共处一个生命圈之内,而且也存在着食物链的关系。在这一个生命圈之中,人与其他生物,虽然能力有强有弱,但地位是平等的。尽管现代人的智慧远在其他生物之上,凭借科技手段,人也足可以让某些物种毁灭,但人不能这样做,相反,人还要心平气和地接受自然对于人的某些制约甚至损害,这种制约、损害为的是整个地球上的自然生态平衡,其实也符合人长远的根本的利益。

关于"和"于人与环境关系的重要意义,周敦颐用一句话概括:"天地和则万物顺。"这"顺"大有深意。顺,既意味着万物各得其理,各按着自己的本性生存着;又意味着万物统属于道,在道的总体原则下生存着。既然有道的主宰,就难免有所制约,就不那么自由,但正是这种局部的不自由,保证了整个地球上的和谐,其中包括由生态平衡而产生的和谐——生态和谐。

三、环境的审美乐趣

周敦颐的思想中,"颜子之乐"是重要命题,这一思想恰也是周敦颐环境美学的精髓。

如何理解周敦颐的"颜子之乐"是问题的关键。"颜子之乐"出于《论语·雍也第六》。《论语》云:"子曰:贤哉。回也! 一箪食,一瓢饮,在陋巷,人不堪其忧,回也不改其乐。"[1]"人不堪其忧"显然是指"一箪食,一瓢

---

[1] 杨伯峻译注:《论语译注》,中华书局 2006 年版,第 65 页。

饮,在陋巷"这种贫穷,回"不改其乐"的"乐"是什么呢?周敦颐将此问题提出来,但自己并没有做明确的回答。他说:"夫富贵,人所爱之。颜子不爱不求,而乐乎贫者,独何心哉?天地间有至贵至富可爱可求而异乎彼者。"①显然,贫穷当然不是值得乐的。值得乐的是"天地间有至贵至富可爱可求而异乎彼者"。这"异乎彼者"是什么?曹端的说法是:"天地间有至贵至富可爱可求者仁而已。"那么,周敦颐乐的真的就是这"仁"吗?还是让人生疑。不错,周敦颐的确很重视仁,但周敦颐并不认为仁是宇宙之根本,其实他更重视的是仁之源——天地。天地在他心中并不是抽象理念,而是具有生命功能的自然,自然在他心中也不是理念,而是"活泼泼"的山山水水,周敦颐至爱的是它。周敦颐秉承着"到官处处须寻胜"的理念,每到一地上任就职时便会集结友人一同游赏名山大川、楼阙寺观,留下了大量自然题材的诗与游记。

在对周敦颐"颜子之乐"的理解上,程颢似接近周敦颐的本意。《通书·后录》有语:"明道(程颢)先生曰,自再见周茂叔(周敦颐)后吟风弄月以归,有吾与点也之意。"②"吟风弄月"是欣赏自然美。"吾与点也"典出《论语·先进十一》。某日孔子与弟子聊天,孔子让弟子聊聊自己的志向。对于子路、冉有、公西华的志,孔子不表态,对子路之志甚至"哂之",独对于曾皙即曾点的志表示赞同。曾点之志是什么志?曾点自己这样说:"莫春者,春服既成,冠者五六人,童子六七人,浴乎沂,风乎舞雩,咏而归。"③对于这段文字,历代儒家均做了许多理解,其中最有权威性的是南宋的朱熹,他说:"曾点之学,盖有以见夫人欲尽处,天理流行,随处充满,无少欠阙。故其动静之际,从容如此。而其言志,则又不过即其所居之位,乐其日用之常,初无舍己为人之意,而其胸次悠然,直与天地万物,上下同流,各得其所之妙。"④这个解释几乎忽略了沂水踏春这一基本事

---

① (宋)周敦颐、邵雍:《太极图说·通书·观物篇》,上海古籍出版社1992年版,第29页。
② 同上书,第51页。
③ 杨伯峻译注:《论语译注》,中华书局2006年版,第135页。
④ (宋)朱熹:《四书集注》,岳麓书社1985年版,第161页。

实,将曾点之志提升到"天理"的高度,显然解释过度了。返回文本,其实就是欣赏自然美,喜爱自然美,很感性,很情性,与普通人一样。孔子赞许曾点喜欢大自然之志,说他自己也这样,只不过表达了普通人的一种审美情感。

人生要做的事很多,曾点不可能整天游山玩水,说"吾与点也"的孔子也不可能整天游山玩水。因此,"吾与点也"不具有排他性。孔子其他学生言的志,虽然孔子没有表态赞许,并不等于否定。重要的是孔子对曾点之志的赞许,这一赞许,充分说明儒家的这位先祖对于自然环境审美的充分肯定,实际上,他认为欣赏自然环境美是人性之一。

周敦颐只是说到"颜子之乐",没有说到"吾也点也"。程颢根据他对周敦颐理解,认定周敦颐肯定的"颜子之乐"就是"吾也点也"这一典故中所说的山水之乐,应该说是恰当的。程颢之所以敢做这样的发挥,因为他还有一条重要的依据:"周茂叔窗前草不除。"①周敦颐这一与常不同的举动充分说明他对自然物是多么热爱。周敦颐有个说法"美则爱"②,显然,在周敦颐的心理,自然最美,自然不仅最美,而且"自然全美"。杂草、荒野,常人看来不美,但在他看来很美。程颢曾问过周敦颐为何"窗前草不除",周敦颐的回答是"与自家意思一般"。③何谓"与自家意思一般"?就是将自然物的生命与自身的生命看成一样了。周敦颐对于自然环境美的热爱其实是对于宇宙生命的深切热爱,这种热爱在某种意义上达到了生态同一性的高度。

程颢是深深懂得周敦颐这种思想的,他的著名诗作《春日偶成》云:"云淡风轻近午天,傍花随柳过前川。时人不识余心乐,将谓偷闲学少年。"程颢喜欢自然,从"云淡风轻""傍花随柳"感受无穷的乐趣,这是在"偷闲学少年"吗?不是!原因与周敦颐回答"窗前草不除"一样,是从"云淡风轻""傍花随柳"这样的自然风景中悟出了"自家意思",也就是说

①③（宋）周敦颐、邵雍:《太极图说·通书·观物篇》,上海古籍出版社 1992 年版,第 52 页。
② 同上书,第 34 页。

感受到了自家的生命。

儒家谈乐,其实可以分为两种:一种是"安仁"之乐①,一种为山水之乐。安仁之乐因个人修养及处境不同而有诸多区别;山水之乐则因具有普遍人性,故最易为人所认同。程颢诗曰:"万物静观皆自得,四时佳兴与人同。""万物静观"是修养品性,因人生观之异而不同,故为"自得";"四时佳兴"是欣赏山水,因具有普遍人性,故而"人同"。安仁之乐是道德之乐,山水之乐是审美之乐。

美具有普适性,不同门类的美其普适性是不同的。环境之美与艺术之美相比,其突出特征之一在于前者享有最大程度的普适性,这一观点在近代环境心理学家的研究中得以证实。在人类景观偏好的实验调查中,自然景观,特别是某些类似于早期人类栖居环境的景观成为绝大多数实验对象的审美选择。生物学家、心理学家开始意识到,在上百万年的人类进化历程中,近现代文明的历程在其中不过只占据了微乎其微的一部分。在余下的所有时间中,人类与自然环境都保持着高度亲和的状态。自然景观的环境审美取向正取决于百万年来人类进化历程所奠定的文化基因。这种论断被称为"亲生命性假说(Biophilia Hypothesis)"。②

亲生命性假说与周敦颐的喜爱自然虽然思维方式不同,但最终都得出了相同的结论,即天然自有其乐,而且这种乐的本质是乐生。

周敦颐提出:"乾道成男,坤道成女,二气交感,化生万物。万物生生,而变化无穷焉。"③周敦颐认为自然环境是"万物化生"的载体。由"物"到"万物"的转变实际遵循了最基本的量变质变定律。可以说,"万物"的本质在于"物"的种类数量,或言在生物多样性上的高度丰富,体现自然环境所包含的生命广博之美。自然环境具有"变化无穷"的特点。

---

① (宋)周敦颐、邵雍:《太极图说·通书·观物篇》,上海古籍出版社 1992 年版,第 52 页。
② Simon Bell. Landscape: *Pattern, Perception and Process*. Routledge, 2012. 第 80—89 页。
③ (宋)周敦颐、邵雍:《太极图说·通书·观物篇》,上海古籍出版社 1992 年版,第 9 页。

《周易》将生命与变化联系起来,提出了"生生之谓易"①的生命变化论。周敦颐继承其说,认为阴阳时刻保持着变化的相互作用,阳盛而生,阴盛而衰,诉诸朴素辩证的生命观。变化无穷的生命构成着变化无穷的自然环境,革新之美即在于此。

四、环境的审美境界

环境,既是自然的客观存在,又是人的经验产物。从前者言,环境是人的对立物,从后者言,环境是人的又一体。人对于环境的体认创造(不提"改造",因为环境与自然不完全是一回事)是人的本质力量的对象化。其中,对于环境的审美,具有突出的精神性与鲜明的个性,显示出环境与人的相互作用。

作为在精神上有着深远追求的儒学大师,周敦颐对环境的审美的体认有两个突出精神内涵:一是"静",一是"清"。

"静"原本是作为哲学本体论范畴使用的,周敦颐是在阐述宇宙本体——"太极"的基本性质时谈到静与动。他说"一动一静互为其根"②,动指阳,静指阴。虽然动静两者并举,但周敦颐更重静,认为圣人主静。周敦颐主静说就来历而言,也许受老子影响,《老子·十六章》云:"致虚极,守静笃,万物并作,吾以观复。夫物芸芸,各复归其根。归根曰静,静曰复命。"③老子明确地将"静"看作为物之"根"。物之根就是物之"命",守静就是归根,就是复命。周敦颐的主静说对于二程、朱熹、王阳明均有重要影响,成为理学中的主要思想之一。

虽然"静"在周敦颐的哲学中是作为本体论范畴而存在的,但是这一概念的由来却是他对于自然环境的感受。从环境生理学来说,静谧的环境可以充分调动人的生理感官,人对自然环境的感觉变得敏锐起来,与

---

① 杨天才、张善文注译:《周易》,中华书局 2011 年版,第 571 页。
② (宋)周敦颐、邵雍:《太极图说·通书·观物篇》,上海古籍出版社 1992 年版,第 7 页。
③ 陈鼓应:《老子今注今译》,商务印书馆 2003 年版,第 134 页。

之相关,自然环境的细微之处也就特别受到人们的关注,人对自然的审美变得丰富而又精细了。更重要的是静谧的环境有助于人心取静,而静心是深入思维与深入审美必备的心理条件。庄子说:"万物无足以铙心者,故静也。水静则明烛须眉,平中准,大匠取法焉。水静犹明,而况精神。"①周敦颐作为思想家,自然更为看重环境的幽静。

至于"清",这也是中国古代哲学的重要范畴,道家与儒家都讲清,只是道家的"清"论更多地联系"道"的本真性,因而为"清真";儒家的"清"论更多地联系为人的基本原则——"正",因而为"清正"。清与静一样,首先来自人们对于自然环境的感受,特别是对清水的感受。周敦颐并没有着力论述过"清",但从他的《爱莲说》可以感受到他对"清"的推崇。他歌颂莲"出淤泥而不染,濯清涟而不妖,中通外直,不蔓不枝,香远益清,亭亭净植,可远观而不可亵玩焉。"概而言之,就是"清"。清有干净、纯真之意,进而为圣洁。

在周敦颐一些涉及自然环境审美的文字中,"静"与"清"也常连缀成一个词使用。在其《养心亭说》一文中,周敦颐使用"清净"一词对张氏亭园背山面水的生态环境做出了极高的评价。② 在《通书·蒙艮》中,周敦颐道:"山下出泉,静而清也。汩则乱,乱不决也,慎哉,其惟时中乎!"③将自然景观与人的道德修养联系起来始自儒家创始人孔子,孔子说:"知者乐水,仁者乐山"④,周敦颐发展此说,提出儒者乐"静而清"的观点。乐水在智,乐山在仁。乐"静而清"又是什么意义呢?这需要联系上引文予以申发。上引文是对蒙卦卦象的阐发。蒙卦上艮下坎,有"山下出泉"之象。然蒙卦的卦、爻辞及《象传》《彖传》都没有"静而清"这样的词句。因此,"山下出泉,静而清也"属于周敦颐的个人心得。

凭什么说"山下出泉"就是"静而清"的呢? 只能说是周敦颐对于这

① 陈鼓应:《庄子今注今译》,中华书局 1983 年版,第 364 页。
② (宋)周敦颐著,梁绍辉、徐荪铭等点校:《周敦颐集》,岳麓书社 2007 年版,第 121 页。
③ (宋)周敦颐、邵雍:《太极图说·通书·观物篇》,上海古籍出版社 1992 年版,第 48 页。
④ 杨伯峻译注:《论语译注》,中华书局 2006 年版,第 69 页。

样的景观多次深入观察所得出的结论。一般来说,从山上特别是石山之上流出的泉水都是"静而清"的。这样的景观,按人性之常,是美的,周敦颐对它的肯定,基于的正是人性之常。他较常人深刻处,在于他从这样的景观之中悟出了宇宙之本,他说:"静无而动有,至正而明达。"①在老子哲学中,"天下万物生于有,有生于无"②。王弼注释此章,明确地说:"有之所始,以无为本。"③既然"无"为宇宙之本,周敦颐说"静无动有",那么"静"也就是宇宙之本了。那么"动"呢? 作为"有",它是"无"即"静"的产物,地位要低。动静关系当然可以做多种维度看,不能说只有老子这一种理解才是正确的。不过,在特定情况下,"动"有可能与"乱"联系起来。上段引文中,周敦颐说"汩则乱,乱不决也"。周敦颐并不反对动,但这动要正,如果动而乱,那就是"邪动","邪动,辱也;甚甚,害也"。④

清静不仅是环境的品质,同时也是环境审美的一种态度。周敦颐认为,环境审美不仅仅在于环境自身需要具备"清静"的客观特质,更在于环境的欣赏者持有"清静"的主观心态。至于如何达到清静的审美心态,其途径应该是无功利。庄子说:"必静必清,无劳汝形,无摇汝精,乃可以长生。"⑤要做到清静,最简单的办法便是无欲。周敦颐充分采纳了这一点,并借助孟子"养心莫善于寡欲"的提法加以强调。他提出,寡欲是不够的,应该要做到无欲,"无则诚立、明通"⑥。无功利不仅是艺术审美的准则,同时也是环境审美的重要构成。

周敦颐"山下出泉,静而清"的命题是对由孔子首创的"比德"审美观的发展。孔子说的"知者乐水,仁者乐山",重在人对环境的选择,是"知者"选了水,"仁者"选了山,至于水与山是否影响到"知者"与"仁者",孔子没有说。然而周敦颐考虑到自然环境与人的相互作用,一方面是人选

---

① (宋)周敦颐、邵雍:《太极图说·通书·观物篇》,上海古籍出版社1992年版,第5页。
② 陈鼓应:《老子今注今译》,商务印书馆2003年版,第217页。
③ 楼宇烈校释:《王弼集校释》,中华书局1980年版,第110页。
④ (宋)周敦颐、邵雍:《太极图说·通书·观物篇》,上海古籍出版社1992年版,第9页。
⑤ 陈鼓应:《庄子今注今译》,中华书局1983年版,第304页。
⑥ (宋)周敦颐著,梁绍辉、徐荪铭等点校:《周敦颐集》,岳麓书社2007年版,第121页。

择了"静而清"的环境,另一方面"静而清"的环境有助培养人"静而清"的品格。而当人"静而清"的品格得到培植或升华之后,这品格又反过来影响着自然审美中"静而清"境界的开拓与深化。这种关系,正如黄庭坚对于周敦颐的评价:"舂陵周茂叔,人品甚高,胸中洒落如光风霁月。"①

人与环境就是这样相互作用、相互影响。在中国古代文化中,环境从来就是人的环境,而人总是环境中的人,虽未必都是实践上,却肯定是精神上的,中国的"天人合一"实质就是人与环境的相互认可与肯定。

作为北宋理学开山祖师,周敦颐的环境美学观具有鲜明的理学特色。大体上,他的环境美学思想,基于环境认识论,而落实到环境实践论。在环境认识论方面,他主要提出环境的"育生"功能与环境的生态和谐思想;而在环境的实践论方面,主要提出环境的审美乐趣与审美境界两大问题。与他的理学相一致,他的环境美学既上升到天理的高度,又落实到生活的层面,具有浓郁的生活气息。周敦颐的环境美学思想可以看作是理学环境审美观的开创者。

第二节　邵雍的环境审美观

当代环境美学的第一使命,是要确立环境作为"家"的概念。家的首要功能是居住。居住分为三个层次:宜居、利居、乐居。②"华夏民族之文化,历数千载之演进,造极于赵宋之世。"③从追求"乐居"的理想环境而言,古代环境美学思想发展至宋代亦可谓至其极,宋初理学家周敦颐标举"寻孔颜乐处"的精神境界,开一代圣贤气象,加之安定平和的社会环境,繁荣发展的商品经济和文官政治体制及科学技术的发展,尤其是宋代理学思想体系的形成等多方面的因素,促成了环境美学在宋代发展为一代高峰。邵雍三十年构建其"安乐窝",安其身心,乐其居所,正是宋代

---

① (宋)周敦颐、邵雍:《太极图说·通书·观物篇》,上海古籍出版社 1992 年版,第 52 页。
② 陈望衡:《环境美学》,武汉大学出版社 2007 年版,第 7 页。
③ 陈寅恪:《陈寅恪先生文集》第 2 卷,上海古籍出版社 1980 年版,第 245 页。

理学家追求乐居理想的现实生活反映。

　　邵雍(1011—1077)，字尧夫，为"北宋理学五子"之一，著名思想家、易学家、史学家和诗人，主要著作有《皇极经世书》及诗集《伊川击壤集》。《伊川击壤集》是文学史上第一部理学诗集，收集一生所作三千余首诗，其诗平实坦易，在理学家中首屈一指。因其多用诗歌形式表达理学思想，故被人讥称为"押韵语录"，历来褒贬不一。其诗特色鲜明、自成一体，被称为康节体、击壤体，"击壤派"成为我国古代理学诗派最重要的支流，历宋、明数百年之久。

一、乐居"安乐窝"

　　"观物者审名，论人者辨志"。邵雍将诗集名之为"击壤"，是取"帝尧之世，击壤而歌"之意。击壤是一项古老的投掷游艺，相传远在帝尧时代已经流行。晋皇甫谧《高士传》卷上载："壤夫者，尧时人也。帝尧之世，天下太和，百姓无事。壤夫年八十余而击壤于道中，观者曰：'大哉！帝之德也。'壤夫曰：'吾日出而作，日入而息，凿井而饮，耕田而食，帝力与我何有哉！'""壤夫"之名正是取尧夫击壤之意。如其诗言："闲人歌咏自怡悦，不管朝廷不采诗。"①"人间好景皆输眼，世上闲愁不展眉。生长太平无事日，又还身老太平时。"②"牡丹谢后紫樱熟，芍药开时斑笋生。林下一般闲富贵，何尝更肯让公卿。"③《击壤集》反映出北宋承平之世，邵雍闲居乐处、安定自在的生活状态。

　　宋仁宗皇祐元年(1049 年)，邵雍定居洛阳，以教授生徒为生。嘉祐七年(1062 年)，在西京留守王拱辰等众多朋友的帮助和资助下，在洛阳天宫寺西天津桥南建其新居，邵雍为其命名为"安乐窝"，自号"安乐先生"。《击壤集》中"闲""乐"等字眼随处可见，并有大量直接以"安乐窝"

---

① (宋)邵雍撰，郭彧整理：《邵雍集》，中华书局 2010 年版，第 196 页。
② 同上书，第 268 页。
③ 同上书，第 269 页。

为题的诗歌,《安乐窝中吟》十三首,反复歌吟自己的居所,乐此不疲,这在古代文学家中,较为少见:

> 安乐窝中职分修,分修之外更何求。满天下士情能接,遍洛阳园身可游。……

> 安乐窝中事事无,唯存一卷伏羲书。倦时就枕不必睡,忺后携筇任所趋。……

> 安乐窝中弄旧编,旧编将绝又重联。灯前烛下三千日,水畔花间二十年。……

> 安乐窝中万户侯,良辰美景忍虚休。已曾得手春深日,更欲放怀年老头。……

> 安乐窝中春梦回,略无尘事可装怀。轻风一霎座中过,远乐数声天外来。……①

诗歌中所流露出的对于安乐窝生活的满足和快乐之情,以及"遍洛阳园身可游"的城市生活的审美愉悦感,体现着相当新颖的对于城市生活的认识、理解和观念。在他的诗歌中,邵雍不避重复地吟唱着"满洛城中都似家"的自在与喜乐,如"小车行处人欢喜,满洛城中都似家"②、"尧夫自处道如何,满洛阳城都似家"。③ 对于诗人而言,整个城市处处皆有家的感觉,除了对四时风物的咏言,诗中也处处记载着邵雍和家人、臣相、官员、士人及平民亲密融洽和谐的关系。

邵雍所居之安乐窝,据宋人马永卿《懒真子》记述大体如此:"洛中邵康节先生术数既高,而心术亦自过人。所居有圭窦瓮牖。圭窦者,墙上凿门,上锐下方,如圭之状。瓮牖者,以败瓮口安于室之东西。用赤白纸糊之,象日月也。其所居谓之安乐窝。"④古人认为圭为自然之形,阴阳

---

① (宋)邵雍撰,郭彧整理:《邵雍集》,中华书局 2010 年版,第 339 页。
② 同上书,第 295 页。
③ 同上书,第 506 页。
④ (宋)马永卿:《懒真子》,中华书局 1985 年版,第 25 页。

之始,可见邵雍也是要秉承自然之道,持圭之行,奉圭之格,顺自然而行。"先生以春秋天色温凉之时,乘安车,驾黄牛,出游于诸公家,诸公皆欲其来,各置安乐窝一所。先生将至其家,无老少妇女良贱,咸迓于门,迎入窝,争前问劳,且听先生之言。凡其家妇姑妯娌婢妾,有争竞经时不决者,自陈于前,先生逐一为分别之,人人皆得其欢心。于是酒肴竞进,赜饮数日,复游一家,月余乃归。非独见其心术之妙,亦可想见洛中士风之美。"①康节先生之所以能为之决断,令人悦服,正在其能以至诚之心为之开论,此即其心术之妙。据《邵氏见闻录》,称其"每岁春二月出,四月天渐热即止;八月出,十一月天渐寒即止。故有诗云:'时有四不出,会有四不赴'"②,即大风、大雨、大寒、大暑,公会、葬会、生会、醵会。当时有十余家为康节先生所居安乐窝起屋,谓之"行窝"。至"康节先公没,乡人挽诗云:'春风秋月嬉游处,冷落"行窝"十二家'。③先生每到一家,人并不呼其姓,而称其为"吾家先生至也"。④可见洛阳诸公为邵雍置安乐窝之多,也可想见邵雍在洛阳城中受人欢迎之盛和洛中风俗之美。

邵雍对城市生活的享受,是似陶渊明视城市为樊笼的人所难以理解的,即便洒脱如李白,也是"锦城虽云乐,不如早还家"(李白《蜀道难》)。可见,城市生活对士人而言总是陌生和异化的存在,并非久留之地,而在邵雍看来,洛阳的生活则是亲切的、具有家园之感的。

邵雍的安乐窝居,虽乐于四时,安于四方,而其本则在其经道之乐、悟道之乐。

二、经道之乐

"安乐窝"的快乐主要源于经道之乐。朱熹谓:"康节之学,其骨髓在

① (宋)马永卿:《懒真子》,中华书局1985年版,第25—26页。
②③④ (宋)邵伯温撰,李剑雄、刘德权点校:《邵氏闻见录》卷二〇,中华书局1983年版,第223页。

《皇极经世》,其花草便是诗。"①《皇极经世》和《击壤集》可谓邵雍之学的两翼。击壤诗多以清风明月、花草庭园为表现对象,如果说《击壤集》是花草,则其根在于《皇极经世》,《皇极经世》运用易理和易教推究万物之源、天人之际、兴废之变,是邵雍为学之根本,为乐之根本。击壤之乐的客观环境得之于宋之太平盛世,内而言之则是理学家经道之乐。

邵雍之能"闲居乐处",是从远求天地之道,始知性命之学而来。闲居乐处的根本在其体道之深。欧阳修之子欧阳棐为邵雍所作《谥议》称:"雍少笃学,有大志,久而后知道德之归。且以为学者之患,在于好恶,恶先成于心,而挟其私智以求于道,则弊于所好,而不得其真。故求之至于四方万里之远,天地阴阳屈伸消长之变,无所折衷于圣人。虽深于象数,先见默识未尝以自名也。其学纯一不杂,居之而安,行之能成,平夷浑大不见圭角,其自得深矣。"②如其诗中所言:

> 风吹木叶不吹根,慎勿将根苦自陈。天子旧都闲好住,圣人余事冗休论。长年国里神仙侣,安乐窝中富贵人。万水千山行已遍,归来认得自家身。③

"风吹木叶不吹根","风吹木叶",性其情也,情为动,"根""自家身",性也,性本静,邵雍诗以物象言性理,重天命之性,故说"君子之学,以润身为本。其治人应物皆余事也"。④ 邵雍乐天知命,然他所知命亦非世俗所知之命,"世俗所谓之命,某所不知,若天命则知之矣"。邵雍虽言"此身甘老在樵渔""身为无事人",然而他却是在一心效法圣人,观物得理,究天人之际,要为后人留下一门大学问。他尝有这样的诗句,"只恐身闲心未闲","若蕴奇才必奇用,不然须负一生闲"。可见他是具有远大抱负的人。又邵雍门生故旧中有当官者,为反对新法要投劾而去,他劝说这

---

① (宋)朱熹撰,黎靖德编:《朱子语类》,中华书局1994年版,第2553页。
② (宋)邵雍撰,郭彧整理:《邵雍集》,中华书局2010年版,第5页。
③ 同上书,第276页。
④ 同上书,第5页。

些人："此贤者所当尽力之时,新法固严,能宽一分,则民受一分赐矣。投劾何益耶?"从中可见出邵雍所主张的为官之道和用世之心。邵雍此论,亦有物尽其才,人尽其性之意,每个人对自己的担当和自我的完成各不相同,并不全然以退隐为上,而是要秉持精进进取之心。故程颢以"内圣外王之道"评邵雍之学,以"振古之豪杰"评邵雍其人。[①]

以诗学而论,体道的宋诗与言情的诗论是两种不同的诗学主张。古代诗论,历来有尊唐贬宋之说,如"诗法多出于北宋,而宋人于诗无所谓"(李东阳《怀麓堂诗论》)、"其为诗也,言理不言情,故终宋之世无诗焉"(陈子龙《王介人诗余序》)等等,邵雍诗作为理学诗的重要一派,体现出不同于唐诗的重要区别,即闲淡自得之乐。邵雍诗集自序称:"《击壤歌》,伊川翁自乐之诗也。非唯自乐,又能乐时,与万物之自得也。"古代诗论的发展从逻辑角度而言经历了三个阶段,从诗言志为主的教化诗论,到诗缘情的有情诗论,再到诗者天地之心、自然之性的无情(道情)诗论。从历史角度而言,三种诗论分别从汉代、魏晋至唐和晚唐到宋代为主体展开,从教化诗论到有情诗论再到无情诗论,古代诗论完成了其逻辑发展的三个阶段。常言"唐诗重情,宋诗重意",可以放在有情诗论与无情(道情)诗论中而加以分析。

邵雍在自序中分析了有情之诗与道情之诗的区别,认为人情有七,究其根源有二,一是源于身,一是系于时,身指一身之休戚,时指一时之否泰,一身之休戚不过贫富贵贱,一时之否泰则在兴废治乱。邵雍认为:"近世诗人,身之休戚发于喜怒,时之否泰出于爱恶,殊不以天下大意而为言者,故其诗多溺于情。"[②]理学家诗中的"乐",其指向并非一般文人源自于外在事物或个人际遇所兴发的"春风得意马蹄疾,一日看尽长安花""仰天大笑出门去,我辈岂是蓬蒿人"那种喜乐,而是超越了个人的穷达悲喜,而通达于天命之性、至乐之境。

---

① (宋)邵雍撰,郭彧整理:《邵雍集》,中华书局2010年版,第3—4页。
② 同上书,第179页。

有情诗论写人之七情,喜怒哀乐爱恶欲,诗歌表现的是有我之境,以我之喜怒哀乐寄情于物,引起人情感的共鸣,讲究"干之以风力,润之以丹采"(钟嵘《诗品序》),故其情以"浓"为主,"诗者,志之所之也,在心为志,发言为诗,情动于中而形于言"(《毛诗序》),"诗缘情而绮靡"(陆机《文赋》),即重其情志与文采。道情诗论表现的是无我之境,以物观物,其情以"淡"为上,讲究平实质朴之美,一如宋画色彩由浓转淡,宋瓷也将形式与色彩降到最低,理学家的诗歌也尚闲、尚淡、尚静,从绘画、器物与诗歌中升华成一种共同的审美精神。

性本静情为动,天性是未有哀乐的,发动为人情,始有哀乐,如晋时嵇康《声无哀乐论》,声无哀乐指声的性的一面,反对者言声有哀乐,则是指声发而为情的一面。这里谈的是声音的两个层次,即作为本性的声音与作为情的声音,《乐记》对声、音、乐三个层次进行了明确的区分:"乐者,通伦理者也。是故知声而不知音者,禽兽是也。知音而不知乐者,众庶是也。唯君子为能知乐。是故审声以知音,审音以知乐,审乐以知政,而治道备矣。"[1]中国的礼乐文化,一是礼教,一是乐教,而乐教更为根本,古人讲乐通伦理,乐之道通于天人之际,只是现在乐教早已沦落,邵雍之乐,是先秦乐教之乐。

故说唐诗主情,多言人之情,宋诗主意,是言道之情、性之情。感物而动谓之情,故言人情之诗,动人心性,宋诗主意,以静制动,故多言"闲""静""淡""乐",其情皆从性本静而来。主于情者,多溺于情,故宋儒多追求闲淡,宋诗亦强调有"味外味",主性情之唐诗与主性理之宋诗正在于这两个层面的区别,而诗论至宋代在逻辑上也得以完成。

性如水,情为波,性本静,情为动,君子既在哀乐之中,而同时又在于哀乐之上,这样才可以是乐而不淫,哀而不伤,怨而不怒。古人修身养性是要修到真如之境、先天之性,这样才能行于寂静之中而不失风云之色。此种会心悟理之乐,方为至乐。程颢正是看到了邵雍诗中所体现的经道

---

[1] (清)孙希旦撰,沈啸寰、王星贤点校,《礼记集解》,中华书局 1989 年版,第 982 页。

之乐、悟道之乐,所以作《和尧夫首尾吟》曰:"先生非是爱吟诗,为要形容至乐时。醉里乾坤都寓物,闲来风月更输谁? 死生有命人何异,消长随时我不悲。直到希夷无事处,先生非是爱吟诗。"①

至乐,非人世之乐,亦非名教之乐,而是观物之乐。邵雍诗集序有言:"予自壮岁业于儒术,谓人世之乐何尝有万之一二,而谓名教之乐固有万万焉,况观物之乐复有万万者焉。虽死生荣辱转战于前,曾未入于胸中,则何异四时风花雪月一过乎眼也? 诚为能以物观物,而两不相伤者焉,盖其间情累都忘去尔,所未忘者独有诗在焉。然而虽曰未忘,其实亦若忘之矣。何者? 谓其所作异乎人之所作也。所作不限声律,不沿爱恶一,不立固必,不希名誉,如镜之应形,如钟之应声。其或经道之余,因闲观诗,因静照物,因时起志,因物寓言,因志发咏,因言成诗,因咏成声,因诗成音,故哀而未尝伤,乐而未尝淫。虽曰吟咏情性,曾何累于性情哉!"②"因……成(生)……"此一句法,在古代文论中常出现,如因文生事、因缘生法、因形就势、因空生色等,"因"即"依""随顺"之意。《管子》有曰:"因也者,舍己而以物为法者也",即不依于己而依于物之意,亦即邵雍观物理论的体现,即以物观物,随物赋形,得自然之道也。

三、洛城之乐

邵雍安居乐处于旧都洛阳,换句话说,是安在城市,而不是在农村田园。自然、农村、城市,是环境美学的三大视界,从自然走向农村,从农村到城市,是人类的家的发展,也是环境美学研究的轨迹。

中国古代环境美学史上,人们对环境的审美理想大体上也经历了这三个阶段。先秦时期,以《山海经》为代表,先民们以实用之目的对待山水自然,以草木果实可以营养身体,安神疗疾,祛病延年,是为第一阶段;至魏晋南北朝山水田园诗的出现,"归田园居"的隐居模式成为古人的一

---

① (宋)程颢、程颐撰,王孝鱼点校:《二程集》,中华书局1981年版,第481页。
② (宋)邵雍撰,郭彧整理:《邵雍集》,中华书局2010年版,第198页。

种生活理想,山水之乐、林下风流成为古人挥之不去的山水情结,甚至将之与城市二元对立,"长怀去城市,高咏狎兰荪"(卢照邻《三月曲水宴得尊字》),此为第二阶段;至宋代城市作为商品经济的发展产物,日益成为人们生活和居住的重要场所,人们的居住理想也发生着相应的变化,古代大量的山水诗与山水画体现了古人渴望回归自然的情怀,中国的山水诗画多是"从城市出走",体现出归隐田园的理想,而宋代以《清明上河图》为代表,体现出"回到城市"的观念,邵雍的《击壤集》也反映出宜居、利居、乐居的城市生活,具有鲜明的时代特色。《清明上河图》与《击壤集》正可谓古代环境美学发展到第三阶段的象征,即回到城市、安居城市、乐居城市,体现着社会的发展和文明的进步。邵雍的《击壤集》可谓这一转向的风向标,将"少无适俗韵,性本爱丘山"的山水情结与城市生活相统一,实现了城市的园林化生活理想。

宋代郭熙在《林泉高致·山水训》中说:"可行可望不如可居可游之为得……观今山川,地占数百里,可游可居之处,十无三四,而必取可居可游之品。君子之所以渴慕林泉者,正谓此佳处故也。故画者当以此意造,而鉴者又当以此意穷之。"①利居、益居不仅要能可行可望,还要可居可游,故画者、鉴者及居者皆以可游可居为意进行创作、品鉴和设计。在邵雍的诗歌中,充满了城市生活的乐趣,漫游城市,观赏街景、赏花游园,文人雅集、会饮唱和等等,邵雍在洛阳三十年,真正实现了行望居游的理想。

追溯邵雍的城市之乐,其实现至少有两方面的条件,主观上是邵雍能因静照物,因时起志,故能虽居喧嚣都市,而能心闲自处;客观上是因时而起,应运而生,于宋代承平之世,理学兴盛之际,顺应时代和思想发展的客观规律,一种新的人居环境的形成。

邵雍的"闲"即从道与性而来,故其闲不是消极无为,而是物尽其性,其乐则是观物之乐,而非名利之乐。邵雍提供了一种理想的乐居状态,

① (宋)郭熙撰,周远斌点校:《林泉高致》,山东画报出版社2010年版,第16页。

乐居有二,一要有"闲"心、"闲"情。宋人大体重"闲"字,如"等闲识得东风面,万紫千红总是春"(朱熹《春日》)、"江山风月,本无常主,闲者便是主人"(苏轼《临皋闲题》),闲不是游手好闲、无为、懒散,闲是有余,是超越,是能放下,闲也可以说是平常心,所谓"平常心是道",不拘泥于身之利欲,不着苦乐两边而行持中道。二是生命的底色是乐,不是喜怒哀乐之乐,而是天地至乐之境,闲以乐为基础,乐以闲为显现。这与佛教以苦、基督教以罪为出发点的文化不同,中国的礼乐文明,秩序是礼,天道是乐,中国文化是以乐天知命为出发点的,这种礼乐文明,始于先秦,成于宋代,至阳明心学更有所发展。哲宗赐邵雍谥为"康节","按谥法,温良好乐曰康,能固所守曰节"。① 康节之名正是礼乐的体现。邵雍之子邵伯温请程颢为其父作墓志铭,程颢赞曰:"尧夫之学可谓安且成。"程颢于墓志中写道:"先生之学为有传也,语成德者,昔难其居。若先生之道,就所至而论之,可谓安且成。"② 安且成,应是礼乐相辅而成,相得益彰。以乐为基础,回过头来,能日用即道,能物物即是,故能成就闲静之情,成就日常生活之雅趣。所以宋代士人于日常生活之中具有一种宇宙人生意识的深度,使乐居得以实现。

邵雍的安乐窝的居住方式,使人与自然、与山水、与生活走得更近了。甚至,最佳的自然山水不再是荒寒偏远的地方,不再是高蹈远引、离世绝俗的场所,而是日常生活化的地方。正如宋代隐士与避世疾俗的魏晋隐士不同,宋代隐士不避仕宦,也多与仕宦往来交游,实现了出世入世的统一。士人将归田园居的理想落实在"家有山林之乐",乃至城中亦有山林之乐,终至王居、农居、市居、士居皆有田园之乐,山水之享,将"可游可居"的理想落实到日常的生活化场景之中,体现出一种世俗的享乐和诗意的栖居,成就俗世的风景,在诗歌审美意象中透露出居世俗而内心超越的闲适旷达情怀。

---

①② (宋)邵雍撰,郭彧整理:《邵雍集》,中华书局 2010 年版,第 5 页。

第三节　张载的环境审美观

20世纪60年代，随着人们对生态环境的重要性认识不断加强，环境美学在欧美也随之兴起。自然环境成为美学研究的重要对象，人和自然的关系问题取代传统的艺术审美而成为环境美学研究的基本问题。中国古代最宝贵的思想资源之一就是关于人与自然关系的论述。虽然在关于环境、生态的语境上，古今的理解有很大的差异，就学术史而言，宋代的美学思想必然受制于理学的整体结构，而当代环境美学产生的知识学背景非常庞杂，且学科互涉，诸多命题乃由人类现代文化困境所催生。但不可否认，古代思想中有着当代环境美学可以吸收和借鉴的元素。尤其在宋代理学思想中，关于天人关系的思考已自成一体。理学家虽然没有自觉的建构环境美学的思想体系，但其对当代环境美学的关键性概念，如天地、自然、家园等有着充分的论述，对自然环境的审美方式和审美理想有着明确的认知。人如何对待天地自然，也就决定了如何对待他人及自己，三者从根本上来讲是一致的。张载的环境审美观正是在此基础上得以展现。

张载对其最为看重的《正蒙》一书有"枯株晬盘"之喻："吾之作是书也，譬之枯株，根本枝叶，莫不悉备，充荣之者，其在人功而已。又如晬盘示儿，百物具在，顾取者如何尔。"[1]意即其思想已是纲领昭畅，架构完备，而其华枝茂叶则更待来者充实丰满，亦可随来者之意而各取所需。这里从枯株晬盘中所析出者正是其环境审美思想，亦即当代环境美学所关注的天地物我观及其对环境的审美方式和审美理想等内容。

一、环境审美的基本坐标

天地概念是环境美学的基本概念，如何认识天地直接影响到人们对

---

[1] （宋）张载撰，章锡琛点校：《张载集》，中华书局1978年版，第3页。

环境的审美。横渠四句中"为天地立心,为生民立命"①,可以说奠定了环境审美的基本坐标,其中"为天地立心"是天道,"为生民立命"是人道,"天"与"人"、"物"与"我"分别构成了环境审美中的两极,二者又同归于一,归于气之本。

当我们进一步思考"为天地立心"时,我们不禁要问:首先,究竟有无天地之心? 其次是谁为天地立心? 再次,如果有,天地之心到底是什么?

究竟有无天地之心? 张载说:"天无心,心都在人之心。"②又说:"天惟运动一气,鼓万物而生,无心以恤物。圣人则有忧患,不得似天。天地设位,圣人成能。圣人主天地之物,又智周乎万物而道济天下,必也为之经营,不可以有忧付之无忧。"③意即天只是运动着的气,气鼓万物而生。天对万物并无忧患之心,而圣人则有忧患之心于天下,然圣人能参天地者,正在于圣人不可以己之忧以应天之无忧,也就是说,圣人终归以无私无忧之心参天地变化。可见,天无心,圣人要为天地立心。

为天地立心者,固然是在人心,然"有外之心不足以合天心"④。何为有外之心? 张载认为:"大其心则能体天下之物,物有未体,则心为有外。世人之心,止于见闻之狭。圣人尽性,不以见闻梏其心,其视天下无非我,孟子谓尽心知性知天以此。天大无外,故有外之心不足于合天心。"⑤有外之心即是不能体物之心。朱熹认为:"只是有私意,便内外扞格。只见得自家身己,凡物皆不与己相关,便是'有外之心'。"⑥可见有外之心是有私之心,有私之心则不能尽心知性知天。此私心是人的气质之性,气质之性,有偏有蔽,偏蔽之心不可为天地立心。故能为天地立心的人心是指超越气质之偏的先天之性,唯有这种先天之性才能与天地本性相

---

① (明)黄宗羲撰,全祖望补修,陈金生、梁运华点校:《宋元学案》,中华书局1986年版,第769页。
② (宋)张载撰,章锡琛点校:《张载集》,中华书局1978年版,第256页。
③ 同上书,第185页。
④ 同上书,第24页。
⑤ 同上书,第256页。
⑥ (宋)黎靖德编,王星贤点校:《朱子语类》,中华书局1986年版,第2519页。

合,才能为天地立心,实现人心与道心的合一。

那么,何为天地之心?概而言之,即指天地的本来面貌,亦即是充盈于天地之间的气及气的运动变化之道,即张载气本论的宇宙观。天地之心主要包含以下几个方面。

其一,天地之心即气,气是客观存在的,是"有"。

张载认为:"太虚不能无气,气不能不聚而为万物,万物不能散而为太虚。"①气之本无形无状,弥漫于太虚;气之聚散构成千变万化的物之形状。"凡可状,皆有也;凡有,皆象也;凡象,皆气也。气之性本虚而神,则神与性乃气所固有,此鬼神所以体物而不可遗也。"②这里鬼神即指气的屈伸往来变化,"气块然太虚,升降飞扬,未尝止息"。③ 可见,张载认为变化不息的气是客观存在的,是充塞于天地之间的一种实存。这与佛教的"无"不同,在这一点上,张载对释氏提出了批评,认为"释氏不知天命而以心法起灭天地","诬天地日月为幻妄",④所以说盈天地间一气耳,而气是客观存在的。

其二,"客感客形与无感无形,惟尽性者一之"。

在气本论的思想上,张载提出客形与客感的观点:"太虚无形,气之本体;其聚其散,变化之客形尔。至静无感,性之渊源;有识有知,物交之客感尔。客感客形与无感无形,惟尽性者一之。"⑤无形无感与客形客感分别是就气的本性与气的变化而言,无形无感是气的本然状态,客形客感是气的变化成形。一切有形之物,均是客形,一切意识感知,皆是客感。花草树木皆是客形,喜怒哀乐俱是客感。山河大地,草木虫鱼,乃至于灵秀之人,形貌有别,俱是客形,皆因气的聚散变化而生。至性本静,感物而动,然后有喜怒哀乐之情生,此情是物交之客感,是人的气质之性,是客性。

---

① ⑤ (宋)张载撰,章锡琛点校:《张载集》,中华书局 1978 年版,第 7 页。
② 同上书,第 323 页。
③ 同上书,第 8 页。
④ 同上书,第 26 页。

　　朱熹认为张载的"'客感客形'与'无感无形',未免有两截之病","圣人不如此说,只说'形而上,形而下'而已,故又曰'一阴一阳之谓道'"。①然张载的客感客形说只是权说,根本上张载也强调至道之要、不二之理,故说"知虚空即气,则有无、隐显、神化、性命通一无二"。②张载认为:"不有两则无一。故圣人以刚柔立本,乾坤毁则无以见易。"③没有两就没有一。张载以"易"言"气",易以乾坤而显有,气以变化而成形。无感无形是气之本,气之阴阳变化、聚散而成客形客感,是气之用。气之客感客形者,是"有"、是"显"、是"化"、是"命",气之无感无形者,是"无"、是"隐"、是"神"、是"性",二者惟尽性者能一之,尽性者即无私心者,无私心者则能在客形客感中知晓无形无感之性,能在无形无感中体会客形客感之理。

　　其三,"善反之则天地之性存焉"。

　　如何尽性,张载强调要"反之":"形而后有气质之性,善反之则天地之性存焉。"④即要从气质之性反归天地之性,这便是"为生民立命"的大义所在。南宋叶采注解为:"天命流行,赋予万物,本无非善,所谓天地之性也。气聚成形,性为气质所拘,则有纯驳偏正之异,是谓气质之性也,然人能以善道自反,则天地之性复至矣。故气质之性,君子不以为性,盖不徇乎气质之偏,必欲复其本然之善。孟子谓性无有不善是也。"⑤如何反,以善道反,如何是善道,贵在要虚其心,虚其心则自诚明,"诚明所知乃天德良知,非闻见小知而已"。⑥诚明之知,才能合于天道。张载的"为生民立命"所示人的便是从气质之性"反"归天地之性的方向和道路,在这条道路上,人要涵养其性情,变化其气质。

　　综上言之,"为天地立心"和"为生民立命",一是就天之道而言,一是

---

① (宋)黎靖德编,王星贤点校:《朱子语类》,中华书局 1986 年版,第 2533 页。
② (宋)张载撰,章锡琛点校:《张载集》,中华书局 1978 年版,第 7 页。
③ 同上书,第 9 页。
④ 同上书,第 23 页。
⑤ (宋)朱熹、吕祖谦编,叶采集解,严佐之导读:《近思录》,上海古籍出版社 2010 年版,第 85 页。
⑥ (宋)张载撰,章锡琛点校:《张载集》,中华书局 1978 年版,第 20 页。

就人之道而言,二者终归于一,合于不二之理。从天地立心到生民立命,张载完成了逻辑上的自洽,这一思想也成了看待世界的两极坐标,决定了其环境审美的基本框架、审美理想和感知方式。

二、环境审美中的家园感

在气的实存与变化的属性之上,张载提出了"民胞物与"的物我观。《西铭》开篇写道:

> 乾称父,坤称母;予兹藐焉,乃混然中处。故天地之塞,吾其体;天地之帅,吾其性。民,吾同胞,物,吾与也。[1]

我们通常将其理解为天为父,地为母,人与万物生活于天地之中。显然,"中"是指物理的空间,但朱熹认为"浑然中处"是指"许多事物都在我身中,更那里去讨一个乾坤?"[2]意即人身中即有乾坤,阴阳二气浑然交融于人身与万物之中。显然,"中"不仅是指物理空间,更是一种意义的空间,这正如庄子所谓"天地与我并生,而万物与我为一"、孟子所言"万物皆备于我"的意思。显然,朱熹的理解更准确地把握了"混然中处"的意义,这样才能在逻辑上与后面的"吾其体""吾其性"贯通起来。故说充塞于天地之间的气是人的本体,主宰天地运行的气是人的本性(先天之性),百姓是我的同胞兄弟,万物与我皆是同类。此三句是《西铭》关键处,也是理学家环境审美的关键处。从环境审美的角度看,包含了以下几层意思:

其一,天下为一家

"乾称父,坤称母",乾坤壹父母。朱熹解为"自一家言之,父母是一家之父母;自天下言之,天地是天下之父母,通是一气,初无间隔"[3],物我皆为天地父母所生,亦禀天地父母之性,天地有生生之意,物我则血脉交

---

[1] (宋)张载撰,章锡琛点校:《张载集》,中华书局1978年版,第62页。
[2] (宋)朱熹撰,黎靖德编,王星贤点校:《朱子语类》,中华书局1986年版,第2523页。
[3] (宋)朱熹撰,黎靖德编,王星贤点校:《朱子语类》,中华书局1986年版,第2520页。

融，由此形成了独特的天地物我观，即认为天地宇宙是一个和谐、和睦的大家庭，整个宇宙便是一个生气贯注、和谐完整的生命有机体。正如薛文清所言："读《西铭》知天地万物为一体。"①又曰："读《西铭》有天下为一家，中国为一人之气象。"②

天地万物构成一个血脉相通、富有人情的生命体系，这与印度、西方的宇宙观迥异其趣。正如钱穆所言："以生机说宇宙，唯中国人有之。人生不自罪恶降谪，天地之生草木鸟兽，亦百为人而生。惟吾中国，乃以生意生机说宇宙，宇宙即不啻一生命，人类生命亦包含在此宇宙自然大生命中。非宗教非科学，人生与自然不加划分。独有其天人合一之特殊观。"③以生意生机说宇宙，则人不是注定生而有罪的，也不是生而受苦的，而是反身而诚、体至道之乐。以生意生机说宇宙，则物我之关系不是两分的，而是物我统一、内在交融，是有情和审美的关系。故钱穆说："中国山水实即中国文化之具体表现。虽一自然，备见人文。亦为我民族大生命所寄。即谓中国人文心世界存藏于自然物世界，亦无不可。"④

其二，环境审美中的家园感

"家"，甲骨文字形"🏠"，上面是"宀"，有深屋、覆盖之意，表示与房屋有关，下面是"豕"，即猪，"家"意味着人和动物生活在同一个屋檐下，在同一个空间里和谐相处。推而广之，"家"也意味着在苍穹覆盖之下，在天地之间，人和万物也应和谐相处，共生共存，物我一体，天下一家。民胞物与的思想强调物我虽形迹相殊，而性理相同，共存于天地之间，这正是儒家家国天下情怀确立的哲学基础。

《说文解字》释"家"为居也。家园、居住是环境美学的基本概念和核心概念，"家园感是环境审美的基础"。⑤ 如何安家、如何居住？孟子曰：

---

① （宋）黄宗羲撰，全祖望补修，陈金生、梁运华点校：《宋元学案》，中华书局 1986 年版，第776 页。

② 同上书，第776 页。

③ 钱穆：《晚学盲言》，生活·读书·新知三联书店 2014 年版，第 56 页。

④ 同上书，第 109 页。

⑤ 陈望衡：《环境美学》，武汉大学出版社 2007 年版，第 24 页。

"仁,人之安居也,义,人之正路也,旷安宅而弗居,舍正路而不由,哀哉!"①仁是人类最安适的住宅,义是人类最正确的道路,空着安适的住宅而不居,舍弃正确的道路而不行,岂不悲哉!可见,仁居是最重要、最根本的安居之道。何谓仁居?"仁者以天地万物为一体",理学家体仁,强调仁的造化之功、生生之意,从天地之仁到社会之仁,由亲亲到仁民、到爱物,由爱自己的亲人到爱他人、爱天下,可以说,仁居建立起来了中国环境美学的家园感。

家园感是一种什么样的感情呢?朱熹在《西铭》解义中认为:"便见得吾身便是天地之塞,吾性便是天地之帅;许多人物生于天地之间,同此一气,同此一性,便是吾兄弟党与;大小等级之不同,便是亲疏远近之分。故敬天当如敬亲,战战兢兢,无所不至;爱天当如爱亲,无所不顺。天之生我,安顿得好,令我当贵崇高,便如父母爱我,当喜而不忘;安顿得不好,令我贫贱忧戚,便如父母欲成就我,当劳而不怨。"②敬畏天地自然,尊重自然万物,物我有同情之亲,有等差之爱,有敬有亲,有礼有节,喜而不忘,劳而不怨,这是理想的天下家园。这种"民胞物与"的家园感不把自然作为资源和工具,而是把天下自然视为家园,视为具有情感、意志和灵魂的皈依之所,共生共存,安居乐处。

其三,环境审美中的主体精神

虽然强调天地一体,但物我终究有别。张载一方面强调"万事只一天理"③,同时又强调"天地虽一物,理须从此分别"④。朱熹认为:"《西铭》自首至末,皆是'理一分殊'。乾父坤母,固是一个理;分而言之,便见乾坤自乾坤,父母自父母,惟'称'字便见异矣。"⑤"称"是"相当""相类"之义,乾坤父母,二者毕竟有异,所以张载说:"万物皆有理,若不知穷理,如

---

① 杨伯峻译注:《孟子译注》,中华书局 1960 年版,第 172 页。
② (宋)朱熹撰,黎靖德编,王星贤点校:《朱子语类》,中华书局 1986 年版,第 2526 页。
③ (宋)张载撰,章锡琛点校:《张载集》,中华书局 1978 年版,第 256 页。
④ 同上书,第 176 页。
⑤ (宋)朱熹撰,黎靖德编,王星贤点校:《朱子语类》,中华书局 1986 年版,第 2523 页。

梦过一生。"①穷理明性,需待人的学与悟。

万物虽皆为天地所生,而人独得天地之和气,故人"为五行之秀,实天地之心"。② 在穷理明性中,人的主体精神与担当意识得以凸现。朱熹认为:"'吾其体,吾其性',有我去承担之意。"③又曰:"人本与天地一般大,只为人自小了。若能自处以天地之心为心,便是与天地同体。《西铭》备载此意。颜子克己,便是能尽此道。"④人要有诚敬之心,要大其心,才能为天地立心。人的大其心,是指人作为一个体道者,一方面要能让自己的生命得到生长,同时也要让他人和他物的生命得到生长,这就是仁者之爱、仁者之德。最大的爱,是生命之爱,最大的德,是生生之德。在环境审美中,人也要大其心,要有担当意识和主体精神,才能真正实现天下一家,在天地自然中拥有一种家园感。

"民胞物与"下的自然观与西方传统的自然资源观不同,也与生态系统中的科学自然观不同。自然资源观中人虽然占有主体性地位,但人与自然是对立和异在的关系;生态自然观中,人、生物及其生活环境都是生态系统中的要素,它们之间进行着连续的能量和物质交换,都是客观的、物质性的存在,人和其他生物之间是平等的;而"民胞物与"中的环境观更注重精神性,强调人与物在本性上的合一、情性上的相通,同时更强调人在万物中的主体地位,三者旨趣迥异。

综上所述,张载"民胞物与"的思想探讨了理学环境审美中的三大主要问题,即天下为一家的物我观、仁居基础上的"家园感"以及仁者在环境审美中的主体精神和责任感,这构成了理学环境审美的核心思想。

三、环境审美的认知方式

气的体同用殊的关系形成了独特的自然环境观,也形成了独特的环

---

① (宋)张载撰,章锡琛点校:《张载集》,中华书局 1978 年版,第 321 页。
② (南朝)刘勰撰,范文澜注:《文心雕龙注》,人民文学出版社 1958 年版,第 1 页。
③ (宋)黎靖德编,王星贤点校:《朱子语类》,中华书局 1986 年版,第 2520 页。
④ (明)黄宗羲撰,全祖望补修,陈金生、梁运华点校:《宋元学案》,中华书局 1986 年版,第 773 页。

境认识论。体同，故能同体大悲，用殊，故须精研物理；体同，故能共感，用殊，贵能会通，合而言之，即能感而遂通。由此形成了一种特殊的审美方式，即体悟和感应的方式，与知性的逻辑认识不同，它更具有一种灵性的非逻辑的力量。

"体"在儒家思想中是一个重要的概念，除了体用之"体"外，还有体会、体悟之"体"，前者是本体论层面，后者是认识论层面。理学家强调体物，"物有未体，则心为有外"，体作为一种认知方式，"是将自家这身入那事物里面去体认。伊川曰'天理'二字，却是自家体贴出来"。① 又如朱熹所言，"事亲底道理，便是事天底样子。人且逐日自把身心来体察一遍，便见得吾身便是天地之塞，吾性便是天地之帅；许多人物生于天地之间，同此一气，同此一性，便是吾兄弟党与；大小等级之不同，便是亲疏远近之分"，②强调对自我身心的体察。"体"物的方式主要通过感应来实现。感应是由物及人、由人及天，由此及彼的通达方式。张载强调的感应之道主要有以下特点。

其一，在对环境感知的方式上，张载强调"虚受之感"。

"感之为道，以虚受为本，有意于中，则滞于方体而隘矣"③，强调"受"要"虚受"。何谓虚受，张载以"心如石田"喻之，谓"教之而不受，则虽强告之无益，譬之以水投石，不纳也。今石田，虽水润之而不纳"④，心如石田，则不能虚而受之，亦不能感。所谓虚受，即"无心之感"，能无心而感，则无所不通，即《易大传》所云：寂然不动，感而遂通天下之故。

"虚受之感"区别于"以感为幻"。"以感为幻"是指佛释而言，张载认为"释氏以感为幻妄，又有憧憧思以求朋者，皆不足道也"。⑤ 张载认为"感"是客观实有，非主观之幻妄。理学家的"有"与佛家的"幻"在对自然

---

① （宋）朱熹撰，黎靖德编，王星贤点校：《朱子语类》，中华书局1986年版，第2518页。
② 同上书，第2526页。
③ （宋）张载撰，章锡琛点校：《张载集》，中华书局1978年版，第124页。
④ （宋）张载撰，章锡琛点校：《张载集》，中华书局1978年版，第316页。
⑤ 同上书，第216页。

的环境的审美态度上是有不同的,佛教认为物形是空幻,因此对于现实的风景没有儒家的草木皆亲和人与大自然的一体之感。

"虚受之感"也区别与以私欲为感。"憧憧思以求朋者"则是指以私欲为感。张载认为"感"虽有,却不以利欲为有,朱熹详细解释了"憧憧思以求朋者",认为"往来固是感应,憧憧是一心方欲感他,一心又欲他来应。如正其义,便欲谋其利;明其道,便欲计其功。又如赤子入井之时,此心方怵惕要去救他,又欲他父母道我好,这便是憧憧之病"。①"憧憧,只是对那日往则月来底说。那个是自然之往来,此憧憧者是加私意不好底往来。憧憧只是加一个忙迫底心,不能顺自然之理。方往时又便要来,方来时又便要往,只是一个忙。"②可见,憧憧之感,是有私之感,有欲之感,有目的之感,而虚受之感是无心之感,如日月相推而明生,寒来暑往而岁成,是气的往来屈伸之理,是天地自然之感。

其二,感应的方式和类型。

感应之道无处不在,其方式和类型也多种多样。张载认为:

> 感之道不一:或以同而感,圣人感人心以道,此是以同也;或以异而应,男女是也,二女同居则无感也;或以相悦而感,或以相畏而感,如虎先见犬,犬自不能去,犬若见虎,则能避之;又如磁石引针,相应而感也。③

感有相同而感,有相异而感,有相悦而感,有相畏而感。感又有物物相感,有物人相感,有人人相感。"若以爱心而来者自相亲,以害心而来者相见容色自别。"④此是相同而感。"鸡鸣,雏不能如时,必老鸡乃能如时。蚁,必有大者将领之,恐小者不知。然风雨阴晦,人尚不知早晚,鸡则知之,必气使之然。如蚁之,不知何缘而发。"⑤此是物物相应而感。张

---

① (宋)朱熹撰,黎靖德编,王星贤点校:《朱子语类》,中华书局 1986 年版,第 1812 页。
② 同上书,第 1816 页。
③ (宋)张载撰,章锡琛点校:《张载集》,中华书局 1978 年版,第 125 页。
④ 同上书,第 125 页。
⑤ 同上书,第 331 页。

载认为"智者乐水,仁者乐山",所谓"乐山乐水,言其成德之。仁者如山之安静,智者如水之不穷,非谓仁智之必有所乐,言其性相类",指仁者的德性与山相类,能坚守不动,智者的智慧与水相通,能灵活变通,此是人与自然之物的相悦而感,儒家的比德观正是建立在物性与人性的契合上。

张载特别强调感应同时,不存在先后之别。有感则有应,应之速如影随形,"感如影响,无复先后,有动必感,咸感而应,故曰咸速也"。① 感与应是同存并在的,并没有先后之别,然而感应的幽微与感应在速度上的并存和感应在后果上所带来的无形力量却为今人所忽视。

其三,感应之道对环境审美的意义。

建立在气本论和气化论基础上的感应之道使古人对自然环境的感受更加深刻与细腻。以气的地域性和时间性导致对声音的感受为例来看,张载谈道:

> 声音之道,与天地同和,与政通。蚕吐丝而商弦绝,正与天地相应。方蚕吐丝,木之气极盛之时,商金之气衰。如言"律中大簇""律中林钟",于此盛则彼必衰。方春木当盛,却金气不衰,便是不和,不与天地之气相应。律者自然之至,此等物虽出于自然,亦须人为之;但古人为之得其自然,至如为规矩则极尽天下之方圆矣。②

如果说气的时间性是"天"之气,气的地域性是"地"之气,那么此段关注的是声音与天气的相感,音律与四时的相通。除此之外,声音之道亦与地气相关。如对于郑卫之音,孔子早有定言"郑声淫",淫,指过度的意思,指郑声不合于雅乐,偏离情性之正,学者一般重在对淫乐产生的社会原因进行分析,而张载则追溯到地理环境的分析上:

> 郑卫之音,自古以为邪淫之乐,何也? 盖郑卫之地滨大河,沙地

---

① (宋)张载撰,章锡琛点校:《张载集》,中华书局 1978 年版,第 125 页。
② 同上书,第 262 页。

土不厚,其间人自然气轻浮;其地土苦(注,气薄意),不费耕耨,物亦能生,故其人偷脱怠惰,弛慢颓靡。其人情如此,其声音同之,故闻其乐,使人如此懈慢。其地平下,其间人自然意气柔弱怠惰;其土足以生,古所谓"息土之民不才"者此也。若四夷则皆据高山谿谷,故其气刚劲,此四夷常胜中国者此也。移人者莫甚于郑卫,未成性者皆能移之,所以夫子戒颜回也。[1]

郑卫之地平浅且易耕作,故郑卫之人气轻浮且柔弱怠惰,郑卫之音亦易令人懈慢,不能得情性之正。如《管子》所言"沃土之民不材,瘠土之民向义",张载将地气视为人的气质之性的重要因素。张载还认为:"南人试葬地,将五色帛埋于地下,经年而取观之,地美则采色不变,地气恶则色变矣。又以器贮水养小鱼,埋经年,以死生卜地美恶,取草木之荣枯,亦可卜地之美恶。"[2]由此,好的地气是有利于万物的生生之意的。

可见,建立在气本论基础上的感应之道成为沟通自然与社会的中介和黏合剂,从自然物理时空到声音性情到政治教化,皆是气韵生动、一脉相承,由此形成了中国古代天人相应的生态观,即从自然生态到精神生态到文化生态,最终实现大礼与天地同节,大乐与天地同和的生态理想。

四、环境审美的主要理想

张载认为学习最重要的目的是变化气质,人的为学之路即是从气质之性到先天之性的反本之路。张载称他自己"某旧多使气,后来殊减,更期一年庶无之,如太和中容万物,任其自然"。[3]张载所说的"使气"即是逞气质之性,"气质犹人言性气,气有刚柔、缓速、清浊之气也,质,才也。气质是一物,若草木之生亦可言气质。惟其能克己则为能变,化却习俗

---

① (宋)张载撰,章锡琛点校:《张载集》,中华书局 1978 年版,第 263 页。
② 同上书,第 299 页。
③ (宋)张载撰,章锡琛点校:《张载集》,中华书局 1978 年版,第 281 页。

之气性,制得习俗之气,所以养浩然之气是集义所生者,集义犹言积善也,义须是常集,勿使有息,故能生浩然道德之气。"①为学要能制得习俗之气,养吾浩然之气。

对变化气质,马一浮做了进一步阐发,认为"顺其气质以为性,非此所谓率性也。增其习染以为学,非此所谓修道也。气质之偏,物欲之蔽,皆非其性然也。……学问之道无他,在变化气质,去其习染而已矣"。②任性不是任气质之性,不是逞才使气,而是任自然本性。修道不是修习染之道,而是反本之道。立命之道,是要持性返本,顺自然本性,养浩然之气,达于天地之性,此《中庸》所谓"天命之谓性,率性之谓道,修道之谓教"也。

变化气质,持性反本,理学家尤重涵养,所谓"桑麻千里,皆祖宗涵养之休"。③山河大地、草木虫鱼是自然之涵养,礼义制度、经籍义理是文化之涵养,建筑庭院、服饰器皿是社会之涵养,人所生活于其中的自然环境及人所营建的社会环境、创造的文化艺术,皆是要有利于人的变化气质,返本归真。所谓"义理养其心,威仪辞让养其体,文章物采养其目,声音养其耳,舞蹈以养其血脉"。④

张载为学重涵养,并认为涵养有缓急先后之序。张载说:"观书且勿观史,学理会急处,亦无暇观也。然观史又胜于游,山水林石之趣,始似可爱,终无益,不如游心经籍义理之间。"⑤张载认为游心于经籍之间是最紧要处。在横渠镇的六年,张载"终日危坐一室,左右简编,俯而读,仰而思,有得则识之,或中夜起坐,取烛以书,其志道精思,未始须臾忘也",可谓"六年无限诗书乐,一种难忘是本朝"。⑥可见,张载最看重的是游心经籍之间,学为圣贤之道,这是最根本处。如没有这个根本,观史则不透

---

① (宋)张载撰,章锡琛点校:《张载集》,中华书局 1978 年版,第 281 页。
② 马一浮:《复性书院讲录》,浙江古籍出版社 2012 年版,第 6—7 页。
③ (宋)陈鹄撰:《西塘集耆旧续闻》,中华书局 1985 年版,第 31 页。
④ (宋)程颢、程颐撰,王孝鱼点校:《二程集》,中华书局 1981 年版,第 21 页。
⑤ (宋)张载撰,章锡琛点校:《张载集》,中华书局 1978 年版,第 276 页。
⑥ 同上书,第 368 页。

彻,山水林泉之趣亦终于无益。如朱熹教人观草木之理,认为:"然亦须有缓急先后之序,若不穷天理、明人伦、讲圣言、通世故,乃兀然存心一草一木一器用之间,此是何学问? 如此而望有所得,是炊沙而欲成饭也。"①

以张载和二程对自然环境的审美来看,张载著有《芭蕉》一诗:"芭蕉心尽展新枝,新卷新心暗已随。愿学新心养新德,旋随新叶起新知。"②自然环境中的芭蕉心被叶子层层包裹,从外无法看见。在佛经里,芭蕉心常被喻为所见不真实,如梦中影、水中花,《佛本行集经》卷一八言:"犹如空拳诳于小儿,如芭蕉心,无有真实。如秋云起,乍布还收。如闪电光,忽出还灭。如水上沫,无有常定。如热阳炎,诳惑于人。"但张载认为芭蕉心深藏于内,是真实存在而非虚幻无常。新心与新枝新叶相随,如人心亦深藏于内,需层层脱落,明心见性,在与自然草木的涵养中明其心性德用。程颐也有观山水之法:"一日游许之西湖,在石坛上坐,少顷脚踏处便湿,举起云:便是天地升降道理。"③可见,理学家都非常注重在自然环境中随时涵养其道心。

除自然环境外,张载也很重视社会生活环境及服饰器皿对人的心性涵养。张载认为:

> 古人无椅卓,智非不能及也。圣人之才岂不如今人? 但席地则体恭,可以拜伏。今坐椅卓,至有坐到起不识动者,主人始亲一酌,已是非常之钦,盖后世一切取便安也。④

宋代桌椅开始普及到寻常百姓家,由以前的席地而坐到垂足而坐,引起生活方式和审美趣味的变化。席地而坐被今人称为是一种平面的起居方式,意味着一种身体的姿态和语言,这种身体语言是谦恭、端正、肃穆、典雅的,在古代则有与之相应的跪坐礼俗和生活方式。座椅被今

---

① (宋)朱熹撰,黎靖德编,王星贤点校:《朱子语类》,中华书局 1986 年版,第 115 页。
② (宋)张载撰,章锡琛点校:《张载集》,中华书局 1978 年版,第 369 页。
③ (宋)程颢、程颐撰,王孝鱼点校:《二程集》,中华书局 1981 年版,第 60 页。
④ (宋)张载撰,章锡琛点校:《张载集》,中华书局 1978 年版,第 36 页。

人称为立体的起居方式,方便安适,在宋代则代表着一种新的生活方式和审美情趣。张载认为古人席地而坐,是文化的自觉选择,而不是智不及也,身体的姿态会带来精神气质的变化,古人席地而坐从礼仪到精神修养均体现了独特的生活方式和对天地的态度,可见,张载对古代席居文化的执守。

正如人们对古乐与新乐的选择一样,时尚选择了新乐,当时的社会潮流还是选择了椅子这种高坐具。"随着高坐具时代各式家具的发展成熟,用于寄寓文人士大夫各种雅趣的书房也逐渐有了独立的品格。室内格局与陈设在唐宋之际发生的巨大改变,由各类图像资料可以看得很清楚。"①这如同现代社会从椅子到沙发的革命,最终以沙发胜出。可见,理学家和当时文人士大夫在对环境的审美价值取向上是不同的。理学家更加严格的遵守道心与礼训,文人士大夫可能会更注重生活的逸乐和愉悦。

张载对日常器物也极重视心性的涵养和礼仪教化,认为:

> 大抵有诸中者,必形诸外,故君子心和则气和,心正则气正。其始也,固亦须矜持。古之为冠者,以重其首;为履,以重其足。至于盘盂几杖为铭,皆所以慎戒之。②

冠履盘盂几杖,皆以养其谨敬矜持之心。张载认为:"礼所以持性,盖本出于性,持性,反本也。凡未成性,须礼以持之,能守礼已不畔道矣。礼即天地之德也。"③人在未能明心见性时,仍需以礼持之。张载著有《女戒》,更可见他对日常器物的礼学思想:

> 贻尔五物,以铭尔心:锡尔佩巾,墨予诲言。铜尔提匜,谨尔宾荐。玉尔奁具,素尔藻绚。枕尔文竹,席尔吴筵。念尔书训,思尔

---

① 扬之水:《宋代花瓶》,人民美术出版社 2014 年版,第 36 页。
② (宋)张载撰,章锡琛点校:《张载集》,中华书局 1978 年版,第 265 页。
③ 同上书,第 264 页。

退安。①

张载作《女戒》是对即将嫁为人妇之女的告诫。嫁妆中有佩巾、铜匜、玉奁、枕席等物，既是嫁妆，更是箴言。佩巾，又叫帨巾，也叫缡，周制婚礼中，由母亲将其系在即将出嫁的女儿身上，称为结缡，以示女子将嫁于他人为妻，将要侍奉舅姑，要严守妇道。铜匜，商周时期用青铜铸造的一种洗漱器皿，也是一种礼器，在举行礼仪活动时浇水洗漱的用具，奉匜沃盥是中国古代汉族在祭祀典礼之前的重要礼仪。盛梳妆用品的玉奁，藻绘并不华丽，贵在素以为绚。绘有诗文与画竹的枕头，时时以警以戒，供坐卧铺垫的席子，代表着一种生活起居的席居礼仪。诸种器物，皆示人在日常生活中，要谨记书训，行退居安守之道。

由此可见，对于生活环境及日用器物，理学家强调以礼持性的教化功能。但以礼持性只是过程和手段，最终目的是要能"反本"。张载说："礼不必皆出于人，至如无人，天地之礼自然而有，何假于人？天之生物便有尊卑大小之象，人顺之而已，此所以为礼也。学者有专以礼出于人，而不知礼本天之自然。"②礼本天之自然，人要顺应天地之礼，将社会之礼与天地之礼统一起来，以合于天地之正。可见，持性反本，正是为天地立心和为生民立命的基础。

综上所述，张载建立在气本论基础上的天地之心和生民之命的思想构成了理学环境审美的两端，其中"民胞物与"的自然观对当代环境美学中的核心问题"家园意识"有着深刻的阐释，并在此基础上形成了注重感应和体悟的环境审美方式，变化气质、持性反本的环境审美理想，这四个方面共同建构了独特的理学环境审美的思想体系。张载理学环境审美观中蕴含着丰富的环境美学思想资源，对建构当代环境美学思想不乏现代性转换的价值和意义。

---

① （宋）张载撰，章锡琛点校：《张载集》，中华书局 1978 年版，第 355 页。
② 同上书，第 264 页。

第四节 程颢、程颐的环境审美观

理解二程的环境美学，首先要了解二程的哲学思想。二程哲学思想有两个重要特点，一是追问颜子之乐，这是二程哲学思想开始的地方，"昔受学周茂叔，每令寻颜子、仲尼乐处，所乐何事"；①二是"自家体贴出来的天理"，这是二程哲学思想的精华，明道尝曰："吾学虽有所受，天理二字却是自家体贴出来。"②那么，颜子所乐究竟是何乐？ 这个自家体贴出来的天理又是什么？ 这两个问题是打开二程哲学思想的钥匙。在此基础上，二程的环境审美观便清晰地呈现出来。

一、颜子之乐

在宋代，道学开始复兴。颜子之学广受关注，始自周敦颐提倡，由二程推动。颜回位列孔门十哲之首，以德行、好学、善学著称，被称为"复圣"。孔子称赞颜回："有颜回者好学，不迁怒，不贰过。不幸短命死矣，今也则亡，未闻好学者也。""贤哉回也，一箪食，一瓢饮，在陋巷，人不堪其忧，回也不改其乐。贤哉回也！"

颜子所乐何事？ 一般认为颜子安贫乐道，伊川认为"使颜子乐道，不为颜子矣"，"若说颜子乐道，孤负颜子"③，可见，说颜子乐道是不准确的。程颐有《颜子所好何学论》一文，对这一问题有清晰的回答。程颐认为："圣人之门，其徒三千，独称颜子为好学。夫《诗》、《书》、六艺，三千子非不习而通也，然则颜子所独好者，何学也？ 学以至圣人之道也。"可见，颜子之乐是学道之乐，而不仅仅是得道之乐，"学"重在过程，"得"重在结果。学道重在凡人成圣的过程，凡人成圣强调的是功夫。颜子固然乐道，但颜子之所独出者，是在乐于学道，乐于学成为圣人之道。

---

① （宋）朱熹、吕祖谦辑，叶采集解，严佐之导读：《近思录》，上海古籍出版社 2010 年版，第 58 页。
② （宋）程颢、程颐撰，王孝鱼点校：《二程集》，中华书局 1981 年版，第 424 页。
③ 同上书，第 395—396 页。

颜子之乐的重点在"学","学是关键。宋代尚学之风远超前代,出现了很多劝学、苦学、重学的佳话。当时所尚之学有两种,一是尚科举之学,这是为世人所务;二是尚圣贤之学,即颜子之学,为理学家所尚。周敦颐说:"夫富贵,人所爱也;颜子不爱不求,而乐乎贫者,独何心哉? 天地间有至贵至富可爱可求,而异乎彼者,见其大而忘其小尔。……见其大则心泰,心泰则无不足,无不足则富贵贫贱处之一也。处之一则能化而斋,故颜子亚圣。"①可见,人世间有两种乐,一种是凡夫所追求的富贵之乐,一种是至贵至富之乐,常人舍大忘小,舍本忘末,故不能安贫,不能乐道。"君子以道充为贵,身安为富,故常泰无不足",这是道学家们追求的富贵安乐。

"学"道的前提是圣人之道可以学而至。

> 或曰:"圣人,生而知之者也。今谓可学而至,其有稽乎?"曰:"然。孟子曰:'尧、舜,性之也;汤、武,反之也。'性之者,生而知之者也;反之者,学而知之者也。"又曰:"孔子则生而知也,孟子则学而知也。后人不达,以谓'圣本生知,非学可至',而为学之道遂失。"不求诸己而求诸外,以博文强记、巧文丽辞为工,荣华其言,鲜有至于道者,则今之学与颜子所好异也。

科举辞章之学求诸外,圣人之学返求诸内。圣人之学有生知,有反知。生知,是生而知之,反知,是学而知之。生而知之者如尧舜,学而知之者如汤武,生而知之者如孔子,学而知之者如孟子,颜渊则是在学而知之的途中,乐在学道之中。

如何"学"、如何"反"? 学道的功夫,是反性的功夫,是后天养性的功夫。如佛教中讲的戒定慧,《圣经》中的摩西十诫,首先是以否定性的话语呈现,颜子的功夫最重要的即"四勿说"。孔子曾教授颜回"四勿之训"。"颜渊问克己复礼之目,夫子曰:'非礼勿视,非礼勿听,非礼勿言,

---

① (宋)周敦颐撰,陈克明点校:《周敦颐集》,中华书局1990年版,第33页。

非礼勿动。'四者身之用也,由乎中而应乎外,制于外所以养其中也。颜渊事斯语,所以进于圣人。后之学圣人者,宜服膺而勿失也。因箴以自警。"①

> 视听言动皆礼矣,所异于圣人者,圣人则不思而得,不勉而中,从容中道;颜子则必思而后得,必勉而后中。故曰:颜子之与圣人,相去一息。孟子曰:"充实而有光辉之谓大,大而化之之谓圣,圣而不可知之谓神。"颜子之德,可谓充实而有光辉矣;所未至者,守之也,非化之也。以其好学之心,假之以年,则不日而化矣。故仲尼曰:"不幸短命死矣!"盖伤其不得至于圣人也。所谓化之者,入于神而自然,不思而得,不勉而中之谓也,孔子曰"七十而从心所欲,不逾矩"是也。②

颜子并没有生知之质,但能好之笃,学之勤,意之诚,故能思而后得,勉而后中,颜子虽与圣人差了口气,但正为学道之人指明了方向。所以,孟子将颜子放在"大"的境界,而不是圣和神的境界,圣指能守能化者,神更多地指天地自然之生生大德。颜子能守,而未能化,守是一种被动的状态、道德的境界,化则是一种主动的状态、自由的境界。若以其好学之心,待以时日,也为从心所欲不逾矩。

二、体贴天理

二程受学周敦颐,周子指引他们追寻孔颜所乐之事,二程体会到了颜子求道的乐趣,最终也悟出了所乐何事。

> 明道尝曰:"吾学虽有所受,天理二字却是自家体贴出来。"③
> 又说:"天地万物之理,无独必有对,皆自然而然,非有安排也。

---

① (宋)程颢、程颐:《二程集》,王孝鱼点校,中华书局1981年版,第588页。
② (明)黄宗羲撰,吴光点校:《黄宗羲全集》第3册《宋元学案》卷一六,浙江古籍出版社1986年版,第774页。
③ (宋)程颢、程颐撰,王孝鱼点校:《二程集》,中华书局1981年版,第424页。

每中夜以思,不知手之舞之足之蹈之也。"①

"中者,天下之大本,天地之间,亭亭当当,直上直下之正理。出则不是,惟敬而无失最尽。"②

令程颢中夜以思,忍不住手舞足蹈的那种极大喜悦是什么? 那必定是悟到了那个最根本的东西,就像是打通次元壁所带来一种精神的喜悦,这种极大的喜悦就是自家体贴出来的天地万物之理,并由此得以建构起相应的世界观、人生观和独特的认识论,开辟出理学新天地。

明道深夜所悟之天理的一个重要方面即"中"的思想,"中"即是天下正理,是天下之大本。"中"也是作为性体的仁的特点。

问时中如何? 曰:中字最难识,须是默识心通。且试言一厅,则中央为中。一家则厅中非中而堂为中,言一国则堂非中而国之中为中。推此类可见矣。如"三过其门不入",在禹稷之世为中,若"居陋巷",则非中也。"居陋巷"在颜子之时为中,若"三过其门不入",则非也。③

杨子拔一毛不为,墨子又摩顶放踵为之,此皆是不得中。至如子莫执中,欲执此二者之中,不知怎么执得? 识得则事事物物上皆天然有个中在那上,不待人安排也。安排著则不中矣。④

上述几则主要阐释何谓"中"。"中"字最难识,从空间上来讲,"中"是相对的,从时间上来讲,"中"是变化的,从性质上来讲,"中"也没有一定之规,不可执守一端,要能随时而中,与时俱变,即要体会"事事物物上皆天然有个中在那上"。禹三过其门不入是"中",因其处清平之世,故要积极用事,得时行道。颜子居陋巷不出也是"中",因其处昏乱之世,退隐独处,也是得时行道。进退不同,或行或止,均是合其时也。杨朱贵己重

---

① (宋)朱熹、吕祖谦编,叶采集解,严佐之导读:《近思录》,上海古籍出版社 2010 年版,第 22 页。
② 同上书,第 22 页。
③ 同上书,第 24 页。
④ (宋)朱熹、吕祖谦编,叶采集解,严佐之导读:《近思录》,上海古籍出版社,2010 年版,第 23 页。

生,不拔一毛,墨子兼爱,摩顶放踵利天下,子莫执中不得中,这些都是因为不能识得个真的"中"。

"中"是天下之正理,是人的至善天性,"中"没有固定的标准,贵在能"超以象外,得其环中"。"中"是"寂然不动"的性体,性静情动,静动之间,一念生发,或公或私,或喜或悲,一念偏离,咫尺千里。虽发乎情,然情止于何处、如何能"得其环中"? 这正是理学要人用功处。

> 圣人可学而至与? 曰:然。学之道如何? 曰:天地储精,得五行之秀者为人。其本也真而静,其未发也五性具焉,曰仁义礼智信。形既生矣,外物触其形而于动中矣,其中动而七情出焉,曰喜怒哀惧爱恶欲。情既炽而益荡,其性凿矣。是故觉者约其情使合于中,正其心,养其性,故曰"性其情"。愚者则不知制之,纵其情而至于邪僻,牿其性而亡之,故曰"情其性"。凡学之道,正其心,养其性而已。中正而诚,则圣矣。君子之学,必先明诸心,知所养,然后力行以求至,所谓"自明而诚"也。故学必尽其心,尽其心则知其性。知其性,反而诚之,圣人也。[①]

性之未发,真而静,中正平和状态,性之已发,则喜怒哀惧爱恶欲七情生,情炽热益荡,性就被凿空了,性则为情迁,此即"情其性","性其情"则能使情合于中和之性。觉者性其情,愚者情其性。知其性,返而诚之,即为圣人。人要能得其"中"心思想,此是程子讲学之所在。何谓"中"心,心有三个层面,性、情、欲,三者皆是一心,所谓心兼(统)性情。一是本体之性,谓之"中正"心;二是合理之情,谓之"中和"心;三是偏理之情或偏邪之情,谓之"私欲"心。但人并没有三颗心,三者共一颗心,此即心之体与用的关系。

所以,朱熹提出"存天理,灭人欲",即是要让私心走向中和、中正之心,从耽溺于私情中走出来,以理节情、以理导情,人会慢慢变化气质,性

---

① (明)黄宗羲:《黄宗羲全集》第3册《宋元学案》卷一六,吴光校点,浙江古籍出版社1986年版,第773页。

情平和,心情笃定,但并不是身若槁木,心如死灰,而是能获得中正平和之情。以理节情,有克制之感,以理导情,则是情的升华。"存天理,灭人欲",而不是"存天理,灭人情",物之情貌如春夏秋冬各异,皆是元气的流行,喜怒哀乐也是人的元气的流行,而欲则是情的耽溺,若能识"中",则情与欲就有了引导的方向。

人在返性的途中,既要有内修,也需要有外在环境的涵养来移人性情,助其修为。人如何置身于自然,需要营造怎样的社会环境和艺术空间,这些构成了二程环境审美的重要内容。

三、自然环境的审美

如果能恢复人性中的至善本性,则能精纯澄彻,自有一番天地气象及鸢飞鱼跃的活泼境界。人性中的至善本性即天性,理解人性首先要明白天性。对此,宋人尤其强调要观"天地气象"和"草木精神"。"杨子曰:观乎天地,则见圣人。伊川曰:不然。观乎圣人,则见天地。"[1]天地之道与圣人之道有一致之处,但二人所阐释的角度不同,杨子强调的是圣人能观天地之道,法乎自然,伊川强调的是唯圣人能开显天地精神,天地人三才中,人最为重要,尤其是圣人,能为天地立心,从而为自然、为社会立法。但不管怎样,要善于观天地气象,领悟天地之性。

首先,观天地草木是一种澄治之功。

"观天地生物气象"[2]一节指周敦颐窗前草不除,弟子问之,则云"与自家意思一般"。[3] 为什么观草木生长的气象与"自家意思一般",这个自家意思实际上是指人所具有的天地之性,人通过观天地生物气象,体会物物各有一太极,从而由天性体悟到人性。

观天地生物气象,观草木生意之处,这是一种澄治之功。当人们要

---

① (宋)程颢、程颐撰,王孝鱼点校:《二程集》,中华书局1981年版,第414页。
② (宋)朱熹、吕祖谦编,叶采集解:《近思录》,上海世纪出版集团2010年版,第21页。
③ 同上书,第360页。

把天地草木的本来面目呈现出来的时候，人只能做减法，才能让它呈现它本来的样子，而不是去赋予它很多东西。比如要呈现一朵花的美，并不能像花展那样以花为工具和材料，去表情达意，这实际上是对花的虐待；也不是要去改造它让它呈现你想要的样子，如瓶花最忌用绳索捆拽强扭，去迎合于人的主观意志；人们只能如其所是的呈现它，不必让它承载很多观念和情感，才能让它更加纯粹地展示自身，这时，人所做的只有放下、澄清自己。可见，观物是为格物，而格物的功夫实质上也是修心的功夫，是物性与人性的同时开显与发现，此即程颐所说"万物静观皆自得"，静观则是澄心虚静之观，是澄治的功夫。静后，见万物自然皆有生意。

正是在此基础上，一方面，从物性的角度而言，宋人表现出前所未有的格物热情，例如宋代植物谱录大量涌现，植物学取得了巨大的发展，对植物的产地、形态、类别、种植规律及制器尚用都有系统深入研究，另一方面，在对物性的认识与表现中，宋人也注重心性的炼养，追求存天理，去人欲，养精炼神，涵养德性。宋人诗画中对山水花草的表现，除了传统的托物言情之作，更多的是以书画涵养德性及力求对物性自在本真的展现和追求，这也是宋代诗画理学精神的独特表现。一些经典的宋代山水花鸟画更是集中体现着理学文化所要建构的一种终极精神和精神家园，其中体现着人之本性的所来之处和所去之处，此即宋儒所建构的仁本体之所在。

其二，生意的最可观处。

> 万物之生意最可观，此元者善之长也，斯所谓仁也。①

万物生意即天地的生生之意，生生之意四时皆有可观，然四时之中最可观者在何时呢？这是《近思录》中尤其强调的，朱子谓："万物之生，天命流行，自始至终，无非此理。但初生之际，淳粹未散，尤易见耳。只如元亨

---

① （宋）朱熹、吕祖谦编，叶采集解：《近思录》，上海世纪出版集团2010年版，第21页。

利贞皆是善,而元则为善之长,亨利贞皆是那里来。""万物生长,是天地无心时。枯槁欲生,是天地有心时。"①"万物生时,此心非不见,但天地之心悉布散丛杂,无非此理呈露,倒多了难见。若会看者,能于此观之,则所见无非天地之心。惟是复时,万物未生,只有一个天地之心昭然著见在这里,所以易看。"②生意无处不在,然最可观之时,即是淳粹未散、最精纯无杂之时,此时是元气之发端处,也是朱熹所说的"复见天地之心"。

"复见天地之心"的"复"不是"又"的意思,而是指复卦。复卦是十一月卦,此时天气严寒,天地一阳初生,正是阳气生发的时候,也是生意最可观、最能观也是最难观之时。最可观,是指阳气初露端倪,如种子萌动时;最能观,是生意从无到有、最易见之时;最难观是指人往往易于花繁叶茂时见其生意,殊不知,是在元气发端,一点灵气(心)已动之时。故说:"一阳复于下,乃天地生物之心也。先儒皆以静为见天地之心,盖不知动之端乃天地之心也。"③这一思想对宋人的观物模式有很大的影响。

其三,自然环境与人的长养关系。

就自然环境而言,好的气象首先要条畅通达。如从天气的角度来看,二程对霜、露、雹等自然气象的属性具有清晰的认识,他们认为霜是杀伐之气,露有长养之性。"霜与露不同。霜,金气,星月之气。露亦星月之气。雹是阴阳相搏之气,乃是沴气。圣人在上无雹,虽有不为灾。虽不为灾,沴气自在。"④沴,指水流不畅,旧时认为是天地四时之气不和而生的灾害。

就地气而言,地气的通畅与人气的通畅息息相关。"汝之多瘿,以地气壅滞。尝有人以器杂贮州中诸处,水例皆重浊,至有水脚如胶者,食之安得无瘿?治之之术,于中开凿数道沟渠,泄地之气,然后少可也。"⑤气

---

① (宋)朱熹撰,黎靖德编,王星贤点校:《朱子语类》,中华书局1986年版,第5页。
② 同上书,第1790页。
③ (宋)朱熹、吕祖谦编,叶采集解:《近思录》,上海古籍出版社2010年版,第11页。
④ (宋)程颢、程颐撰,王孝鱼点校:《二程集》,中华书局1981年版,第238页。
⑤ 同上书,第406页。

不畅则滞,则违和。汝地地气不畅遂,人则生瘿病,即现代医学所说的甲状腺肿大。《圣济总录·瘿瘤门》从病因的角度对瘿病进行了分类,"石瘿、泥瘿、劳瘿、忧瘿、气瘿是为五瘿。石与泥则因山水饮食而得之;忧、劳、气则本于七情"。①《外科正宗·瘿瘤论》认为"夫人生瘿瘤之症,非阴阳正气结肿,乃五脏瘀血、浊气、痰滞而成"②,指出瘿瘤主要由气、痰、瘀壅结而成,可见,瘿的发病一方面与客观的地理环境之地气有关,一方面与主观的情志不通从而导致生理之气的不畅有关,从中不难见出中医的基本精神主要在于气的通畅,气若不通,即为人体不仁。"医书言手足痿痹为不仁,此言最善名状。仁者,以天地万物为一体,莫非己也。认得为己,何所不至?若不有诸己,自不与己相干。如手足不仕,气已不贯,皆不属己。故'博施济众',乃圣之功用。"③万物一体,天人一体,此"体"的本义既是精神上的体,也是物质性的身体,从客观的自然世界而言,是天下一体,从主观的人的角度而言,是人的身体的通达,就认识方式上,则也是强调体认、体己、体验、体贴,这可以说是理学家的身体美学思想。

相反,生气畅遂之地,气象必然不同,对人的长养也不同。"卜其宅兆,卜其地之美恶也。地美则其神灵安,其子孙盛。然则曷谓地之美者?土色之光润,草木之茂盛,乃其验也。朱子曰:伊川先生力破俗说,然亦自言'须风顺地厚、草木茂盛之处乃可。然则亦须稍有形势拱揖环抱,无空阙处乃可用也'。"④土色光润,草木茂盛是为有生气之地,有生气之地安宅,则子孙昌盛,人生安泰。

所以,对于自然之气,要懂得扩充、养适。"伊川先生曰:阳始生甚微,安静而后能长。故《复》之《象》曰:'先王以至日闭关。'"⑤在天道而言,冬至一阳初生,生命微弱,需安静培养,使其生长充实,所以先王在这

---

① (宋)赵佶编:《圣济总录》下册,人民卫生出版社1962年版,第2110页。
② (明)陈实功著,胡晓铎整理:《外科正宗》,人民卫生出版社2007年版,第139页。
③ (宋)程颢、程颐撰,王孝鱼点校:《二程集》,中华书局1981年版,第15页。
④ (宋)程颢、程颐撰,王孝鱼点校:《二程集》,中华书局1981年版,第270页。
⑤ (宋)朱熹、吕祖谦辑,叶采集解,严佐之导读:《近思录》,上海古籍出版社2010年版,第152页。

天闭关,安静以养微阳。在人道而言,人的善端初生时,亦当以庄敬来涵养它,使它盛大。对于草木、对于童萌也要护惜此生气。这种生气,古人常称之为"春气"。程颢认为:"万物之生意无时间断,独言春者,以春则物生之初,生意尤易见也。"①

自然之气与社会之气也是可以互相影响的。"然人有不善之心积之多者,亦足以动天地之气。如疾疫之气亦如此。……寿夭乃是善恶之气所致。仁则善气也,所感者亦善。善气所生,安得不寿? 鄙者恶气也,所感者亦恶。恶气所生,安得不夭?"②对于颜子的短命,涉及自然天地之气与社会之气的涵养问题,对此,程子是这样理解的:

> 《西室所闻》云:"颜子得淳和之气,何故夭?"曰:"衰周天地和气有限,养得仲尼已是多也。"圣贤以和气生,须和气养。常人之生,亦藉外养也。③

圣贤以和气生,须和气养。颜子生不逢时,虽禀和气所生,然西周末年,和气有限,滋养不了圣人。人虽有和气,但此和气还要能为社会所养,而不是为社会所伤。和气一得之于自然,二得自于人。故颜子之命是自然之气与人气、和气与恶气的相感相搏、相激相荡的结果。

其四,从文学作品中看二程的自然审美。

欧阳修和程颐都写过《养鱼记》,一个是文人视角,一个是理学视角,同样观鱼,兴发体会有很大的不同。

欧阳修《养鱼记》:

> 折檐之前有隙地,方四五丈,直对非非堂,修竹环绕荫映,未尝植物,因洿以为池。不方不圆,任其地形;不甃不筑,全其自然。纵锸以浚之,汲井以盈之。湛乎汪洋,晶乎清明,微风而波,无波而平,

---

① (宋)朱熹、吕祖谦辑,叶采集解,严佐之导读:《近思录》,上海古籍出版社 2010 年版,第165 页。
② (宋)程颢、程颐撰,王孝鱼点校:《二程集》,中华书局 1981 年版,第 224 页。
③ 同上书,第 417 页。

若星若月,精彩下入。予偃息其上,潜形于毫芒;循漪沿岸,渺然有江潮千里之想。斯足以舒忧隘而娱穷独也。

乃求渔者之罟,市数十鱼,童子养之乎其中。童子以为斗斛之水不能广其容,盖活其小者而弃其大者。怪而问之,且以是对。嗟乎!其童子无乃罥昏而无识矣乎!予观巨鱼枯涸在旁不得其所,而群小鱼游戏乎浅狭之间,有若自足焉,感之而作养鱼记。

从上文可以看出,欧阳修对庭前空地,因势就形,全其自然,凿池以为乐,对湖有千里之想,可以在心情忧愁滞隘、穷居独处中舒其苦闷,娱悦心情。这一段实际上借湖写欧阳修自身的身世,被贬洛阳,借洛阳山水遣抒怀抱。

第二段欧阳修令童子买来数十尾鱼养在水中,童子养小鱼而弃大鱼,小鱼自足游戏,大鱼枯涸一旁,不得其所。欧阳修遂叹童子无识,"以为斗斛之水不能广其容,盖活其小者而弃其大者",借此影射朝廷"活其小而弃其大"的不平现象。显然,欧阳修有感于自己的身世,借观鱼写自身的不平之情和穷途之境,是典型的托物寓意的写法和视角。

值得肯定的是欧阳修有不俗的艺术鉴赏力和高洁的志向,程颐曾批释家"枯槁山林,自适而已"①,或许,欧阳修的这种怡情养性,借物寓己志的境界,在道学家程颐看来还未尽其极,至少道学家的视角与文士的视角还是有所不同。

程颐《养鱼记》:

书斋之前有石盆池。家人买鱼子食猫,见其煦沫也,不忍,因择可生者,得百余,养其中,大者如指,细者如箸。支颐而观之者竟日。始舍之,洋洋然,鱼之得其所也;终观之,戚戚焉,吾之感于中也。吾读古圣人书,观古圣人之政禁,数罟不得入洿池,鱼尾不盈尺不中杀,市不得鬻,人不得食。圣人之仁,养物而不伤也如是。物获如

---

① (宋)程颢、程颐撰,王孝鱼点校:《二程集》,中华书局 1981 年版,第 21 页。

是,则吾人之乐其生,遂其性,宜何如哉?思是鱼之于是时,宁有是困耶?推是鱼,孰不可见耶?鱼乎!鱼乎!细钩密网,吾不得禁之于彼,炮燔咀嚼,吾得免尔于此。吾知江海之大,足使尔遂其性,思置汝于彼,而未得其路,徒能以斗斛之水,生汝之命。生汝诚吾心,汝得生已多,万类天地中,吾心将奈何?鱼乎!鱼乎!感吾心之戚戚者,岂止鱼而已乎?

　　因作养鱼记。至和甲午季夏记。①

　　《养鱼记》虽是程颐早年所写,但可以看出道学家感物起兴的方式与非道学家是不同的。

　　其一,养鱼的缘起是不忍之心,"见其煦沫不忍",与孟子所说的见人落井而有恻隐之心性质相同,讲的是未发已发之际的中和之道。"中"是指性的未发之际,纯一无伪,而仁义礼智信俱在其中,此即喜怒哀乐未发之际的"中"的状态;"和"是指已发之时,则有恻隐之心、辞让之心、是非之心和羞耻之心,程颐观鱼而有不忍之心,此之谓也。

　　其二,感发的方式不同。从始见鱼得其所,遂其性,而洋洋然,到终戚戚焉,有感发于中。此感发的特点,正是理学家强调的格物之法,格物讲究由物及理,推此及彼,由一物推及他物,由物及人,体圣人之仁心,感天地之养物。人与自然(草木虫鱼)、人与社会(夫妇、父子、君民、兄弟、朋友)、人与自己(慎独)等众理是一个理,天道人事,流行无碍,最根本的理即是天人的同调。此理如何流行?是在物、我、人之间的一种相感,异质同构,故能感,天地一体,故能感。仁是天地间的相感,万物皆相见,如此方不支离。

　　其三,由物及理,重在心的灵觉。心的灵觉一是要能反性,二是要能充扩,反性才能充扩开去,才能有透彻之知,这即是二程所强调的"自家体贴出来的天理"。反性,重在心的澄明,是为心之本;充扩,重在心的灵觉,是为心之用。或问明道先生,如何斯可谓之恕?先生曰:"充扩得去

_____

① (宋)程颢、程颐撰,王孝鱼点校:《二程集》,中华书局1981年版,第578—579页。

则为恕。""心如何是充扩得去底气象?"曰:"天地变化草木蕃……""充扩不去时如何?"曰:"天地闭,贤人隐。"①充扩即为恕道,是由内而外、由本及末、由己及人的推宕与通达。能通达,则天地变化草木生遂,不能通达,是万物拘滞,贤人隐去。

从两篇养鱼记可见出文士为文与道学家为文的区别。文学家以情为主,注重一己之情的投射与表达,道学家以道为主,注重对一己之情的超越,强调物、心、理三个层面的贯通,故二者文章在创作动机、起兴方向和写作目的上均有所不同,由此可见出二者文章气象不同。

程颐曾道:"圣人文章,自然与学为文者不同。如系辞之文,后人决学不得,譬之化工生物。且如生出一枝花,或有剪裁为之者,或有绘画为之者,看时虽似相类,然终不若化工所生,自有一般生意。"②圣人文章,是天地气象,譬如自然生成的花,造物之妙,四时运化,尽在其中;学人文章,如人眼中的花,或人所表现的花,只能随其所长,随其情意,各取一端,看似相类,但终有所偏矣。

四、社会环境的审美

文章有狭义之文和广义之文。狭义文章,指文学创作之文;广义之文,指礼乐制度服饰器物等,社会环境主要指礼乐制度服饰器物等外在环境。在二程看来,礼乐制度服饰器物等因人而生,反过来,也应养人之心性。人与环境的关系是相生相成的,环境的功能贵在能反人之性,助人变化气质。概而言之,即注重人与环境的涵养关系。

同样是以鱼为喻:"真元之气,气之所由生,不与外气相杂,但以外气涵养而已。若鱼在水,鱼之性命非是水为之,但必以水涵养,鱼乃得生尔。人居天地气中,与鱼在水无异。至于饮食之养,皆是外气涵养之

---

① (宋)程颢、程颐撰,王孝鱼点校:《二程集》,中华书局1981年版,第424页。
② 同上书,第240页。

道。"①鱼之生禀真元之气,鱼之养需外气涵养。生固然重要,养也不可须臾离也。人禀元气而生,亦需外气涵养,围绕于人的自然环境和社会环境均是外气,人性禀中和之气,性即生的意思,人的长养即需外气涵养,使内外之气皆利于人之养长,这是宋代理学家对环境审美功能的重要论述。

可见,气象的达成,由内外双向之力而致。内在的,要自己用功,外在的,要环境所养,"养浩然之气",以变化气质,涵养性情,得中和之气。理学家对环境涵养功能非常重视,如说:"古之人,耳之于乐,目之于礼,左右起居,盘盂几杖,有铭有戒,动息皆有养。今皆废此,独有义理之养心耳。但存此涵养意,久则自熟矣。敬以直内,是涵养意。"②内在的养是以义理养其心,外在的养则是要注重环绕于人的外在环境,程颐认为今人犹重义理,但于环境的涵养则皆废之。故强调:

> 义理养其心,威仪辞让养其体,文章物采养其目,声音养其耳,舞蹈以养其血脉。③

> 弹琴,心不在便不成声,所以谓琴者禁也,禁人之邪心。舞蹈本要长袖,欲以舒其性情。某尝观舞正乐,其袖往必反,有盈而反之意。今之舞者,反收拾袖子结在一处。周茂叔窗前草不除,问之,云:与自家意思一般。……一日游许之西湖,在石坛上坐,少顷脚踏处便涩,举起云:便是天地升降道理。④

> 动息节宣,以养生也;饮食衣服,以养形也;威仪行义,以养德也;推己及物,以养人也。⑤

可见,颜学的四勿之说,也体现了强调环境的涵养功能。论居室布置上,也强调涵养之道,"书室,两旁各一牖,牖各三十六扇,一书天道之

---

① (宋)程颢、程颐撰,王孝鱼点校:《二程集》,中华书局1981年版,第166页。
② 同上书,第155页。
③ 同上书,第21页。
④ (宋)程颢、程颐撰,王孝鱼点校:《二程集》,中华书局1981年版,第60页。
⑤ (宋)朱熹、吕祖谦辑,叶采集解,严佐之导读:《近思录》,上海古籍出版社2010年版。

要，一书仁义之道，中以一牓，书'勿不敬，思无邪'。中处之，此意甚好"。[1] 又说，"天下无一物无礼乐。且置两椅子，才不正便是无序，无序便乖，乖便不和"。[2] 礼是天地之序，乐是天地之和，礼乐无时不在，这一点是现代环境美育中所忽视的。

五、四时气象与圣人气象

圣人气象是人所要追求的一种理想。二程以四时气象比德圣人气象，又以圣人气象彰显四时气象，可以说是理学家特有的一种环境美学思想，将自然气象与圣人气象融为一体，圣人气象成为人格美的一种最高显现，即孟子所说的"充实而有光辉"。但四时气象分别成为一种人格美的显现，从而到达一种大我之境。程颢首次提出了观古代圣贤气象的区别，认为：

> 仲尼，元气也；颜子，春生也；孟子，并秋杀尽见。仲尼无所不包；颜子示"不违如愚"之学于后世，有自然之和气，不言而化者也；孟子则露其才，盖亦时焉而已。仲尼，天地也；颜子，和风庆云也；孟子，泰山岩岩之气象也。观其言，皆可见之矣。仲尼无迹，颜子微有迹，孟子其迹著。孔子尽是明快人，颜子尽孝弟，孟子尽雄辩。[3]

这段话我们可以从以下几个方面分析：

（一）圣贤气象的评判标准最基本是以四时气象进行类比。四时气象各有不同，这里谈到了元气、春气和秋气。孔子如天地四时之气，颜子如春阳，孟子似秋气。"仲尼大圣之资，犹元气周流，浑沦溥博，无有涯涘，罔见间隙。颜子亚圣之才，如春阳蔼然，发生万物，四时之首，众善之长也。孟子亦亚圣之才，刚烈明辨，整齐严肃，故并秋杀尽见。"[4]元气含

---

[1] （宋）程颢、程颐撰，王孝鱼点校：《二程集》，中华书局1981年版，第35页。
[2] 同上书，第225页。
[3] （宋）朱熹、吕祖谦辑，叶采集解，严佐之导读：《近思录》，上海古籍出版社2010年版，第348页。
[4] 同上书，第348页。

藏万有,无所不包,用之则行,舍之则藏,贵能得其时也。春风和畅,化生万物,秋气肃杀,威严耸立。春气或秋气也是造化之一端,不及天地元气无所不包。

有诸内必形诸外,这种气象的不同是由其内在的性情气质或学理境界所致。

(二)气象之别与时相关。时既指自然的时令,也指社会的时气。气象不同,除了与性情和学理境界的内在不同相关外,也有外在的原因,是因时而异、与时相称的。时,这里更多指时代的状况、社会的变化。故所论气象虽有高低之别,但也是因时所变,时然事亦然。如时人论濂溪、明道及伊川气象之别,认为"濂溪、明道若近颜子之微有迹,故后起理学家群尊之。伊川若近孟子、泰山岩岩之气象,故每启后起理学家之争。实明道之后不得不出伊川,正犹颜子之后不得不出有孟子,此皆明道之所谓时然也"。① 就大自然的气象而言,春之后有秋,就社会的时气而言,古人认为社会的治乱一如春秋相继,所以春气之后将承之以秋气,也是"时"的原因。

社会时气不同,显现在人的气象也就不同,显现在感性的服饰与器物上也不相同。

> 古之被衣冠者,魁伟质厚,气象自别。若使今人衣古冠冕,情性自不相称。盖自是气有淳漓,正如春气盛时,生得物如何,春气衰时,生得物如何,必然别。今之如开荒田,初岁种之,可得数倍,及其久,则一岁薄于一岁,此乃常理。观三代之时,生多少盛人,后世至今,何故寂寥未闻,盖气自是有盛则必有衰,衰则终必复盛。②

衣服与时气相关,今人衣古人衣,自是不相称,因为情性不同,气象自有别。不止衣冠的变化,人才的盛衰、垦田种地亦复如是。

气象的辨别从其言行观之。"仲尼无迹,颜子微有迹,孟子其迹著。

---

① 钱穆:《随劄》,见《近思录》同上,第384页。
② (宋)程颢、程颐撰,王孝鱼点校:《二程集》,中华书局1981年版,第146页。

孔子尽是明快人,颜子尽岂弟,孟子尽雄辩。"无迹,指圣人不着相,不拘泥。怎处才能不着相呢?《论语·雍也》中孔子示子贡为仁之方:"夫仁者,己欲立而立人,己欲达而达人。能近取譬,可谓仁之方也已。"

> 若夫至仁,则天地为一身,而天地之间,品物万形为四肢百体。夫人岂有视四肢百体而不爱者哉?圣人,仁之至也,独能体是心而已,曷尝支离多端而求之自外乎?故"能近取诸譬"者,仲尼所以示子贡以为仁之方也。[1]

什么叫能近取譬?即能由己心及彼心,由立己到立人,由达己到达人、由己及人、由己及物,故能与万物为一体,与万物为一体方能不隔,而能达此境界,则又要有无己之心,这才如至仁无迹之境,便是元气的无迹之象。无迹者,指不着迹,广大无边,"如四时之错行,如日月之代明,万物并育不相害,道并行而不相悖"(《中庸》),此为仁之方也,春气孕育万物;秋气,杀伐之气,多刻薄、激烈、固必,但亦因其时也。故仲尼之仁无迹,颜子有无违之心,但微有迹,如老父言伊川:"心存诚敬故善,然不若无心。"[2]"孟子讲'仁义之人,其言蔼如也'。心定者其言重以舒,不定者其言轻以疾。"[3]无心者,如其所是,便没有苦心经营之象。

(三)气象是二程品评时贤人物的一个标准。二程对张载和周敦颐气象的分别:"余所论,以大概气象言之,则有苦心极力之象,而无宽裕温厚之气。非明睿所照,而考索至此,故意屡偏而言多窒,小出入时有之。更愿完养思虑,涵泳义理,他日自当条畅。"[4]程颐认为横渠是一种苦心极力的气象,没有宽裕温厚之气,处在一种费力求索的阶段,是有意费力为之。在张载的哲学思想中,谈"乐"并不多见,二程认为是义理不条畅所致。二程曾受业于周敦颐,颢有言:"自再见周茂叔后,吟风弄月以归,有

---

[1] (宋)程颢、程颐撰,王孝鱼点校:《二程集》,中华书局1981年版,第74页。
[2] (宋)朱熹、吕祖谦辑,叶采集解,严佐之导读:《近思录》,上海古籍出版社2010年版,第423页。
[3] (宋)朱熹、吕祖谦辑,叶采集解,严佐之导读:《近思录》,上海古籍出版社2010年版,第414页。
[4] 同上书,第596页。

'吾与点也'之意。"①可见,张周二人气象不同。黄庭坚称周敦颐"人品甚高,胸怀洒落,如光风霁月"②,朱熹在《濂溪先生像赞》中赞周敦颐"风月无边,庭草交翠",是一天理流行的境界,此赞正是程子所说"观乎圣人,则见天地"的天地气象。

二程门人亦以气象论之。"明道先生坐如泥塑人,接人则浑是一团和气。"③门人以"如坐春风"喻明道。"伊川归自涪州,气貌容色髭发皆胜平昔。门人问何以得此?先生曰:'学之力也。大凡学者,学处患难贫贱,若富贵荣达,即不须学也。'"④学恰恰要在贫贱中学,伊川从被贬之地涪州归来,气貌容色更胜平常。至于程颢,门人刘立之曾述其亲身经历。刘立之师从程颢三十年,称"德性充完,粹和之气盎然于面背,乐易多恕,终日怡悦","故虽桀骜不恭,见先生,莫不感悦而化服。风格高迈,不事标饰,而自有畦畛。望其容色,听其言教,则放心邪气不复萌于心中"。⑤程颐则称程颢"充养有道,纯粹如精金,温润如良玉;宽而有制,和而不流;……视其色,其接物也,如春阳之温;听其言,其入人也,如时雨之润。胸怀洞然,彻视无间;测其蕴,则浩乎若沧溟之无际;极其德,美言不盖不足以形容。"⑥可见,气象是人的学理境界和性情涵养达到一定境界时所呈现出来的感性显现。"学者不学圣人则已,欲学之,须是熟玩圣人气象,不可止于名上理会。如是,只是讲论文字。"⑦

由此可见,气象是二程环境美学思想的重要范畴,气象首先是作为气候环境的气象,凡气皆象也,四时之气显示为不同的景象,春夏秋冬四时不同,气的属性也有不同,所呈现的景象自是不同。人禀气而生,是先

① (元)脱脱等:《宋史》第36册,中华书局1985年版,第12712页。
② 同上书,第12711页。
③ (宋)程颢、程颐撰,王孝鱼点校:《二程集》,中华书局1981年版,第426页。
④ 同上书,第430页。
⑤ (宋)朱熹编:《河南程氏遗书·附录门人朋友叙述》,商务印书馆1935年版。
⑥ (宋)程颢、程颐撰,朱熹编,[朝]宋时烈重编,[韩]徐大源点校,《程书分类》《明道先生行状》,上海辞书出版社2006年版,第872页。
⑦ (宋)程颢、程颐撰,王孝鱼点校:《二程集》,中华书局1981年版,第404页。

天之气与后天之气交相互养,受自然之气与时代之气的影响,形成个人的气象,气象万千,但也是可以稍作分类。这里二程以春夏秋冬四气论人的气象,人内在的气显现为外在的象,于是自然气象的概念成为一种精神气象,二者融为一体,是万物一体之仁的体现,其气象的最高境界便是与天地同其大,这是二程对环境气象美学的一个贡献。

正如王夫之在《诗广传》论《草虫》中谈道:"君子之心,有与天地同情者,有与禽鱼草木同情者,有与女子小人同情者,有与道同情者,唯君子悉知之。……悉知其情而皆有以裁用之,大以体天地之化,微以备禽鱼草木之几,而泥《草虫》之忧乐乎?故即《草虫》以为道,与夫废《草虫》而后为道者,两不为也。"①达此气象者,所获得的情是一种与天地的同情,是一种正情,以此为用,方能与万物同其情而各复其性,这是中国古代美学的最高境界,即程子所言,见圣人气象,即见天地气象。

第五节　朱熹的环境审美观

生态文明视野下,人与自然关系的再认识成为一个最基本的话题。人如何对待自然,也会如何对待社会及自身,从某种意义而言,自然层面的生态危机与精神层面的信仰危机是同步的。在美学领域,人与自然的关系问题不仅催生了环境、生态等新的审美对象,而且诱发了审美观念、审美方式和审美理论等的深层变革。

人和自然的关系是古代美学理论中最宝贵的思想资源。宗白华说:"晋人向外发现了自然,向内发现了自己的深情。山水虚灵化了,也情致化了。"②我们也可以说,宋人向外发现了自然,向内发现了自己的性理。山水澄明化了,也理致化了。如果说晋人侧重于自然的情致,那么宋人更侧重于自然的性理。晋人与宋人对自然的再发现,是自然美与人格美的双重发现,二者都带来了艺术与美学的繁荣。在此意义上,朱熹的格

---

① (清)王夫之撰,王孝鱼点校:《诗广传》,中华书局1981年版,第10页。
② 宗白华:《宗白华全集》第2卷,安徽教育出版社1994年版,第273—274页。

物之学充分地显示出宋人是如何向外发现了自然，向内发现了自己的性理，以下主要从格物论的角度分析朱熹的自然观及其美学意义。

一、格物概念的辨析

作为理学集大成者的朱熹对自然的观照不同于一般文人学士的游物适情，也不同于释道追求的空无之境，而是通过其格物之学，体现出理学家对自然事物和自然现象的独特感知，对物性与人性的独特理解。朱熹对天文地理、山水林泉、书画技艺、赋诗作文、阴阳卜筮等皆存有极大的兴趣和爱好，这种爱好与文人学士、释道之士及之前的理学家有所不同，我们可以从其格物的思想上看出。格物即是要推究事物的原理，"格物者，格，尽也，须是穷尽事物之理"。① 在对物的态度、方式和理想上，格物与寓物、玩物等具有本质的区别。

其一，格物与寓物不同。

文人学士对物的态度可以苏轼的"寓意于物"为代表。苏轼认为：

> 君子可以寓意于物，而不可以留意于物。寓意于物，虽微物足以为乐，虽尤物不足以为病。留意于物，虽微物足以为病，虽尤物不足以为乐。②

物对人的吸引与诱惑、人对物的贪欲和迷恋是人性中与生俱来的一种欲望。这种恋物爱物之风至宋代尤甚，宋代种花莳草、琴棋书画、金石雅趣，诱人无数，欧阳修、苏轼等士人也难以尽免，对物的迷恋与纠结也常出现在他们的文字之中。对此，苏轼提出可以寓意于物，不可留意于物。留意于物，是物为人之主，人为物所拘，人被物化了。寓意于物，即人借物言己之情意，物用之于人，人为物之主，物被人化了。寓意于物，则物令人悦乐，留意于物，则人为物所牵制。

我们一般认可苏轼的"寓意于物"说，但朱熹对苏轼的"寓意于物"并

---

① （宋）黎靖德编，王星贤点校：《朱子语类》，中华书局1986年版，第283页。
② （宋）苏轼：《宝绘堂记》，见沈德潜选《唐宋八大家古文》下，中国书店1987年版，第586页。

不认同,这从其答门人问可见出:

> 敬之问"寡欲"。曰:"未说到事,只是才有意在上面,便是欲,便
> 是动自家心。东坡云:'君子可以寓意于物,不可以留意于物。'这说
> 得不是。才说寓意,便不得。人好写字,见壁间有碑轴,便须要看别
> 是非;好画,见挂画轴,便须要识美恶,这都是欲,这皆足以为
> 心病。"①

朱熹认为寓意于物也不可,认为只要有意在上面,便是有欲。如果
说留意于物是身病,身之欲,寓意于物则是心病,心之欲,因此主张寓意
于物也是不透彻的。格物与寓意于物的区别在于格物是要做到心中无
意,寓意则是心中有意。有意可以是喜怒哀乐爱恶欲,以有意之心看物,
则物皆着我之色彩,此是寓物,非格物。

朱熹坦言其喜爱诗书绘画诸艺,也遭到陈亮(龙川)的质疑:

> 朱元晦论古圣贤之用心,平易简直,直欲尽罢后世讲师相授,世
> 俗相传,以径趋圣贤心地。抱大不满于秦汉以来诸君子,而于阴阳
> 卜筮、书画技术皆存而好之,岂悦物而不留于物者固若此乎?②

陈亮认为朱熹对于阴阳卜筮、书画技术等的喜爱,正是一种悦物寓
物的表现。朱熹并不否认其寄好于此,但朱熹之留于物、游于艺,是于物
中求理,而不是物中恋物、物中寄情,这是朱熹的格物与悦物寓物的不同
之处。山水文章、书画技术等皆是游艺之学,"游者,玩物适情之谓。艺,
皆至理所寓,日用之不可阙。朝夕游焉以博其义理之趣,则应务有余,而
心亦无所放"。③ 修息藏游,虽小物而不苟,内外交养,涵泳其间,体悟至
理,游艺之学则仍是格物之道。

其二,格物与玩物不同。理学家对物的态度,很容易让人想到程颐

---

① (宋)黎靖德编,王星贤点校:《朱子语类》,中华书局 1986 年版,第 1476 页。
② 钱穆:《朱子新学案》第 1 册,九州出版社 2011 年版,第 229 页。
③ (宋)朱熹撰:《四书章句集注》,中华书局 1983 年版,第 94 页。

的"玩物丧志"说。

> 问:"作文害道否?"曰:"害也。凡为文,不专意则不工,若专意
> 则志局于此,又安能与天地同其大也?《书》曰'玩物丧志',为文亦
> 玩物也。……古之学者,惟务养情性,其他则不学。今为文者,专务
> 章句,悦人耳目。既务悦人,非俳优而何?"[1]

二程主张静坐,有程门戒玩物、无事且教静坐之说。程颐从道学家
的角度出发,指出为文者玩物丧志之病,认为沉溺于所喜爱的事物中容
易迷失体悟大道的方向,玩物溺于情而不能养其性。程颐重体道,在大
的方向上是对的,也确实有值得警惕之处,但也失之于绝对。理学家张
载为学重涵养,但认为涵养有缓急先后之序。张载说:"观书且勿观史,
学理会急处,亦无暇观也。然观史又胜于游,山水林石之趣,始似可爱,
终无益,不如游心经籍义理之间。"[2]张载认为游心于经籍之间是最紧要
处,山水林石是放在最后的。而对于周敦颐,时人称之"窗前有草,濂溪
周先生盖达其生意,是格物而非玩物"[3]。

与这种否定的态度不同,朱熹对山水、诗画之物等有强烈的兴趣,究
其差别,可能是理学家最初在构建这一学说的时候,会更关注其根本大
义,有苦思力索之象,细微处则较为粗略,有待后来者充实丰满。因此在
根本义理上,朱熹继承发展了张载二程的理学思想,而对其格物论则做
了进一步发展与完善。

其三,格物之道与释老之学对物的态度不同。朱熹认为:"事事物物
上便有大本。不知大本,是不曾穷得也。若只说大本,便是释老之学。"[4]
释迦为太子时,见生老病死苦,厌离之,"从上一念,便一切作空看。……
吾儒却不然。盖见得无一物不具此理,无一理可违于物。佛说万理俱

---

① (宋)程颢、程颐撰,王孝鱼点校:《二程集》,中华书局1981年版,第239页。
② 钱穆:《朱子新学案》第1册,九州出版社2011年版,第276页。
③ (宋)范成大等撰,刘向培点校:《范村梅谱》(外十二种)上海书店出版社2017年版,第86页。
④ (宋)朱熹撰,黎靖德编,王星贤点校:《朱子语类》,中华书局1986年版,第290页。

空,吾儒说万理俱实。从此一差,方有公私、义利之不同"。① 与释老之学强调物的空无不同,格物之学肯定物的实存、实理,从中见出物性的光辉。格物"须是表里精粗无不到。有一种人只就皮壳上做工夫,却于理之所以然者全无是处。又一种人思虑向里去,又嫌眼前道理粗,于事物上都不理会。此乃谈玄说妙之病,其流必入异端"。② 可见,朱熹的格物,一方面肯定物的有、物的实存,这与释老讲物的空无不同;另一方面,肯定物中有理、物中有道,这与只说大本的释老之学也有所不同。

从对物的态度可见,朱子的格物既重物也重理,物与理兼重,但与现代物理学所说的物理不同。在研究对象上,二者有一致之处,物理学和格物学都重在探索客观自然现象及其运行规律。但在研究方法上,物理学作为一门科学,注重客观性和科学实验的方法,格物学强调的是心物关系,通过尽心、诚性获得自然现象及其规律的感知,强调心的德性修养与功夫,现代物理学则更强调科学性、客观性,格物学更注重主体的德性和感格能力。

可见,与释老之学对物的忽视不同,格物学肯定物的实有;与文人学士的借物寓情、玩物溺情不同,格物学强调正心诚意,尽性穷理;与现代物理学的科学认识不同,格物学注重心与物的感格与感通。朱子格物,注重物性、人性、道性的融会贯通,并不偏执一端、割裂其中,而是三者的相互完成、浑然一体,这即是朱子的格物要义。

二、格物的特点

在朱子哲学体系中,格物论是通达宇宙论与心性论的桥梁,其中,理气论是宇宙观,心性论是人生观,格物论可谓其方法论,而理、气、物、性、心也是衢路相通、隙隙相照。格物有两端,即物与理,通达理气与物性者,在人之灵心,因此,物、理和心构成了格物三要素,格物贵在能切物、

---

① (宋)朱熹撰,黎靖德编,王星贤点校:《朱子语类》,中华书局 1986 年版,第 380 页。
② 同上书,第 325 页。

切理、切心。

其一，切物。

切物就是从物出发，人要在物事上理会。格物的物，不仅是指自然之物，还包括社会之事。朱子格物，强调即物穷理，反对悬空穷理。格物，必先有一问题存在，从具体问题开始探讨，"圣人不令人悬空穷理，须要格物者，要人就那上见得道理破，便实"。[①] "大学不说穷理，只说格物，便是要人就事物上理会，如此方见得实体。所谓实体，非就事物上见不得"；[②]"说格物，则只就那形而下之器，寻那形而上之道，便见得这个（理气）无不相离"。[③] 由此可见，格物一方面不能离开物，不能无物；另一方面，格物不是达于情，而是要致于理，是理一分殊、万物一理之理。所以格物不是寓意于物，也不是耽溺于物，而是由物穷理。物、气是形而下的层面，性、理是形而上的层面，形而上的东西要依附形而下的东西存在，格物穷理即通过形而下的东西去求形而上的东西。

其二，切理。

理，既是自然之理，也是人伦之理，二者在朱熹那里是合而为一的。人伦之理是天经地义的自然之理的生发，自然之理也是物我一体的仁心的推及。切理，就是要将研讨事物规律和人伦道德通过心的体悟结合起来，不是只重伦理之学，或只重物理之学，格物最终是要将自然秩序观与道德伦理观统一起来。"天地以此心普及万物，人得之遂为人之心，物得之道为物之心，……只是一个天地之心尔。"[④]天地以生物为心，人心以仁德为心，朱子在《仁说》中指出："盖天地之心，其德有四：元、亨、利、贞。而元无不统，其运行则为春夏秋冬之序，而春生之气，无所不通。故人为心，其德亦有四：仁、义、礼、智。而仁无不包，其发用焉，则为爱恭宜别之

---

① （宋）朱熹撰，黎靖德编，王星贤点校：《朱子语类》，中华书局1986年版，第257页。
② 同上书，第288页。
③ 钱穆：《朱子新学案》第1册，九州出版社2011年版，第37页。
④ （宋）黎靖德编，王星贤点校：《朱子语类》，中华书局1986年版，第5页。

情,而恻隐之心,无所不贯。"①人理、物理、人心、物心,虽分殊有别,而又万物一理,形成其通体相关的"有机主义的哲学"。②

其三,切心。

通达物性论与德性论相贯通的关键是心的感格体知,心性的工夫最重要。"万物之性,各为其形气所拘,回不到天地公共的理上去。人性则可不为形气所拘,由己性直通于理。此处要有一番工夫,此一番工夫则全在心上用。"③此段清楚地说明,由性返理,明理觉性只有人的灵觉之心可以为之,人可以通过心的功夫能达性理。

此心非喜怒哀乐之私心,而是公正灵觉之心。"灵底是心,实底是性。灵便是那知觉底。"④灵心是正心,是公心,正则不偏,公则不私,即能"随物定形,而我无与焉"⑤,此正心、公心即诚意之心,不是迁怒之心,不会夹带先前好恶喜怒来应事接物,如此方为透彻,若是私心格物则不透彻。正因为有心之光明,才有物性之透彻。正如罗大经所说:"学者不求之周、程、张、朱固不可,徒求之周、程、张、朱,而不本之六经,是舍祢而宗兄也。不求之六经固不可,徒求之六经,而不反之吾心,是买椟而弃珠也。"⑥格物穷理,必须要反之吾心,方为不隔,方为透彻。

切物、切理、切心,合而言之即近思。近思的特点是切于日用而关乎大体,朱子编《近思录》的重要原因即是"掇取其关于大体而切于日用者,以为此编"。⑦ 程子认为近思即"以类而推",朱熹认为此推字极好,有门人问:"比类,莫是比这一个意思推去否?曰:固是。如为子则当止于孝,为臣当止于忠。自此节节推去,然只一'爱'字虽出于孝,毕竟千头万绪,

① (宋)朱熹撰,朱杰人、严佐之、刘永翔主编:《朱子全书》第 23 册,上海古籍出版社、安徽教育出版社 2010 年版,第 3279 页。
② [英]李约瑟:《中国科技史》第 2 卷,上海古籍出版社 1990 年版,第 489 页。
③ 钱穆:《朱子新学案》第 1 册,九州出版社 2011 年版,第 47 页。
④ (宋)黎靖德编,王星贤点校:《朱子语类》,中华书局 1986 年版,第 323 页。
⑤ 同上书,第 346 页。
⑥ (宋)罗大经撰,王瑞来点校:《鹤林玉露》,中华书局 1983 年版,第 333 页。
⑦ (宋)朱熹、吕祖谦编,叶采集解:《近思录》,上海世纪出版集团 2010 年版,第 1 页。

皆当推去须得。'"①可见,近思重在类推,即由近推远,由易推难,由浅推深,由表推里,由粗推精,循序渐进,一天格一物,可推之以至其极,久之则自会豁然贯通。"若厌小务大,忽近图远,则徒劳罔功,终无由真知而实得。"②类推即是近思的方法,格物须由一草一木之理推而及之自然万物之理、人伦道德之理。

大体而言,近思可概括为三推,即由近及远、由浅及深、由形下及形上。如果以《林泉高致》中的三远法相比较,则由近推远可类比为平远,由浅推深可类比为深远,由形下推形上可类比为高远。"三远"是观物之法,"三推"也可以说是格物之法,尽管其格物之法在数量上远不止三类,但在原则上可以此三推概而言之。由近推远主要是指由物及物,由物及人;由浅推深类可包括由表及里,由粗及精,由形下推形上主要是由现象到本体,形成一个关联性的有机整体。

三、对自然事物与自然现象的格物

理一分殊,物物各有其理,而千差万别的事物中都有一理的体现。每个事物背后都有一个理,一石一木可观造化之理,一山一水可知天地之心。"天地中间,上是天,下是地,中间有许多日月星辰、山川草木、人物禽兽,此皆形而下之器也。然这形而下之器之中,便各自有个道理,此便是形而上之道。所谓格物,便是要就这形而下之器,穷得那形而上之道理而已。"③在近代自然科学发生以前数百年,朱熹对地质、天文、山川形胜等自然事物和自然现象有其独特的见解。朱熹格物学充分体现理学对自然事物与自然现象的认识。

如在地质学上,朱熹通过观察和思考,从化石推论出地质演变的理论:

---

① (宋)朱熹、吕祖谦编,叶采集解:《近思录》,上海世纪出版集团 2010 年版,第 116 页。
② 同上书,第 114 页。
③ 黎靖德编:《朱子语类》卷六二,中华书局 1986 年版,第 1496 页。

常见高山有螺蚌壳,或生石中。此石即旧日之土,螺蚌即水中之物。下者变而为高,柔者变而为刚。此事思之至深,有可验者。（九四）

今高山上多有石上蛎壳之类,是低处成高的。又蛎须生于泥沙中,今乃在石上,则是柔化为刚。天地变迁,何常之有。（九四）

语类曰:山河大地初生时,尚须软在。（一）

又曰:天地始初,混沌未分时,想只有水火二者。水之滓脚便成地。今登高而望,群山皆为波浪之状,便是水泛如此。只不知因甚么时凝了。初间极软,后来方凝得硬。（一）

这是朱熹格物穷理的极好例子。达·芬奇也根据高山溶洞中有海洋生物化石的事实推断出地壳有过变动,提出海陆变迁的地质学理论,这是在近代自然科学出现以前的发现,朱熹的提法早于达·芬奇三百年。他们都是百科全书式的学者,从大自然这本神奇的书中观察自然,观察自己。正如钱穆所言,朱熹"本诸自然现象,发明当时理学界之宇宙论,而揭出近代科学地质学上之基本观点。其观察力之锐敏,想象力之活泼,会通力之细致,廓开心胸,摆脱文字,游神冥会于宇宙大自然之广大悠久中。即据眼前小物,推及洪荒邃古以来之地质变迁、山水改形。为其所谓格物穷理具体示例,实非寻常所能到。时年朱子六十二,公元1191年。西方人据化石言地质变动,盖未有能超越其前者"。[1] 朱子格物穷理,正是由眼前事物推到对宇宙初始及生命初始的原始状态和变化过程,皆是有关人类的大理论大知识所在。

在天文气象、地理山水的格物上,也是由物及理,探究宇宙运行规律。如对天文气象的格物,认为:

天运不息,昼夜混转,故地在中间,使天有一息之停,则地须陷下。惟天运转之急,故凝结得许多渣滓在中间。地者,气之渣滓也。

---

① 钱穆:《朱子新学案》第5册,九州出版社2011年版,第406页。

所以道"轻清者为天,重浊者为地"。(一)

　　天以气而依地之形,地以形而附天之气。天包乎地,地特天中之一物尔。天以气而运乎外,故地摧在中间,隤然不动。使天之运有一息停,则地须陷下。〔道夫〕

　　地却是有空阙处。天却四方上下都周匝无空阙,逼塞满皆是天。地之四向底下却靠着那天。天包地,其气无不通。恁地看来,浑只是天了。气却从地中迸出,又见地广处。〔渊〕

　　或问:"太极图下二圈,固是'乾道成男,坤道成女',是各有一太极也。"曰:"'乾道成男,坤道成女',方始万物化生。""易中却云:'有天地然后有万物,有万物然后有男女',是如何?"曰:"太极所说,乃生物之初,阴阳之精,自凝结成两个,后来方渐渐生去。万物皆然。如牛羊草木,皆有牝牡,一为阳,一为阴。万物有生之初,亦各自有两个。"(九四)

从太极阴阳之道括尽了天下物事,以阴阳变化之道将宇宙自然及生命与人事之理融会贯通,一并说之,正是儒家大传统所在。其他论及日月星辰、风霜雨露、天地方位、鬼神变怪处也有很多。如其观饭蒸气而悟雨雾成因,及对霜露的析理辨说均是其切问近思,格物穷理的体现。

　　"高山无霜露,却有雪。"或问:"其理如何?"曰:"上面气渐清,风渐紧,虽微有雾气,都吹散了,所以不结。若雪则是雨遇而凝,故高寒处雪先结也。"(二)

　　盖露与霜之气不同:露能滋物,霜能杀物也。又雪霜亦有异:霜则杀物,雪不能杀物也。雨与露亦不同:雨气昏,露气清。气蒸而为雨,如饭甑盖之,其气蒸郁而汗下淋漓;气蒸而为雾,如饭甑不盖,其气散而不收。雾与露亦微有异,露气肃,而雾气昏也。(一一一)

　　霜只是露结成,雪只是雨结成。古人说露是星月之气,不然。今高山顶上虽晴亦无露。露只是自下蒸上。人言极西高山上亦无雨雪。(二)

"高山无霜露,却有雪。某尝登云谷。晨起穿林薄中,并无露水沾衣。但见烟霞在下,茫然如大洋海,众山仅露峰尖,烟云环绕往来,山如移动,天下之奇观也!"或问:"高山无霜露,其理如何?"曰:"上面气渐清,风渐紧,虽微有雾气,都吹散了,所以不结。若雪,则只是雨遇寒而凝,故高寒处雪先结也。道家有高处有万里刚风之说,便是那里气清紧。低处则气浊,故缓散。想得高山更上去,立人不住了,那里气又紧故也。《离骚》有九天之说,注家妄解,云有九天。据某观之,只是九重。盖天运行有许多重数。以手画图晕,自内绕出至外,其数九。里面重数较软,至外面则渐硬。想到第九重,只成硬壳相似,那里转得又愈紧矣。"(二)

雪花所以必六出者,盖只是霰下,被猛风拍开,故成六出。如人掷一团烂泥于地,泥必溅开成棱瓣也。又,六者阴数,大阴玄精石亦六棱,盖天地自然之数。(二)

问龙行雨之说。曰:"龙,水物也。其出而与阳气交蒸,故能成雨。但寻常雨自是阴阳气蒸郁而成,非必龙之为也。'密云不雨,尚往也',盖止是下气上升,所以未能雨。必是上气蔽盖无发洩处,方能有雨。横渠正蒙论风雷云雨之说最分晓。"(二)①

这些思想,即是现在看来,也有令人启发之处。朱子以地理形势与人文变迁配合研寻的人文地理,对环境与人文的关系有其独特的视角。

又问:"平阳蒲阪,自尧舜后何故无人建都?"曰:"其地硗瘠不生物,人民朴陋俭啬,故惟尧舜能都之。后世侈泰,如何都得。"〔僩〕

闽中之山多自北来,水皆东南流。江浙之山多自南来,水多北流,故江浙冬寒夏热。〔僩〕

江西山水秀拔,生出人来便要硬做。〔升卿〕

荆襄山川平旷,得天地之中,有中原气象,为东南交会处,耆旧

① (宋)朱熹撰,黎靖德编,王星贤点校:《朱子语类》,中华书局1986年版,第23页。

人物多,最好卜居。但有变,则正是兵交之冲,又恐无噍类![义刚]

曰:"恐发动了阳气。所以大雪为丰年之兆者,雪非丰年,盖为凝结得阳气在地,来年发达生长万物。"[敬仲]

陈启源云:"蝃蝀在东,暮虹也。朝隮于西,朝虹也。暮虹截雨,朝虹行雨。"(《稽古编》),朱熹认为"虹非能止雨也,而雨气至是已薄,亦是日色射散雨气了"。[扬]

朱子推究自然,对于一些物怪奇谈,既好奇又务实,不言其无,也不信其有,而是力求穷理,这也是其格物精神的体现,如蜥蜴造雹一节。二十四孝中的卧冰求鲤,朱子认为:

> 王祥孝感,只是诚发于此,物感于彼。或以为内感,或以为自诚中来,皆不然。王祥自是王祥,鱼自是鱼。今人论理,只要包合一个浑沦底意思,虽是直截两物,亦强羁合说,正不必如此。世间事虽千头万绪,其实只一个道理,"理一分殊"之谓也。到感通处,自然首尾相应。或自此发出而感于外,或自外来而感于我,皆一理也。[谟]
> (一三六)

对于其中之理要明辨,如所谓鱼跃应于王祥之卧冰,非应于祥之孝,不能将其归为一事。应于孝,则迂,应于事,则有其理。由物理到人理,由眼前近物到宇宙远物,由已知到未知,朱子格物思想将形而下与形而上贯通起来。

四、格物之道的发用:物性与人性的贯通

"萃百物,然后观化工之神。聚众材,然后知作室之用。须撒开心胸去理会。"[1]朱熹所讲正是格物精神在"肇自然之性,成造化之功"[2]方面的作用。人心一方面体察自然之道,观造化之功,一方面由自然及人文,悟

---

[1] 钱穆:《朱子新学案》第1册,九州出版社2011年版,第144页。

[2] 王维:《山水诀》,汤麟编著:《中国历代绘画理论评注·隋唐五代卷》,湖北美术出版社2009年版,第103页。

得了建造宫室和制作器物的方法，从而创建出适合人类生活的社会环境。《朱子语类·理气篇》中谈道："天地以此心普及万物，人得之，遂为人之心，物得之，遂为物之心，草木禽兽接着，遂为草木禽兽之心。只是一个天地之心尔。今须要知得它有心处，又要见得它无心处。"物之心与人之心亦皆为一天地之心，人须识得有心与无心处，其妙也在有心与无心处。

上述哲学义理层面的格物之道过于抽象，但在现实生活和发用层面，真正能做到人心与物（道）心的感应道交，则善莫大焉。画家画山水花鸟草木虫鱼时，也需要格物的精神。据说范宽为画山水，终日静坐于山林中，观察周围的一切，寻求自然的意趣，仔细观察，静静沉思，然后回到住处，将自己所见所感渲之于纸。他们的画作并不仅仅局限于具体的景象，不仅是表现物之形，更是探求物之理。为了表现物之理，画家必须看清物之所以能够成为物的本质，也必须去感受宇宙之心和天地之理的脉动。他们通过物象来表现物之心，描绘物之理。画山水就要穷尽山水之理和山水之性。又如庄子中的庖丁解牛、轮扁斫轮、梓庆削木为鐻等一系列的技进乎道的故事，都是讲的人心与道心的合而为一。在当前提倡大国工匠的时代，庄子寓言中天人合一的匠人精神是中国古代最完美的匠人精神的体现，而朱熹的格物精神可谓对这一理论的学理阐释。

以日本西冈常一等所著的《树之生命木之心》为例，可以说明朱子的格物精神在当代现实生活中的生命力和生发空间。这本书可以说是日本版的《我在故宫修文物》。奈良法隆寺是日本飞鸟时代的木建筑，维持了1300多年，是现存世界上最早的木建筑。西冈常一是法隆寺专职的宫殿大木匠，负责法隆寺等宫殿建筑的维修。本书记录了西冈常一和他的徒弟小川三夫及其弟子们三代宫殿木匠在"顺流而下的时代逆流而上"的故事，以法隆寺建筑为现存的教科书，感悟古代匠人的技艺，感悟传统智慧，传承匠人工作方式和生活方式。

归纳书中观点，可以看出，建成一座理想的寺庙，一要读懂物性，尊重物性，即树木之心；二要汇聚人性，尊重人性，懂得人心。而做到这两点，都要有一颗诚敬笃定之心。

第一，尊重物性是要放下自我，倾听物性，善待物性。

首先，要向树学习，学会如何对待一棵树。西冈常一传承下来的宫殿木匠口诀，如"营造伽蓝不买木材而是直接买整座山"①，是指树木是有癖性，即树木是有"心"的，树木的心是由山的环境决定的。比如长在南山坡斜面上的树，树的南北两面不同。树北很少接受日照，因此树上的枝干很少，即是有也是很细的。相反，朝南的那面会有很多粗壮的枝干。所以要亲自去山里看地质，看因为环境而生的树的"癖性"。

其次，要会运用树性。"营造伽蓝不买木材而是直接买整座山"，是让我们用同一座山的树来建造一个塔，熟知树木的特性，活用它们。木建筑就是要让树的生命尽情地绽放。要能"按照树的生长方位来使用"②，长在东西南北的树应按它们的方位使用，长在山岭上和山腰的树可用于结构用材，长在山谷里的树可用于附件用料，买回整座山的树材就要在山上长法一样合适地使用。生长在山的南侧的树，建造寺塔的时候要用在南面，北侧的用在北面，西侧的用在西面，东侧的用在东面，要按照它们生长的方位使用。

从山腰到山顶的树材应该用于结构，因为有充足的阳光，长得结实，尤其是山顶上的树，风吹日晒，雨雪吹打让它们生长得木质坚硬，癖性强烈。山谷地段的树，水分养分都很充足，但不会太强壮，只能做装饰用的材料。

第二，尊重人性是要洗涤心性，懂得人才，忠恕对人。

作为一个匠人，首先就是要磨炼自己的心性。学徒一开始并不会直接开始学艺，而是要做好洒扫除尘、买菜做饭之类的杂事，真正开始业务技能的训练就是磨刀，磨工具，实际上也是要磨掉自己的癖性。要磨好工具，需要以"无心"的状态面对手下"磨"的动作，在不断反复的练习中，手腕、肩膀、腰会自然地适应过来，一旦达到这个阶段，连表情都会发生

① ［日］西冈常一、小川三夫、盐野米松：《树之生命木之心·天》，广西师范大学出版社 2016 年版，第162 页。
② 同上书，第164 页。

变化。① 这是要磨出一颗不急不躁、没有杂念的匠心。

中国古代的游艺之学,也强调心性的炼养。如郭熙认为作画是去人欲的功夫:

> 不精则神不专,必神与俱成之。神不与俱成则精不明;必严重以肃之,不严则思不深;必恪勤以周之,不恪则景不完。故积惰气而强之者,其迹软懦而不决,此不注精之病也;积昏气而汩之者,其状黯猥而不爽,此神不与俱成之弊也。以轻心挑之者,其形略而不圆,此不严重之弊也;以慢心忽之者,其体疏率而不齐,此不恪勤之弊也。故不决则失分解法,不爽则失潇洒法,不圆则失体裁法,不齐则失紧慢法,此最作者之大病出,然可与明者道。②

在郭熙看来,绘画是养性明道的途径之一。养性首先要能专精,不精则"神不专",神不专反过来"精不明",所以养精与炼神是一体的。养精炼神,重在"恪勤","恪勤"又在于去掉"惰气""昏气"。可见,绘画与建寺,技不同,道相同。

养性明道,不仅靠知识的学习,更注重自身的体悟。师父一般不会直接教学生。不教,是让学生用自己的身体去修得,如孔子所讲"不愤不启,不悱不发"。③ "对于一个木匠来说,首先是靠身体去记住手艺,其他一切智慧都是多余的。靠自己琢磨,然后再用身体去记下的手艺,是具有伸展的空间和无限的可能性的。"④如果老师指教给你,那么你只会看到老师说的,而这样,会因为脑子已经被事先灌输了预备的知识,就生发不出更多的知识了。如同旅游,要用自己的眼睛去寻找,去判断是不是美,而不是听任导游的介绍。知识是存在困境和窘迫的,它会让人忘掉

---

① [日]西冈常一、小川三夫、盐野米松:《树之生命木之心・天》,广西师范大学出版社 2016 年版,第 162 页。
② 郭熙撰,周远斌点校:《林泉高致》,山东画报出版社 2010 年版,第 21 页。
③ 杨伯峻译注:《论语译注》,中华书局 2006 年版,第 77 页。
④ [日]西冈常一、小川三夫、盐野米松:《树之生命木之心・地》,广西师范大学出版社 2016 年版,第 86 页。

了身体。如果直接告诉你了,你可能很快掌握了技巧,但它并没有渗透到你的身体里,因为修炼的时间还不够。"慢慢煮,慢慢熬,最终会让你的直觉敏锐起来";"不要诡辩,不要矫情,只管用身体去记住活计,那么,终有一天会让你收获一片蓝天"。① 匠人的技能是一种手作,注重触感和体验,注重身体的记忆和直觉的培养,是大脑和身体的同时进行,协同合作。

其次,寺塔非一人之力所建,作为大木匠,除了熟悉物性外,还要调动人心。当然,只有自己先明了己之心性,才会明了其他人的心性,这也是格物之法。所以,"调动匠人们的心如同构建有癖性的树材";"百工有百念,若能归其如一,方是匠长的器量,百论止于一者即为正"。② 人心要回归自然,止于一为正,让不同的人性向一个共同的方向凝聚,如建寺塔一样,众志成城。天人合一,感应道交,这样才能创造了完美的作品。美丽的东西,一定是大家齐心合力、心情愉快才能完成的。对木构建筑而言,这样才能更好地延续树的生命。树的生命有两个,一个是它们生长在山林中的寿命,还有一个,就是当它们被用于建筑上的耐用年数。法隆寺用两千年的扁柏建成,延续两千年的寺塔,而成就这一不朽的寺塔,靠的是百念归一,才能众志成城。

最后,尽己之性则能尽物之性,最终实现物性与人性的互成。

被称为"法隆寺魔鬼"的西冈,把自己活成了一棵树。像一棵树一样扎住根,顶风立雨,不屈生长,坚实笃定,富有尊严。而他的根,为法隆寺而活,这种笃定和根性,让人安稳,让人有归属感,这是现代生活中所缺乏的。他成就了树的生命,也成就了自己的生命,并让这种生命得以延续。对于树的生命的尊重态度,以及如何让一棵树有尊严地按照自己的个性延续生命,是一个大木匠的宝贵体验,只有这样,才能真正"肇自然之性,

① [日]西冈常一、小川三夫、盐野米松:《树之生命木之心·地》,广西师范大学出版社2016年版,第135页。
② 同上书,第169页。

成造化之功"。①

物心与人心互相倾听,物性与人性相互融合,感应道交,这是一种审美的境界。感应从根本上来说是要体悟人的生命和大自然的关系,走进大自然,体悟天地四时和鸟木虫鱼,感受生命的律动和源泉,并由之推及到社会人伦,建构天人秩序。这个古老的智慧是我们文化中最根本的智慧,也是宋代理学家复兴儒学,丰富先秦儒家心性之学的重要思想。

可见,朱子的格物穷理之学与西方古典的自然科学观有实质的区别。西方古典的科学观重在对客观规律的理性认识,强调悬置主观,重在客观的科学思维,而朱子的格物观离不开人的心性感格,注重人与物的感应、感格与感通,是人文与物理的融合,是社会伦理与自然宇宙的统一,更偏向一种诗意思维。但这种格物观所注重的主观也并不是人的主观情绪情志,而是一种客观的主观,正所谓"外师造化,中得心源",这种客观的主观性即人的中正之心,也是古代文化中的心源,但也正是由于此心难辨难立,造成了文化中各种偏弊之处。

五、格物基础上的自然观

朱熹的格物之学力图实现物性与理性、物性与人性的融会贯通,将物、心与理统一起来,在万物一体的基础上形成了有理、有德、有情的自然哲学观。所谓"物我一理,才明彼即晓此,此合内外之道也"②,即是说物与人同一理,在体会物性的同时也就明晓了人性。在当代生态文明的背景下,这一自然观对重建物性与人性及理性的深层关联,对形成新的美学形态和生活样态具有重要意义。

首先,有情宇宙观。

对天地自然而言,朱子强调"要知得它(天)有心处,又要见得它无心

---

① 王维:《山水诀》,汤麟编著:《中国历代绘画理论评注·隋唐五代卷》,湖北美术出版社 2009 年版,第 103 页。

② (宋)朱熹、吕祖谦编,叶采集解:《近思录》,上海世纪出版集团 2010 年版,第 114 页。

处"。① 就自然层面的理气论而言,天地自然、宇宙造化纯任自然,是无心的,但同时朱子认为天地又是有心的,"天地之心,……只是生物而已。谓如一树,春荣夏敷,至冬乃成。方其自小而大,各有生意。到冬时,疑若树无生意矣,不知却自收敛在下。其实各具生理,便见生生不穷之意。这个道理直是自然,全不是安排得。只是圣人便窥见机缄,发明出来"。②此心即生物之心,此理即生生之理。且生生之理更易于困顿中见出,如说"万物生长,是天地无心时。枯槁欲生,是天地有心时"。③"万物生时,此心非不见,但天地之心悉布散丛杂,无非此理呈露,倒多了难见。若会看者,能于此观之,则所见无非天地之心。惟是复时,万物未生,只有一个天地之心昭然著见在这里,所以易看。"④天地之心乃生物之心也。钱穆认为:"若只说理与气,一则冷酷无情,一则纷扰错综,不能说人生界一切道理便只从这无情与纷扰中来,儒家因此从宇宙大自然中提炼出一生命观,理则名之曰生理,气则称之曰生气。"⑤由此,天由无心之天变为有心之天,由无情之天变成有意之天,注重情的渗透,可以说是情本体论提出的本源。

那么,由无情之自然到有情之自然的逻辑是怎样形成的? 仅是一种情感的逻辑、主观的移情吗? 是不是同时也是一种客观的理性法则呢?还是在真的法则(即天人共有的理)上形成了善(天人之间的伦常关系)的依据,从而构成为一种美的判断(天人共有的生意及有情宇宙观)?

如同庄子的濠梁之乐。鱼在水中游,你怎知它快乐还是不快乐呢?我们只能说鱼在水中游是个事实判断,当我们说它快乐时,就变成了情感判断,用康德的话来说,这是逻辑判断和反思判断的区别。同理,当我们说万物的春生夏长秋收冬藏时,这是一个事实判断,而当朱熹说天地

---

① (宋)朱熹撰,黎靖德编,王星贤点校:《朱子语类》,中华书局1986年版,第5页。
② 同上书,第1729页。
③ 同上书,第5页。
④ (宋)朱熹撰,黎靖德编,王星贤点校:《朱子语类》,中华书局1986年版,第1790页。
⑤ 钱穆:《朱子新学案》第1册,九州出版社2011年版,第56页。

有生物之心,天理是生生之理时,它已经变成了有情之生命观,这就成了一个价值判断、一个情感判断。康德提出"这朵花是美的"这一反思判断成为跨越纯粹理性与实践理性的桥梁,同理,当理学家提出天地以生物为心时,也就在人与自然、主体界与现象界之间建立起来了一种关联,将自然万物之理与人的生活世界息息相关,构成天心与人心的统一,实现了物性与人性的统一,由此实现了宇宙自然之理与现实人文之理的贯通。

其次,环境伦理观。

人们如何对待自然万物,便形成了独特的生态伦理观。张载提出民胞物与说,认为:"乾称父,坤称母;予兹藐焉,乃混然中处。故天地之塞,吾其体;天地之帅,吾其性。民吾同胞,物吾与也。"①朱熹对此做了进一步阐释,认为"浑然中处"是指"许多事物都在我身中,更那里去讨一个乾坤"②,显然这里的"中"并不是指人与万物生活于天地之中这一物理空间,而是指人身中即有阴阳二气和乾坤之性。正如朱熹在回答门人关于太极图示时指出的:"太极所说,乃生物之初,阴阳之精,自凝结成两个,后来方渐渐生去。万物皆然。如牛羊草木,皆有牝牡,一为阳,一为阴。万物有生之初,亦各自有两个。"③如人之身体,由形神组成,有乾坤之象、阴阳之性;形为坤象,重浊,性阴柔;神为乾象,轻清,性阳刚。神为乾象,乃百神之主、造化之本,生生不息;形为坤象,成形成物,厚德载道。可见形为神之承载之器,为神之德性显现之物,随其成亦随其毁,所以神不离形,形依于神。是故理学家重其神,也惜其身,然所爱乎身者,重在生也。其待人之形神如此,待物之形神亦如此,其理一也。

这其中有待物之道,也有待己之道、待人之道。从太极阴阳之宇宙观括尽了天下物事,以阴阳变化之道将宇宙自然及生命与人事之理融会

① (宋)张载撰,章锡琛点校:《张载集》,中华书局1978年版,第62页。
② (宋)朱熹撰,黎靖德编,王星贤点校:《朱子语类》,中华书局1986年版,第2523页。
③ 同上书,第2380页。

贯通,这不仅成为物性与人性之间内在的关联所在,也决定了人在天地宇宙间安身立命的方式,这是理学家的大智慧所在。

"人心能明觉到此理,一面可自尽己性,一面可上达天理,则既可弘扬文化,亦可宣赞自然。儒家精义之所异于老释端者在此,而理学家之终极目标亦在此。"[①]可见,儒家认为人生在世,有两种目标,一是尽己之性,二是尽物之性,尽己性明明德则可弘扬文化,这是对主观的人类文明建设而言;尽物性达天理赞自然,是对客观的自然世界而言。在这二者之中,人才能摆正自己的位置,形成人与人、人与自然的伦理关系,并在二者之中建立起深层的联系,形成儒家独特的环境伦理观。

这种物我一理的自然观与西方的自然观不同。西方传统的自然观认为自然是人改造的对象,是人可以利用的资源,人为主体,自然是资源,这种人和自然的关系是不对等的。物我一理的自然观强调物我一体,内外交融,天地万物与人的有机统一,是异形同构的关系,因此,自然万物就不是外在于我的异质存在,不是一种资源和手段,而是人与自然有一种天然的同情关系。这正是当前生态文明下的环境美学所持的一个基本观点,即强调尊重自然,建立与自然万物的倾听、对话、交流的平等关系、亲和关系和相互成就的关系。对物性的尊重与对人性的了解是同步的,这构成了人和自然的一种真正的交互关系和对等关系。

其三,天地爱养的自然观。

朱熹在阐释"民胞物与"时,本身就强调了人的主体精神及其所应承担的责任,"'吾其体,吾其性',有我去承担之意"。[②] 那么人要去承担的使命到底是什么? 格物之学最独特之处是在向外进一步发现物的性理的同时,向内也发现了人的性理,内外的发现是同步的,因此,人所要做的就是尽物性与尽己性,以成造化之功,这是儒家在天人关系的基础上

---

① 钱穆:《朱子新学案》第1册,九州出版社2011年版,第49页。
② (宋)朱熹撰,黎靖德编,王星贤点校:《朱子语类》,中华书局1986年版,第2520页。

所赋予的人的道德责任。

正如育人与育物是相通的,了解天地自然如何长养万物,才能更好地善养自己,这是天地的"爱养之法"。① 我们通常将教书育人的师者比喻为种花莳草的园丁,这并非只是现象的类比,而是物与人在性理上的贯通。园艺师育木,人师育人,其理一也,皆是要物尽其性,人尽其才,知天地爱养之道,这种关联不是一种类比的关联,而是在根性上的相通。根性上的相通,指本源的一致,即天地万物一理也。

在对自然事物的理解、同情与爱养的基础上,人们将会形成一种更加朴素的生活样态。时下生活美学、器物美学、环境美学、工艺文化之所以得以流行,并成为美学关注的热点,其深层原因之一正是意识到人和自然深层的生态联系已遭到破坏。新的历史条件下重提朱子的格物之道其重要性在于恢复人们对自然的感知,重建人与自然内在的生态联系和情理联系,这对于在全球语境下重新思考人性与自然的路径,尊重物性与人性的内在深层连接,建立新时代的生态环境审美和形成新的生活美学样态具有重要的启示意义。

---

① (宋)范成大等撰,刘向培点校:《范村梅谱》(外十二种),上海书店出版社 2017 年版,第 78 页。

第二章　宋代自然环境审美观

对自然环境的审美,主要指人们对自然环境、自然现象和自然事物的感知、认识、理解及其在此基础上呈现出来的情感反应和审美评价,不同民族对自然环境的理解包含着不同的伦理道德情感、独特的认知模式及在此基础上形成的不同的审美态度和审美情感。在理学视野下,宋人在人和自然的关系上体现出独特的求真、向善、尚美的特点。

第一节　自然物性的探索

受理学思想影响,宋人重格物,强调万物一理,注重体察天地之仁与万物的生生之意。与佛家的空境及道家的仙境不同,宋人将彼岸的乐土落到了人间,通过格物实现理气与心性的统一,从而构建理想的乐境。在哲学观上,理学家们以易的太极图式诠释天地自然及世道人伦,这一图式也自然会影响到宋人对自然事物的理解,从物性中体察天地之道。因此,他们对物性、物理的探索与研究表现出浓厚的兴趣。

一、精研性理

精研性理是指宋人在格物精神影响下,对物性与物理的探求。宋代科学技术发展迅猛,为世界瞩目,博物学也取得了重大发展,其中植物谱录体现了这方面所取得的成果。北宋陈翥的《桐谱》是此类谱录中的一个典型,我们首先以《桐谱》为例来分析宋人对物性的独特认知方式,并在此基础上赏其美,致其思,尽其用。

《桐谱》是我国最早的桐树专著,在作者多年亲自种植、观察、研究和广泛阅读文献的基础上写成。本书从叙源、类属、种植、所宜、所出、采斫、器用及杂说、记志、诗赋十个篇目对桐的物种、繁育、生长环境、制器尚用和相关的诗文故事等做了细致的阐述。虽然有专家指出陈翥"将梧桐作为泡桐来处理,但只从文字表面上看,《桐谱》中关于梧桐和泡桐的都占了约各自一半的篇幅"[1],我们依然可以在对资料进行辨析的基础上对宋人如何认知物性有一个大概的了解。

首先,以禀气而生的思想为依据,根据物气相感、同则相聚的原则对物性进行认识。万物禀气而生,凡物的生长离不开内外两个方面,内禀元气而生,依凭外气而长,内外之气互摄交养,生长万物。禀气受气不同,物性则不同。桐独异于群木,具有不同的特质和功用,在于"受气淳矣"。[2] 淳气,指纯阳之气。梧桐感阳而生。桐的种子如果下在低湿处则不能萌芽,要下在高厚之处,"桐之性不奈低湿,惟喜高平之地,如植于沙湿低下泉润之处,则必枯矣,纵抽茂,不如高平之地"。[3] "桐之性皆恶阴寒,喜明暖,阴寒则难长,明暖则易大。阴湿之地种植之,终不荣矣。夫阴湿则枝干曲而斜,渍湿则根叶黄而槁。"[4]桐不喜巨材所荫,为使桐能顺性生长,则应注意"抽条时,必生歧枝,日频视之,如歧枝萌五六寸则去之,高者手不能及,则以竹夹折之。至二三年,则勿去其枝,恐其长而头下垂故也。伺其大,则缘身而上,以快刀贴身去,慎勿留桩,只经一两春,

---

[1] 宣炳善:《陈翥〈桐谱〉梧桐混用为泡桐纠谬》,《中国农史》2002 年第 2 期。
[2] (宋)欧阳修等撰,王云点校:《洛阳牡丹记》(外十三种),上海书店出版社 2017 年版,第 89 页。
[3] 同上书,第 91 页。
[4] 同上书,第 92 页。

自然皮合也。"①此段是要顺性让桐成为高大之材，如此修葺，其长可至十丈。故枚乘《七发》云："龙门之桐，高百尺而无枝"，这是因为成就了桐的本性。

物气相感，同则相聚，物与物、物与人亦可相应。凤凰非梧桐不栖之说，原因亦在于此。"或者谓凤凰非梧桐不栖，且众木森森，胡有不可止者，岂独梧桐乎？答曰：夫凤凰，仁瑞之禽也，不止强恶之木。梧桐叶软之木也，皮理细腻而脆，枝干扶疏而软，故凤凰非梧桐不栖也。又生于朝阳者多茂盛，是以凤喜集之，即《诗》所谓'梧桐生矣，于彼朝阳。凤凰鸣矣，于彼高冈'者也"，②禀气相类，故能相互感召。又有"王者任用贤良，则梧桐生于东厢"③一说，也正是从此意义上才相互通达起来。梧桐向阳而生，良才亦禀精淳之气。

其次，人要能顺物之性，盗地之力以成其才。天地生养万物，为使物尽其性，人要顺性而为，要能"别地之肥瘠，辨木之善否，知长育之法，识栽接之宜"。④ 桐有高大的潜质，易长成高大之树，人不伤物性，这样在天时地利人和的情况下，桐才会成长良材，"桐之为木，其异于群类者卓矣，生则肌骨脆而嫩，死则材质体坚而韧；燥之所加而不坼裂，湿之所渍而不腐败。虽松柏有凌霄冒雪之姿，苟就以燥湿，则与朽木无异耳。王氏谓受气淳矣，真不虚也，于桐可独见之矣。其体湿则愈重，干则愈轻。生时以斧斫之甚易，干乃软而拒斧，故鄙谚云：'轻是桐，重是桐，难斫亦是桐。'此之谓也"。⑤ 桐为柔木，桐木生长时，枝皮柔嫩，所以去歧枝后，树干能自然皮合，没有腐穴之病存于其中，也不会有嫩桩再次萌生。桐被采伐之后，不像其他树，若采伐不当，则有蛀虫之害；潮湿所加，则有腐败之患；风吹日曝，则有坼裂之衅；雨溅泥淤，则枯藓之体。桐木材质优良，

---

① （宋）欧阳修等撰，王云点校：《洛阳牡丹记》（外十三种），上海书店出版社2017年版，第91页。
② 同上书，第88页。
③ 同上书，第98页。
④ 同上书，第94页。
⑤ 同上书，第88—89页。

不会有此患，故其性又可谓刚。可见，桐木可谓刚柔相济，生时斧斫甚易，干时质地精纯，斧斫不易，此所谓受气之淳，由桐之材质可见。

而对物性的理解又与对人性的理解相贯通。孟子有言："拱把之桐梓，人苟欲生之，皆知所以养之者，至于身，而不知所以养之者，岂爱身不若桐梓哉？弗思甚也。今有场师，舍其桐槚，养其樲棘，则为贱场师焉。"①场师是古代的园艺师。此话可看出园艺师与园丁的关联，园艺师育木，园丁育人，其理一也，皆要"知所以养之者"，要物尽其性，人尽其才，知天地爱养之道。在宋儒这里，物性与人性的关联不只是横向的联想，而是在根性上的相通。根性上的相通，指本源的一致，即天地万物一理也，而这种通达重点在于心的体察领悟。

最后，在物尽其性的基础上，才能做到治器尚用，才尽其用，从而成就造物之大德和天地之大美。桐木坚而难朽，不为干湿所坏，所以桐木是制作古代棺椁的上好木材。同时，凡琴瑟之材，也多用上好桐木。《风俗通》云，"生岩石之上，采东南孙枝以为琴"，是择其泉石向阳之材，自然其声清雅而可听。蔡伯喈闻爨下桐声，取以为琴，成就了著名的焦尾琴，是桐木以其声鸣己之性，向世人显现自己的存在。《周礼》取云和、龙门、空桑之桐为琴瑟，《周礼大司乐》云："云和之琴瑟，以礼天神"，言云和山之桐可为琴瑟，可以礼天地神祇，通天地之性。

由此可见，在宋代理气论宇宙观的视野下，对自然物性的考察主要是通过观察的方式，在感应论的基础上获得，从而形成了东方独特的自然观，即通过仔细观察事物在生长过程中的外在显观，由内外气感应相通，反观物内在的气性。在了解物性的基础上，人要顺应其性，助其成长，让物的本性得到完美实现。同时，在了解物性的同时，也可以了解人性，物性与人性是相通的，也是相互成就的。只有了解物性才能运用物性，使物尽其用，成就天地之大美。可见，宋人的自然观在自然与人文之间形成了独具特色的人文生态系统，体现着东方的独特智慧和对真善美

① 杨伯峻译注：《孟子·告子上》，中华书局 1960 年版，第 97 页。

的理解。其中,宋人对物的理解、尊重与同情尤其值得今人借鉴。

二、嗜好易理

在对自然事物的表达上,宋人普遍受到易理的影响。宋伯仁作《梅花喜神谱》,谓"昔人谓一梅花具一乾坤,是又摆脱梅好而嗜理者"。[①] 宋人的宇宙观自易学中来,易学给宋人认识自然、表达自然和欣赏自然提供了一种认知模式。墨梅的创始人华光道人作《画梅谱》,更是将梅之象与易的数理哲学统一起来,以天地运化的象数理论阐释梅花之象。《易经》认为万物皆有其象数,象是基本的结构单元,数是连接这些单元的法则和载体。华光道人将梅象与太极、阴阳、五行、八卦之数联系起来,形成独特的观梅和画梅理论,《取象篇》中谈道:"梅之有象,由制气也。花属阳而象天,木属阴而象地,而其故各有五,所以别奇偶而成变化。"[②]认为梅受天地之气而生,花应天气而开,属阳,有天之象,树吸收地气而长,属阴,为地之象。按易学理论,天之数为阳数,即一、三、五、七、九,称为生数、奇数;地之数为阴数,即二、四、六、八、十,称为成数、偶数。花象属阳,其数亦取阳数。故说:

> 蒂者,花之所自出,象以太极,故有一丁。房者华之所自彰,象以三才,故有三点。萼者花之所自起,象以五行,故有五叶。须者花之所自成,象以七政,故有七茎。谢者花之所自究,复以极数,故有九变。此花之所自出皆阳,而成数皆奇也。[③]

画梅花时,花蒂即用一丁,即国画中的丁香头画梅花蒂,一象征太极之数,花房用三点表示,代表天地人三才,花萼之数为五瓣,象征金木水火土五行。须用七茎表示,代表日月和金木水火土星七政,九为阳极数,花谢用九变表示,皆符合天数。

---

① (宋)范成大等撰,刘向培点校,《范村梅谱》(外十二种),上海书店出版社 2017 年版,第 62 页。
② 同上书,第 65 页。
③ 同上书,第 65 页。

画梅树时,则取地之数:

> 根者梅之所自始,象以二仪,故有二体。本者梅之所自放,象以四时,故有四向。枝者梅之所自成,象以六爻,故有六成。梢者梅之所自备,象以八卦,故有八结。树者梅之所自全,象以足数,故有十种。此木之所自出皆阴,而成数皆偶也。[①]

树根有二体,指根不独生,根若独发,则其象为孤。"(根)须分为二,一大一小,以别阴阳,一左一右,以分向背,阴不可加阳,小不可加大,然后为得体"。[②] 树干象四时,用自下而上、自上而下、自左而右、自右而左四种画法表示。枝有六种画法,有偃仰枝、覆枝、从枝、分枝、折枝表示。梢象八卦,用长、短、嫩、叠、交、孤、分、怪表示。树有十种,分别是枯梅、新梅、繁梅、疏梅、山梅、野梅、宫梅、江梅、园梅、盘梅,以成地数。其更细微之处,对花的向背、枝的俯仰、花开不同状态下须的画法等都有精细分别,要之,要合于天地之象,取法自然。

易理的象数图式不仅对自然的观物取象影响深远,在表达方式上也影响深刻。如果说《画梅谱》主要是从象数的角度来析理,那宋人鹿亭翁著《兰易》则更重其义理。《兰易》细述兰的生长及栽培之法,书的结构正是从《周易》中化生而来。此书分上下两卷,上卷名《天根易》,以十二别卦为兰之十二月令,类似于易的经卦部分,下卷为十二易翼,类似于易传部分,由其结构可见其运思方式和对兰的理解方式确乎中国所独有。

《兰易》中的十二卦取自周易六十四卦中的十二辟卦,"十二辟卦"即十二月卦,"辟"是主宰之义,每一卦为一月之主,用十二个卦配十二个月,表示一年十二月气候的变化,代表十二月阴阳消长的节律。其中,复卦是十一月卦,表示冬至一阳生,从此阳气日长,阴气渐消;乾卦是四月卦,表示夏至一阴生,从此阴气日长,阳气日消,四季阴阳消长周而复始。

---

① (宋)范成大等撰,刘向培点校:《范村梅谱》(外十二种),上海书店出版社 2017 年版,第 65 页。
② 同上书,第 66 页。

临主十二月,泰主正月,大壮主二月,夬主三月,姤主五月,遯主六月,否主七月,观主八月,剥主九月,坤主十月。

《兰易》首卦为复卦。"万物本于根,根本于天,天根本于复,天且有根,而况于万物乎?况于兰乎?"①"复兰,十一月卦也。天根大始,兰退藏于室,元亨",并系辞曰:"'知用知藏,易之道也。'藏兰勿用,又何咎也。兰,然后可大,亦可久也。复者,易之终始,君子艺兰以自考也。"②十一月兰贵在藏之勿用,然后可长大可长久。作者依次论及其他月份的艺兰之法及注意事项,亦非常精彩。汪曾祺的《葡萄月令》与此相类,不过《葡萄月令》是从一月开始写起,十二月为结束。《兰易》最后一卦为坤兰,坤卦,十月卦也。"万物终始,藏于天根。阴往阳来,气含滋也。藏于月窟,复于天根,是为阴阳之枢机也。"③阴阳变化,一年终而复始,归根复命,自然之道。

下卷《十二翼》,为《天根易》作传十二章,是为《易翼》,主要讲兰之性情德业和养兰之道,如喜日而畏暑、喜风而畏寒、喜雨而畏淫、喜润而畏湿、喜干而畏燥、喜土而畏厚、喜肥而畏浊、喜树荫而畏尘、喜暖气而畏烟、喜人而畏虫、喜聚族而畏离母、喜培植而畏骄纵等十二条。所谈虽为兰,然"悟此可以养生,可以格物"④,善养兰者,亦通养生格物之理,是天地爱养之道。《王氏兰谱》与《金漳兰谱》中都有此类思想,如:

> 为台太高则冲阳,太低则隐风,前宜面南,后宜背北,盖欲通南薰而障北吹也。地不必旷,旷则有日,亦不必狭,狭则蔽气。右宜近林,左宜近野,欲引东日而遮西阳也。⑤

其实适合人居住的地方也是一样的原理,如唐代著名道士司马承祯

---

① (宋)范成大等撰,刘向培点校:《范村梅谱》(外十二种),上海书店出版社 2017 年版,第100 页。

②③ 同上书,第 100 页。

④ 同上书,第 106 页。

⑤ 同上书,第 78 页。

谈到人日常的起居安坐时指出：

> 何谓安处？曰：非华堂邃宇、重裀广榻之谓也，在乎南向而坐，东首而寝。阴阳适中，明暗相半。屋无高，高则阳盛而明多，屋无卑，卑则阴盛而暗多。故明多伤魄，暗多则伤魂，人之魂阳而魄阴，苟伤明暗，则疾病生焉。①

虽是谈对兰的爱养之道，但其原理也通于养人之道，育兰与育人道理相通。天生地养人爱，圣人之仁顺天地以应万物，使万物各遂其性。可见一花一世界，一物一太极，穷其物理可以通乎人事。

除了体现出鲜明的理学模式之外，大多谱录也会辑录相关的杂说和诗文，除了体现着浓厚诗意诗情之外，也有相当一部分是以诗作为考证的材料，体现出尚理的特点，如周必大的《玉蕊辨证》征引前人及当时各家诗文、笔记中的观点，为长安唐昌观玉蕊究竟为何种植物加以辨证。玉蕊为唐代名花，"唐人甚重玉蕊，故唐昌观有之，集贤院有之，翰林院有之，皆非凡境也"。② 正所谓"请观唐相吟，俗眼无轻视"③，唐代玉蕊或为观中玉树，有仙家气质，或为皇家所有，体现富贵气息，总非寻常百姓所能拥有。宋人多以玉蕊为山矾或琼花。作者亲自去李德裕所提到的镇江招隐寺考察，认为琼花与山矾皆非玉蕊。《桐谱》中也有专篇关于桐的杂说、记志及相关诗赋。这也构成了谱录类著作的一大内容和特色。

综上可见，宋代植物谱录类著作体现了宋人在气化论基础上对物性、物理的独特的认识方式和表达方式。在内气外气相感的基础上，由外向内，从观察中获取对物性的整体感悟，这与现代植物学更重视科学的分析有所不同，宋代的格物是一种外在的整体的观照，现代科学更强

---

① （唐）司马承祯撰，吴受琚辑释：《司马承祯集·天隐子》，上海书店出版社 2017 年版，第 332 页。
② （宋）欧阳修等撰，王云点校：《洛阳牡丹记》（外十三种），上海书店出版社 2017 年版，第 46 页。
③ 同上书，第 41 页。

调内在各组成要素的剖析,但两者并非完全对立,可以古今融通,中西合璧,互相发明。在表达方式上,宋代植物谱录情理兼具,重美求真尚理,尤其是以易理观照,体系出独特的审美意味。

第二节　自然价值的阐释

人和自然的关系是中国文化语境中的核心关系,建立在气化论基础上的天人合一说必然会影响到对自然的感知、理解和审美,这主要体现在自古以来天人感应的思想上。宋人对物性的研究是建立在物类相感的基础之上,宋人对自然价值的阐释,尤其是对自然灾异的认识也是建立在感应论的基础之上。现在有些人认为天人感应论是一种迷信,但它在几千年的中国历史中始终影响着人们的生产和生活,是建立在古人思维世界中的一种最基本的理论,它直接将人事与天道关联起来。宋人对自然灾异现象的认识反映了宋人对自然的价值观,尤其是面对自然,人更进一步对自己的主体性地位进行反思以及更加注重人的自我修为,即人要通过惕厉自省来感召自然和社会的和气。

一、著其灾异,削其事应

天人相和,则有瑞应,天人不和,则有灾应,祥瑞灾异说是天人感应中最鲜明最典型的表现。我们只有将祥瑞灾异说放到其历史语境中,才会发现它产生的必然性、它的局限性及其价值所在。宋代祥瑞灾异说在承继前代的基础上,表现出新的特点。宋之前的灾异说主要有两大类,周代形成的休咎说和汉代形成的事应神迹说。

休咎说以《尚书》中的《洪范》九畴为代表,是周代形成的体系完备的天人感应论。洪范即天地大法,九畴,即九类,意即治理国家要遵循的九条大法。其中,第一条讲五行,即水、火、木、金、土。第二条讲五事,即貌、言、视、听、思。貌曰恭,言曰从,视曰明,听曰聪,思曰睿。恭作肃,从作乂,明作哲,聪作谋,睿作圣。[①] ……第八条,则是以五行应五事,则会有休咎之征。休征,即美行之验,政善则有美征,即瑞应。咎征,即恶行之验,政恶则有咎征,即灾应。总的来讲,是认为人君行事可验之于五气。

八,庶征:曰雨、曰旸、曰燠、曰寒、曰风、曰时。五者来备,各以其叙,庶草蕃庑。一极备,凶;一极无,凶。

曰休征:曰肃,时雨若;曰乂,时旸若;曰哲,时燠若;曰谋,时寒若;曰圣,时风若。

曰咎征:曰狂,恒雨若;曰僭,恒旸若;曰豫,恒燠若;曰急,恒寒若;曰蒙,恒风若。曰王省惟岁,卿士惟月,师尹惟日。岁月日时无易,百谷用成,乂用民,俊民用章,家用平康。日月岁时既易,百谷用不成,乂用昏不明,俊民用微,家用不宁。

庶民惟星,星有好风,星有好雨。日月之行,则有冬有夏。月之从星,则以风雨。[②]

首先,五气可成为众事之验,这是休咎之说的依据。此五气即雨、旸、燠、寒、风。此五者行于天地之间,人、物莫不由此得以生成。雨,可以滋润万物;旸,可以使万物晒干;燠,可以温暖长养万物;寒,可以成万物;风,动万物。按《五行传》说,“雨,木气也。春如施生,故木气为雨。旸,金气也。秋物而成坚,故金气为旸。燠,火气也。寒,水气也。风,土气也。凡气非风不行,犹金木水火非土不处,故土气为风”。[③] 这五气若能得其时序,当来则来,当去则去,则草木繁滋茂盛。若其中之一不得其时,或过多或缺少,则凶,如雨多则涝,雨少则旱。

其次,事应说。休咎之征各以其事应之。若人君肃敬,则雨得其时;若政治安定,则旸得其时;若人君昭明,则燠得其时;若人君有谋,则寒得其时;若人君通圣,则风得其时。相反,或君行狂妄,则恒雨;若君行僭

---

① (汉)孔安国传,(唐)孔颖达正义:《尚书正义》,上海古籍出版社2007年版,第454页。
② 同上书,第473—478页。
③ 同上书,第474页。

越,则恒旸;若君行逸豫,则常暖;若君行急躁,则常寒;或君行蒙暗,则常风。

再次,日月之行,寒暑之交,各有常道。王总管群吏,岁兼四时,故以时比王,卿士各有所掌,如月之有别,师尹众官分治其职,比之如日,星之在天,如民之在地,故以星为民象。君臣为政,大小各有常法,所谓"日月行有常度,君臣礼有常法,以齐其民",要之,贵在得其时,行其道,以正其民。这也是《易·系辞》所说"天垂象,见吉凶",日月星、风云雨等即是自然所垂之象,也是社会人事所应之象。

总的来看,休咎之征主要与人君的德行有关,人君作为天子,要上顺于天,下达于民,使天下太平。能上顺于天,下达于民,天子必然要敬天修德,这样,在道德的层面上建立起自然与人事之间的联系,天成为周人自我警策和批判意识的折射。《诗经》中有很多怨诗即是通过自然的灾异表现出来的,如《诗·小雅·十月之交》:"日月告凶,不用其行。四国无政,不用其良。彼月而食,则维其常。此日而食,于何不臧。"①诗人认为日月失行预告了凶祸,而凶祸的产生则是由于国君政事不良。

休咎说对自然与人事的关系做了系统化的理论表述。主要强调:(一)人君必须要顺应自然周期变化,要行当时之令。(二)重在强调人君要具备的德行,"貌曰恭,言曰从,视曰明,听曰聪,思曰睿"。(三)人君或有违天时或悖于德行,就会引起灾异。

早期的休咎说虽然没有将具体的灾异和人事联系起来,但其精神却一直影响古人的自然观,这一思想在后来得到了不同程度的发展,在不同的时代,既有相承接处,也有变异处。

休咎说发展到汉代的一个重要特点是配以阴阳五行来阐释灾异说,提出事应神迹的思想,以董仲舒的天人观为代表。五行说是秦汉以来流行的思维模式和世界观,武帝时,法家或清静无为的黄老之学均无法满足新秩序的需要,神学化的儒学应运而生,董仲舒援阴阳五行入儒学,用

① 程俊英译注:《诗经译注》,上海古籍出版社 2014 年版,第 285 页。

阴阳五行理论解释阐释灾异学说,使儒学的灾异说也更具神学色彩,天人之间具有一种神性的关系,天成为超验性的天,成为人间事务的主宰者和裁判者,而人事对应于天象。如:

> 严公二十八年"冬,大亡麦禾"。董仲舒以为夫人哀姜淫乱,逆阴气,故大水也。(《汉书·五行志》上)
>
> 成公元年"二月,无冰"。董仲舒以为方有宣公之丧,君臣无悲哀之心,而炕阳,作丘甲。(《汉书·五行志》中之下)
>
> 昭公四年"正月,大雨雪"。董仲舒以为季孙宿任政,阴气盛也。(《汉书·五行志》中之下)
>
> 定公元年"十月,陨霜杀菽"。董仲舒以为,菽,草之强者,天戒若曰:加诛于强臣。言菽以微见季氏之罚也。(《汉书·五行志》中之下)

可见,这种神学色彩的感应论将灾异与人事相对应,认为灾异会应到具体的事件上。其中成帝时刘向撰写的《洪范五行传论》"集合上古以来历春秋六国至秦汉符瑞灾异之记","著其占验,比类相从",[1]是历史上第一次灾异理论和记事的集成,提供了一套包罗万象的灾异分类体系。从动植物异常、人体病变到风俗谣谚以至于天文异动,无论自然还是社会现象都囊括在内,能够以类相从,一一与特定的人事特别是政治活动挂钩。[2] 其成果被班固的《汉书·五行志》继承,成为汉代儒家灾异理论的系统体现,并作为一种范式进入史书编撰的传统之中,深刻影响了后世历史的编纂和政治文化,也影响了人们看待自然的关系。班固《汉书》以下的史书,几乎都有《五行志》,其撰写的主旨一是记录灾难,二是征天人之变,通过自然的征兆来揭示灾难发生的社会政治原因,给后人以鉴戒,其理论依据就是"灾异"说。

天会以神迹向人间显现福祸的预兆和警告,如董仲舒所言:"视前世已行之事,以观天人相与之际,甚可畏也。国家将有失道之败,而天乃先

---

① (汉)班固撰,(唐)颜师古注:《汉书》卷三六第 7 册,中华书局 1962 年版,第 1950 页。
② 陈侃理:《儒学、术数与政治灾异的政治文化史》,北京大学出版社 2015 年版,第 77 页。

出灾害以谴告之。不知自省，又出怪异以警惧之。尚不知变，而伤败乃至。以此见天心之仁爱人君而欲止其乱也。"①把天当成是有意志的天，主观色彩浓厚，具有迷信意味，使感应论的走向迷信化，有过之而无不及。

宋人对异常的自然现象的理解和变化可集中见于《宋史·五行志》，其中记录了大量的祥瑞灾异之说，其编撰模式与前代大体相同，但也出现了新的特点，一是要淡化事应说，提出著其灾异，削其事应；二是更重人事，强调格物穷理和持敬反省。

这种变化从《新五代史》中可以看出，《新五代史》没有《五行志》，但有《司天考》，其中有言："圣人不绝天于人，亦不以天参人。绝天于人则天道废，以天参人则人事惑，故常存而不究也。《春秋》虽书日食、星变之类，孔子未尝道其所以然者，故其弟子之徒，莫得有所述于后世也。然则天果与于人乎？果不与乎？……则所不知也。以其不可知，故常尊而远之；以其与人无所异也，则修吾人事而已。"②《新五代史》的修撰者们明确表示对天人之间关系的迷惘和不可知，所得出的结论是对天"常尊而远之"和"修吾人事而已"，这实际上就是对"事应神迹"说的质疑。

从《新唐书》开始，正史《五行志》只记灾异不再书事应。《新唐书》卷三四《五行志》序言云：

> 盖君子之畏天也，见物有反常而为变者，失其本性，则思其有以致而为之戒惧，虽微不敢忽而已。至为灾异之学者不然，莫不指事以为应。及其难合，则旁引曲取而迁就其说。盖自汉儒董仲舒、刘向与其子歆之徒，皆以《春秋》《洪范》为学，而失圣人之本意。……孔子于《春秋》，记灾异而不著其事应，盖慎之也。以谓天道远，非谆谆以谕人，而君子见其变，则知天之所以谴告，恐惧修省而已。若推其事应，则有合有不合，有同有不同。至于不合不同，则将使君子怠

①（汉）班固：《汉书》，中华书局1962年版，第2498页。
②（宋）欧阳修等：《新五代史》，中华书局1974年版，第707页。

焉,以为偶然而不惧。此其深意也。盖圣人慎而不言如此,而后世犹为曲说以妄意天,此其不可以传也。故考次武德以来,略依《洪范五行传》,著其灾异,而削其事应云。①

此处谈到了畏天的君子与灾异学者的区别,认为畏天是圣人之本性,孔子记灾异不著事应,是恐惧修身,从先秦到宋代畏天慎独的基本精神没有改变。而汉代灾异学者则指事以为应,但事有应有不应,如此一来,会让人觉得事应只是巧合,由此而生出怠慢之心,圣人不言事应其深意在此,后世机械比附,实是虚妄曲说,圣人之意反不得其传,故欧阳修在《新唐书》只记载灾异的现象,并不对应具体人事。宋代灾异论的特征是"不像汉儒那样在事实的因果关系层面模式化地解释天人关系,而是把端正君主的心术当成根本目标"。② 正心诚意,儒学内圣之道,对君对人都是一样的。两宋之际胡安国说:"《春秋》灾异必书,虽不言其事应,而事应具存。惟明于天人相感之际、响应之理,则见圣人所书之意矣。"③ 虽没明言事应,而实际上事应是存在的,但不要拘泥于事应,只要明其大意即可。灾异存在,但不能一一指实。理在,但造化之妙,难以一一指实。从休咎说到事应神迹说,再到著其灾异,削其事应,宋代的祥瑞符应理论走了一个正反合的过程。

二、恐惧修省

《宋史·五行志》中讲道:

天以阴阳五行化生万物,盈天地之间,无非五行之妙用。人得阴阳五行之气以为形,形生神知而五性动,五性动而万事出,万事出而休咎生。和气致祥,乖气致异,莫不于五行见之。《中庸》:"至诚

---

① (宋)欧阳修、宋祁:《新唐书》卷三四《五行志》序,中华书局 1975 年版,第 871 页。
② [日]小岛毅:《宋代天遣论的政治理念》,见《中国的思维世界》,江苏人民出版社 2006 年版,第 314 页。
③ (宋)胡安国:《春秋胡氏传》卷三,浙江古籍出版社 2010 年版,第 32—33 页。

之道,可以前知。国家将兴,必有祯祥;国家将亡,必有妖孽。见乎著龟,动乎四体。祸福将至,善必先知之,不善必先知之。"人之一身,动作威仪,犹见休咎,人君以天地万物为体,祯祥妖孽之致,岂无所本乎? 故由汉以来,作史者皆志五行,所以示人君之戒深矣。自宋儒周敦颐《太极图说》行世,儒者之言五行,原于理而究于诚。①

当然从现实层面来看,不可否认,从董仲舒以来,儒家灾异论的实用性一直是其存在的根据。《儒学、术数与政治》一书认为灾异论的变化实际上都是在探索如何维持灾异的政治功能,指出"无论王安石还是二程,称说天人感应都不是因为他们从宇宙论上重新证明了天人之间存在感应,而是考虑到天人感应理论作为政治工具的实际功能"②,这也是灾异论的主要功能,因为只有"天"能对人君进行约束。如富弼、苏轼所说,人君无所畏惧,怕畏者"天"。熙宁初,有人对皇帝讲灾异与人事无关,宰相富弼深不以为然:"人君所畏惟天,若不畏天。何事不可为者?"③

其实,宋代感应论除了政治功能以外,与汉儒灾异论不同的是他们也注重宇宙论上的重新证明。也就是说,灾异论不仅是政治策略的需要,更是儒学发展到新阶段的一种理论建构,是儒学在学理上存在的逻辑基础。只要儒家存在,天人感应论也就必然存在,这是其世界观、人生观和思维方式所决定的。王安石对灾异说提出了质疑,他的较为折中的灾异论代表了宋人对灾异现象的普遍认识。《临川先生文集》卷六五《议论》部分《洪范传》云:

> 孔子曰,见贤思齐,见不贤而内自省也。君子于人也,固常思齐其贤,而以其不肖为戒。况天者,固人君之所当法象也,则质诸彼以验此,固其宜也。然则世之言灾异者非乎? 曰:人君固辅相天地以理万物者也。天地万物不得其常,则恐惧修省,固亦其宜也。今或

① (元)脱脱等:《宋史》,中华书局 1985 年版,第 1317—1318 页。
② 陈侃理:《儒学、术数与政治》,北京大学出版社 2015 年版,第 292 页。
③ (元)脱脱等:《宋史》第 29 册卷三一三,中华书局 1985 年版,第 10255 页。

以为天有是变，必由我有是罪以致之；或以为灾异自天事耳，何豫于我？我知修人事而已。盖由前之说，则蔽而葸；由后之说，则固而怠。不蔽不葸，不固不怠者，亦以天变为己惧。不曰天之有某变，必以我为某事而至也，亦以天下之正理考吾之失而已矣。[1]

王安石认为君子当见贤思齐，亦当法象于天。人君辅助天地以治理万物，若万物不得其常，发生灾异，人君将由此反观自己的行为，这是适宜的，但如果以为天有变异，是人的罪过所致，或认为灾异与人事完全无关则是不对的。前者会使思想蔽塞而令人畏惧不前，后者也会令人固陋而生懈怠，正确的是以天变为己惧，要心有所惕厉，要修己之德行。虽不能说天变是人所招致的，但也要以天下之正理来反省考察自己的得失。可见，在灾异观上，王安石并没有采取两种极端的做法，是比较公允的，不直接与人相关，也不与人完全无关，这样人就不会畏首畏尾，退缩不前，要能依循天下正理来衡量己之行为。

南宋君王尤其强调要敬天畏己。史载：

旧史自太祖而嘉禾、瑞麦、甘露、醴泉、芝草之属，不绝于书，意者诸福毕至，在治世为宜。祥符、宣和之代，人君方务以符瑞文饰一时，而丁谓、蔡京之奸，相与傅会而为欺，其应果安在哉？高宗渡南，心知其非，故《宋史》自建炎而后，郡县绝无以符瑞闻者，而水旱、札瘥一切咎征，前史所罕见，皆屡书而无隐。[2]

徽宗痴迷祥瑞，劳民伤财，动摇国本。《齐东野语》载，政和年间上奏灵芝动辄二三万本，山石变的玛瑙以千百计，山溪生金数百斤，"皆以匣进京师"，"祥瑞盖无虚月"。[3] 以徽宗为鉴，南宋人对符瑞一说保持了清醒的戒备意识。南渡后，史书中多记灾异，少记符瑞。

总起来看，宋儒对灾异事应说比汉儒要理性，其对灾异事应的看法

---

[1]（宋）王安石撰，中华书局上海编辑所编：《临川先生文集》，中华书局1959年版，第695页。
[2]（元）脱脱等：《宋史》，中华书局1985年版，第1317—1318页。
[3]（宋）周密：《齐东野语》卷六，中华书局2004年版，第109页。

与对易经占卜的看法相一致，重在强调人的惕厉自省。下面这段文字充分体现这一特点：

> 《易·震》之《象》曰："震来虩虩，恐致福也。"人君致福之道，有大于恐惧修省者乎？昔禹致群臣于会稽，黄龙负舟，而执玉帛者万国。孔甲好鬼神，二龙降自天，而诸侯相继畔夏。桑谷共生于朝，雉升鼎耳而雊，而大戊、武丁复修成汤之政。穆王得白狼、白鹿，而文、武之业衰焉。徐偃得朱弓矢，宋愍有雀生鹯，二国以霸，亦以之亡。大概征之休咎，犹卦之吉凶，占者有德以胜之则凶可为吉，无德以当之则吉乃为凶。故德足胜妖，则妖不足虑；匪德致瑞，则物之反常者皆足为妖。妖不自作，人实兴之哉！今因先后史氏所纪休咎之征，汇而辑之，作《五行志》。[①]

可见，在宋代，灾异之说回到了易经之本，作易者的大忧患之心，是强调人的主体性和人的德性。祥瑞灾异，其本在人之德，所以说，征之以吉凶，犹卦之吉凶，占者有德，则可凶化为吉，无德则吉也是凶。所以卦并没有完全的吉凶，而是以此警醒人，一部《周易》，也可以说是"震来虩虩，笑言哑哑"，重在恐惧修省，人事者，诚之道也。

三、感召和气

宋人是肯定符瑞之应的，"和气致祥，乖气致异"在当时是一个普遍的看法。惕厉修身，必有祥瑞之气。二程门人曾问及是否真有符瑞之事，二程的回答非常肯定，曰：

> "有之。国家将兴，必有祯祥。人有喜事，气见面目。圣人不贵祥瑞者，盖因灾异而修德则无损，因祥瑞而自恃则有害也。"问："五代多祥瑞，何也？"曰："亦有此理。譬如盛冬时发出一朵花，相似和气致祥，乖气至异，此常理也，然出不以时，则是异也。如麟是太平

---

① （元）脱脱等：《宋史》，中华书局 1985 年版，第 1317—1318 页。

和气所生,然后世有以麟驾车者,却是怪也。"①

祥瑞说是建立在气化论和感应论基础上的关于人和自然关系的理论。宋人把天地看作阴阳刚柔运动的大系统,天地人之间连通呼应,"天地之气,腾降变易,不常其所,而物亦随之"②。环境的顺逆也与人心向背有关,人心感顺气成美,感逆气成恶。有诸内必然形诸外,自然、社会、人事等领域皆是如此。圣人会因为重视自然灾异的发生而反观自己的德行,更加诚敬惕厉,谨小慎微,防患于未然。如果太看重祥瑞,则会自恃有功德而带来灾害。五代多祥瑞则是这个道理。当然祥瑞灾异也需要分辨,和气所致为祥瑞,然而如果行不当时,虽似祥瑞,而实是异应。人所要做的,则是要感召和气,以致瑞应。

北宋后期,华镇写过一篇《浑天论》,认为天气不和,人物感之则饥馑天阏;人气不和,阴阳感之则日月错行、星辰离次。南宋周密认为,雷电为阳激而欲破阴而出,人之恶气感召了天之怒气,以致雷震之灾等。神宗时,吕大均已经从"人心惟危,道心惟微"较内在的角度关注天人感应,认为人心不安则易变故,人心安道则自然不危。

杨万里在《旱暵应诏上疏》里发挥道,天地之气通畅则为丰年、为太平,若有隔塞则致水旱之灾。"戾气"使天地阴阳之气互不相接,"然则孰为戾气?斯民叹息之声,此至微也,而足以闻于皇天;斯民愁恨之念,此至隐也,而足以达于上帝"。③南宋末,文天祥上《御试策》:"何谓天变之来?民怨招之也。天视自我民视,天听自我民听,天明畏自我民明畏,人心之休戚,天心所因以为喜怒者也。"④《鹤林玉露》中也有记载:"岁将饥,小民餐必倍多。俗谚谓之作荒,此天地之气先馁也。开禧兵兴之先,江西草木秋冬生花,有山矾而生栀子花,桃树而生李实者,村落铁釜生金花或神佛像,此天地之气先乱也。冯此山为余言,谓

① (宋)程颢、程颐撰,王孝鱼点校:《二程集》,中华书局1981年版,第238页。
② (宋)罗大经撰,王瑞来点校:《鹤林玉露》,中华书局1983年版,第299页。
③ (宋)杨万里:《旱暵应诏上疏》,《全宋文》,第237册,第75页。
④ (明)黄宗羲著,沈善洪主编:《黄宗羲全集》第6册,浙江古籍出版社2005年版,第475页。

其家尊厚斋①之说"②,宋人以为此乃气之先见。

在气化论的基础上,肯定符瑞之事的存在,以德性感召和气。和气致祥、乖气致异的思想,在原则上也约束帝王的行为,涵养帝王的德行。

据《宋史》记载:

> 七年春,京师雨,弥月不止。仁宗谓辅臣曰:"岂政事未当天心耶?因言:向者大辟覆奏,州县至于三,京师至于五,盖重人命如此。其戒有司,决狱议罪,毋或枉滥。又曰:赦不欲数,然舍是无以召和气。"遂命赦天下。③

> 徽宗大观元年,郭天信乞中外并罢翡翠装饰,帝曰:"先王之政,仁及草木禽兽,今取其羽毛,用于不急,伤生害性,非先王惠养万物之意。宜令有司立法禁之。"

> 绍兴五年,高宗谓辅臣曰:"金翠为妇人服饰,不惟靡货害物,而侈靡之习,实关风化。已戒中外,及下令不许入宫门,今无一人犯者。尚恐士民之家未能尽革,宜申严禁,仍定销金及采捕金翠罪赏格。"④

由上可见,建立在理学思想基础上的感应说在宋代是普遍存在的,与汉代事应神迹说的不同之处是淡化外在事应说,更注重修己以立其诚,在人与自然的交互关系上,注重感应天道和气,求真向善。

第三节 自然审美的自觉

精研物性反映了宋人自然观中求真的认识特点,感召和气反映了求善的道德价值,而独钟其美则反映了自然审美中美的自觉。与先秦汉唐

---

① 厚斋即南宋名儒冯椅,受业朱熹。
② (宋)罗大经撰,王瑞来点校:《鹤林玉露》,中华书局1983年版,第303页。
③ (元)脱脱等:《宋史》,中华书局1985年版,第5027页。
④ 同上书,第3579页。

不同,在对自然的审美对象和审美态度上,宋人呈现出不同的特点,更加生活化、平民化、雅致化。

一、独钟其美

宋人对植物花卉有浓厚兴趣,其爱花赏花,可谓历史之最。关于种花、簪花、赏花、画花、吟花的记录,文献中多处可见。《洛阳牡丹记》记载,"洛阳之俗,大抵好花。春时城中无贵贱,皆插花,虽负担者亦然。花开时,士庶竞为游遨,⋯⋯到花落乃罢"①,此现象遍及两宋各地。陆游《天彭牡丹》记载:"四川天彭,其俗好植牡丹,有京、洛之遗风。观花最盛于清明、寒食时。在寒食前者,谓之火前花,其开稍久,火后花则易落。最喜阴晴相伴时,谓之养花天。栽接剔治,各有其法,谓之弄花。"②宋王观《扬州芍药谱》所记:"今则有朱氏之园最为冠绝,南北二圃所种,几于五六万株,意其自古种花之盛未之有也。朱氏当其花之盛开,饰亭宇以待来游者,逾月不绝,而朱氏未尝厌也。扬之人与西洛不异,无贵贱皆喜戴花。"③花园主人不仅专门请人培育新的品种,还在花开时节开放园林,允许众人进园赏花。陆游《花时遍游诸家园》诗云:"看花南陌复东阡,晓露初乾日正妍。走马碧鸡坊里去,市人唤作海棠颠",痴迷的神态瞬时活现。

赏花之风虽前代已有,但只有到了宋代才真正成为一种普遍的全民参与的审美现象,一些前代未曾作为审美对象的植物花卉也进入到时人的审美视野中,诸如芍药、海棠等花卉,"记牒多所不录,盖恐近代有之"④。《扬州芍药谱》记载唐时"张祐、杜牧、卢仝⋯⋯皆一时名士,而工于诗者也,或观于此,或游于此,不为不久,而略无一言一句以及芍药,意其古未有之,始盛于今,未为通论也。海棠之盛,莫盛于西蜀,而杜子美

---

① (宋)欧阳修等,王云点校:《洛阳牡丹记》(外十三种),上海书店出版社 2017 年版,第 6 页。
② 同上书,第 22 页。
③ 同上书,第 27—28 页。
④ 同上书,第 49 页。

诗名又重于张祜诸公,在蜀日久,其诗仅数千篇,而未尝一言及海棠之盛。张祜辈诗之不及芍药,不足疑也"。① 唐时名士们对维扬芍药并无吟咏,西蜀海棠也没引起杜甫的关注,"独海棠一种,风姿艳质固不在二花(梅花和牡丹)之下,自杜陵入蜀,绝吟于是花,世因以此薄之。其后都官郑谷已为举似。谷诗'浣花溪上空惆怅,子美无情为发扬'。本朝列圣品,……此花始得显闻于时,盛传于世矣"。② 可见,对海棠及某些花木的欣赏并不是一直都有的。除此之外,当时人们痴迷牡丹,付钱看花,并非为了实用,也不是为彰显高洁人格的需要,而是纯粹为了审美,这形成了宋代一种新的审美自觉的现象。

花由自然现象成为人们的审美对象有待人的审美观念发生变化。花之美如何生成,宋人认为万物禀气而生,花木自是如此,但花之尤美者恰是禀偏气而成。据欧阳修记载,时人多以为洛阳地处天地之中,洛阳牡丹得天地中和之气者多,故与他方异。但欧阳修不以为然,认为:其一,洛阳虽居九州之中,但在天地之间,未必居中;其二,天地之和气,宜遍在四方,并不只是居中才有;其三,中和为有常之气,气形之与物,则表现为有常之形。寻常之物说不上美恶,极美与极恶是因气之畸变、偏致所成。"物之常者不胜美,亦不甚恶,及元气之病也,美恶隔并而不相和入,故物有极美与极恶者,皆得于气之偏也。花之钟其美,与夫瘿木痈肿其恶,丑好虽异,而得一气之偏病则均。"③但为什么洛阳城外诸县之花又不及城中,偏气之美者又岂能独聚此数十里之地,欧阳修以为是"天地之大不可考也"。所以,说到最后洛阳之花独美的原因依然没有得到透彻的了解。

但欧阳修肯定"物不常有而为害乎人者曰灾,不常有而徒可怪骇不为害者曰妖。语曰'天反时为灾,地反物为妖',此亦草木之妖,而万物之一怪也。然比夫瘿木痈肿者,窃独钟其美而见幸于人焉"。《陈州牡丹

---

① (宋)欧阳修等撰,王云点校:《洛阳牡丹记》(外十三种),上海书店出版社 2017 年版,第 35 页。
② 同上书,第 49 页。
③ 同上书,第 2 页。

记》载牛姓园户家中开出异种缕金黄牡丹之事，慕名而来的游人之众，"输千钱乃得入观"，作者称此花不同于常，变异而生，"此亦草木之妖也"。① 可见，时人所称赏的更是花的异常之美，所体现的是赏花者的惊异之情。这里，欧阳修提出了一种重要的审美思想，即美与寻常事物的区别。从审美对象来看，美的事物首先有独特之处，物以稀见为珍。从审美主体来说，即便是寻常之物，也能从中发现非同寻常的特异之美。

独钟之美在奇容异色，一方面是先天禀受了异常之气，另一方面是后天人力盗天功而成。"今洛阳之牡丹、维扬之芍药，受天地之气以生，而小大浅深，一随人力之工拙，而移其天地所生之性，故奇容异色，间出于人间。以人而盗天地之功而成之，良可怪也。"② 异常之美是天工与人力合而为之。"花之颜色之深浅与叶蕊之繁盛，皆出于培壅剥削之力。"③ 赏其天工与人力的和合而成。培育一朵花一方面要考察土地之宜不宜，另一方面是人力之至不至。

宋人对天工与人力的惊异欣喜之情可以从释名、品评及种植三方面见出。如欧阳修的《洛阳牡丹记》和陆游的《天彭牡丹谱》二书在体例上相类，分为《花品序》《花释名》《风俗记》三个部分，其他谱录类书的内容大体上也都从这三个方面发挥。《花品序》对花进行品评，分出品次，与钟嵘《诗品》、谢赫《画品》之品评体有所类似。《花释名》一一罗列与描述其花形与花名，品其色、香、态，就像发现了新大陆似的，表现出一种对新发现事物命名的热情和惊喜，因此不厌其烦，如数珍宝地进行铺陈展示。有以色名者，如状元红，重叶深红色，天姿富贵，故冠以花品，以其高出众花之上，名状元红。有以形名者，如迎日红，花开最早，妖丽夺目，故以迎日名之。有以姓名者，如欧碧，独出欧氏。有以时名者，如政和春，谓政和中始出。《风俗记》中则谈到赏花之风俗及接花、种花、浇花、医花等种种技艺，陆游文中的《风俗记》与欧阳修文不同之处主要是以天彭之花想

---

① （宋）欧阳修等撰，王云点校：《洛阳牡丹记》（外十三种），上海书店出版社 2017 年版，第 16 页。
②③ 同上书，第 27 页。

见洛阳之花,感慨"使异时复两京,王公将相筑园第以相夸尚,予幸得与观焉,其动荡心目,又宜何如也",想天彭之盛已如此,洛中之盛又该如何! 心心念念不忘收复失地,赏花时更寄寓了深沉的情感。

考察宋人对花木的审美风尚,主要有几个方面的原因:一是在经历了五代的乱离之后,宋初政治清明,社会环境宽松,士风高明。王夫之以为宋初政治有文王之盛德,盛德在于求之于己,而不是求之于人。"太祖勒石,其戒有三,一保全柴氏子孙。二不杀士大夫。三不加农田之赋。为德之盛也。"①太祖能"以忠厚养前代之孙,以宽大养士人之正气,以节制养百姓之生理"②,社会休养生息,安定祥和,"今天下一统,……人皆安生乐业,不知有兵革之患。民间及春之月,惟以治花木、饰亭榭,以往来游乐为事"。③

其二,受理学思想影响,宋人重格物,强调万物一理,注重体察天地之仁与万物的生生之意。与佛的空境及道的仙境不同,宋人将彼岸的乐土落到了实处,通过格物实现理气与心性的统一,从而构建理想的乐境。在哲学观上,理学家们以易的太极图式诠释天地自然及世道人伦,这一图式也自然会影响到宋人对自然事物的理解,从物中体察天地之道。"窗前有草,濂溪周先生盖达其生意,是格物而非玩物"④,因此,在观赏之外,对物的研究也产生了浓厚的兴趣。外在的环境与内在的思想相合,产生了宋人对美的自觉。

二、生活化与平民化

宋人对植物的审美对象和审美态度与前代相比,也有了很大的不同。在审美对象上,进入文人法眼的植物种类越来越多,范围越来越广,如稻、豆叶、野蒿、荠菜花、黄瓜、麻叶、麦、枣花乃至众多不知名的野生植

---

① (清)王夫之撰,刘韶军译注:《宋论》,中华书局 2013 年版,第 20 页。
② 同上书,第 22 页。
③ (宋)欧阳修等撰,王云点校:《洛阳牡丹记》(外十三种),上海书店出版社 2017 年版,第 35 页。
④ (宋)范成大等撰,刘向培点校:《范村梅谱》(外十二种),上海书店出版社 2017 年版,第 86 页。

物,都被——写入诗文中,更趋草野化、生活化。在审美态度上,与以前的宗教功能、道德比拟相比,更重实用性、生活性,在凡俗之物上,究其真,穷其理,表现出尚平淡、重生活的审美特点。

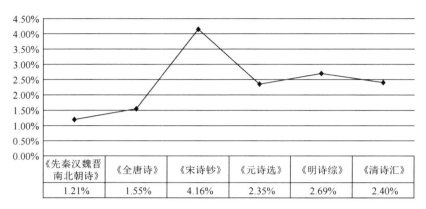

《先秦汉魏晋南北朝诗》	《全唐诗》	《宋诗钞》	《元诗选》	《明诗综》	《清诗汇》
1.21%	1.55%	4.16%	2.35%	2.69%	2.40%

图 2-1 "茅"占中国历代诗总集出现的植物比重变化图

以《宋诗钞》中的茅为例,可以窥一斑。茅这个古老的植物意象,在中国诗歌的历史长河中一直都占有一席之地,但只有到了宋代才大量出现。潘富俊在《中国文学植物学》中,选取历代诗集代表——《先秦汉魏晋南北朝诗》《全唐诗》《宋诗钞》《元诗选》《明诗综》《清诗汇》为样本,对这些诗集中涉及植物的次数按从多到少进行统计排名[1],结果显示,白茅在宋以前从未进入前十,但在宋代的排名却跃升至第六,从此历久不衰,在元、明、清历代诗歌中都位于出现次数最多植物的前十位。据《中国文学植物学》统计[2],《宋诗钞》一共收集了 11289 首诗歌,共涉及 361 种不同的植物种类,"茅"在《宋诗钞》中一共出现 470 次,名列在出现最多的植物的第六位。白茅自宋代开始在诗歌中就被大量引述。根据各代诗集中对白茅出现的次数,我们对其在诗歌总数所中的比例进行了统计,可以看出,白茅在历代诗集中出现的次数所占比例依次为1.21%、1.55%、4.16%、2.35%、2.69%、2.40%,其中宋代比重为 4.16%,达到一个高

---

① 潘富俊:《中国文学植物学》,猫头鹰出版社 2015 年版,第 25 页。
② 同上书,第 25 页。

峰,并且远远高于其他朝代。那么,白茅在宋代为什么会被诗人频繁关注? 白茅这一植物意象有什么历史内涵? 白茅意象在宋代有什么变化吗?

宋以前,白茅意象主要有三种类型,即以《周礼》为典型的宗教意象、以《诗经》为典型的爱情意象、以《离骚》为典型的道德意象,试分述之。

第一,白茅的宗教意象。

白茅的宗教意象可以《周礼》为代表。白茅具有重要的礼的功能,主要用于祭祀礼仪之中。古代不同阶级的官员和普通的百姓,在祭礼、祭品的使用上要遵循明确的规定。但不论是何种祭祀对象,都必须同时供应白茅,"祭祀,共萧茅,共野果蓏之荐"。① 白茅作为祭祀必需的礼仪植物,还有其他例证,如《周易·大过》初六云:"藉用白茅,无咎。"②《尸子》中有记载:"汤之救旱也,乘素车白马,着布衣,身婴白茅,以身为牲,祷于桑林之野。"③这三处都是强调在祭祀时要用洁净的白茅作为衬垫,才能够显示对神灵的恭敬和祭祀者的虔诚。

作为祭祀的功能,最突出的是"包茅缩酒",白茅是重要的"缩酒"之物。所谓"缩酒"是指在祭坛前立一束白茅,倒之以酒,酒渗入白茅之中,表示神明已饮下所献之酒。齐桓公曾因"尔贡包茅不入,王祭不公,无以缩酒"④而攻伐楚国。除此之外,古代招神也用茅草,例如《周礼·春官·男巫》中的"旁招以茅",即男巫用茅草向四方呼唤所祭之神。白茅用于祭祀、缩酒、招神各个方面,成为社会各阶级祭祀的必需植物。

据潘富俊在《中国文学植物学》中的统计,《周礼》中提到58种植物,《仪礼》述及35种植物,"茅"都被包括其中。⑤ 白茅被信奉神力的先民视

---

① 李学勤主编:《十三经注疏·周礼注疏》,北京大学出版社1999年版,第98—99页。
② 高亨注:《周易古经今注》,上海书店1981年版,第96页。
③ (战国)尸佼撰,汪继培辑:《尸子》,中华书局1991年版,第39页。
④ 杨伯峻编著:《春秋左传注》,中华书局1981年版,第290页。
⑤ 潘富俊:《中国文学植物学》,猫头鹰出版社2015年版,第25页。

为圣洁的植物,来充当人神沟通的媒介植物,可能与白茅旺盛的生命、洁白的花穗有关。

其二,白茅的爱情意象。

白茅的爱情意象以《诗经》为代表。在《诗经》中女子经常用各种野菜瓜果来充当定情信物,以此来表达爱慕之情。据说"象征女性生殖器的植物中,树木叶片茂密、果实丰盛,最能体现远古人类祈求生殖繁盛的愿望,因而最受初民的崇拜"①,白茅在野外生长旺盛,女子外出采集果蔬时经常顺便采回一把生命力旺盛的白茅,送给自己心仪的男子表明心意,白茅柔软的花穗在风中摇曳,就像怀春女子懵懂的芳心。

作为爱情意象的白茅虽然已包含着一定的审美成分,但是《诗经》中的白茅还是更加偏重其作为爱情信物的实用功能。最突出的是《召南·野有死麕》:

> 野有死麕,白茅包之。有女怀春,吉士诱之。
> 林有朴樕,野有死鹿。白茅纯束,有女如玉。

诗以白茅起兴,用白茅包裹猎物献给春心萌动的少女,又用纯洁无瑕的白茅来烘托女子的如玉美貌,既有白茅的实用功能,又具有一定的审美意义。同样是用白茅传达纯洁的爱情,《小雅·白华》用的却是反兴手法。

> 白华菅兮,白茅束兮。之子之远,俾我独兮。
> 英英白云,露彼菅茅。天步艰难,之子不犹。

诗用白茅与开着花的菅草相束起兴,来反衬心上人去远方后,"我"内心的失落。又用白云化为雨滴滋润菅草和白茅,反兴负心之人的无德无道。另外,还有形容卫夫人庄姜之美的"手如柔荑","柔荑"即刚长出的白茅,这些都是白茅洁白的意象作为起兴和爱情信物的象征。钱锺书

---

① 赵国华:《生殖崇拜文化论》,中国社会科学出版社1990年版,第246页。

认为："《三百篇》有'物色'而无景色,涉笔所及,止乎一草、一木、一水、一石。"①《诗经》中的植物,虽有单纯的实用性、功利性,但是正如扬之水所言:"诗的时代,人与自然,是和谐的,却更是功利的。以功利之心而犹有深情,此所以诗之为朴、为真、为淳、为厚,为见心见性之至文。草木作为兴,常常是之灵感的源泉。"②《诗经》中的白茅的爱情意象是功能性与审美性的统一。《诗经》中的自然物只是作为比兴的载体出现,是起衬托或者引出人的情感的用途,在《诗经》中人与自然物的关系没有进入到审美的关系。山水诗人是游山玩水启发哲思,是观照欣赏的对象,而不是生活的对象。

其三,白茅的道德意象。

白茅的道德意象以《楚辞》为代表。春秋之后,礼崩乐坏,白茅的宗教意象和爱情意象淡化,在《楚辞》里,白茅被当作是"恶"的象征,比德为一种道德意象。"兰芷变而不芳兮,荃蕙化而为茅","茅,恶草,以喻谗臣"。③

白茅是《楚辞》中出现得较为频繁的植物。据《中国文学植物学》统计④《离骚》中一共出现了 28 种植物,白茅属于其中之一。《惜誓》中仅出现了"茅"这一种植物。白茅也是《九思·悼乱》中出现的五种植物中的一种。但是,"茅"在这几处都无一例外的是象征恶的道德性意象。在《楚辞·卜居》"宁诛锄草茅以力耕乎? 将游大人以成名乎?"中,"草茅"是需要被根除的无用之草。在《楚辞·惜誓》"伤诚是之不察兮,并纫茅丝以为索"中,也将蚕丝和白茅合纫,来比喻君王忠奸不分。《九思·悼乱》中的"茅丝兮同综,冠屦兮共絇",同样也用白茅和蚕丝一同纺织来感叹世道混乱。

"茅"通常和"荃蕙"等植物一同出现。"荃""蕙"都是带着香味、可供

---

① 钱锺书:《管锥编》第二册,中华书局 1986 年版,第 613 页。
② 扬之水:《诗经名物新证》,天津教育出版社 2012 年版,第 35 页。
③ (宋)欧阳修等撰,刘向培点校:《洛阳牡丹记》(外十三种),上海书店出版社 2017 年版,第 190 页。
④ 潘富俊:《中国文学植物学》,猫头鹰出版社 2015 年版,第 57 页。

观赏的草类,白茅生存力强,其根状茎发达,在土中到处蔓延。花序上着生许多有丝状白毛的细小种子,成熟时随风飘逸飞扬,到处传播子代。此外,白茅不择土性,属于是扩张性强的草类,常占据大面积的生育地,被认为是小人结党营私,因此被比德为不好的草,坏的草,将白茅肆意生长的天性视为"恶",进而将白茅比作"谗臣"。

进入宋人视野中的茅在审美方式与审美取向上与前代相比有很大的不同,主要表现为生活化和平民化色彩更趋浓厚。生活情趣是宋代白茅审美意象的具体表现,白茅所包含的生活情趣不仅体现在诗歌的数量上,更体现在白茅生活化的审美内涵上。

茅叶不易腐烂,且极易采集,所以古人常取用为搭盖屋顶的材料。尽管《诗经·豳风·七月》中也有"昼尔于茅,宵尔索绹",但"茅"的这一用途,当时没有大量出现在诗歌作品中。在《宋诗钞》中,剔除了作为道教象征的"茅山""茅峰""茅君"等一共 25 个与植物白茅无关的例子外,统计显示白茅这一植物总共出现 385 次,而作为生活器用植物的"茅屋""茅斋""茅庐""茅堂""茅茨""茅檐""茅舍"等名词就一共出现了 213 次,"茅"作为日常生活的器用植物占其出现总数的比重高达55.32%。由此可以看出,有关"茅屋"的名词在有关"茅"的诗句中十分普及,而有关房屋的名词是关乎人们的衣食住行,在人们日常生活中使用率很高的词汇,这说明"茅"的意象开始逐渐生活化。除此之外,《宋诗钞》中出现"茅"和动词搭配在一起,表现了白茅生活化的审美内涵,例如:

> 僧屋无陶瓦,剪茅苍竹樊。借问僧安在,乞饭走诸门。[1]
>
> 尚记诛茅柳外堤,水光摇雾润窗扉。桑间曾是僧三宿,海上能忘鹤一归。[2]
>
> 身如水上浮,泛泛宁有根? 刈茆以苦屋,缚柴以为门。[3]

---

[1] (清)纪昀编:《宋诗钞》卷二九,《庚申宿观音院》,《文渊阁四库全书》第 1461 册,第 602 页。
[2] (清)纪昀编:《宋诗钞》卷三七,《寄陈居仁》,《文渊阁四库全书》第 1461 册,第 602 页。
[3] (清)纪昀编:《宋诗钞》卷六六,《困甚戏书》,《文渊阁四库全书》第 1461 册,第 768 页。

叶拥阶寒犬行,编茆护栅老鸡鸣。风霜渐逼岁时晚,形影相依灯火明。①

可以看出,"诛茅""剪茅""刈茅""编茅"这些动宾结构使诗歌具有动态的画面感和生活气息。"尚记诛茅柳外堤",诗人连在哪儿诛茅这种琐事都还记得清清楚楚;"编茆护栅"时,旁边还有老鸡打鸣。诗人们把这些生活琐事全部写入诗歌,使得白茅的意象更加鲜活,更加贴近生活。

在白茅的普遍生活化意象中,可以看出白茅的实用性功能得到加强。这种实用性功能与宋人注重安居乐业的思想有重要关系,也与诗人主体由贵族化到平民化的变化有很大关系。"唐代以下,因于科举制度之功效,而使贵族门第彻底消失。"②同时因为印刷术、造纸术的发明,使得文化日益渗透到社会的下层去。"直到五代、宋初,雕版印书术正式应用到古代经典上来。自此以下,书籍传播日益日广,文化益普及,社会阶级益见消融。"③书籍传播,文化普及,很多诗人学士出身于市民之间,新的文人阶层出现,到了南宋日益扩大,南宋的"江湖诗派"就是因其诗人以江湖谒客为主而得名。

诗人主体由贵族化到平民化发展,诗歌中"茅"的意象也发生了变化。屈原笔下的"茅"之所以被比为"恶草",是因为屈原所处时代及其身世所决定的。屈原严格地来讲还不是后世的"文人",而是一个楚国的贵族,他身上具有很浓烈的贵族气质,且其所处的遭遇正是受小人谗言,忠信仁义而不能见用,因而屈原是假托物象,以寄其意。《离骚》中说"览察草木其犹未得兮,岂珵美之能当",这表明在屈原眼中,自然万物不是平等的,是有"香花恶草"之别的。屈原带着不平之情,以我情观物,故他所看到的是一片片像"伊甸园里的恶魔"一样肆意入侵的白茅,而没有看到一束一束、一株一株天然生长的白茅。

相反,宋代诗人因其平民化倾向,他们看待白茅这一视角和屈原的

---

① (清)纪昀编:《宋诗钞》卷六五,《书巢冬夜待旦》,《文渊阁四库全书》第 1462 册,第 270 页。
②③ 钱穆:《中国文化史导论》,商务印书馆 1994 年版,第 188 页。

贵族化视角是截然不同的。他们眼中的白茅处于和其他植物平等的地位,更关注的是白茅这种植物本身的特点,而非是与其他植物的对比属性。再加上宋代文风更盛,诗人更多,诗人认识的植物种类也比唐代多。文化群体的扩大,势必伴随着文化范围的扩大,而底层文化群体的加入,则开阔了文学的表现内容。"茅"也因此能够更加频繁地进入诗歌领域。

三、文人化与清雅化

同样以茅为例,文人雅趣是宋代白茅审美意象的另一个具体表现。白茅被以俗为雅的宋代诗人雅化了,被赋予了新的文人审美内涵,同时白茅还被用来抒发位卑未敢忘忧国的士大夫情怀。

宋代文人以俗为雅,即便是凡俗之物,有着高雅品质和情趣的宋人照样能审视出其独有的美。黄瓜、豆叶、野蒿、荠菜等等庄稼菜果、草野之花、寻常之物都被一一写入宋词中。如苏轼《浣溪沙》中的"簌簌衣巾落枣花,村南村北响缫车,牛衣古柳卖黄瓜";辛弃疾《鹧鸪天·代人赋》中的"陌上柔桑破嫩芽……春在溪头荠菜花"。"枣花""黄瓜""柔桑""荠菜花"这些普通而鲜活的植物都开始大量进入文学领域。至此,"茅"也开始逐渐纳入宋代文人的审美领域中去,进入文人眼中的寻常之物自然由俗变雅,自有一种真趣。

以"中兴四大家"之一范成大的大型组诗《四时田园杂兴》为例,诗中咏进了大量的村野植物,例如"莼菜""芹芽""芦根""阿魏""楝子花"等等,其中《晚春田园杂兴》提到的"茅针","茅针香软渐包茸,蓬櫑甘酸半染红。采采归来儿女笑,杖头高挂小筠笼"。[①]"茅针香软渐包茸",这一小细节虽然清新质朴,但也充满了文人雅趣,从一个侧面反映出宋人对植物的审美新风尚。琼楼玉宇,固是神仙所居,而豆棚瓜架,清绝之地,亦自有人间乐趣。

---

① (清)纪昀编:《宋诗钞》卷六三,《右春日田园杂兴十二绝·其八》,《文渊阁四库全书》第 1462 册,第217 页。

这种新风尚与宋代文化思潮的内省化和义理化特点相呼应。宋人思想上的特色之一,就是要寻问生物的一切行为对于这个世界来说究竟有何目的,即朱熹所说的"格物致知"。宋代突破了把对自然物的观察仅用于记述自然药物学之类的实用范畴,著成了带有审美色彩的《梅谱》《菊谱》《竹谱》等书籍。宋代的诗人,不管是对巨大的自然山水,还是对小小的动植物,都抱持着同样的热情。观察范围的扩大,观察态度的细致,使得"白茅"这一意象进入宋代诗人的创作视野中。

不仅如此,宋诗还把日常生活纳入审美视野。因为"经由考试出身的大批士大夫常常由野而朝,由农(富农、地主)而仕,由地方而京城,由乡村而城市。这样,丘山溪壑、野店村居倒成了他们的荣华富贵、楼台亭阁的一种心理需要的补充和替换,一种情感上的回忆和追求"。① 此外,宋人认为审美关键在于主体的审美水平,而不在于审美客体的雅俗。苏轼说:"凡物皆有可观,苟有可观,皆有可乐,非必怪奇伟丽者也。"②贵在能从平淡事物中看出雅致深趣。

此外,宋代始终未能完成统一大业,爱国便成为宋代文人作品中一个很重要的话题,而草茅这一意象则被文人用来阐发位卑未敢忘忧国的重要情愫。

> 归来天子喜以颔,泰阶辉焕平无欹。次招当世草茅士,各使呈露心腹披。③
> 四海疮痍甚,三边战伐频。静中观气数,愁杀草茅臣。④
> 因思世故吾头白,独步林皋夕照红。欲吐草茅忧国志,谁能唤起赞皇公。⑤

---

① 李泽厚:《美的历程》,天津社会科学院出版社2002年版,第202—207页。
② (宋)苏轼撰,李之亮笺注,《苏轼文集编年笺注》第2册,巴蜀书社2011年版,第115页。
③ (清)纪昀编:《宋诗钞》卷二四《寄题韩丞相定州阅古堂》,《文渊阁四库全书》第1461册,第492页。
④ (清)纪昀编:《宋诗钞》卷九五《戊戌冬》,《文渊阁四库全书》第1462册,第755页。
⑤ (清)纪昀编:《宋诗钞》卷九六《袁州化成岩李卫公谪居之地》,《文渊阁四库全书》第1462册,第777页。

> 身在草茅忧社稷,恨无毫发补乾坤。才疏命薄成何事,白首归耕东海村。①

茅草是一种寻常且坚韧的植物,老百姓常用茅草来盖屋顶。"草茅"是指用茅草做的茅屋,茅屋是很破旧的房屋。但这几首诗中的"草茅""草茅士""草茅臣"都不是单单指"草茅屋",还是诗人以此表明自己低微的地位、困窘的处境,从而用以衬托自己的爱国热忱。但是,需要注意的是,这个比喻之中不似屈原笔下的"茅"一样暗含贬义,而是强调了宋代广大文人阶级均愿为社稷贡献微薄之力的决心。"草茅"早在《后汉书》中就出现过:"臣生自草茅,长于宫掖。"却没有像宋代这样大范围地出现在诗歌中,也没有像宋代这样被文人寄托如此强烈的爱国情感。白茅因其植物特性被宋代文人赋予了社会责任感的新内涵。我们可以发现,白茅在宋代已经逐渐发展为文人化的审美意象。

宋代积贫积弱的国力与繁荣发达的文化之间的巨大反差,使宋人的社会责任感比任何朝代的士人都显得更为激烈。出生为平民的宋代诗人们,在朝的文官们都希望能居庙堂之高而忧其民,而民间的诗人们虽处江湖之远但也心忧天下。

所以,宋人的心中总怀有一腔爱国热血。他们常常"身在草茅忧社稷",借用白茅的微小来表达他们位卑未敢忘忧国的社会责任感。

以"梅妻鹤子"闻名的江南隐士林逋常在诗歌中用"衡茅"一词:

> 衡茅林麓下,春色已微茫。雪竹低寒翠,风梅落晚香。樵期多独往,茶事不全忙。双鹭有时起,横飞过野塘。②

> 道着权名便绝交,一峰春翠湿衡茅。庄生已愤鸱鸢赫,杨子休讥蠛蜢嘲。潏潏药泉来石窦,霏霏茶蔼出松梢。琴僧近借南薰谱,

---

① (清)纪昀编:《宋诗钞》卷九六《思归》,《文渊阁四库全书》第1462册,第780页。
② (清)纪昀编:《宋诗钞》卷一三,《山村冬暮》,《文渊阁四库全书》第1461册,第245页。

且并闲工子细抄。①

"衡茅"意为横木为门,茅草为屋,是指简陋的居室,这里则有返璞归真、平淡自然之意,以真显其雅,以朴显其淡,表现出以淡雅为上的精神境界。早在魏晋,陶潜在《辛丑岁七月赴假还江陵夜行涂中》就涉及"衡茅"一词:"投冠旋旧墟,不为好爵萦。养真衡茅下,庶以善自名。"唐代的白居易在《四月池水满》中也写道:"吾亦忘青云,衡茅足容膝。况吾与尔辈,本非蛟龙匹。假如云雨来,只是池中物。"然而,陶渊明和白居易笔下的"衡茅"只是隐逸的一个物化的象征性的符号,诗人们并未把"茅"当作自然环境中的审美对象来进行描写。宋人却经常借用"衡茅"来衬托出世归隐的宁静。

然而,林逋笔下的"茅"是被还原了的、有生命质感的白茅。在林逋的《山村冬暮》这首诗中,用白茅做成的茅屋与山脚下初春时节的雪、竹、梅、水鸟、野塘是浑然一体的。白茅做成的茅屋在这幅闲适的图景里是起了衬托的作用,而不是一个单纯的符号的标榜。《湖山小隐二首》中的"一峰春翠湿衡茅"更是清新自然、别有韵味。"春翠湿衡茅"是诗人带着寻找美的眼睛仔细观察体味的发现。"茅"在林逋的笔下还原了它灵动的植物本色,成了鲜活的审美对象。林逋笔下的"衡茅",更侧重文人隐逸生活闲适平淡的美感体验。

受宋代理学思潮的影响,宋人重理趣、尚平淡,宋诗创始人之一的梅尧臣,多次说到作诗的目标是"平淡","作诗无古今,唯造平淡难"。宋代莳花艺草的风气很盛,而把其貌不扬却自有品性的植物纳入审美领域也是宋代植物意象的一个创举。"白茅"不再是宗教祭祀时神圣的植物意象,宗教性意象在历史长河中逐步褪去了功利性色彩,逐渐深入普通平民的日常生活,转变成为审美意象。文人对白茅实用功能的关注焦点开始从宗教祭祀逐渐转向日常生活,并在宋诗中将白茅进一步深化为包含

---

① （清）纪昀编:《宋诗钞》卷一三,《湖山小隐二首·其一》,《文渊阁四库全书》第 1461 册,第 248 页。

着生活情趣、文人雅趣、隐逸野趣的审美意象。

通过对照宋以前"茅"的意象和《宋诗钞》中白茅意象,可以看到,在宋代,白茅的宗教性意象、情感性意象、道德性意象开始向日常生活化、文人化及平淡化的审美倾向转变,可以说,白茅意象的转变在一定程度上折射了宋代前后社会文化的变化。通过对"茅"意象流变的考察,可以由小见大,见微知著,"白茅"这一植物意象构成了文化记忆的纽带,反映了宋代审美观念的变迁和文化发展的历史。

第四节　自然审美模式的确立

自然环境的审美要回答三个问题:审美对象、审美方式和审美理想。受理学思想体系的影响,宋人的自然审美观形成了活处观理的鲜明模式,强调观活态的自然、观我生和观其生的审美方式及复观其天地之心的最高审美境界。三者形成了一个相对系统的自然审美观,这是理学环境美学思想在自然审美中的体现。其中一个重要特点就是重理趣。理趣之"理"既是"道"之理与"物"之理,也是心性之理。道理与物理的区分来自于理学家认为"万事只一天理"①,同时又强调"天地虽一物,理须从此分别"②,即朱熹所说的理一分殊。理一,即"道"之理,分殊者,即"物"之性,而这种道理与物理最终又是从心性之理出发得以观照,物理强调观物,心性之理强调观我,最终则构成了观物与观我相统一的理学理想,体现了道、物、心三者的统一和贯通,这是宋代格物之学在自然审美中的体现。

一、观其生:活处观理

就对自然的审美而言,《鹤林玉露》中这一段话鲜明地体现了理学影

---

① (宋)张载撰,章锡琛校:《张载集》,中华书局1978年版,第256页。
② 同上书,第176页。

响下的观物模式。原文如下：

> 古人观理，每于活处看。故《诗》曰："鸢飞戾天，鱼跃于渊。"夫
> 子曰："逝者如斯夫，不舍昼夜。"又曰："山梁雌雉，时哉时哉！"孟子
> 曰："观水有术。必观其澜。"又曰："源泉混混，不舍昼夜。"明道不除
> 窗前草，欲观其意思与自家一般。又养小鱼，欲观其自得意，皆是于
> 活处看。故曰："观我生，观其生。"又曰："复其见天地之心。"学者能
> 如是观理，胸襟不患不开阔，气象不患不和平。①

其中，最突出之处是强调要"活处观""观我生，观其生""复其见天地
之心"，试分析之。

"观我生、观其生"出自《周易》第二十卦"观卦"。《周易》是宋代理学
家极其重视的经典，是宋代理学思想形成的渊源之一。观卦，下坤上巽，
《象》曰："风行地上。"

> 《观》，盥而不荐，有孚颙若。……《象》曰：风行地上，《观》。先
> 王以省方观民设教。初六，童观，小人无咎，君子吝。六二，窥观，利
> 女贞。六三，观我生，进退。六四，观国之光，利用宾于王。九五，观
> 我生，君子无咎。上九，观其生，君子无咎。《象》曰："观其生"，志未
> 平也。②

"盥而不荐，有孚颙若"，盥指祭祀前洁手的仪式，祭祀之始，人心诚
敬持重。荐，奉酒食以献祭。孚，信用。颙若，尊严的样子。意即君子在
祭祀之前庄严肃穆，诚敬持重。朱熹释观卦，谈到了上观和下观两种观
法，认为：自上示下曰观，自下观上曰观，故卦名之观去声，而六爻之观皆
平声。③ 观卦六爻中，具体谈到了观的六种层次，暂名之为：一、童观，二、
窥观，三、自观，四、宾观，五、君观，六、道观。其中自观即观我生，宾观即

---

① （宋）罗大经撰，王瑞来点校：《鹤林玉露》，中华书局 1983 年版，第 163 页。
② 周振甫译注：《周易译注》，中华书局 1991 年版，第 75—76 页。
③ （清）李光地：《御纂周易折中》，中央编译出版社 2011 年版，第 105 页。

观之以为用,道观即观其生,道观是观的最高境界。

何谓童观? 程颐《周易程氏传》释《观》卦中说:"初乃远之,所见不明,如童蒙之观也。"①童观,意为如童蒙观物,只能观其表,不能观其实。何谓窥观? 程《传》说:"窥觇之观,虽少见而不能甚明也。"②窥观,是片面之观,如常言说,妇人之见,一孔之见,谓不能得其全。何谓观我生?"六三,观我生进退","自观其道,应于时则进,不应于时则退"。③ "观其人所生而随宜进退……随时进退,求不失道"④,是指常人之反观自我言行出处,指人的省察处世能力。何谓宾观?"六四,观国之光,利用宾于王",宾,指仕于王朝,辅佐朝政之人,能观民设教之义。《周礼·司仪》谓"诸侯、诸伯、诸子、诸男之相为宾也"。宾观指人有较好的自律和处世能力,则可用于国之政事,程《传》说:"古者有贤德之人,则人君宾礼之,故士之仕进于王朝,则谓之宾。"⑤何谓人君之观?"九五,观我生,君子无咎",六三和九五均出现观我生,六三中的观我生是强调常人的反观省察,九五是人君之位,指人君当观己之所生,行王者之道,是指君王的观我生。何谓道观?"上九,观其生,君子无咎。象曰:观其生,志未平也。""观其生"应指观天地之生,是为道观。

对童观、窥观、自观、宾观、君观的理解学界不存在太大的疑问,但对"观其生"的理解则存在一些疑惑和争议,在阐释上并不通透。周振甫认为"观其生"是观其他的亲族,"平"是辨明的意思,意即"'观其生',用意还未能辨明";⑥金景芳认为:"'志未平也',不好讲。程《传》说:'平,谓安宁也。'也不好讲。《周易折中》引陆希声说:'民之善恶,由我德化,其志未平,忧民之未化也。'"⑦上述对"观其生"的理解都有值得商榷之处。

---

① (清)李光地:《御纂周易折中》,中央编译出版社 2011 年版,第 106 页。
② 同上书,第 106 页。
③ 金景芳著,吕绍纲整理:《周易讲座》,广西师范大学出版社 2005 年版,第 182 页。
④ (清)李光地撰:《御纂周易折中》,中央编译出版社 2011 年版,第 106 页。
⑤ 金景芳著,吕绍纲整理:《周易讲座》,广西师范大学出版社 2005 年版,第 182 页。
⑥ 周振甫译注:《周易译注》,中华书局 1991 年版,第 76 页。
⑦ 金景芳著,吕绍纲整理:《周易讲座》,广西师范大学出版社 2005 年版,第 183 页。

这里，"观其生"中的"其"应该不是指观他的亲族，也是不指作为太上皇的观，而应是观天地之道，观天地之生意。"其"是指代天地万物，如《道德经》中的"万物并作，吾以观其复"中的"其"也是指天地万物的意思，"观其生，志未平"也就是说观天地之德性，知人己之志尚未达到平和无私的中和之境，因此，要盥而不荐，使自己内心更诚敬谨慎。总之，观我生和观其生，一是指内观自己，一是要外观天道。天道示人，人察天道，省察自身，观仍是强调观天人之际。

《鹤林玉露》引文中所举自然审美的相关例子皆取自《诗经》、孔孟、程子，所及之物主要是山水草木虫鱼等自然景物，其中的观物之法主要强调两点，一是要能活处观理，即"观其生"；二是观者要胸襟开阔，即要"观我生"。

从观卦来讲，"观我生"意味着从主体方面来讲，要有诚敬之心，要能克尽私欲而达于至诚，强调"盥而不荐，有孚颙若"之义。"观其生"强调观其天地之心，自然本真之性。能观理的前提是能诚敬，能诚敬则能更好地观物，能尽己之性则能尽物之性，则能得其真乐，能达于澄明之境。

从审美角度来讲，"观我生"是对审美主体的要求，"观其生"是就审美客体而言，理想的审美境界则是达到主体与客体之间的根本统一，走向本真的澄明之境。张世英谈到澄明之境，认为："一般人都具有这种体会的本性和能力，但过多或较多地沉沦于功利追求而很少能进入这万物一体的澄明之境。唯有诗人能吟唱这个最宽广、最丰富的高远境界。"[①]澄明之境是人与世界的一种最具本己性的交流和对话，从而使主体和对象皆能如其所是地呈现其自身，获得一种审美体道的快乐。

从"活处看"是对审美对象的要求，观其"理"，是审美达到的最高境界。"理"指万物生意，这是理学审美最重要的特征。如程颐认为："剪彩

---

① 张世英：《进入澄明之境》，商务印书馆1996年版，第141页。

以为花,花则无不似处,只是无他造化功。"①真花与人造花相比,人造花色彩或略胜一筹,然自然造化生意全无。日本美学家西村清和也从伦理和审美的角度探讨过塑料树和塑料花为什么是恶的,他认为塑料树在经济成本上可能降低成本,美化环境,但是从审美的角度来看,即使我们无法感知自然的花和假花在物理上的特征差异,无法在形式上进行区别,但只要我们对其冠以"自然"之名,我们就知道它具有生命的过程和生命体诸机能,这些物理特征是假花所不具备的。② 即是说,这种活的审美对象中所具有的审美特质及其鉴赏者从中所获得审美体验是从人造花中无法获得的。

除了对自然花与无生命的纸花、绢花等花在审美价值上进行区别,实际上,宋人在面对同样有生命的审美对象,即自然花与人工培育的花时也是有纠结的,这个问题即使现在依然存在。野生花和人工培育的花哪种更好看? 如公园里人工培育的荷花,在花的色彩姿态上可能比野生荷花更美,面对它们又该如何观照? 它是否涉及审美趣味的层次,是否存在审美价值上的高下呢?

欧阳修作有《洛阳牡丹记》和《洛阳牡丹图》,两书相距十一年,其中对人工培育的牡丹花的态度前后是有所不同的。在《洛阳牡丹记》中,欧阳修以饱满的热情,在品花释名之后,也分享了莳花的园艺技术,可以看出,对人工培育的牡丹花是肯定和迷恋的。而在之后的《洛阳牡丹图》中则表示出对这种人工培育之花的顾虑,"又疑人心欲巧伪,天欲斗巧穷精微。不然元化朴散久,岂特近岁尤浇漓。争新斗丽若不已,更后百载知何为"。③ 同样是人工培育之花,十年前与十年后欧阳修态度的不同说明了什么? 一方面,多了理性和伦理层面的反思,人工培育背后的动机是名利的追逐,或是过于追求奇花异种,或是"买种不复论家资",都有了纯

---

① (宋)程颢、程颐撰,王孝鱼点校:《二程集》,中华书局1981年版,第44页。
② [日]西村清和著,梁艳萍、梁青译:《塑料树为什么是恶的》,载彭修银主编《民族美学》第3辑,中国社会科学出版社2015年版。
③ (宋)欧阳修撰,洪本健校笺:《欧阳修诗文集校笺》,上海古籍出版社2009年版,第55页。

粹赏花之外的一种人性的欲望与贪婪。另一方面,在审美趣味上,仍以自然化工之美胜于人工培育之美,尽管后者比前者更加艳丽夺目。可以说,对纯任自然的野生花的欣赏不仅仅是满足声色之欲的感性方面,还有一种更高层次的审美,是对自然本性的显现和对自然之道的尊重。

活处观理,古人在感悟中实现了对自然之理的领悟,然其中被遮蔽的科学知识,即在"悟"中被遮蔽的科学道理,我们可以借卢梭的观点得以阐释清楚。在《植物学通讯》中,卢梭曾谈到重瓣花与完全重瓣花的本质区别。为了花的丰盈艳丽,园艺师们可以通过某些园艺技术让花瓣增多,培育重瓣花,这种增多现象不会损害种子萌发的能力,"但是,当花瓣数量的过度增多导致雄蕊消失、胚胎败育时,这朵花就失去了'重瓣花'这个称号,而被叫作'完全重瓣花'。从中我们可以看出,重瓣花仍属于自然序列中的一部分,但是完全重瓣花却不再是其中一部分,它成了一个真正的怪物"。① 卢梭说:"花坛里那些受人瞩目的重瓣花都是畸形的怪物,它们丧失了繁殖后代的能力……这是大自然赋予所有生物的一种能力。人工嫁接的果树基本上也是这种状况:品种最优良的梨和苹果,你把果核种下去,最终将会徒劳无获……从果核里长出的只是野生苗。因此,要欣赏自然状态下的梨和苹果,千万别去果园,而要到森林里去寻找。森林里的树木结出的果子虽然果肉不那么肥厚多汁,但发育得更好,而且能大量繁殖;树木本身也长得更高大,更具有生机。"② 可见,自然的生生之意也是最为卢梭所看重的。两相比较,西方学者更注重科学理性的阐发,我们更重诗意的直观,然对自然生生之意的尊重,对自然终极之意的探寻是殊途同归的。

"活处观"强调的是活的自然景观,自然是第一性的,活的自然中蕴含着真善美,有科学的真相、伦理的秩序和美的感发,"仁者,浑然与物同体"。③ 活观之妙,化工之理,可以邵雍《善赏花吟》作为总结:人不善赏

---

① [法]卢梭著,熊姣译:《植物学通讯》,北京大学出版社 2011 年版,第 138—140 页。
② 同上书,第 88 页。
③ (宋)程颢、程颐撰著,王孝鱼点校:《二程集》,中华书局 1981 年版,第 16 页。

花,只爱花之貌;人或善赏花,只爱花之妙。花貌在颜色,颜色人可效,花妙在精神,精神人莫造。① 花之妙在天地生生之意,正所谓"不欲于卖花担上看桃李,须树头枝底方见活精神也"。

二、观我生:静观自得

如果说"观其生"强调外向观物,重在活处观理,复见其天地之心,那么"观我生"则强调内向观己,重在观其心性之理,吾日三省乎己。观己,既要内观心性之理,也要外观由自己心性所带的行为和社会后果,二者之中,观己之心性更为重要,这里主要从心性之理谈"观我生"的重要性。

"观其生"强调客观性,"观我生"则强调主体性,关涉到主体的心胸、主体的视野。如朱熹说:"一草一木皆有理,须是察。""然亦须有缓急先后之序,若不穷天理、明人伦、讲圣言、通世故,乃兀然存心一草一木一器用之间,此是何学问? 如此而望有所得,是炊沙而欲成饭也。"②如果没有主体的涵养学习,只是盯着一草一木是看不出什么来的。"万物静观皆自得,四时佳兴与人同",唯静观才能自得。"等闲识得东风面,万紫千红总是春",唯闲才能识得东风面。在理学家看来,闲和静是主体的学道功夫,春、东风,俱是万物生意所在。罗大经说:

> 吾辈学道,须是打叠教心下快活。古曰无闷,曰不愠,曰乐则生矣,曰乐莫大焉。夫子有曲肱饮水之乐,颜子有陋巷箪瓢之乐,曾点有浴沂咏归之乐,曾参有履穿肘见、歌若金石之乐。周程有爱莲观草、弄月吟风、望花随柳之乐。学道而至于乐,方是真有所得。大概于世间一切声色嗜好洗得净,一切荣辱得丧看得破,然后快活意思方自此生。③

这里的乐并不是指过一种物质上的享乐生活,也不是精神情感上的

① (宋)邵雍撰,郭彧整理:《邵雍集》,中华书局2010年版,第344页。
② (宋)朱熹、吕祖谦编,叶采集解:《近思录》,上海古籍出版社2010年版,第114页。
③ (宋)罗大经撰,王瑞来点校:《鹤林玉露》,中华书局1983年版,第273页。

愉悦,而是学道之乐、体道之乐,是在智慧指引下的一种平衡而节制的生活态度,从而能忧乐、出入并行不悖。

> 或曰,君子有终身之忧;又曰,忧以天下;又曰,莫知我忧;又曰,先天下之忧而忧。此义又是如何? 曰:圣贤忧乐二字,并行不悖。故魏鹤山诗云:"须知陋巷忧中乐,又识耕莘乐处忧。"古之诗人有识见者,如陶彭泽、杜少陵,亦皆有忧乐。如采菊东篱,挥杯劝影,乐矣,而有平陆成江之忧;步屧春风,泥饮田父,乐矣,而有眉攒万国之忧。盖惟贤者而后有真忧,亦惟贤者而后有真乐,乐不以忧而废,忧亦不以乐而忘。①

在体道之乐上,解决了忧与乐的辩证关系,这也是古人为什么一定要强调有归隐之心才能有入世之志。绘事后素,朱熹认为是先有白底子,然后才可做画,即先有闲淡之心,然后才能做经世文章。虽然朱熹对绘事后素的理解与《考工记》中的本义并不完全相同,《考工记》所言应是先绘后素,但朱熹的注释是有其时代意义的,他将天地之道推到了时代思潮的前台,这也是宋诗宋画皆尚淡、尚闲的深层意蕴,所谓"时人不识余心乐,将谓偷闲学少年",此乐是即是体道之乐,有此,才能忧乐二字,并行不悖。

体道之乐是观我生与观其生的统一,是审美观照中的最高境界,也是《鹤林玉露》中的对自然观照的最高理想。从罗大经所举之例来看,其对自然景物的现象表述皆清晰明白,但深层语义却不易索解,历来注经家也没有一定之论。

如"鸢飞戾天,鱼跃于渊",语出自《诗经·大雅·旱麓》。对《诗经》的解释,历来有诗无达诂、断章取义之说,所以存在着不同的理解。对"鸢飞戾天,鱼跃于渊"的理解大体有三种:(1)以鸢喻恶人,以鱼喻百姓,如郑玄笺云:"(鸢)飞而至天,喻恶人远去,不为民害也;鱼跳跃于渊中,

---

① (宋)罗大经撰,王瑞来点校:《鹤林玉露》,中华书局1983年版,第273页。

喻民喜得所。"①所谓"鸢飞戾天者,望峰息心;经纶世务者,窥谷忘反",以鸢为猛禽,喻指渴望名利,极力高攀的人;(2)比喻知道培养人才,如程俊英在《诗经译注》中将其视为一首"歌颂周文王祭祖得福,知道培养人才的诗"②,"以鸢飞鱼跃的欢欣,喻君子培育人才的生动活泼";③(3)君子之德,察乎天地。如朱熹认为:"子思引此诗以明化育流行,上下昭著,莫非此理之用,所谓费也。然其所以然者,则非见闻所及,所谓隐也。故程子曰:'此一节,子思吃紧为人处,活泼泼地,诸者其致思焉。'"④意指君子之道费而隐,费,指用之广,隐,指体之微也,意即君子之道广大精微,同乎天地,化育流行。《鹤林玉露》中所主张的显然是第三种朱熹的观点。

第一种,恶人之喻是以己观物,可视为观卦中的窥观;第二种,仰观俯察,培养人才之喻,是观之以为用,是为宾观;第三种,同乎天地,化育流行,是观我生与观其生的统一,是人心与道心的合一,是一种道观,观的最高境界。童观与道观,从表象来看,都是见物之本然存在,如孩童见到花朵时,会很惊异地说:"啊,花!"但前者是知其然,不然其所以然,后者是要知其所以然,然后知其然。如禅宗偈语,童观是见山是山,见水是水,窥观是见山不是山,见水不是水,道观是见山还是山,见水还是水。道观是观我生与观其生的内在统一。童观、窥观、道观亦可以说是兴观、比观和道观,道观则是一种更高层次的兴观。

所谓"诗莫尚乎兴,圣人言语,亦有专是兴者。如'逝者如斯夫,不舍昼夜','山梁雌雉,时哉时哉',无非兴也,特不曾隐括协韵尔。"盖兴者,因物感触,言在于此,而意寄于彼,玩味乃可识,非若赋比之直言其事也。故兴多兼比赋,比赋不兼兴,古诗皆然。⑤

逻辑上应是先有兴观,然有才有比观,终至于道观。兴观如童萌之

---

① 李学勤主编:《十三经注疏·毛诗正义》,北京大学出版社1999年版,第1006页。
② 程俊英译注:《诗经译注》,上海古籍出版社2004年版,第419页。
③ 程俊英、蒋见元注:《诗经注析》,中华书局1991年版,第771页。
④ (宋)朱熹:《四书章句集注》,中华书局1983年版,第22—23页。
⑤ (宋)罗大经撰,王瑞来点校:《鹤林玉露》,中华书局1983年版,第185页。

眼,见其物之光辉,有惊异,有同情,但并不能知其义理之妙,至人之成长,人以喜怒哀乐之性观其物,则比观是以成长之眼观物,以人之喜怒哀乐仁义礼智比之于物,则以鱼鸢比善恶,以山水比仁德,以梅竹比君子。然人之成熟,洗尽铅华,则物物各如其是,已入静观之境。

又如罗大经所引"山梁雌雉,时哉时哉",语出《论语·乡党》最后一节:

> 色斯举矣,翔而后集。曰:"山梁雌雉,时哉时哉!"子路共之,三嗅而作。[①]

《乡党》篇是弟子对孔子言行出处的记录,孔子作为圣之时者,其容色言动、衣食住行皆合乎礼、归乎时。《论语》上篇以《乡党》为最后一篇大有深意,而《乡党》最后一篇以"时哉时哉"为结,也是大有深意。钱穆认为,此章实千古妙文,而《论语》编者置此篇于《乡党》篇末,更见深意。[②]孙夏峰曰:"夫子圣之时,故记者以此为终焉。时止则止也,山梁雌雉见非凤仪之时。"[③]"圣之时"语出孟子,孟子谓:"伯夷,圣之清者也;伊尹,圣之任者也;柳下惠,圣之和者也;孔子,圣之时者也。孔子之谓集大成。集大成也者,金声而玉振之也。"[④]伯夷,圣之清正廉洁者;伊尹,圣之担当任重者;柳下惠,圣之宽厚仁和者。而孔子则"无可无不可",时势则势,时止则止,相机行事,依时处事。

这段话其实就是孔子观鸟所引发的感叹,其关键之处是对"时"的理解。对此段字义与文义的异解极多,[⑤]本文采用杨伯峻与钱穆相对平易的注释。根据杨伯峻译,孔子在山谷中行走,看见几只野鸡,孔子脸色一动,野鸡飞向天空,盘旋一阵,又落在一处。孔子道:"这些山梁上的雌

① 杨伯峻译注:《论语译注》,中华书局 1980 年版,第 123 页。
② 钱穆注:《论语新解》,三联书店 2002 年版,第 288 页。
③ 程树德集释,程俊英、蒋见元点校:《论语集释》第 2 册,中华书局 1990 年版,第 947 页。
④ 杨伯峻注:《孟子·万章章句下》,中华书局 1960 年版,第 238 页。
⑤ 程树德集释,程俊英、蒋见元点校:《论语集释》第 2 册,中华书局 1990 年版,第 934—947 页。

雉,得其时呀! 得其时呀!"子路向它们拱拱手,它们又振一振翅膀飞去了。① 钱穆译为:见人们有少许颜色不善,便一举身飞了,在空中回旋再四,瞻视详审,才再飞下安集。先生说:"不见山梁上那雌雉吗! 它也懂得时宜呀! 它也懂得时宜呀!"子路听了,起敬拱手,那雌雉转睛三惊视,张翅飞去了。② 二解意思没有太大出入,与朱熹释意也大致相同,朱熹谓"色斯举矣,翔而后集",是"言鸟见人之颜色不善,则飞去,回翔审视而后下止"。③ 但朱熹认为后文有阙文,不可强为之说。文意大致疏通,但对于"时"的理解尚须深究。

孔子叹雌雉得其时,得其时究竟体现在何处,是理解的关键。大体有三层理解,其一,雉在山梁饮啄自得,逍遥自在是雉之得其时,如钱穆认为:"虽雉之微,尚能知时,在此僻所,逍遥自得,叹人或不能耳。"④这是就雉的自然生命本身而已,有它自己的栖息之所。其二,由雉之处时,隐喻君子能去留知几。"所以有叹者,言人遭乱世,翔集不得其所,是失时矣。而不如山梁间之雉,十步一啄,百步一饮,是得其时,故叹之也。"⑤以雉之得时,比人之能时。其三,更重要也是更内在的含义,是就人与自然生命的交流而言,"鸟固知几,缘人机动,人无机心,鸟则自若。可见人心一动,斯邪正诚伪终难自掩,鸟微物且然,况人至灵而神乎? 物犹不可欺,人岂可欺乎? 是故君子慎动,动而无妄,可以孚人物感幽明,一以贯之矣"。⑥ 鸟见人颜色不善,便惊觉飞走,待安全后,再飞下安集。尝见一小朋友和外公玩得正欢,见一陌生人至,躲闪入内,本性使然,待其安全后,便会出来。其理亦一以贯之。鸟之知几与孩童之知几如此,是一种本性使然,实质是人与物之内在的感应交流。

以上三种对"时"的理解,第一种是侧重于自然生命本真自在的存

① 杨伯峻译注:《论语译注》,中华书局1980年版,第108页。
② 钱穆:《论语新解》,三联书店2002年版,第289页。
③ (宋)朱熹:《四书章句集注》,中华书局1983年版,第122页。
④ 钱穆:《论语新解》,三联书店2002年版,第288页。
⑤ 程树德集释,程俊英、蒋见元点校:《论语集释》第2册,中华书局1990年版,第731页。
⑥ 程树德集释,程俊英、蒋见元点校:《论语集释》第2册,中华书局1990年版,第734页。

在,是一种兴观。第二种侧重于人与物的交流,但更多是外在的比拟,是一种比观。第三种则实现了人与物的内在交流,通过这种感应交流,人返身而诚,达到一种更高的境界。罗大经引述此文,并以"故曰,观我生,观其生"作结,可以看出他是以观我生和观其生来解读此段文字的。观其生,是观山梁雌雉之自在其所及其遇人之后的惊警反应。观我生,则是在物与我的感应交流之中,通过观己之邪正诚伪及由此所带来的物之变化,在实现内在交流的同时,也相互敞开自身并完成自身。鸟自在的存在,人则反身而诚,乐莫大焉。

《书经·大禹谟》中舜传给大禹的十六字真言:"人心惟危,道心惟微。惟精惟一,允执厥中。"这十六字真言可以说是中国古代追求的一种心灵逻辑,是人和世界即人和自然、人和社会、人和人、人和自己相处的十六字真言,是一种真实切己的生命学问,是古代自然哲学、政治哲学、生命哲学和艺术哲学的核心。其核心就是天人之学,涉及天人之间最微妙最深刻之处,即人心的邪正诚伪与道心的精深隐微之间的关系,处理好二者关系才能行中正之道。只有惟精惟一,才能允执厥中。如何惟精惟一? 即贵在能"虚受之感",即无心之感。此即观我生与观其生的真意所在。

三、复见其天地之心

《鹤林玉露》中对活泼之物的表现很自然地让人联想到宋代花鸟画,而《鹤林玉露》单就书名来看,也是一幅清新脱尘的花鸟画。《鹤林玉露》中的自然审美观与宋代花鸟画可谓相映成趣,相得益彰。两相对照,我们可以窥见宋代自然审美的一个侧影,这也正是宋代花鸟画的美学精神。

宋代进入花鸟画的黄金时代,有多方面的原因,除了政治、经济等外在因素,宋代的格物精神,尤其是宋代的心性之学成为时代的趋向,对自然物象的观物之道,即强调"观我生,观其生"的思想,在宋代达到高峰,这是造就宋画之美的内在精神原因。可以说,宋代花鸟画之美,美在能观其生、观我生,美在将十六字真言落实到了观物之中,从而使宋代花鸟画成为国之瑰宝,盛极一时,标程百代。

观其生,是要活处观理,观自然生意,因此强调写物之真,写物之生。活处观理,一是观物理,一是观天理,观天地之生意。写花鸟有三种类型,一是客观地写照,写花鸟之性,重理趣。二是写意,写画者之意,可以说,写作者主观之情志,重情趣。三是受道禅思想影响,借花鸟写空寂,写天地虚无恬淡寂寞无为之性,重空寂。第一种以宋代花鸟画为代表,第二种以苏东坡的枯木竹石图、朱耷的花鸟画为典型,第三种如倪瓒的山水。

观其生,自然要求花鸟草虫画首先要求形似,注重形态逼真,精细入微。徽宗赵佶亲自带领宫廷画师进行花卉写生研究,精细到要求画家们观察孔雀升墩是先抬左脚还是右脚,画月季花时要画出不同时间状态的花蕊及叶子之间的变化。又如李公麟画马,"每过之,必终日纵观,至不暇与客语……盖胸中有全马,故由笔端而生,初非想像模画也"。① 罗大经所引杜甫诗句简直可作为宋花鸟画的题画诗,如:

> 杜少陵绝句云:"迟日江山丽,春风花草香。泥融飞燕子,沙暖睡鸳鸯。"或谓此与儿童之属对何以异。余曰,不然。上二句见两间莫非生意,下二句见万物莫不适性。于此而涵泳之,体认之,岂不足以感发吾心之真乐乎! 大抵古人好诗,在人如何看,在人把做什么用。如"水流心不竞,云在意俱迟","野色更无山隔断,天光直与水相通","乐意相关禽对语,生香不断树交花"等句,只把做景物看亦可,把做道理看,其中亦尽有可玩索处。大抵看诗,要胸次玲珑活络。②

"泥融飞燕子,沙暖睡鸳鸯",直是一幅活泼的花鸟图画。"乐意相关禽对语,生香不断树交花",是景非景,是理非理,此是观其生与观我生的

---

① (宋)罗大经撰,王瑞来点校:《鹤林玉露》,中华书局1983年版,第343页。
② 同上书,第149页。

统一。然要能更好地穷形物相，必然要求在创作时，作者能放下自我，才能如其所是的表现。有我与无我，也是理学思想与文学思想最重要的分歧之处。

观我生，是指创作者的心境，要放下自己。心性的功夫以"虚受之感"为上。虚受之感强调"感之为道，以虚受为本，有意于中，则滞于方体而隘矣"①，虚受之感不同于私欲之感。朱熹认为私感之感就像是孩子掉到水中，一方面人有不忍之心要去救孩子，但同时又想要孩子的父母来报答他。朱熹认为这种感是憧憧之病，"憧憧是加私意不好底往来。憧憧只是加一个忙迫底心，不能顺自然之理。方往时又便要来，方来时又便要往，只是一个忙"。② 可见，憧憧之感，是有私之感、有欲之感、有目的之感，虚受之感是无心之感。所谓虚受，即"无心之感"，能无心而感，则无所不通，即《易大传》所云：寂然不动，感而遂通天下之故。

作画也是一种心性的涵养功夫。如《林泉高致》中郭熙认为作画是心性的炼养，是去人欲的功夫：

> 不精则神不专，必神与俱成之。神不与俱成则精不明；必严重以肃之，不严则思不深；必恪勤以周之，不恪则景不完。故积惰气而强之者，其迹软懦而不决，此不注精之病也；积昏气而泪之者，其状黯猥而不爽，此神不与俱成之弊也。以轻心挑之者，其形脱略而不圆，此不严重之弊也；以慢心忽之者，其体疏率而不齐，此不恪勤之弊也。故不决则失分解法，不爽则失潇洒法，不圆则失体裁法，不齐则失紧慢法，此最作者之大病也，然可与明者道。③

郭熙在此不仅在讲如何绘画，更是在阐述如何养德。在郭熙看来，绘画是养德的渠道之一。养德的首要是养"精"，不精则"神不专"，神不专反过来又"精不明"，所以养精与炼神是一体的。养精炼神，重在"恪

---

① （宋）张载撰，章锡琛点校：《张载集》，中华书局 1978 年版，第 124 页。
② （宋）朱熹撰，黎靖德编、王星贤点校：《朱子语类》，中华书局 1986 年版，第 1816 页。
③ （宋）郭熙撰，周远斌点校：《林泉高致》，山东画报出版社 2010 年版，第 21 页。

勤"，"恪勤"又在于去掉"惰气""昏气"。郭熙如此说下来，实际上已经脱离绘画，直接地说养性修德了。只有做到观我生与观其生的统一，才能进入到天人合一的澄明之境，因此画中的花鸟虫鱼才能一派天机，生意盎然，澄彻明静，复见其天地之心。

观其生与观我生的观物之道，是宋代理学家复兴儒学，丰富先秦儒家心性之学的重要思想。对十六字真言里的人心与道心微妙深刻的领悟，是对《中庸》的尽己之性，然后可以尽人之性，尽人之性然后可以尽物之性，尽物之性而后可以赞天地之化育的思想进行透彻地说明。正如钱穆所说：承认有天地之化育是宗教精神，要求尽物之性是科学精神，而归本在尽己之性与尽人之性，则是儒家精神了……宗教与科学，以儒家思想为中心融和一气。天人物三者中间，有一个共通一贯的道理，也可以说是一个共同生息的宇宙，这一种道理或倾向，儒家称之为性，物之性太杂碎，天之性太渺茫，莫切于先了解人之性。要了解人之性，自然莫切于从己之性推去。因为己亦是一人，人亦是一物，合却天地人物，才见造化神明之大全，这是中国思想整个的一套。① 宋代格物学注重心性、物性、道性的贯通，三性合一，正是在此基础上成就了宋代独特的自然美学精神。

---

① 钱穆：《中国文化史导论》，商务印书馆 1994 年版，第 222 页。

第三章　宋代农业环境美学

　　宋代是传统农业和农学发展的成熟期和高峰期,这是由宋代独特的历史背景和客观条件所决定的。一方面,宋代对提高农业产量有着迫切的需要。宋代疆域只有汉唐的一半,人口却是汉唐的两倍;再加上北方游牧民族的威胁,需要不断改善和增强军事实力,以供养当时世界上最庞大的常备军队;尤其在南宋,江南地区人口猛增,造成了地狭人稠的情况,发展农业,解决粮食问题,成为重中之重。因此,开垦荒地、培育优良品种、改善农业结构、推进耕种方式、推广农业技术等是宋代农业发展面临的主要问题。另一方面,宋人的理论科学和应用科学为农业和农学发展的成熟提供了现实条件。对于科技史家来说,唐代不如宋代那样有意义。这两个朝代的气氛是不同的,唐代是诗的国度,宋代是哲理的。李约瑟在《中国科学技术史》说道:"这时,博学的散文代替了抒情诗,哲学的探讨和科学的描述代替了宗教信仰。在技术上,宋代把唐代所设想的许多东西都变成为现实。"①宋代科学(格物)观念和科学技术的发展促进了农业思想和农业水利技术的发展,为农业和农学体系在宋代的成熟提供了重要的条件。

---

① [英]李约瑟:《中国科学技术史》第 1 卷,科学出版社出版 2003 年版,第 138 页。

宋代农业哲学在深层理论上透彻阐释了孝悌与力田、农业与圣业的内在关联，这种农业文明的生态智慧在工业时代被遮蔽了，而这种智慧恰恰是当代生态文明时代下最应继承和发展的。在农业景观上，宋代由于技术的开发与运用，农村环境中的野生生态环境和人工环境两部分处在一种相对和谐的状态中，形成了野生景观、农业和庭院等人文景观等多元并存的局面。而对农业的重视，也使得城市中形成了类似于当代所提倡的都市生态农业景观。

第一节　农业环境美学的哲学基础

在农学发展的基础上，宋代农业生态和环境审美观也更趋成熟。宋代农书激增，出现了大批关于园艺、林业、渔业、畜牧业类的谱录类书籍和农书，详细记载了嫁接种植等园艺技术、畜牧养殖技术及农田水利技术，其中陈旉的《农书》和《王祯农书》集中体现了宋代农学发展的主要成就，本节以此对宋代农业的生态和环境审美进行分析。

陈旉《农书》完成于南宋绍兴十九年（1149 年），作者在 74 岁时写成。陈旉生在南北宋交替、南宋偏安江南的战乱时期，曾在江南隐居务农。农书分上中下三卷，上卷十四篇主要谈耕种之宜，中卷三篇主要讲水牛的牧养役使和防治之宜，下卷六篇主要关于蚕桑的相关饲养方法等。陈旉《农书》中涉及很多重要的农业生态智慧，如指出耕稼从本质上而言是要"盗天地之时利"，提出保护土地持续发展的"粪药说"及"地力常新壮"说，并对农村的宜居环境即"农居之宜"等问题提出意见。

《王祯农书》完成于 1313 年，被称为古代四大农书之一。虽然该书完成于元代，但其中的农业种植技术和农田水利技术在宋代已得到了普遍运用，因此，某种意义上，该书是在宋代农业生产基础上的一部理论总结之作。如果说陈旉农书更多的是关注江南水田的种植方面，王祯农书则是在前人基础上对南北农业技术的总观，该书分《农桑通诀》《百谷谱》和《农器图谱》三大部分，最后所附《杂录》包括了两篇与农业生产关系不大的"法制长生屋"和"造活字印书法"。《王祯农书》第一次对广义农业生产知识作了较全面系统的论述，提出中国农学的传统体系，明确表明广义农业包括粮食作物、蚕桑、畜牧、园艺、林业、渔业等，其书中直接引用陈旉《农书》的地方也有很多，虽成书于元代，但也可以将其视为对宋代农业发展的总结。

一、农达于天地之仁

中国五千年文明，强调以农立国，农为天下之本，由此积累了丰富的农耕智慧和经验，形成了自己的农业哲学和农业结构体系。对于农业的重要性，现代人首先想到的是衣食之本，而往往忽视了另一根本，即王化之源。前者重在强调农业是身体的衣食保障，后者强调农业在精神养成上的重要性。这里我们主要分析宋人如何以农业为本建立了两者的内在连接，尤其是从根本上阐释为什么农业会成为王化之源、人文之本，从而进一步加深对农业文明的深层理解。

陈旉在农书自序中提出农业是"生民之本""王化之源"，认为宋循汉唐之旧，孝悌力田并举，"列圣相继，惟在务农桑、足衣食。礼义之所以起，孝悌之所以生，教化之所以成，人情之所以固也"①，指出务农桑与礼义、孝悌、教化和人情的重要关系。《王祯农书》总论《农桑通诀》中对此思想做了进一步的展开。总论介绍了农业之本，主要有农事起本、牛耕起本、蚕事起本及授时、地力和孝悌力田共六篇，其中农事为食之本，桑蚕为衣之本，农桑之事贵在顺天之时和授地之宜。孝悌立田则讲农人在农桑之事中的重要位置。在结构安排上，首先要顺天之时，因地之宜，运用之妙，存乎其人，所以天地人三才，人在最后，但也最为重要。

孝悌与力田并举，即是强调养身与立身并举，力田是身体的安顿，所获食物是此身身体存在的根本保障，孝悌是精神的安顿，是此身在社会中安身立命的根本法则，孝悌力田则是人之为人的身体与精神的双重根

<hr>

① （宋）陈旉撰，刘铭校释：《陈旉农书校释》，中国农业出版社 2015 年版，第 5 页。

本。"孝悌为立身之本,力田为养生之本,二者可以相资,而不可以相离也"①,二者相互促成,相互成全,相资而不相离。

那么,孝悌与力田的内在关联到底何在?力田是农桑之事,在种植饲养的过程中,需要顺天之时,因地之宜,要尊重自然的好生之德,感受天地的生养之道,此是天地之仁。农人必须体察天地自然之道,成就天地好生之德,体悟天地之仁,因此,农人成为与天地之本的最近者。孝悌重在培养人的仁义层面,是社会之仁德的建构。"爱之理为仁,宜之理为义。自其仁而用之,亲亲为孝,自其义而用之,长长为悌,皆其得于良知良能之素,人人之所同也"②,可见孝悌为人仁之本,此是人伦之仁。人伦之仁,即孝悌的本源和根据又从何而来?往前追溯则是从天地之仁中而来,是在对物性物理的体悟中建构起对人性人伦之理的理想和秩序,此即是通达天人之际的学问。

古代四民为士农工商,士以明其仁义,农以赡其衣食,工以制其器用,商以通其货贿。其中耕为农,读为士,在四民中为最重要者,这也是耕读并重思想的源头。古人认为,人禀气而生,气有清浊,禀气清者为士,而浊者为农、为工、为商。虽然士排在第一,农排在第二,但农是基础,而士排在第一是因为士是社会秩序的自觉建构者,是为自然和社会立法者,即张载所说的为天地立命,为生民立心者,是立道、传道之人,所以更具主体意识和建构能力。

"教之者莫先于士,养之者莫先于农",教养之道首在耕读。二者并不是分开的,而是有一种内在深层的关联。为什么耕在首位,一是耕乃食之本,力田是通达天道与人道的基本途径,力田者凭借大自然的力量,过符合大自然的生活。另一个原因则是士的学问也是从农耕中生长出来的。耕读并重也指出了最初的读书人并不是一味读书,不事农桑,而是忙时耕,闲时读,将体道与悟道相结合,其后才生出一类专门的传道者,此即士的主要任务,这里的士主要以儒为主体,而儒者的智慧是建立

①② (元)王祯撰,缪启愉、缪桂龙译注:《农书译注》,齐鲁书社 2009 年版,第 26 页。

在农耕文化的基础之上的。所以士农工商中，士是传道者，农是体道最近者，这是古代重农思想的根本所在。中华民族并不是没有能力去发展工和商，而是在价值取向上首先选择了农。这一思想非常清楚地阐明了农业哲学的基础，以及建立在农业文明基础上的生态智慧，在自然生态与人文生态之间建立起来的农业文明和文化系统。

这一农业生态智慧主要有三个方面的思想，一是体察天地的好生之德，二是感知万物的长养之性，三是在顺应自然之性的基础上，培育人的仁义之性，仁者爱也，义者宜也。这三个层面相应于天道、物性与人性三方面，同时，它们也构成了一种有机的自然生态和人文生态观。"在耕稼，盗天地之时利，可不知耶？"①农业一方面要顺应天时，另一方面要发现天时的规律，巧妙利用天时，这既体现出天地的好生之德、生生之意，同时也最需要人对自然规律的遵从和爱养，体现出了天地之仁、圣人之仁的思想。

这种天人之际的学问是宋代哲学要建构的重要问题，"四德之元，犹五常之仁"②，元为元亨利贞四德之首，仁为仁义礼智信五德之首，元与仁相类。"元"和"仁"是分别是自然之道与社会之道开始的地方，也是最重要的地方，追根溯源，我们可以从所来之处看到所归之处。如以元亨利贞来看春夏秋冬，一岁之首在于春，夏秋冬则都是由元气的生长和收藏，春气的生长是元气的是发端处。仁则是义礼智信的发端处。天道之元即是人道之仁，人道的仁就是人道的发端处与回归处。人道之仁从何可见，即从天道之元见出，天道与人道由此统一起来，农与士也由此点结合起来。仁者万物一体，自天至人，无不如此。所以古人推崇农业之根本而抑制工商之末作，是因为农业比工业和商业更接近原点，更接近自然，也更本真。

中国古代以农为本，历代帝王留下了很多祭农劝农恤农的事例。南

---

① （宋）陈旉撰，刘铭校释：《陈旉农书校释》，中国农业出版社 2015 年版，第 32 页。
② （宋）朱熹、吕祖谦编，叶采集解，严佐之导读：《近思录》，上海古籍出版社 2010 年版，第 9 页。

宋高宗时期在玉皇山南麓开辟皇家籍田,于每年春耕开犁时,帝王率文武百官到此行籍礼,亲耕籍田,以祭先农,通过神圣的仪式活动昭示天下农业生产的重要性。籍田呈八卦状,被称为"九宫八卦田",中间为一圆形土墩,象阴阳两极,土墩周围平均划分为八块,象八种卦象,八块田地上分别栽培不同植物,四季色彩不同、形状不断变化,至今仍是一道独特的农田景观。据《西湖游览志》记载:"南山胜迹中有宋籍田,在天龙寺下,中阜规圆,环以沟塍,作八卦状,俗称九宫八卦田,至今不紊。"明人高濂在其著作《春时幽赏》十二条中有一条即《八卦田看菜花》:"宋之籍田,以八卦爻画沟塍,圜布成象,迄今犹然。春时,菜花丛开,自天真高岭遥望,黄金作埒,碧玉为畦,江波摇动,恍自《河洛图》中,分布阴阳爻象。海天空阔,极目了解,更多象外意念。"①八卦田成为了解古代农业文化和农业精神的一个重要审美意象。

当今的农业在欲望的裹挟下,越来越偏离根本,受经济的左右越来越大,以至于失去了根本,而变成了商业活动。重新认识古代的农本思想,可以帮助我们认识和体验自然之道,觉悟一种更本真的生活。农民在劳动的时候,最重要的是侍奉自然,因此,从这一意义上而言,"农业"即"圣业"②,是通向本真之路。农业不同于商业,而是面对自然、适应自然、生存在自然之中。正如日本一首俳句所云:"今秋不问风和雨,只知除草为我职。"它反映出了农民纯朴真实的情感,把按照自然的运作侍奉庄稼,与庄稼共同生活视为乐趣。品味这种乐趣就是农民自觉的生活方式,生态文明时代下的农业与农业文明下的农业相比,更应有这种理念上的自觉。这种农民才是更高层面上的农民,有一种对身份的认同感,是本来意义上的真正农民。劳作虽苦,但也有乐,进而实现"帝力与我何有哉"的理想生活,在此情形下才能回归根本,体察天地好生之德,成为"乐农"。

农业是为侍奉神,接近神而存在的,它的本质也就在此。之所以这

---

① (明)高濂:《遵生八笺》,人民卫生出版社 2017 年版,第 88 页。
② [日]福冈正信著,吴菲译:《一根稻草的革命》,广西师范大学出版社 2017 年版,第 123 页。

样讲,是因为神便是自然,而自然就是神。[①] 而工业文明下的农业则是建立在西方哲学(使人与环境之间产生对立的近代西方哲学)的思想基础之上。所以,今天我们便会为了人类自身的目的而任意开发自然、破坏自然。农业在人的欲望支配下,已经堕落为产业、商业。我们今天重视农业,是重新重视和发现天地的好生之德,认识人只是一切生物中的一员,重归自己本应存在的位置上,消损掉过度的欲望,通过恢复自然的生命来找回自己,随顺自然之道,通达天地大德。

可以说,农业文明、工业文明与生态文明下的农业观念是不同的,传统农业是古人生态智慧的完美体现。虽然宋代很多农业生产技术和操作习惯已经不复存在,但在生态文明的新时代下,传统农业中的生态智慧却重新显示出它的魅力。当今生态文明下的农业发展应是在更高层次上对农业文明的回归。

二、土地生态观

农业最注重生态性,讲究因地之宜,顺天之时。近年,生态农业和农业美学等学科越来越受到关注,而农业环境的审美,不只是为了发现奇观或描绘农村自然田园风景,而是要深入到农业发展的可持续性、农业发展与生态环境的良性循环、农业生产者的生活环境等根本问题上。

以土地为例,农业发展的可持续性问题首先是重建人与土地的关系。正如富兰克林・H. 金在《四千年农夫》中指出,中国作为最古老的农耕民族,能够在同一块土地上,在长达四千年的时间里,依然能产出充足的食物,其中蕴含的对自然资源的保护和利用是令人惊奇和感叹的。这除了得益于水土等自然条件外,人们的土地观也起到了重要的作用。

美国土地伦理之父利奥波德提出土地伦理的思想,认为伦理进化有三个阶段,第一个阶段是探讨人与人之间的关系,第二个阶段是探讨人与社会的关系,第三个阶段延伸前两个阶段的研究界限,探讨人与土地

---

① [日]福冈正信著,吴菲译:《一根稻草的革命》,广西师范大学出版社 2017 年版,第 123 页。

的关系。土地伦理成为当代前沿性的命题,但实际上人与土地的关系应该是最根本最基础的关系。利奥波德认为:"在对待某种事物的关系上,只有在我们可以看见、感到、了解、热爱,或者对它表示信任时,我们才是道德的。"①土地伦理,包括人们对土地的科学认识、伦理意识及其在此基础上形成的价值关系。利奥波德所说的土地不仅仅指土壤,而是指土地共同体,是由土壤、水、植物、动物和人类组成的共同体。在当代视野的观照下,从宋代农书中,我们可以清楚地看到这种对自然的充分尊重、理解、养护与运用,这些观点现在看来并不落后、陈旧,甚至是非常前沿性的认识,对重建人与自然的连接有重要的启示。

"农业景观不只是特殊的生命景观,而且是人与自然共生共荣的特殊的生态景观。景观的基础是大地,这是一片自然与人工共同开发着的土地。"②《农书》中的土地观正是这样一种生态伦理观和生态景观,其主要观点表现在三个方面:一、从对土地的认识来看,提出土地是活的机体;二、从对土地的养护来看,提出治地如用药;三、从对土地的功能来看,提出务使地力常新壮。

首先,我国传统土壤学将土壤视为有血脉的活的机体,土有"土脉",犹如人有血气脉息,土壤也有土气和脉息。土气和土脉是表示土壤性状的概念,包括土壤的温度、湿度和水、气的流通情况,从中显示出土壤的肥力状况和生养长育的能力。古人认为四时土气不同,针对土气的观察,崔寔在《四民月令》提到:"雨水中,地气上腾,土长冒橛。"③地气上腾是指正月土壤经过冬天的反复冻融,使土块分裂成结构,空隙百分率增加,表层的容积增大而隆起,这叫地气上升。土长冒橛是指把一个小木桩预先打进地里,露出两寸在地面上,到初春土壤坟起,就把小木桩给掩没了,以此作为测候地气上升的表证,表明地气通透,土壤达到了适宜于

---

① [美]利奥波德著,舒新译:《沙乡年鉴》,北京理工大学出版社 2015 年版,第 203 页。
② 陈望衡:《未来农业应使人类更幸福——生态文明与农业审美》,《鄱阳湖学刊》2014 年第 4 期。
③ (汉)崔寔著,石声汉校注:《四民月令》中华书局 1965 年版,第 11 页。

耕作的湿润状态,有活气。耕之本,贵在趋时,要了解土气的特点,"春冻解,地气始通,土一和解;夏至,天气始暑,阴气始盛,土复解;夏至后九十日期,昼夜分,天地气和;以此时耕,一而当五,名曰'膏泽',皆得时功"。①郭熙的《早春图》即是表现初春解冻时,地气上升,充满活性的土壤状态。

其次,养地如养人,治地如用药。陈旉认为:"土壤气脉,其类不一,肥沃硗埆,美恶不同,治之各有宜也。"②田地好坏不一,只要治得其宜,同样可栽培作物。不同的土地有不同的疗治方法,"且黑壤之地信美矣,然肥沃之过,或苗茂而实不坚,当取生新之土以解利之,既疏爽得宜也"。③过肥的黑壤之地,要用新土掺入其中,使其中和。陈旉提出独特的"粪药说",以粪来治地,提出用粪如用药,在"粪田之宜"篇里,陈旉继承了《周礼》中"草人掌土化之法以物地,相其宜而为之种"的土化之法和物地之法。土化之法即化之使土美,陈旉强调:"别土之等差而用粪治。且土之骍刚者,粪宜用牛;赤缇者,粪宜用羊。……皆视其土之性类,以所宜粪而粪之,斯得其理矣。俚谚谓之粪药,以言用粪犹药也。"④物地指根据地的形色,决定耕种适宜的禾属之类。也有一种类似物地的方法,可以知晓哪一年适合种哪类谷子,"凡欲知岁所宜谷,以布囊盛粟等诸物种,平量之,以冬至日埋于阴地。冬至后五十日,发取量之,息最多者,岁所宜也"。⑤哪一种物种增长得最多,就是该年适宜种植的,这种方法现在已不多见,甚至被认为不可思议,而实际上是通过测量地气,物类相感来获得的。

粪田的种类很多,有踏粪、苗烘、草粪、火粪、泥粪等等。以火粪为例,即焚烧田地里的草木,用草木灰做肥料的耕作方法,这种耕作方法,是传统火耕文明的一部分,即火耕畬田。范成大《劳畬耕》诗序:"畬田,峡

① (元)王祯撰,缪启愉、缪桂龙译注:《农书译注》,齐鲁书社2009年版,第41页。
② (宋)陈旉撰,刘铭校释:《陈旉农书校释》,中国农业出版社2015年版,第54页。
③ 同上书,第54页。
④ 同上书,第55页。
⑤ (元)王祯撰,缪启愉、缪桂龙译注:《农书译注》,齐鲁书社2009年版,第54页。

中刀耕火种之地也。春初斫山，众木尽蹶。至当种时，伺有雨候，则前一夕火之，藉其灰以粪；明日雨作，乘热土下种，即苗盛倍收。无雨反是。山多磽确，地力薄，则一再斫烧始可艺。"①火田不仅可提高土壤肥力，对水田中的冷浸田和秧田还可以起到提高土壤温度的作用。"山穿原隰多寒，经冬深耕，放水干涸，雪霜冻冱，土壤苏碎。当始春，又遍布朽薤腐草败叶以烧治之，则土暖而苗易发作，寒泉虽冽，不能害也。"②可以达到使土暖且爽的效果。当然，烧荒也是有季节性的，古人对烧荒时间要进行严格限制，《周礼正义》中提到"春田主用火，因焚莱除陈草，皆杀而火止"，主张仲春以火田。《王制》云："昆虫未蛰，不以火田"，十月末昆虫蛰伏后，才能火田。③ 在宋史中也有记载："火田之禁，著在礼经。山林之间，合顺时令。其或昆虫未蛰，草木犹蕃，辄纵燎原，则伤生类。诸州县人，畬田并如乡土旧例。自余焚烧野草，须十月后方得纵火。其行路野宿人所在检察，毋使延燔。"④由上可知，大体从十月末后至仲春可以火田。这一时期一方面既可除陈草，又可肥田，同时也没有伤害昆虫，顺应时令，符合生态农业的发展。

其三，务使地力常新壮。生生之德是为大德，有生意的土地才是美的。土地之美就在于"地力常新壮"，草木茂盛，生物畅遂，是其生命力的表现。《农书》："或谓土敝则草木不长，气衰则生物不遂，凡田土种三五年，其力已乏。斯语殆不然也，是未深思也。若能时加新沃之土壤，以粪治之，则益精熟肥美，其力当常新壮矣。抑何敝，何衰亡之有？"要保护土地的健康，保持土壤的肥力和生长能力主要靠生态措施，而不是使用化肥。"所有之田，岁岁种之，土敝气衰，生物不遂。为农者，必储粪朽以粪之，则地力常新壮而收获不减。"⑤美国农学家富兰克林·H.金在考察

---

① （宋）范成大撰，富寿荪标校：《范石湖集》，上海古籍出版社出版 2006 年版，第 217 页。
② （宋）陈旉撰，刘铭校释：《陈旉农书校释》，中国农业出版社 2015 年版，第 24 页。
③ （清）孙诒让撰：《周礼正义》，王文锦、陈玉霞点校，中华书局 1987 年版，第 2307、2397 页。
④ （元）脱脱等撰：《宋史》，中华书局 1985 年版，第 4164 页。
⑤ （元）王祯撰，缪启愉 缪桂龙译注：《农书译注》，齐鲁书社 2009 年版，第 71 页。

了东亚传统的耕作方式后,谈到东方古国的城市没有发达的下水道系统,城市人口的排泄物和污水完全依靠来自周边的农民将之运往农村,制作成为有机肥再施用到土壤里,最终完成城市废弃物的无害化处理,而不是经过下水道直接排入水体,造成环境污染和健康隐患。这正是对土地的生态养护。"收集有机肥料运用于自己的土地被视为神圣的农业活动。"①除此之外,植物套种也是保持土壤肥力的有效办法。总之,《农书》中记载了大量的对土壤进行生态治理和生态维护的办法,足以引起今人的反思。

除了养地,人力亦可提升地力。以锄地即"薅耘"②为例,薅即拔草,耘即除草。锄地有讲究,"凡五谷,唯小锄最良"③,苗小时锄,不但省功,长得也很好,苗大时锄,草根茂密,虽多花功夫,收益却少。锄地有深锄和浅锄,因为植株长大根系上浮的缘故,锄第一遍,不能过深,第二遍尽可能深,第三遍要浅,第四遍要比第三遍浅。锄地的季节也有讲究,如春锄是为了松土保墒,夏锄是为了除草壮苗,所以春锄不能地湿时去锄,因为春苗矮小,叶荫没有盖住地面,湿锄使土干后坚结,所以《管子》说:"为国者,使民寒耕而热芸。"锄地不嫌多,所谓"谷锄八遍饿杀狗",锄地不仅仅是在除草,还在把地锄熟了谷实多,糠也薄,出米率高,锄得十遍,便可得到八折的米。

虽然是科学奉养作物,符合作物生长的规律,但也可见这种精细的耕作法使农人辛苦异常,而在现代更是无法推广。日本农学家福冈正信(1913—2008)提出自然农法的理论,主张不耕地、不施肥、不除草、不用农药,顺应自然、理解自然、运用自然的农业哲学,在实践上也被证明是可行的。这一思想也为我们反思传统农业提供了一个方向和启示。在此思想的观照下,传统的农业依然存在问题,在看似完美的精耕细作的背后似乎也发生了偏离,这偏离或许从除草开始,除草开始了对自然生

① ［美］富兰克林·H.金著,程存旺、石嫣译:《四千年农夫》,东方出版社 2011 年版,第 1 页。
② (宋)陈旉撰,刘铭校释:《陈旉农书校释》,中国农业出版社 2015 年版,第 58 页。
③ 同上书,第 64 页。

147

态的破坏,有没有更加返璞归真的方向呢? 不是向前的"进"道,而是向后的"损"道,损之又损,以至于无为? 现在看来,对自然的认识也是难以穷尽的,或许,宋人也并没有将格物进行到底,自然的妙用毕竟难以全悉。

目前来看,福冈正信的自然农法理论是东方智慧对自然规律的进一步认识,相信更深层次的天人合一理念在 21 世纪将会在各个领域得到进一步的探索和实践。融合中西文化的东方思想将会开启一个新的时代,在农业、建筑、饮食及各种匠作等领域实现一场生活方式的革命。通过对自然生态再认识,回归原点,追问终极,探寻本来面目,从而实现道器合一,过一种更加真实合道的生活。

总起来看,将土地视为活的机体、粪药说等理论极具生态智慧,养地如养人的观念也值得现代人汲取,但这一切还需要不断地推进,利用现代科学技术更充分的研究自然,与自然共生。

第二节 乡村农业生态景观

六朝时期,江南生态环境丰富,有大量的野生景观存在,晚唐到宋代,随着经济重心的转移,江南进入大开发的时代,原有的野生环境遭到破坏,人工化的环境进一步生成。特别是由于农业技术的开发与运用,江南形成了以塘浦圩田系统为典型的农村生态景观,野生和人工两部分处在一种相对古典的状态下,既不是原始蛮荒性的,也不是被现代化破坏严重的,而是处在自然与人工相对和谐的状态,野生景观、农业和庭院等人文景观多元并存。如在农业生态景观上,有田园风光、发达的水利景观和复杂有序的野生景观同存并在,形成一幅人与自然和谐的田园风光,给人的审美发现和审美感受带来极大的潜力和空间。

一、围湖垦荒:环境的生成与破坏

水乡泽国是江南一带的地理环境特点。唐宋以来,伴随人口增多,经济重心南移,人地矛盾日益加重,改造环境并取得更多的农业用地成为那个时代群体性的追求。经济的要求一方面破坏了原始的生态环境,造成宋代水患突出的现象,同时也塑造着新的农业生态景观,最典型的"围湖造田"如一面双刃剑,成为对环境扰动最大的一个因素。

宋代是历史上围湖造田的第一个高峰期,这一时期以江浙一带围田量最大,政府组织人力物力在长江三角洲的低洼地区建了很多巨大的圩田,在大量增加农田面积的同时获得了更多的收成和税赋。据史料记载,从 11 世纪晚期到 12 世纪早期,长三角以这种方式开辟了近 3000 多万亩的田地。① 长江三角洲的圩田工程极大地改变了当地景观。曾巩《再赋喜雪》诗中有"山险龙蛇盘鸟道,野平江海变畲田",可见沧海桑田的变化。

圩田是江浙水乡围湖造田的主要形式,宋人称"堤河两岸,而田其中,谓之圩。农家云:'圩者围也,内以围田,外以围水。'盖河高而田反在水下,沿堤通斗门,每门疏港以溉田,故有丰年而无水患。"②这种田制创始于宋代以前,宋代随着人口增加,圩田面积和数量不断发展,而且名目与形制也有所更新,如涂田、沙田等均属此列,由圩田派生的各种新的土地利用形式是江南农户的创举。涂田是将海涂开垦为农田的土地利用形式,海涂由海潮挟带泥沙沉积而成,由于海水含盐分很高,要先经过一个脱盐过程,王祯《农书》记载:"初种水稗,斥卤既尽,可谓稼田",是一种极富智慧的生物脱盐方法。圩田"凡一熟之余不惟本境足食,又可赡及邻郡",是各类围水造田形式中最重要的一种;在涂田上布种,"其稼收比常田,利可十倍";种植在沙田上的庄稼更"以无水旱之忧"而胜于他田。杨万里描写圩田景观:"周遭圩岸缭金城,一眼圩田翠不分。行到秋苗初熟处,翠茵锦上织黄云。古今圩岸护堤防,岸岸行行种绿杨。岁久树根

---

① [美]马立博著,关永强、高丽洁译:《中国环境史:从史前到现代》,中国人民大学出版社 2015 年版,第 170 页。
② (宋)杨万里撰,辛更儒笺校:《杨万里集笺校》第 4 册,中华书局 2007 年版,第 1643 页。

无寸土,绿杨走入水中央。"①

　　圩田取得经济效益的同时,也导致了大片湖泊消失,影响到农业生产灌溉,造成了生态环境恶化及对江河水量调蓄能力的降低,这一切又间接影响到农业生产的正常发展。《宋史》卷九七《河渠志》七记载:"明州水,绍兴五年,明州守臣李光奏:明、越湖专溉农田,自庆历中始有盗湖为田者。三司使切责漕臣,严立法禁。宣和以来,王仲嶷守越,楼异守明,初为应奉,始废湖为田。自是岁有水旱之患,乞行废罢,尽得为湖。如江东西之圩田,苏、秀之围田,皆当讲究兴复。"②讲到了圩田对水旱灾害、对环境的破坏,要求废田还湖。

　　由于过度围垦造成环境恶化、湖面缩小,宋代就有人对围水造田引发的环境影响提出看法,湖泊在一定程度上可以缓解水旱灾情,"东南地濒江海,水易泄而多旱。历代以来,皆有陂湖蓄水以备旱岁,盖湖高于田,田又高于江海,水少则泄田中,水多则放入海,故无水旱之岁、荒芜之田也"。但随着北宋中期以后,围水造田活动兴盛,致使各年间两浙地区的湖泊已大有"尽废为田"的态势,于是出现了"涝则水增溢不已,旱则无灌溉之利"③的景象,农民多受水旱之患。许多著名湖泊如鉴湖、夏盖湖等都是这一时期被围垦成田的。

　　南宋时期盗湖为田之风愈演愈烈,以致成为当时朝政上的一件大事,史云:"自壬子岁入朝者,首论明、越间废湖为田之害。"④经过一番围垦,"三十年间,昔之曰江、曰湖、曰草荡者,今皆田也",围水造田最初"只及陂塘……已而侵到江湖",⑤范围逐渐扩大。由于湖面减少造成的水旱

---

① (宋)杨万里撰,辛更儒笺校:《杨万里集笺校》第4册,中华书局2007年版,第1634页。

② 同上书,第1635页。

③ (宋)李光撰:《庄简集》卷一一《乞废东南湖田札子》,载四川大学古籍整理所编:《宋集珍本丛刊》,线装书局2004年版,第17页。

④ 刘琳、刁忠民、舒大刚、尹波校点:《宋会要辑稿·食货》七之四三,上海古籍出版社2014年版。

⑤ (宋)卫泾:《后乐集》卷一三《论围田札子》,转引自漆侠著《宋代经济史》,中华书局2009年版,第86页。

灾害十分严重,当时人们意识到"今所以有水旱之患者,其弊在于围田,由此水不得停蓄,旱不得流注,民间遂有无穷之害。舍此不治而欲兴水利,难矣"。① 陆游也曾记载:"陂泽惟近时最多废。吾乡镜湖三百里,为人侵耕几尽。阆州南池亦数百里,今为平陆,只坟墓自以千记,虽欲疏瀹复其故亦不可得,又非镜湖之比。成都摩诃池、嘉州石堂溪之类,盖不足道。长安民契券,至有云'某处至花萼楼,某处至含元殿'者,盖尽为禾黍矣。而兴庆池偶存十三,至今为吊古之地云。"②

除了围湖造成的对环境的破坏外,山区开发也造成了水土流失的问题。宋以前山区开发基本以刀耕火种为主,加之人口数量较少,开垦规模较小而分散,对于环境的破坏并不明显。真正对山区环境有威胁性的开发从宋朝开始,经元明清至今。随着东南地区人口迅速增加,宋人魏岘回顾四明一带山区,"四明水陆之胜,万山深秀。昔时巨木高森,沿溪平地,竹木亦甚茂密,虽遇暴水湍激,沙土为木根盘固,流下不多,所淤亦少,开淘良易。近年以来,木植价高,斧斤相寻,麋山不童,而平地竹木亦为之一空。大水之时,既无林木少抑奔湍之势,又无包缆以固沙土之积,致使浮沙随流奔下,淤塞溪流,至高四五丈,绵亘二三里,两岸积沙,侵占溪港,皆成陆地,其上种木有高二三丈者,由是舟楫不通,田畴失溉"。③可见,经济发展的同时,自然环境也付出了相应的代价。

二、田园山水:多样化的景观意象

野生的环境在遭到破坏的同时,也在人的改造下,生成新的生态环境。乡村生态环境以人居为中心,其核心层是人的居住和生活之所,主要由庭院、村落、农田构成,包括人们所饲养的家禽、种植的作物等,这是人直接劳作的田园。其次是山水,指群山和河流,与人类的家园有一定

---

① (宋)龚明之撰,孙菊园、王根林校点:《中吴纪闻》,上海古籍出版社 2012 年版,第 21 页。
② (宋)陆游撰,李剑雄、刘德权点校:《老学庵笔记》,中华书局 1979 年版,第 23 页。
③ (宋)魏岘:《四明它山水利备览》卷上,中华书局 1985 年版,第 4 页。

的距离,更具自然性,是田园所赖以生存的自然场所,在这里,山水一方面为人类所利用,同时也可游可观可居,使人们能够忘却尘世的喧嚣而享受自然的宁静,与人交流对话,二者共同构成了我们常说的山水田园风光。山水田园的特点集中在两个方面,即人化的田园和野趣的自然,人化与野化并存。

其一,得其所宜的农居环境。

士农工商,有着不同的性质和目的,也就形成了不同的居住环境和生活方式。《国语》载管仲居四民,谓:"昔圣王之处士也,使就闲燕;处工,就官府;处商,就市井;处农,就田野。"①使四民各有所处,各专其业,"不为异端纷更其志"。② 农居则一定要靠近田野,古代井田时期的农居规划便是这样。《诗经·小雅·信南山》中有:"中田有庐,疆场有瓜,是剥是菹,献之皇祖",③即是说农民住的房子,建筑在公田中,田边要上种瓜与菜。

陈旉继承并发展了这一思想,指出农居以接近耕地为原则。陈旉谈到古之农居:"制农居五亩,以二亩半在廛,以二亩半在田",是指每家有二亩半宅地在井田中,春夏耕作时所住,即田中之庐,另有二亩半宅地在城中,秋冬收获后所住。"民居去田近,则色色利便,易以集事。俚谚有之曰:'近家无瘦地,遥田不富人。'"④

在农村居住环境的规划上,陈旉指出农舍位置的选择应以"居处之宜"为原则。农人居住地应靠近农田,便于农事,节省时间,提高效率,强调住处与田地融为一体,田埂边则种植瓜果蔬菜。在农舍规划的过程中充分考虑利用房前屋后、墙根墙角、场圃等零星土地,种菜种桑,合理利用土地,增加衣食供养。王祯《农书》中也谈到对田庐的规划:"自井田之变,农人散居,随业所在,其屋庐园圃,遂成久处;四时之内,农事俱

① (宋)陈旉撰,刘铭校释:《陈旉农书校释》,中国农业出版社2015年版,第49页。
② (元)王祯撰,缪启愉、缪桂龙译注:《农书译注》,齐鲁书社2009年版,第618页。
③ 程俊英撰:《诗经译注》,上海古籍出版社2012年版,第234页。
④ 同上书,第50页。

便。……今农家多居田野，即其理也。"①《农书》中对仓廪、囷京及守舍（即看守庄稼的小舍）、牛室、粪屋等等也都有合理的设计和规划。

如针对粪在耕种中的重要作用，陈旉特别提到要置粪屋。"农居之侧，必置粪屋，低为檐楹，以避风雨飘浸。且粪露星月，亦不肥矣。粪屋之中，凿为深池，甃以砖甓，勿使渗漏。"②粪屋屋檐要低，以防风雨，粪坑要以砖瓦砌成，以防渗漏。由此可见，当时农村的规划设计是相当完善合理的。

其二，多样化的园田景观。

以居住地为中心，最接近居所的就是圃田景观。圃田是种植蔬菜果树的田。"治场为圃，以种蔬茹，又墙下植桑，以便育蚕。"③不管是靠近城郭，还是远离城市，在居所的附近都可置为园圃地，"负郭之间，但得十亩，足赡数口。若稍远城市，可倍添田数，至半顷而止"。④ 若远离城市，地方宽广，可结庐于上，外种桑树，内种蔬菜，蔬菜中先作长生韭，然后是时新蔬菜。陈旉指出："此园夫之业，以可代耕。至于素养之士，亦可托为隐所，日得供赡。又有宦游之家，若无别墅，就可栖身驻迹。……亦何害于助道哉？"⑤从乡村到城市，不拘大小，皆可种植菜蔬，既得日用供赡，亦可助于格物，这也是宋代田园诗能成为一代高峰的客观原因。

园圃之外的是稼田景观，最普遍的是葑田和圩田。沈括在《万春圩图记》中记载："江南大都皆山地，可耕之土皆下湿厌水，濒江规其地以堤，而艺其中，谓之圩。"⑥葑田和圩田都是要解决水乡地少的问题。北宋末年，都城迁至浙江临安，南方人口剧增，迫切需要增加耕地，圩田便成为开发江南广大低洼地区的重要形式。

汉唐江南存在着大量葑田，宋代江南、二广都有葑田，明清葑田逐渐

---

① （元）王祯撰，缪启愉、缪桂龙译注：《农书译注》，齐鲁书社2009年版，第618页。
② （宋）陈旉撰，刘铭校释：《陈旉农书校释》，中国农业出版社2015年版，第56页。
③ 同上书，第48页。
④⑤⑥（元）王祯撰，缪启愉、缪桂龙译注：《农书译注》，齐鲁书社2009年版，第404页。

消失。"葑,菰根也",即茭白。葑田有两种,一种是湖边杂草丛生根土盘结的自然葑田,主要形成于浅水区。汉唐时期江南水环境生态较少受到破坏,早期的农业技术是火耕水耨,这种农业没有对浅水植物造成大破坏,芦苇与菰草仍然甚多。菰草群落的空间扩展能力强,在一定的水面上积累并形成葑田。苏东坡《乞开杭之西湖状》谓:"水涸草生,渐成葑田。"另一种是在深水区的葑田,也称架田,是用木头搭架缚成田丘,系着浮在水面,用草根盘结的葑泥堆叠在木架上种庄稼。架田随水高下浮动,不会有淹浸之灾,缓解了水乡无地的问题,形成了独特的水乡风景。陈旉《农书》中写道:"若深水薮泽,择有葑田,以木缚为田丘,浮系水面,以葑泥附木架上种艺之。其木架田丘,随水高下浮泛,自不淹溺。"北宋末年学者蔡居厚对葑田做了较为具体的解释:"吴中陂湖间茭蒲所积,岁久根为水所冲荡,不复与土相着,遂浮水面,动辄数十丈,厚亦数尺,遂可施种植耕凿,人据其上如木筏然,可撑以往来,所谓葑田是也。林和靖诗云:'阴沉画轴林间寺,零落棋枰葑上田。'正得其实。尝有北人宰苏州,属邑忽有投牒诉夜为人窃去田数亩者,怒以为侮己,即苛系之,已而徐询左右,乃葑田也,始释之。然此亦惟浙西最多,浙东诸郡已少矣。"[1]蔡居厚这里所说葑田即是漂浮在水面上的架田。

葑田、架田也成了当时文人笔下一道独特的风景。梅尧臣《赴雪任君有诗相送仍怀旧赏因次其韵》:"雁落葑田阔,船过菱渚秋。"范成大《晚春田园杂兴》也有"小舟撑取葑田归"。陆游在湖北省境长江上所看到的:"抛大江,遇一木筏,广十余丈,长五十余丈,上有三四十家,妻子鸡犬臼碓皆具,中为阡陌相往来,亦有神祠,素所未睹也,舟人云:'此尚其小者耳,大者于筏上铺土,作蔬圃,或作酒肆,皆不复能入峡,但行大江而已。'"[2]可以想见景象之壮观。宋代以后,江南的开发力度加强,大水面区的浅水地带被大量开发成圩田,葑田消失。明清时期,水体利用越加

---

① 郭绍虞辑:《宋诗话辑佚》下册《蔡宽夫诗话》,中华书局1980年版,第406页。
② (宋)陆游撰,黄立新、刘蕴之编注:《〈入蜀记〉约注》第四卷,中国文联出版社2004年版,第131页。

集约化,江南水面上很难形成葑田。葑田消失很大程度上是唐宋生产方式变化的结果。①

两宋时期江南地理环境的变化相对较大。"山川形势,固有时迁易。大抵江中多积沙,初自水底将涌聚,傍江居人多能以水色验之,渐涨而出水,初谓之涂泥地;已而生小黄花,而谓之黄花杂草地。其相去迟速不常,近不过三五年者,自黄花变而生芦苇,则绵亘数十里,皆为良田,其为利不赀矣。故有辨其水色,即请射而悬空出税三二年者。予在丹徒闻金山之南将有涨沙者,安知异时金山复不与润州为一邪?"②江河因泥沙沉积,从涂泥地到杂草地到良田,也只不过几年的时间。

其三,塘浦圩田系统景观。

以圩田为中心而形成的塘浦圩田系统是古代江南农业开发的典型成就,是古人生态智慧的完美结晶,是可以与四川都江堰相媲美的古代水利工程。这种田制早在三国时期已开端绪。曹魏和孙吴出于军事的需要,在江淮地区进行大规模屯田,"屯营栉比,廨署棋布"(左思《吴都赋》)。在这些屯田中筑堤防水,开始出现了圩田的雏形。到了南朝,围湖造田有了新的发展,太湖地区呈现出"畦畎相望""阡陌如秀"(《陈书·宣帝纪》)的景象。五代时期的吴越在太湖流域治水治田,发明并完善"塘浦制"。这种棋盘化的水网圩田系统,将滩河、筑堤、建闸等水利工程措施统一于耕种过程中,旱时开闸引江水灌溉,涝时关闸以拒江水之害,防洪抗旱,实现治水和治田的结合。

塘一般指东西走向并连接各纵向的人工河流水系,用于储蓄积水,并于其上建筑门堰以方便控制灌溉,调节水量。浦,指与江河湖泊相通的沟渠,将多余的水排入江湖,遇到天旱引用湖水灌溉。圩田,也叫围田,筑土作围,环绕不断,其内为稼地,捍护外水,使水行于圩外,田成于圩内,形成棋盘式的塘浦圩田系统。也有比围田面积小、原理相同的柜

① 王建革:《江南环境史研究》,科学出版社 2016 年版,第 305 页。
② 郭绍虞辑:《宋诗话辑佚》下册《蔡宽夫诗话》,中华书局 1980 年版,第 403 页。

田,四面开设涵洞,皆是为避水患,因地制宜形成的田地。此种田地根据地势分为高田与低田,地势较低、排水不良、土质黏重的低沙圩田,大都栽水稻;地势较高、排水良好、土质疏松、不宜保持水层的高沙圩田,常种棉花、玉米等旱地作物。

北宋郏亶(1038—1103)负责兴修两浙水利,对之前的闸与河道以及大圩的体制备加称赞,在《奏苏州治水六失六得》中进一步提出治水治田相结合的思想,主张"治低田,浚三江""治高田,蓄雨泽"以及高圩深浦等方案①,提出"辨地形高下之殊,求古人蓄洪之迹,治田有先后之宜,兴役顺贫富之便,取浩博之大利,舍姑息之小恩"②的治理方法,对治理太湖水利产生了重要影响。辨地形之殊是要充分了解当地的地势,通其地理。如当时苏州五县主要是水田,其地东高西下,北高南下,高处为高田,低处为水田,高田患旱,低田患水,所以治低田,要浚通三江,以防水涝;治高田,则要蓄雨泽,以防干旱。求古人蓄洪之迹则是要尊重历史和古人的智慧,细心考察古人治理水田的遗迹,如:"今昆山诸浦之间,有半里或一里二里而为小泾,命之为某家泾、某家浜者,皆破古堤而为之也。浦日以坏,故水道湮而流迟;泾日以多,故田堤坏而不固。日隳月坏,遂荡然而为陂湖矣。"③所以要了解地势的高下和古人治理的遗迹,因地制宜,因时制宜,治理分先后,"循古人遗迹,或五里、七里为一纵浦,又七里或十里为一横塘,因塘浦之土以为堤岸,使塘浦阔深则水通流,而不能为田之害也,堤岸高厚则自固,而水可拥而必趋于江也"。④横塘纵浦,河道顺直,水不乱行。圩田这种垦殖形态利弊并存,过度开发势必会带来相应的环境问题,破坏了原有的湖泊河流水文环境,废湖为田,或随意改变河道,致使众多的圩田将水道系统全部打乱,外河水流不畅,圩内排水和引水也增加难度,造成水不得停蓄、旱不得流注的严重局面,这便给圩田大大增加了防患水灾的压力。可见塘浦围田系统是古人利用自然生态,使

---

① 郑肇经主编:《太湖水利技术史》,农业出版社1987年版,第265页。
② 同上书,第267页。
③④ 同上书,第268页。

水不乱行,同时又能增加农业生产的智慧结晶。

北宋初年,朝廷片面偏重漕运,忽视农田水利建设,遂致太湖圩田一度遭到破坏。直到北宋中期,圩田才开始恢复,到徽宗时又进入发展时期。宋室南渡后,朝廷比较注意圩田的发展,浙东、淮南等地积极组织北方来的流亡农民兴修圩田,规定应募者可得到官贷的庄屋、粮种和耕牛,江南的军队也参加了圩田的兴建,从而使圩田由五代吴越经营的太湖地区,逐渐扩大到今安徽当涂一带,并延伸到浙东钱塘江附近。

宋代以后,河网的稳定使圩田数量大增,围内开沟渠,设涵闸,有排有灌,低地与高地之间有闸控制水流。大圩以内,存在有序的次级引流河道。圩田内基本上没有休耕期,水生植物难以像以前那样广泛。有限的水生植物融入细分化的水网和小桥流水聚落区,使乡村景观处于一种相对的人工化优美状态。越到后期,人们会在浅水区清除芦苇和茭草,将浅水面变成稻田,在未及开发的深水区维持了荷菱之类浮生水生植物的种植,原水生植物的有序化受到破坏,[1]新的大圩生态系统得以形成。

塘浦圩田系统形成了野生和人化并存的丰富多样的生态景观,旱地栽桑、水田种粮、湖荡养鱼的水乡农业景观得以形成。圩岸和圩内的景观中有许多是半野生杂草,河道中有大量荷花,圩田有稻麦,稻田养鱼。唐时史料记载:"新、泷等州山田,拣平处,锄为町畦。伺春雨,丘中聚水,即先购鲩鱼子散于田内。一二年后,鱼儿长大,食草根并尽,既为熟田,又收渔利。及种稻,且无稗草,乃齐民之上术。"[2]唐中后期,圩田、树木、田野与植被、游鱼,立体化风景多样有序。圩岸有大量杨柳,江南柳在这时处于增多时期,在苏州,士大夫种柳、赏柳成为时尚。人为种植的植物渐渐增多,四月春末,野生和栽培的植物尽入花期,景观丰富。宋代野生与人化景观并存,水乡代表性景观意象有芦苇、菰草、鲈鱼、鹭鸶、水鸟、野鸭等。

① 王建革:《江南环境史研究》,科学出版社 2016 年版,第 4225 页。
② (唐)刘恂:《岭表录异》上,中华书局 1985 年版,第 3 页。

唐宋时期,众多诗人开始感受江南、理解江南、审美江南,唐代江南已成为文人心目中理想的居住地。"吴中好风景,风景旧朝暮。晓色万家烟,秋声八月树。"①陆龟蒙的《南塘曲》有:"妾住东湖下,郎居南浦边。间临烟水望,认得采菱船。"这种塘浦系统使江南地区的小桥流水景观开始大量出现。白居易晚年定居洛阳,怀念江南风景,作《忆江南》:"江南好,风景旧曾谙。日出江花红胜火,春来江水绿如蓝,能不忆江南。"江花是指荷花,江水当是指吴淞江或钱塘江。江南的色调变得清新明丽,色彩动人。荷花意象突出,是因为圩田的开发挤占了近岸浅水芦苇与菱草,荷花景观才会突出。白居易晚年回忆这种景观:"余芳认兰泽,遗咏思蘋洲。菡萏红涂粉,菰蒲绿泼油。鳞差渔户舍,绮错稻田沟。"②水泽与圩田交错,小洼洲为萍类包围,荷花、稻田与菰蒲相杂,农田渔舍相绮错、物种多样、色彩斑斓。江南之美,令人向往。"人人尽说江南好,游人只合江南老。春水碧于天,画船听雨眠。"③唐代后期景观农业化、人文化,清新艳丽明媚。两宋时期运河两岸水景层次更为丰富,一边是太湖,一边是圩田河道,南来北往的文人留下了大量诗词。南宋杨万里《过平望》:"小麦田田种,垂杨岸岸栽。风从平望住,雨傍下塘来。乱港交穿市,高桥过得桅。"④描述平望运河周边河道、树木、农田、作物的有序状态。随着两岸淤塞和水面分割,那种运河与太湖相交的湖天一色景观就看不到了,更多看到连续的淤地、河港、树木、渔舍、莲池。

三、农机水利景观

宋代农业环境审美具有自然美与人文美相统一的鲜明特色,人文美除了表现在对田园环境的营建之外,由科学技术发展所带来的农机水利

---

① (唐)白居易:《白居易集校》卷二一《吴中好风景二首》,上海古籍出版社 1986 年版,第 1431 页。
② (唐)白居易:《白居易集校》卷二七《想东游五十韵》、卷三四《忆江南词三首》,上海古籍出版社 1986 年版,第 1684、2353 页。
③ (五代)韦庄:《韦庄集笺注·浣花词》,上海古籍出版社 2002 年版,第 410 页。
④ (宋)杨万里:《杨万里诗文集》卷二八,江西人民出版社 2006 年版,第 499—500 页。

景观也是一个重要的表现。农机技术在宋代的发展达到一高峰,并在农业生产中得到广泛运用。研究者认为,"10—14 世纪对于中国古代水力机械来说更是一个特殊的时期,在这一时期里,中国古代水力机械在前代发展的基础上,取得了前所未有的更为辉煌的成就。这一时期诞生了许多卓越的水力机械,这些水力机械的发明,与其他方面的成就一道,使这一时期成了中国古代科技发展的高峰"。研究中国古代科技史的李约瑟说:"每当人们研究中国文献中科学史或技术史的特定问题时,总会发现宋代是主要关键所在。不管在应用科学方面或在纯粹科学方面都是如此。"①受宋人格物穷理精神的影响,宋代科学理论和科学技术都得到了长足发展。

五代时期,黄河流域和长江流域因为连年的战争,一些繁荣的城市变为废墟,农田被毁,原有的河渠陂塘等灌溉水利失修荒废,加之水旱灾害,农业生产受到极大的摧毁。宋代立国后,非常重视恢复农业生产,当时和农业生产有关的水利灌溉和利用水利的其他加工机械得到官方的大力支持。

王祯《农书》中记载了大量的农机设备和农器图谱。其中,农器图谱集中专列"灌溉门"和"利用门"二卷,旨在论述"因水之利于用",即利用水性、水力在农事中造福于人,或用于沟渠引导、灌溉农田,或加工谷物,或用以纺织,以代人畜之力。将水利用之于灌溉的,最典型的如翻车,是利用水力激轮的原理制作而成。《王祯农书》中提到各种人踏翻车、牛转翻车、驴转翻车、水转翻车,其中水转翻车与人力和畜力翻车不同,以水能驱动,取代人力踏车之苦。"于流水岸边,掘一狭堑,置车于内;车之踏轴外端作一竖轮;竖轮之旁,架木立轴,置二卧轮。其上轮适与车头竖轮辐支相间。乃擗水旁激,下轮既转,则上轮随拨车头竖轮,而翻车随转,倒水上岸,此是卧轮之制。……其日夜不止,绝胜踏车。"②利用齿轮连动

---

① [英]李约瑟:《中国科学技术史》第一卷,科学出版社 2003 年版,第 139 页。
② (元)王祯撰,缪启愉、缪桂龙译注:《农书译注》,齐鲁书社 2009 年版,第 636 页。

原理,带动置于一旁沟渠中的翻车,将水运送岸上,灌溉农田。

苏东坡有《无锡道中赋水车》一诗,对水车的运作过程和抗旱功能进行了形象描述:"翻翻联联衔尾鸦,荦荦确确蜕骨蛇。分畦翠浪走云阵,刺水绿针抽稻芽。洞庭五月欲飞沙,鼍鸣窟中如打衙;天公不为老农泣,唤取阿香推雷车。"①阿香,谓雷车女神。此诗描写转动的水车,如衔尾乌鸦,联翩翻飞,车骨如龙蛇,瘦硬突露。运动时,水如云滚,注入麦田,灌溉禾苗。五月天旱,鼍(似鳄鱼的爬虫,干旱即鸣)鸣窟中,如百姓击鼓鸣冤,天公不忍看见百姓受苦,以水车解天旱之急。该诗体现出诗人对水车的欣赏与赞叹之情。水车的发明是仁智之事,以人机盗天巧,以水力代人力,且对环境不会产生破坏,体现出一种人文之美。

利用水利进行农副产品的加工,最有代表性的当数水转连磨。水转连磨是我国古代机械科学方面的卓越发明,主要是在翻车的基础上,进一步的精密化和多功能化。《王祯农书》中记载的水轮三事即是一种水转连磨,"水轮三事,谓水转轮轴,可兼三事,磨、砻、碾也。初则置立水磨,变麦作面,一如常法,复于磨之外周造碾圆槽,如欲毇米,惟就水轮轴首易磨置砻,既得粝米,则去砻置碾、碨于循槽碾之,乃成熟米。夫一机三事,始终俱备,变而能通,兼而不乏,省而有要,诚便民之活法,造物之潜机"。② 水轮三事并非元人首创,据中国社会科学院历史研究所的郭正忠教授考证,"水轮三事"早在宋代已得到应用。③ 郭正忠教授的依据来自北宋张舜民的《水磨赋》,其中对水磨运转的机械构造、对运转时的壮丽景象及其所带来的利益众生的无量功德进行了描述,从中不难看出当时人们对技术文明的惊赞之情。赋中写道:"徒观夫老稚咸集,麦禾山积;碓臼相直,齿牙相切;碾磨更易,昼夜不息。汹汹浩浩,砰砰砏砏;鼓浪扬浮,交相触击;飞屑起涛,雪翻冰析。"轮齿交错,气势恢宏,昼夜不息,如天轮之右旋,如地轴之左行,这正是对当时先进生产技术的热情赞

---

① 苏轼撰,王照水选注:《苏轼选集》,上海古籍出版社2014年版,第79—80页。
② (元)王祯撰,缪启愉、缪桂龙译注:《农书译注》,齐鲁书社2009年版,第676页。
③ 郭正忠:《张舜民〈水磨赋〉和王祯的"水轮三事"设计》,《文物》1986年第2期,第89—93页。

许和悉心刻画。

《水磨赋》又说："彼华山三峰之飞瀑,吕梁百步之喷沫,独有赏心之玩,曾无利物之实。未若斯磨也,不逾寻丈之间,不匮一夫之力,曾无崇朝之久,而可给千人之食。如是则驴马不用,麦城任坚,农夫力穑,知者图焉。故君子役其智,小人享其利,真为一乡之赖,岂止一家之事!"自然之美独有赏心之玩,而农机之美兼有利物之实,能利用于民,造福于民,赋中所描写的工作效率可与《王祯农书》中的记载相印证:"水转连磨,……此一水轮可供数事,其利甚溥。尝至江西等处见此制度,俱系茶磨,所兼碓具,用捣茶叶,然后上磨。若他处地分,间有溪港大水,仿此轮磨,或作碓碾,日得谷食,可给千家。"①

宋人邹浩(1060—1111)《道乡集》卷四有《次韵端夫闻江北水磨》一诗,所写的正是关于水转连磨的诗。"白沙湖边更湍急,五磨因缘资养生。城中鞭驴喘欲死,亦或人劳僵自横。借令麦破面浮玉,青蝇遽集争营营。乃知此策最长利,朱墨岂复嗤南荣。天轮地轴骇昼夜,仿佛飓扇吹苍瀛。游江夫人俨然坐,蛟龙不动如石鲸。只应神物亦持护,我辈何妨双耳清。"郭正忠先生据此诗考证水转五磨的运用至迟在北宋绍圣初年以前,这一用于粮食加工的水转连磨则是位于襄阳城畔汉水之滨。②

那么,水转连磨究竟是什么样子的呢? 上海博物馆收藏的一幅五代卫贤的《闸口盘车图卷》是关于水转连磨的珍贵的图像资料。卫贤,五代南唐画家,京兆(今陕西省西安市)人,南唐后主李煜时为内供奉,善画台阁、盘车、人物等,尤以界画见称于时。

《闸口盘车图卷》画的是汴河边的一间大型水力磨坊。画面以官营磨面作坊为表现主题,再现了当时汴京的官营水磨作坊的情况。画面的左中部位是安置水磨的堂屋,建基于高台之上。距离堂屋两端不远,各置望亭一座。左边上角的望亭里,有戴硬脚幞头、着圆领袍衫装束的官

---

① (宋)王祯:《农书译注》,缪启愉、缪桂龙译注,齐鲁书社 2009 年版,第 677 页。
② 郭正忠:《邹浩与襄阳的水转五磨——北宋农业加工机械的巨大进步》,《江汉论坛》1985 年第 8 期,第 68—72 页。

图 3-1 五代 卫贤 《闸口盘车图卷》 纵 53.2 厘米 横 119.3 厘米
上海博物馆藏

吏和侍从五人,正在履行职守。台基前面是河道,河面上有两艘运粮引渡的篷船。对河是坡道,木桥横亘在画面下方。坡上有车辆,或载粮前行,或息置路旁。右下角有酒楼一所,门前扎有彩楼,楼中悬一"酒"旗。全画描绘了四十五个人物的活动,从事磨面、筛面、扛粮、扬簸、净淘、挑水、引渡、赶车等各种不同的分工作业。

《闸口盘车图卷》中的水击面罗是这幅画的灵魂,水击面罗可以说是当时高科技技术的体现。画面中的水击面罗部分被机房建筑物遮掩,未能展现完整的构造。郑为先生已经将这个水击面罗的结构用示意图复原出来。① 水击面罗是磨坊用来筛面粉或茶末的工具。《王祯农书》中介绍道:"罗因水力,互击桩柱,筛面神速,倍于人力。"水击面罗的技术难点是如何使水轮的旋转运动转化为周而复始的直线往复运动。宋人利用曲柄连杆机构将水轮的旋转运动转化为面罗的往复运动的,又通过设立撞柱让面罗撞击,使面罗有力地抖动,从而产生筛面的动能。曲柄连杆机构是旋转运动与直线往复运动得以相互转化的核心装置,不管是古人用来拉动风箱的水排,还是今天汽车的汽缸活塞,都必须运用曲柄连杆机构。《闸口盘车图卷》无可辩驳地告诉我们,至迟在宋代,人们已掌握了曲柄连杆机构的基本原理,并应用到水力机械装置中。

---

① 郑卫:《闸口盘车图卷》,《文物》1966 年第 2 期,第 17—24 页。

综上可见,宋人在农业生产中,非常注重对科学技术的探求与运用,注重生产的实践性和功能性,对农机之美、技术之美均表现出极大的热诚和高度的赞誉之情。

第三节 都市农业生态景观[①]

"都市农业"(Urban Agriculture)一词最早出现于 20 世纪 30 年代日本的相关研究成果中,随后,各国学者相继展开对都市农业的研究。由于北宋时期尚未形成"都市农业"一说,故而对东京城内的农业发展状况这一概念的定义,我们暂且参考联合国国际粮食与农业组织 FAO(Food and Agriculture Organization)的说法。FAO 将其定义为:"在城市或城市周边进行农业种植和家禽家畜养殖,为城市提供新鲜农产品,同时具有生态、社会、休闲娱乐等功能。"[②]北宋作为中国历史上经济、工商业和城市发展最快的时期之一,其城市中有着相当大比重的农业成分,这些农业成分作为发生在北宋东京城内或者城周边的各类农业活动,不仅是东京城市发展所需粮食供给的补充,也在一定程度上完善了东京城市的生态功能,更给时人以精神寄托。作为都城,东京享受着最为先进的耕作技术和铁制农具,东京城市内的农业种植由此得以快速发展。

一、东京都市农业的缘起

在东京城 2700 多年的历史进程中,北宋时期无疑是其发展的鼎盛期,后人用"汴京富丽天下无"来形容其时之辉煌。北宋是中国社会市民阶级正式产生的朝代,大批的手工业者、商人、小业主跃入北宋的中产阶级。据《续资治通鉴长编》所载:"国家承平岁久……京城资产百万者至多,十万而上,比比皆是。"日本学者久保田和男在《宋代开封研究》中认

---

① 本节内容主要由武汉大学城市设计学院 2015 级博士研究生谢梦云提供初稿,经笔者修改完成。
② Smit. J. ,A. Ratta, and J. Nasr, 1996, Urban Agriculture: Food, Jobs, and Sustainable Cities. United Nations. Development Programme(UNDP), New York, NY.

为:"可以确认的首都人口总数达 140 多万。"①无怪乎孟元老在《东京梦华录》中亦感慨:"以其人烟浩穰,添十数万众不加多,减之不觉少。"②

然而,作为一个传统的农业大国,北宋仍以农业为生,城市与乡村并非完全分离开来,而是呈现出一种城乡胶着的状态。东京城人口的急剧增加,导致了耕作土地的紧缺,人多地少的矛盾较之前朝更为凸显,因此,城区和城郊大量的耕地被开垦出来。东京虽跃升为世界最大城市,然而城内仍有相当的农业成分,140 多万的东京市民并没有真正脱离农业,我们可将其称之为"农村城市"。在法国学者费尔南·布罗代尔看来,整个欧洲 17 世纪前后的城市在发展过程中也遇到了类似的情况:"城市使乡村城市化,乡村也使城市乡村化",这种状态使得当时的城市被称为"农村城市"。③

二、东京都市农业的发展

我国自古便高度重视农业发展,司马迁早在《史记·孝文本纪第十》中便强调:"农,天下之本,务莫大焉。"《千字文》中亦有类似的表述:"治本于农,务兹稼穑。俶载南亩,我艺黍稷。"在农业文明时代,国家经济的发展水平与农业的发展程度息息相关。对于历朝历代的城市居民而言,农业的存在已成为生活的一部分,是关乎生存的重要内容,而不仅是市容的装点。因此,城市居民对于农业的需求决定了城市环境中农业的存在。北魏末年农学家贾思勰著作《齐民要术》描述百姓日常生活的情况:"如去城郭近,务须多种瓜、菜、茄子等,且得供家,有余出卖……负郭之间,但得十亩,足赡数口。若稍远城市,可倍添田数,至半顷而止。结庐于上,外周以桑,课之蚕利。内皆种蔬。先作长生韭一二百畦,时新菜二

---

① 〔日〕久保田和男著,王水照主编,郭万平译,董科校译:《宋代开封研究》,载《日本宋学研究六人集》(第二辑),上海古籍出版社 2010 年版,第 109—110 页。
② (宋)孟元老撰,邓之诚注:《东京梦华录注》卷五,中华书局 1982 年版,第 131 页。
③ 〔法〕费尔南·布罗代尔著,顾良、施康强译:《15 至 18 世纪的物质文明、经济和资本主义:日常生活的结构》,三联书店 2002 年版,第 578 页。

三十种。"①这一事实说明,在北宋之前的朝代,城市中的农业已发展起来,至北宋,庞大的城市人口对于农业的需求更甚,因而东京城内外表现出更浓重的农业气氛。

人的一切活动在一定程度上都可以作为审美活动来考察。从哲学层面看,美产生于现实生活中人类活动对自然的改造。那么,北宋东京居民在长期从事农业生产的过程中,已经无意识地创造了独特的城市农业之美。对于这个半农业半城市的都城而言,瓜果时蔬是对自然最原始天然的保留;依时节对农田进行的耕作,是对自然进行的人文化改造;而把目光投向平凡的田园风光,对劳动生活中所包含的美的意趣进行歌颂,则是对乡土生活气息的肯定。北宋东京都市农业的蓬勃发展,在生活、政治、精神三个方面体现出其所具有的审美价值。

1. 实用价值

对于北宋东京居民而言,之所以极力发展自家的庭院经济,主要出于物质上的需求。米面蔬菜肉类自古便是国人最主要的食物,很大程度上需要自给。生活之所即是生产之地,但凡有人居住的地方,总会伴随着农业的供给空间。在东京居民日常生活房前屋后的农业种植中,蔬菜种植最为突出,这是一种居民对于食物基本需求的必然。在北宋干旱、洪涝等天灾时节,居于黄河之畔的东京居民在自家庭前屋外的养猪种菜所得则派上了用场,以防谷物歉收或市场上的粮食供给链中断。《东京梦华录》记载,"大抵都城左近,皆是园圃,百里之内,并无闲地。"②这说明东京外城是有非常多农业种植的。

除了果蔬的种植外,花木种植也占有较大的比重。宋人喜欢戴花、插花、赏花,京城内外对花卉的需求急增。《东京梦华录》形象地记载了当时花开之盛:"四时花木,繁盛可观……万花争出粉墙,细柳斜笼绮陌。"③彼时,每当春暖花开之际,东京城里的男女老少便争先出城寻访春

①（北魏）贾思勰撰,缪启愉译注,《齐民要术今译》,内部刊印2000年版,第23页。
②（宋）孟元老撰,邓之诚注:《东京梦华录注》,中华书局1982年版,第613页。
③ 同上书,第613页。

色,结伴赏花。红装佳丽、白面书生们会弹琴奏乐、放声而歌、插戴花朵、饮酒游览。宋人对花的偏爱,使得花卉的种植、买卖异常兴隆,东京早市上卖花吟唱的歌曲婉转优美,时人甚至作有《卖花声》广为传唱。从《东京梦华录》可窥一二,"是月季春,万花烂漫,牡丹、芍药、棣棠、木香,种种上市。卖花者以马头竹篮铺排,歌叫之声,清奇可听"。① 花卉种植甚至大于果木、绿植的生产。应时赏花的风俗,因此得以从富庶的北宋逐渐流行下来。

整个东京城中市民在各家庭前屋后的农田、菜地、园景中进行种植,这种近居生产的模式表明了城市与农业间相依共生的关系,农业以其生产兼具景观的特性在东京城中找到了生存的空间,被时人加以发展,以自然的、生态的面貌融入皇家园林、私家园苑,融入市民庭院,这种交织、渗透的生产性农业的存在是其日常生存价值的最好印证。

因此,在东京为农业种植提供场地的同时,其农业的发展也从另一方面推动了东京城市的发展。作为一种完完全全生态的产出,农业对于东京城市的这种良性作用,在经历了工业文明洗礼的当今城市看来,显然是值得借鉴的。

2. 政治效用

对于北宋时期东京城的百姓而言,果蔬谷物的生产、动物的养殖在一定程度上为东京数百万人口提供了新鲜食物,然而,东京城中最具规模的农业,当属皇家园苑的种植。东京有名的皇家四苑为玉津园、瑞圣园、琼林苑、宜春苑,所在地皆属城区中心,共同组成了皇家农业的重要种植园地。众多园苑中,农业种植的规模之大非玉津园莫属。关于玉津园的农业种植,苏轼在《游玉津园》诗中说:"承平苑囿杂耕桑,六圣勤民计虑长。碧水东流还旧派,紫坛南峙表连闶。不逢迟日莺花乱,空想疏林雪月光。千亩何时躬帝藉,斜阳寂历锁云庄。"诗中道出玉津园这座规模宏大的园林在四苑中的地位之要,也指出其既是

---

① (宋)孟元老撰,邓之诚注:《东京梦华录注》,中华书局1982年版,第737页。

苑囿,又是耕桑之地的双重功能。对于拥有苑囿的皇权阶级而言,其大可不必如普通市民般为日常衣食住行而奔忙,为何皇家园苑中仍有大规模的农业出现?若主要目的是为观赏,皇家估计更偏爱观赏价值高的名贵花木而非稻麦等常规农作物。事实上,除经济生产之需以外,北宋东京的都市农业还有其政治色彩。

我国历来以农立国,自古便推崇重农劝农的政策。历朝历代的天子都十分重视农业生产,因此,每年仲夏麦收时节的观刈麦、观种稻,秋收时节的观刈谷,目的皆在于彰显"劝农"所产生的示范意义。出于体察民情、关怀民众、重农劝农之需,北宋的皇家园苑中保留有相当大的农业成分便不足为奇。同时,荐新作为宫廷之中一年四季都要举行的大礼,其重要性更是不言而喻。祭祀祖宗,贵在新鲜,从东京城市场上买来的果蔬不能保证绝对新鲜、毫无损坏,因此皇家园苑还承担着供给种类繁多的荐新所需果蔬的重任。据记载云:"掌和市百物,凡宫禁、官府所需,以时供纳。"①这说的就是玉津园的生产,无论是宫廷和官府自己食用还是祭祀祖先神灵,都会先由玉津园等皇家园苑提供,在没有或不够的情况下才会去市场购买,稻、麦、时蔬、桃果、枣梨等皆为皇宫内自产。皇家园苑农作之兴、谷物与瓜果时蔬之鲜由此可见一斑。

与此同时,皇宫由于拥有相对而言最好的经济条件,也被委以最新耕作技术试点、管理技术示范以及农具改良发明的重任。比如北宋政府兴办的一系列农业推广事业,引种新品种农作物——占城稻、推广新式农具——踏犁、普及新的种植法——稻麦两熟制等。东京作为都城,科技文化蓬勃发展,各行各业优秀人才均集中于此,因而农业上的许多重要发明或举措皆源于此,然后往北宋其他地区广而推之。

东京城四面分别有权贵们的私人花园,而这些私人花园"放人春赏",是对外开放的,平民可以前去赏春。"西去一丈佛园子、王太尉园。奉胜寺前孟景初园……自转龙弯东去陈州门外,园馆尤多。州东宋门外

---

① (元)脱脱等:《宋史》,中华书局1977年版,第154页。

快活林、勃脐陂、独乐冈、砚台……州北,李驸马园……以西宴宾楼,有亭榭、曲折池塘、秋千画舫,酒客税小舟,帐设游赏……南去药梁园、童太师园……放人春赏"。① 这里的"王太尉""孟景初""李驸马""童太师"皆为皇亲国戚或朝廷重臣,而宋时皇家园林、贵族园苑已经开始陆续对外开放,体现出君民同乐的进步思想,更从侧面体现出宋朝上下开放、自信的姿态。

《东京梦华录》记载了圣驾回宫时的场景,皇上头戴至尊小帽,帽上插着簪花,"簪花乘马",尽兴而归,为表皇恩,还对"百司仪卫,悉赐花",使得圣驾返宫的队伍"锦绣盈都,花光满目,御香拂路"。② 试想,御香缥缈缭绕于道路,这是怎样的一种惬意景象! 显赫的身份地位并不是人人皆有的,可阵阵花香却是至尊皇上与民同嗅的,这在一定程度上,拉近了皇权与平民的关系。而那些显贵人家的妇女,游玩归来,则"小轿插花,不垂帘幕"。事实上,下至百姓,上至皇族,对花卉的共同热爱在阶级之间关系上起到了枢纽作用。

3. 精神追求

置身熙熙攘攘的东京城,东京时人茶余饭后躬耕劳作,一来自给自足,得尝果蔬之鲜美;二来修身养性,得享辟园之趣。

皇家园苑在产出"京都新物"的同时,也具有一般园苑所必备的供统治阶级游玩消遣的特点。北宋著名学者杨侃的《皇畿赋》,对北宋开封城中玉津园的稻麦种植有这样的描述:"屈曲沟畎,高低稻畦,越卒执手,吴牛行泥,霜早刈速,春寒种迟,春红粳而花绽,簸素粒而雪飞,何江南之野景,来辇下以如移。雪拥冬苗,雨滋夏穗,当新麦以时荐。"③园中不仅千亭百榭,且树木成荫,芳花满园,完全以一副江南乡村的景色出现在东京城南。据《宋史》记载,玉津园同时也是皇家动物园之所在,以便皇家贵族赏玩逗趣、排遣闲暇时光,园内饲养着各种珍禽异兽,玉津园景观之壮

---

① (宋)孟元老撰,邓之诚注:《东京梦华录注》,中华书局 1982 年版,第 613 页。
② 同上书,第 736 页。
③ 曾雄生:《宋代的城市与农业》,载《宋史研究论丛》2005 年第 6 辑。

丽从史料中得见。

"上有所好,下必甚焉。"王公贵戚们热衷于仿效皇室宫苑,竞相构筑私人园宅,同时在自己的私人园苑中保留部分土地以种植农业。北宋东京的私家园林日渐盛行,有名可举的园苑约达 80 处。《枫窗小牍》记载:"其他不以名著,约百十。"《东京梦华录》则载:"陈州门外,园馆尤多。"①这些私家园苑作为文人权贵们修身养性、自得其乐的消遣宅所,给寄情于山水的东京文人权贵阶级以精神寄托。天子观稼是一种认识农业种植过程,从而体察民情的方式,而被邀请参与观稼过程的大臣,则视此为一种荣誉,并将当时的感悟与见闻以诗词的方式流传下来。从这些诗词歌赋中,我们不仅可一窥北宋皇家园苑的农业之兴,更得以体悟当时不断壮大的文人、士大夫阶层的精神世界。例如,从诗词歌赋可以得知,杨万里、陆游、范成大、朱熹等,皆有自己的菜圃,贵为宰相的王安石会"三亩荒园种晚蔬",苏轼也说自己在京城的园苑中种植有十多种植物,这说明农业种植也是官仕与文人阶级日常放松休憩的一种方式,而且在当时来说,各私家园林中有很大一部分应该是留给农业的。

通过文人士大夫在文学艺术作品中对田园生活的赞颂以及对劳动的意义和诗人参加劳动的喜悦的歌颂,也可看出北宋东京都市农业景观所包含的休闲意味。人之生存除却物质所需,日常生活离不开精神追求,收入不高的城镇居民,养猪种菜或许是为了生存,但日常时光里流连于园圃菜地,未尝不是寻常百姓的一种消遣娱乐方式。

东京的市井百姓亦极富意趣,闲暇时光常常颇有闲情逸致地成群结队赏花。"若无闲事挂心头,便是人间好时节",此说法极好地描绘了东京百姓高品质的精神生活。《东京梦华录》中详细描述了东京城里的百姓如何在正月十九灯会结束之后争先出城探春的场景。探春,是时人在清明节之前踏春的前奏,"收灯毕,都城人争先出城探春……次第春容满野,暖律暄晴。万花争出粉墙,细柳斜笼绮陌。香轮暖辗,芳草如茵;骏

① (宋)孟元老撰,邓之诚注:《东京梦华录注》,中华书局 1982 年版,第 613 页。

骑骄嘶,杏花如绣。莺啼芳树,燕舞晴空。红装按乐于宝榭层楼,白面行歌近画桥流水。举目则秋千巧笑,触处则蹴鞠疏狂。寻芳选胜,花絮时坠金樽;折翠簪红,蜂蝶暗随归骑。于是相继清明节矣"。[①] 这是何其俏丽的探春图! 孟元老浓墨重彩地描绘了东京城里人在春色遍布郊野、花香充盈晴空的清明节前后寻访春色的热闹画面。那种香车碾过之处,芳草如茵、俏枝出墙、细柳轻抚、宝马长嘶的仕女秋千与男儿蹴鞠图,令人读罢向往不已。那份精神的享受,那份兴致的盎然,充分与自然交融之心,享受生活的潇洒之情……恐当今城市居民都自比不如。

"全民结伴赏花"的景象,与相对繁荣的商业社会和相对发达的休闲文化有着紧密联系。东京市民正是有了经济的相对自由、时间的相对自由,闲情逸致之下,自然而然对生活品质有了更高追求,更以一种审美的眼光看待日常生活。对于整个东京城而言,上至王公贵族,下至寻常人家,人们有了更多的时间精力去观察体悟身边的一切美好事物。那些东京城中依时而盛衰的花草树木,在时人眼中构成了生趣盎然的性灵之物。好雅致、喜恬淡的审美趣味则使得时人对于都市农业的意趣有了更多的赞美与歌颂。

三、东京都市农业的当代启示

亚里士多德说:"人们为了活着,聚集于城市;为了活得更好,居留于城市。"[②]新中国建立尤其是改革开放之后,城市化与工业化作为推动经济和社会发展的两大支柱,改变着国人的生活与行为方式。刘易斯·芒福德强调:"要有最大的博物馆、最大的大学、最大的医院、最大的百货公司、最大的银行、最大的金融集团,这些都成了大都市的基本要求。"[③]这种思想导致城市面临更多的生态问题,加速斩断了自然生态循环的链

---

① (宋)孟元老撰,邓之诚注:《东京梦华录注》,中华书局 1982 年版,第 613 页。
② [古希腊]亚里士多德著,吴寿彭译:《政治学》,商务印书馆 1995 年版,第 7 页。
③ [美]刘易斯·芒福德著,宋俊岭、倪文彦译:《城市发展史——起源、演变和前景》,中国建筑工业出版社 2005 年版,第 544 页。

条。"过去,城市曾经像农村大海的一个个岛屿,但是现在,在地球上人口较多的地区,耕作的农田却反而像绿色孤岛,逐渐消失在一片柏油、水泥、砖石的海洋之中。"[①]新时代背景之下,如何实现生态文明意义上的生态复归,实现"美丽城市"的建设,成为当下亟待解决的难题。

当前,人类正处于从工业文明迈进生态文明的历史性转折时期,这决定了今人应立足于生态文明的立场、态度与视域去吸收、审视过去人类曾拥有和经历的思想与行为。居于这样的态度与立场,从生态文明的视角去审视农业文明时代北宋东京都市农业之盛、借鉴其在处理城市化进程中所出现的各种问题时体现出来的经验与智慧、分析其中所具有的当代价值,显得意义深重。作为当时世界上最繁华的现代化萌芽之城,其未受工业化的洗礼,故显示出难能可贵的生态与文明二者和谐发展之姿。作为"东方智慧"的一个缩影,彼时的东京在发展过程中所亟须解决的诸多问题与当今城市极为相似,如一直在不断调和城市发展所带来的压力、不断平衡百万人口与用地紧张之间的矛盾等。为了东京城的可持续发展,为使这座日益壮大的城市对于庞大的迁移人口而言更具有归属感,时人采取城市与农业相依共存的模式,城市并非完全脱离农业种植而独立存在。这种举措使得城中自然景观与都市文化景观并存,时人于喧闹的都市文化中体验四时作物、山水花木之美。因此,东京都市农业对于当代生态文明建设具有重要启示意义。

1. 经济效益

在长达数千年的农业文明时代,我国古代的城市与农业相依共存,远到《禹贡》《春秋》,近到新中国成立前期,城市并非完全脱离农业而独立存在,城市一直在不断调和经济发展所带来的压力、用地紧张与人口暴增之间的矛盾等,因此,城市与农业有着水乳交融的关系。在工业文明取代农业文明之前,城市经济对于农业的依赖程度是今人所无法想象

---

① [美]刘易斯·芒福德著,宋俊岭、倪文彦译:《城市发展史——起源、演变和前景》,中国建筑工业出版社 2005 年版,第 543 页。

的。作为当时的世界第一大城,东京在蓬勃发展的过程中,其城市与农业可谓达到一种和谐的共存状态,由于生活与生产的直接关联,农业空间的布局与居所十分紧密,今人在品味《清明上河图》时,往往能从中体察出东京城中房前屋后的农业种植给予时人经济生活中的种种便捷。

然而,工业文明时代,农业的经济贡献式微,社会的主流意识便逐渐倾向于与农业疏离,认为与农业有关的一切都是低层次的、不入流的,农业逐渐被排挤到城市文明之外。当前,随着生态与文明和谐发展的呼声日益高涨,世界各国尤其在生态意识较为超前的发达国家,都市农业运动复兴开始,并日渐成为现代城市发展中的前沿问题。这是因为,城市作为现代人最重要的聚居地,当其向外发展到一定程度,必然向内发展,因此,都市农业成为真正具有时空魅力和永续发展潜力的选择,也是应对全球能源危机、农作物运输成本以及粮食安全等问题的最佳策略。

2. 环境审美

在北宋历史中,东京都市农业对于城市的美化有着不可低估的作用。东京城中的农业景观,不只是特殊的生命景观,更是人与自然共生共荣的特殊景观的存在。在那片自然与人工共同开发的土地上,处处体现着东京城市的生活气息。即使放在当代而言,都市农业作为一种良好的生产性景观,也具备其他景观植物所不能替代的生态潜质。现代城市的种种不可持续特征使得城市必须去寻求新的生存之道,而从环境视角而言,农业景观的美化价值和它的实用价值是处于同等位置的。同时,农业作为东京居民日常生活的重要组成部分,其生态价值也越来越为现代人所关注。

陈望衡教授在谈及对农业环境的审美时,强调:"农业的审美主体可以是农业景观的创美者,也可以是农业景观的非创美者。农民是农业景观的创美者,他来欣赏由他创造的景观,其感受融进了创美过程中的诸多艰辛与欢乐,这种感受如鱼饮水,冷暖自知,外人难以完全理解。而不是农民,也可以欣赏农业景观,这种欣赏更具有普遍性,它与农民对自己劳动成果的欣赏可以是相通的,但不会是一样的。"①因此,在探讨"农业景观的美是自然美还是人文美"这一问题时,陈教授给出了自己的理解:"应该说是这两种美的统一,只不过这种统一是以自然为本体的。因此,准确地说,农业景观是具有人文性的自然美,或者说是人参与创造的自然美——准自然美。"②

这种审美强调了东京居民参与农业种植的过程,中国传统农业千百年来一直保留着朴素的自然观,信奉"天人合一"的哲学理念,因此这种农业审美强调生命精神,重视劳动体验。市民们在都市农业的景观中,体悟出一份休闲的味道,这份惬意正源于身在大都市,心对田园气息的向往。

农业作为当时都城中重要的景观,在不断地融入园林、庭院、街道的过程中,成了东京城市生态序列的延续。毋庸置疑,当今城市空间与农业的整合,更能成为可持续意识指导下的实践活动,能在城市中起到景观化、园林化的作用,能够为城市空间的生态与环境改良开辟新的路径。因此,将都市农业合理、高效地纳入当今的城市空间中,营造出绿色、生态的人居环境,是值得思考的方向。

3. 家园感重塑

叶强教授认为:"乡愁是一种在城市化和经济发展过程中,人们在物质生活得到极大满足后产生的文化和精神层面的需求和情感,是一种对远离或生活中的家乡、过去时间片段的回忆和思念……某些承载这些属性的信息载体(如具有自然、历史和文化印记的地理环境、城市空间、建筑形式、文化符号、传统活动等)具有寄托乡愁的功能。如果从城镇化发展中人的角度来看,乡愁的外延包含两个方面的内容:一方面是城市和

---

① 陈望衡:《未来农业应使人类更幸福——生态文明与农业审美》,《鄱阳湖学刊》2014 年第 4 期。
② 同上文。

城郊人的乡愁,另一方面是农村进城务工和谋生人的乡愁。"①

诚然,北宋东京的都市农业景观是自然美与艺术美的统一,是时人家园感的营造以及乡愁的直观表达,体现出传统农业中人与人关系的美。在东京城市大街小巷间,人际交往主要建立在地缘关系上,这使得生活在同一片土地上的人们相互熟悉、彼此信任、共同合作。市民之间关系亲密、交流频繁,人们和谐共处,这种其乐融融的社会关系是家园感的典型特点。相较而言,当今城市化过程中,城市的人情味与经济利益相比变得无足轻重。因此,东京都市农业景观所具有的这一审美价值,无疑为当代都市景观家园感的营造提供了启示意义。

事实上,人类关注自然、崇尚自然的心性始终贯穿在历史进程中,也正是由于此,与自然和谐相处的农业哲学得以在人类发展进程中逐渐形成。在以农为重的传统社会里,农耕思想不可避免地潜移默化地影响着人们的行为,并在古代城市发展中得以体现。将都市农业作为景观大面积融入城市,值得现代人借鉴。在城市中植入农业,是一种复归自然、回到淳朴的土地和充满野趣的田园之中的愿望。田园牧歌式的生活方式是眼下甚为堪忧的生态环境的另一企盼,这种生态与文明和谐统一的农耕文明式回溯,唤起了城市居民返璞归真的趋势。

在繁忙的快节奏都市生活中有一定成分的农业种植,在此之上所形成的农业景观,其承载的意义,远不只是人们对于生活的审美体验,它更是城市人对历史生活场景的印记,是现代生活的文化呼吸空间以及精神栖居之所。

东京的历史经验表明,农业成分在都市中所能释放的强大生命力远超人们所能想象。通过对北宋东京都市农业历史形态的深入挖掘,当代乃至未来都市农业发展的空间亦趋于明朗。当今城市化的进程面临诸多问题,在构建生态文明的时代背景下,城市发展力求实现文明与生态

---

① 叶强、谭怡恬、张森:《寄托乡愁的中国乡建模式解析与路径探索》,载《地理研究》,2015.7.15。

二者的和谐统一。如何和谐、如何统一，东京都市农业可以成为一种典范，将农业引入城区，让农业种植进驻社区，在生态环境上给城市以自然之美、在经济生活上给居民以应急之便与消遣之乐、在情感上给居民以家园感之寄托，从而探索出一条当今都市与农业共生共荣的道路。

第四章　宋代城市环境美学

　　城市是社会历史发展的高级和典型的空间形态,都城作为最大的城市,无疑更具有代表性。唐宋社会的转型明显地表现在唐宋城市发展和城市环境的变化上。唐长安城的景观如白居易所说"百千家似围棋局,十二街如种菜畦"[1],是一种规整有序之美。《清明上河图》中所呈现的北宋都城则是商店林立,市场繁荣。北宋开封可以说实现了城市格局商业化、城市生活舒适化、社会文化平民化。与之相比,南宋都城杭州更是实现了自然山水与人文艺术的完美融合,杭州的建城标志着传统都城理念的打破,城市建设中的重要性在于它体现了中国景观城市的自觉,湖山胜景,美不胜收。这一变化体现着宋代政治、经济和思想文化对城市景观的重要影响。

第一节　东京的城市环境之美[2]

　　北宋东京作为当时的首都,是同时期世界上城市建设最鼎盛与市民生活最多元的典型代表。从公元 951 年后周定都汴梁,到公元 1127 年

---

[1]（唐）白居易:《白居易集》卷二五《登观音台望城》,中华书局 1979 年版,第 560 页。
[2] 本节内容主要由武汉大学城市设计学院 2015 级博士研究生谢梦云提供初稿,经笔者修改完成。

金兵攻破东京的 178 年间,东京城由一个面积约 1000 万平方米的州府,
拓展为一座面积超过 5000 万平方米的大城市。彼时的东京,在中国城
市发展史甚至世界城市发展史上皆占有重要地位,"是世界上人口最多、
最为先进、最接近现代化的城市"。[①] 同时,宋朝也是市民阶层发展最强
大的时期,也是最富裕、最幸福的时期,大批的手工业者、商人、小业主构
成了宋朝的中产阶级。由于宋朝打破了唐朝城市的政治区域与平民区
域划分严格的格局,将平民的工商业经营扩大到城市的各个角落,"京城
资产百万者至多,十万而上,比比皆是"。[②]

　　《东京梦华录》作为现存的唯一一部对北宋徽宗时(1102—1125)都
城东京的城市形态、街市布局、市民社会风俗、市井游观以及大内诸司、
皇家庆典活动等方方面面进行详述的回忆性散文,尤其细致描绘了当时
东京城的热闹繁华以及市民阶层的娱乐活动之丰富有趣。全书共十卷,
三万余字,为宋人孟元老于南宋绍兴十七年(1147 年)写就,是今天研究
北宋都城及民众生活的百科全书,被称为文字版的《清明上河图》。该书
平铺直叙着北宋首善之地的回忆,字里行间无不见出城中夜市之熙攘、
店面之密集、商品之繁多,大有当今城市的热闹之景,故而在城市史研究
领域中,北宋东京历来被看作是现代城市的起点以及时代转换的标志,
给予当今城市建设与规划诸多启示。宋朝崇文抑武的社会大背景、高度
的审美追求及对雅文化的推崇等,令后人神往,这种心驰神往更被《东京
梦华录》所描绘的繁华市景无限放大,书中记载着时人的日常玩乐活动,
全面体现出东京都城营造之美、建筑之美以及习俗之美、人情之美。本
节主要从《东京梦华录》来分析北宋东京城市的环境美学思想。

一、从"凭险建都"到"因富建都"

　　自然环境方面,都城建设的环境意识较之前朝发生了改变,从前朝

---

① 吴钩:《宋:现代的拂晓时辰》,广西师范大学出版社 2015 年版,第 1—23 页。
② (宋)李焘撰:《续资治通鉴长编》第 7 册,中华书局 1995 年版,第 1956 页。

的"凭险建都"转变为北宋的"因富建都"。北宋东京城无险可依，地理上却坐拥富饶的平原与丰富的水源，这种地利优势逐渐促使时人的环境意识发生了改变，从前朝的"凭险建都"变为宋初的"因富建都"。这种变化给宋朝带来的影响利弊兼具，一方面，漕运的极大优势与广阔的平原使得宋代的商业得到了极大的繁荣，使得北宋逐渐成为一个很富裕的朝代；而另一方面，由于无险可守，较之前朝，北宋东京城的防御能力大大减弱，这在某种程度上也成为导致后来北宋一朝走向灭亡的因素之一。

北宋之前，中国都城在地理上定都主要考虑因素有二：一是是否位于主要的农业经济区内，即政治中心与经济中心能否结合；二是军事上能否凭借自然险要。汉唐以来，长安、洛阳等国都的选择，更多考虑的便是自然环境的险要，希望以此抵御外敌。

以前朝为例，唐时长安城选址于关中盆地，其北部为陕北黄土高原，南部为陕南盆地、秦岭山脉。汉高祖刘邦大军平定中原初建西汉王朝时，娄敬（即刘敬）力谏建都关中，《史记·刘敬列传》语云："且夫秦地被山带河，可进可退，四塞以为固。卒然有急，百万之众可具。因秦之故，资甚美膏腴之地。此所谓天府。"①一语道出了关中便于农业生产的自然环境基础，更着重强调了其周边山体环境所带来的城防优势。渭河南面的秦岭与北边的山地地势险要，成了关中地区都城的天然屏障。司马迁在《史记·货殖列传》中历数了关中地区的地理条件："关中自汧、雍以东至河、华，膏壤沃野千里。"②除此之外，《西都赋》和《西京赋》也都在肯定关中地区险要的地形之后大力渲染其发达的农业与物质资源，描绘出一幅自然资源被充分利用，农业蓬勃发展、欣欣向荣的景象，故而成为盛唐时期无可争议的国都首选之地。

及至中唐以后气候变迁，黄河、渭河泥沙大增，渭河及黄河三门峡一带漕运十分困难，致使天子也不得不"逐粮而居"，就食东都洛阳。自五

① （汉）司马迁：《史记》卷九九，中华书局1999年版，第2098页。
② 同上书，第2466页。

代十国以后,由于气候变迁、旱涝灾害、水土流失等自然因素和人口增长、朝代变更、战争频发等人文因素的双重作用,关中地区及其周边区域的水土资源环境遭到了不同程度的破坏,其城市发展也处于动荡和停滞状态,此时的关中已失去了容纳国都城市的经济基础,南方成为经济重心所在,政治上的重要性也不断上升。基于这种种因素,在唐宋之际,长安和整个关中地区逐渐走向衰落,我国的都城结束了在长安、洛阳两地徘徊式移动局面。而此时的开封城,正逐步成为华夏大地上的水陆都会,进入了一个大发展时期。

五代时期,北方连年战乱,经济遭到严重破坏,经济中心南移,运河漕运的地位上升。此时的开封城,地处漕运要冲,经济、文化各方面得以发展,为其后来成为全国统一的都城创造了必要的条件。五代时期除后唐定于洛阳外,后梁、后晋、后汉、后周均把国都定在开封,称之为东都或东京,此时的开封正式取代长安、洛阳而成为全国政治、军事中心。954年,周世宗柴荣即位,恢复了江淮漕运,大兴水利,使开封经济在连年的战乱后得以恢复。显德二年(955 年)他又发民夫 10 万在原汴州城的外面筑开封外城,一年筑成,形成开封城墙的格局,为北宋东京的城市建设奠定了基础。

开封坐落在黄河冲积而成的华北大平原上,是在黄河的冲击及其泥沙的淤积作用下产生的,其地貌类型由于黄河的泛滥与华北坳陷盆地持续的沉降作用发生了些许变化,古代开封的地貌类型主要有沙丘、平地和洼地三种类型。现今开封的地貌类型由临黄滩地、沙丘沙平地、黄河故道、黄河岗地和背河洼地组成,微地形起伏不平,差异较大。开封自古周边河道池沼密布,上古时期就有"水乡泽国"之称,外围自然河道众多,其中对开封影响比较大的当数黄河,除此之外与开封距离较近或与开封水运系统有关联的还有济水、洧水、颍水、汝水、泗水、淮水等,支流发达,水网密布,为城市发展提供了充足的生产生活水源与便捷的水路交通。

直至北宋时期,此期间的东京城内河湖密布,水道四通八达,汴河、蔡河、五丈河、金水河四条水道贯穿全城,极利于农业和交通的发展,也促进了东京城市商业活动的繁荣兴盛。在此情形下河道成为城市的重要经济命脉,史称"四水贯都"。四水,即汴河、蔡河、五丈河和金水河。此外,城墙外又有护城河一道,四水通过护城河相互沟通,使得河道在城内作为运输通路非常方便,可将东南方粮食和物资运入城内。因此,开封城凭借着其位处"天下要冲"的便利交通条件、处于天下漕运中心的枢纽地位、濒临东南赋税重心区的地理位置以及其强大的漕运条件,成了"居中原制天下"的国都。故北宋定都于此也是由当时的政治经济形势和其"天下之枢"的交通条件决定的。此时的开封,地处中原腹地,交通发达,《东京梦华录》载其为"八荒争辏,万国咸通"之地。①

　　作为国家的首都城市,都城不仅仅是国家政治经济文化中心,更是一个国家存在的重要标志。而且,开封作为我国历史上的七朝古都,如此多王朝和政权选择建都于此,其定都必然有各个方面因素的考量。

　　中国古代城市发展主要制约因素是粮食供应,而东京城周边强大的漕运能力对北宋经济发展带来了巨大的推动作用,汴河上接黄河,下通淮河、长江,像输血管一样,将江淮一带的粮米,四面八方的山泽百货,源源不断地运入京城,供应宋朝统治者和百万多城中军民的需要。东京漕运的发达,奠定了北宋京城的繁荣昌盛,托起了整个北宋的社会文明。因此,可以说北宋东京都城的建立是摒弃了汉唐以来的"凭险建都"而选择"因富建都"。

　　然而,摒弃"凭险建都"而选择"因富建都",这种环境意识的改变既有利又有弊。坐落于黄河南岸冲积平原上的东京并无险可据,不像唐长安有黄河与秦岭做天然的屏障,阻隔着来自中原的攻击,甚至也不如同时期的洛阳——西有函谷关,东有虎牢关,天然的自然环境为其带来防御优势。东京地势平坦,水域广阔,相较于其他时期的都城来说无山可依,军事上无险可凭。因而当时总有人士大谈定都东京之弊,认为应迁都于有山川之固的长安或洛阳。事实上,长安与洛阳在唐安史之乱之

---

① (宋)孟元老撰,邓之诚注:《东京梦华录注》序,中华书局1982年版,第3页。

后，均遭到了很大破坏，已失去了建都的客观条件。而东京从隋代即已崛起，尤其是汴河与江淮相接，对于赋税和经济重心逐渐南移后主要依靠江南漕粮接济的北宋王朝极为有利，东京成为当之无愧的理想建都之地。东京城的发展得益于充足的水资源环境，为农业、商业、漕运带来极佳的便利条件，但同时又受害于河水频繁的决溢、泛滥和改道。据历史资料统计，黄河河水侵入城内达六次之多，并有四十余次泛滥于开封附近，造成严重危害。

宋朝以后，由于军事上无险可凭，伴随着帝都身份的丢失，东京也迅速衰落。东京城盛衰反复，究其原因，有诸如政治、经济、军事、地理等各方面因素，而环境因素所起的作用应该说更为重要。纵观数千年历史，作为"七朝都会"的东京，在黄河的滋养、改造下盛衰至极，经历沧桑变化。

二、从"里坊制建城"到"街市制建城"

在中国古代城市中，自城市诞生之日起，其性质与形态一直发生变化，而都城则是不同朝代最具代表性的城市。宋代东京城市的建设在人工环境、城市规划布局方面发生了巨大的转变，城市布局由政治主导变为由经济主导，从前朝的"里坊制建城"转变为北宋的"街市制建城"，即从由"政治/管理建城"变为"商业建城"。

北宋东京上承隋唐长安，下启明清北京，在中国城市发展史上属于最重要的变革期，对以后的几代都城都有较大的影响。北宋东京的城市面貌和空间格局较之前代发生了巨大变革，里坊制度被更具开放性、外向性和自由性的街坊制度所代替，城市各个组成部分之间的相互依存关系更为密切，表现出一种欣欣向荣的商业气息和城市精神。

唐长安时期，除了宫城和皇城占地9.4平方公里，108坊就是城市居民的居住区，它占据了全城的大部。唐长安城内中的每一坊就如同一座小城，坊门在关闭后就严禁在街上走动了，这种制度严重制约了市民的活动，也限制了市民出行的空间范围。坊内没有店铺，只有官署、衙门、寺院和庙宇。在此时期，城中只有东市和西市两个集中的市作为其商业区。东西二市中设有宽度在 16—18 米的街道，沿两边店铺还设有约一米宽的人行道，与城市中一般的街道有所区别，然而两市却只各占两坊之地，且四围皆有墙，可以想见商贸范围之狭小封闭。而且，两市"凡市以日午，击鼓三百声而众以会，日入前七刻，击钲三百声而众以散"。① 这就是所谓的坊市制，开市闭市均有严格的时间限制。坊市制是一种在空间和时间上对城市生活加以限制的封闭型管理体制。在这一制度下，民居的"坊里"和店肆集中的"市"四周都筑有围墙，所有门户都设官把守，早晚定时启闭，夜间不准出入，且民居、店肆只许设在坊市围墙以内，不许当街开门。

盛唐以后，某些商业发达的城市开始逐步突破"市"制，出现了市肆入坊、沿街开店的情形。随着商品经济及城市自身的发展，其过细、过死的管理，已成为城市进一步发展的障碍。因此，盛唐以后经济发展与旧市场形制之间的矛盾出现了，改革市制的要求日益高涨，在大的城市中已经出现了突破旧市制的趋向。至晚唐时，市肆入坊，沿街开店以及夜市的繁荣已经成为一种新趋势。

至北宋，东京城已发展为周阔 30 余公里的城市，有皇城、内城、外城三重城墙，皇城居于城市中心，内城围绕在皇城四周。较之唐时，城市格局发生了鲜明的变化，最外为外城（亦称罗城），平面近方形，东墙长 7660米，西墙长 7590 米，南墙长 6990 米，北墙长 6940 米。罗城东、西、南三面皆三门，北面四门，此外还有专供河流通过的水门十座。城中街道四通八达，自由布局开来，而非唐时的规规整整。《汴都赋》中记载："城中则有东西之阡，南北之陌，其衢四达，其涂九轨。"②街道布局采用了经纬涂制，以宫前御街和通向四边正门的街道为主干道，干道间又密布纵横交错街道和巷道，全城道路从市中心通向各城门，共同构成东京城市道路

---

① （唐）李林甫等撰，陈仲夫点校：《唐六典》卷二〇，中华书局 1992 年版，第 543—544 页。
② （宋）周邦彦撰，蒋哲伦校编：《周邦彦集》，江西人民出版社 1983 年版，第 122 页。

网。从《东京梦华录》来看，这些街道主要包括东、西、南、北四条御街，还有贯穿城区的三条大街：卫州门至戴楼门大街、陈桥门至陈州门大街、万胜门至新曹门大街。以此骨干街道为依托，尚有众多的次要街道或街巷，组成不规则的道路网，反映了不受里坊约束、街市制自由发展的特点。

街市的这种发展变革打破了汉唐以来城市的构成，城市结构冲破了传统的里坊制，较多地服从经济发展的需要，是中国历史上都城布局的重要转折点。借助汴水漕运的有利条件以及东京城市自身在商业方面所展现的特色，诸如四通八达的交通网、坊市界限的打破、营业时间的延长、勾栏瓦肆的出现等，使得东京城的商业活动极为兴盛，城里商店林立，"河市""夜市""瓦肆"繁荣，连皇家寺庙大相国寺都位于闹市。这种变革的产生，一方面是由于商品经济发展的诉求冲破了传统里坊制的高墙，另一方面，统治者对于里坊制的摒弃、对街坊制度的引导和宽容态度也起到了决定作用。

没有封闭的里坊、以坊巷为骨架的北宋东京城，城市格局与面貌颇具特色。其一，主要街道成为繁华商业街，皇城正南的御路两旁有御廊，允许商人交易，州桥以东、以西和御街店铺林立，潘楼街也为繁华街区。其二，住宅与商店分段布置，如州桥以北为住宅，州桥以南为店铺。其三，有的街道住宅与商店混杂，如马行街。其四，集中的市与商业街并存，如大相国寺被称为"瓦市"，其"中庭、两廊可容万人"，"每一交易，动计千万"。《东京梦华录》卷二中"州桥夜市""东角楼街巷""饮食果子"，卷三"相国寺内万姓交易""马行街铺席""天晓诸人入市""诸色杂卖"，卷四"食店""肉行""饼店""鱼行"等等关于街市中场景的描写，所展现的正是东京城之繁荣。从皇城东至马行街，《东京梦华录》记载："东华门外市井最盛，盖禁中买卖在此。凡饮食、时新花果、鱼虾鳖蟹、鹑兔脯腊、金玉珍玩衣着，无非天下之奇。"[1]潘楼一带，更是富商云集之地，"屋宇雄壮，

---

[1] （宋）孟元老撰，邓之诚注：《东京梦华录注》，中华书局 1982 年版，第 30 页。

门面广阔,望之森然。每一交易,动即千万,骇人闻见"。① 皇城东华门外的白矾楼酒店,自宋真宗以来,即是东京最大的一家正店,每年用官曲五万斤,可谓京师酒肆第一,饮徒常有千余人之多。

此外,随着经济的发展和文化的繁荣,出现了集中的娱乐场所——瓦子,由各种杂技、游艺表演的勾栏、茶楼、酒馆组成,全城有五六处。街市遍布,无所禁忌,城市最尊贵的中心地区即为最繁华的街市,商业店铺和邸店充斥大街小巷。城内分布有果子行、肉行、米行、蟹行、炭行等多达 160 行,《东京梦华录》中更有载:"马行北去旧封丘门外,……新封丘门大街两边民户铺席外,……至门约十里余,其余坊巷院落纵横万数,莫知纪极。处处拥门,各有茶坊酒店、勾肆饮食。"② 东京马行街夜市,这条街道长达数十里,街上遍布商铺,还夹杂着不同阶层的宅舍,形成坊巷市肆有机结合的格局。这里的夜市,孟元老描述为"比州桥又盛百倍"③,使得具有百余万人口的东京城,每晚大概都会有数万的市民到这里来游玩,无不显现出东京城商业活动的繁荣兴盛,令人叹为观止。不再是唐朝时期统治者为了长安便于管理、为了政权巩固的里坊制,东京城让人眼花缭乱的街道以及蜿蜒交错的河流如同一片树叶的脉络,串成了繁华的城市景观。汴河蜿蜒映城,楼宇鳞次栉比;城外小桥流水,杨柳拂岸;城内区烟雨楼台,繁华浓艳;酒肆茶楼、农家小院、小贩地摊、当铺商城,俱是人头攒动,或经商或卖艺或歌舞或饮酒,好一片繁华景致!

北宋东京的市场不但人口需求大,商品种类多,而且交易规模大,营业时间长,小贩的叫卖、商铺的营业,不受时间、区域的限制。其繁华的商业活动导致城市格局上实行坊市合一,打破旧有的分设制度,居民区与商业区交叉存在,允许店肆面街而建,大街小巷连成一体,形成了有利于城市商业经济发展的新的城市格局。这种城市格局在北宋之前从未有过。随着开放的街市制的形成,邸店、商铺夹街而立,人流、物流充斥

---

①② (宋)孟元老撰,邓之诚注:《东京梦华录注》,中华书局 1982 年版,第 70 页。
③ 同上书,第 66 页。

其间,呈现出前所未有的活泼、多彩的街道景观,成为整个城市风貌的重要体现。新的城市格局不仅促进了市井文化的兴起,更促进了中国古代城市空间结构向着更自由、更具游乐性的方向发展。

三、雅居生活与文化建城

自古以来,作为两个截然相反的审美范畴,"雅"和"俗"一直被用来标示两个不同的群体——贵族与平民的文化审美追求。诚如有学者所指出:"在漫长的中古封建社会,'雅'一直被用来指代庙堂—贵族—'劳心者'的审美追求,'俗'则一直被用来指代市井—平民—'劳力者'的审美追求。'雅'与'俗'的分野从审美趣味的角度表现了社会上层与社会底层文化生态的歧异。"①俗文化因生于民间、根植于社会底层而投合了最大多数的民众口味,且焕发着一种自然、率真、朴素、稚气的鲜活之美。文化设施方面,因雅居所需,文化设施大增,即环境的可居性增强,"雅居生活"逐渐促成了北宋东京城的"文化建城"。法国汉学家谢和耐曾说:"13世纪②的中国人似乎比其先人更善感、更浪漫。13世纪的中国人也显示了某种好奇心和扩大了视野,这又是前几个世纪中看不到的。他们自由自在的生活方式会使唐代祖先感到惊异。……从他们的日常生活历史中,我们得到的一般印象是:他们能自然而然地自我约束,而且其生活中充满了欢乐与魅力。"③

北宋之际,中国城市中的"市民阶层"才真正开始出现并正式登上历史舞台,这实际上是一个"有闲"的阶层,是城市发展到一定阶段的必然产物。这从侧面说明了北宋东京居民闲暇时间的增多和东京城市生活的丰富。得益于经济与文化的高度发展,北宋时期城市主流文化重心下

---

① 赵士林:《心学与美学》,中国社会科学出版社1992年版,第65页。
② 此时中国正处南宋时期,南宋临安城中市民的生活某种程度上来说是北宋时期的一种延续与发展。
③ [法]谢和耐著,刘东译:《蒙元入侵前夜的中国日常生活》,北京大学出版社2008年版,第189—190页。

移,向广大市民阶层流动,市民文化得以蓬勃兴起。较之前朝,市民文化不再是社会主流文化的附属品,反倒成了城市文化的重要组成部分,这不得不说是北宋时期的一种巨大进步。东京普通市民作为能够负担得起的第一大群体,在时间和空间上均获得了解放,所以东京城中市民,无论男女、老幼,有着广泛参与各类活动的热情和积极性,同时,所参与活动内容的丰富性、活动方式的复杂性,都是前代所没有的。

《东京梦华录·序》中生动地描述道:"……正当辇毂之下。太平日久,人物繁阜。垂髫之童,但习鼓舞,斑白之老,不识干戈,时节相次,各有观赏。灯宵月夕,雪际花时,乞巧登高,教池游苑。……新声巧笑于柳陌花衢,按管弦于茶坊酒肆。……花光满路,何限春游;箫鼓喧空,几家夜宴!伎巧则惊人耳目,奢侈则长人精神。"由此可概见北宋东京城中居民娱乐活动的丰富多样,并且,这种娱乐生活已成为民众日常生活的重要组成部分。

宋代文化兴盛的"活的源头"是什么?杨渭生认为,"宋代社会发生了物质生产和阶级关系的深刻变化","引起了整个社会各个领域、各种制度以致风俗习惯的深刻变革"。[1]

很显然,"市民阶层"的正式崛起促成了城市文化的这种转型,城市聚居形态亦由此逐渐沿着真正城市化的路径发展。自北宋以后,以休闲游乐、商贸往来为特征的新的城市生活方式开始流行,这不仅带来了城市市井文化的繁荣,也从根本上推动了城市空间价值的转变:市井街道也开始成为一种公共的娱乐活动空间,并且是最贴近市民生活的一种特殊的娱乐空间。随着"坊里制度"的瓦解,集中和封闭性的"市"被新的开放性的商业街市所取代,开放式的商业活动进一步促成了开放性的城市娱乐空间的诞生。在越来越丰富的城市生活兴起的过程中,以休憩娱乐为目的的各种场所,如酒楼、茶馆、瓦舍、勾栏等随之大量出现,并很快成为市民活动的重要组成部分。宋之前及宋初的夜禁也慢慢减退,代之以

---

[1] 杨渭生:《两宋文化史研究》,杭州大学出版社1998年版,第1页。

繁华的夜市,充分反映了时代的开放和繁荣。某些街区地段成为人们常常逗留聚集的地方,甚至连信徒朝圣的宗教寺院宫观里庄严肃穆的气氛也逐渐淡化,定期成为休闲娱乐活动与商品交易共同存在的固定场所,加入了大量商业与游乐色彩。宗教活动与市民的日常生活紧密结合起来,寺院宫观成了大规模的庙市或夜市游乐之所,代表性的就是东京的大相国寺。新的开放的城市生活在向人们招手,如同《清明上河图》中所描绘的那样,街市上的活动呈现出丰富和多样性,这种热闹的城市生活景象在同时代的欧洲城市(中世纪)中是不多见的。

此外,一些专业的休闲娱乐场所诸如皇家园林、衙署园林、私家园林、寺观园林、公共园林等,各种官私园林也在不同时期对外开放,成为天子与民同乐或者市民在闲暇时间里进行休闲娱乐活动的场地。即便如此,不同于前朝,北宋东京的娱乐活动精华荟萃、四季常新,且居民的活动方式多样,活动人群广泛,无论男女、老幼均竞相参与,在此情形下娱乐场所空间依然满足不了新兴的市民阶层的休闲娱乐活动需求。这种状态逐渐驱使着商业娱乐市场的成熟,标志着文化娱乐与市井文化的发达,标志着我国城市文化生活的重要转折。

在这种蓬勃的状态下,如果说,宋理学、宋词、宋画、宋诗以及宋代古文构筑成一种精致、高雅的士大夫文化的话,那么在这一文化范型之外,反映广大庶民百姓文化生活情调的下层俗文化也获得了前所未有的发展,并且跻身于社会的文化系统之中,成为不可忽视的社会存在。正是城市居民这种"颇为自由、放纵"的生活时尚和种种享乐欲望,为宋代俗文化的产生和发展提供了肥沃的土壤。于是,那些为市民阶层所喜闻乐见的、野俗而带有活力的活动便兴盛起来,成为市民阶层追逐的目标。城市中的各种空间场所、娱乐设施作为城市中不同人群皆可以共享的公共场所,是面向社会各个阶层的,与城市中的各种俗文化潮流紧密联系。

因此,传统的休闲"雅文化"与"俗文化"之间的界限逐渐模糊,互相融合渗透。市井文化开始兴盛,并由此推动北宋城市空间布局的新变化,伴随着闲暇时间的增多,其休闲娱乐设施逐步增多,以备日常所需。

北宋东京的娱乐活动既有对于传统休闲娱乐活动的继承,也有自己的改良和创新。那些带有技艺性、艺术性的观赏型表演,通常给人以美的享受,是为积极的休闲娱乐活动。除体验那些观赏型的休闲娱乐活动,市民还积极参与到蹴鞠、击鞠等活动中,通过掌握某项技能而达到放松身心的目的。演员和观众共同促进了休闲娱乐文化的发展,促进了社会文明的发展。

东京娱乐活动不仅存在于居民日常生活之中,更突出地表现在名目繁多的全民性节日里。据载东京有各类节日70多个,这也使得东京市民的主要娱乐活动频频集中发生于节日娱乐中。以元宵节为例,如《东京梦华录》所描绘:"正月十五元宵,大内前自岁前冬至后,开封府绞缚山棚,立木正对宣德楼,游人已集御街两廊下。奇能异术,歌舞百戏,鳞鳞相切,乐声嘈杂十余里,击丸,蹴鞠,踏索,上竿……万姓皆在露台下观看,乐人时引万姓山呼。"[1]从中可以看出,宣德楼门前的御街,在节日里已然成为一个市民欢腾的大型广场,市民们心灵上的沟通与感情上的联结,使得节日充溢着欢乐,全民性的节日也因此更加充满活力。

在宋以前的中国城市中,城市城垣高筑,坊市分野甚严,城市空间格局显现出封闭性的特点,街道及市场空间受到极大的限制,除其基本的功能外,城市居民无法展开更多的活动,活动一般被限制在住宅及附近的街道中,城市中可供不同人群共享的公共活动场所较少。然而,经过宋代逐步的发展,城市市民活动开始成为一种由广大民众广泛参与的群体性活动,规模庞大,有着鲜明的参与性。在这种城市活动中,人们既是赏游者、消费者,同时也是主动的参与者。而各种出行的活动中最为普遍的娱乐活动、商业活动、节庆活动以及宗教活动,还突出表现了时间、空间的集中性。就公共游乐设施分布来看,集中在城中闹市区和一些城郊风景名胜区。《东京梦华录》中所记述的东京城的繁华景象,以及《清明上河图》里生动描绘的市肆景观,即是北宋中后期东京城中公共娱乐

---

① (宋)孟元老撰,邓之诚注:《东京梦华录注》,中华书局1982年版,第164—165页。

设施的真实写照。

因此,唐末逐渐到宋,中国古代城市中的活动,由最初的事务目的开始逐步走向日常化、休闲娱乐化,并最终成为一种城市生活时尚。随着城市经济、文化和社会生活的进步,城市商务、公务、宗教活动日趋频繁、规模扩大的同时,以商贸往来、日常交往、游乐、休闲为主题的城市节庆游乐、街市买卖、游园赏花、看戏逛街等活动兴起,并逐渐成为日常城市活动的主角,甚至成为都市生活的一个重要部分。城市中各种社会活动的主体也逐渐从皇家贵族、文人墨客等少数群体扩大到城市中的各阶层人群。

四、休闲生活与郊野娱乐

城市的功能扩大之后,郊野成为人们休闲生活的又一场所,即环境的可游性得以发挥。在迅速崛起的市民阶层中,有钱有闲的日常生活状态下所体现出的"休闲生活"与"郊野娱乐",即鲜明体现了环境的可游性功能。

但凡有人居住的地方总会伴随着娱乐休闲,尤其是雅居生活逐渐开始泛化开来的宋代。城市的功能扩大之后,郊野就成为人们休闲生活的又一场所。早在宋代开始,便已经具备"休闲"的概念,事实上,宋人的生活方式已经很现代化了,今人所有的生活方式宋代基本上都有了,《东京梦华录》中随处可见宋人在休闲生活中的出游活动。

随着经济的发展,社会的不断进步,城中居民出游时间更为充裕。其时东京节日种类繁多,其中包括"圣节"、时序性、宗教性和政治性节日,林林总总的节日多达 51 个,而且当朝政府出台了诸如官员"休务"制度、灾民抚恤制度来保障节日的欢度;并且推行了赐宴两府、赐宴近臣、出御诗等等与民同乐的政策,为节日活动的繁荣提供了宽泛的时间和物质条件,因而使北宋的节日活动越来越繁荣。

北宋东京节日活动内容多样,出游人数几乎囊括京城的老老少少,形成了蔚为大观的出游场面,从市井到郊外,从御街、官私家园林到神圣的寺院,到处洋溢着节日的气氛,北宋东京节日民俗活动促进了商业活动,为中国古代节日民俗活动增添了新内容,至今影响着我们的生活。

　　从《东京梦华录》的详尽描写中,可以看出东京的市井百姓亦极富意趣,闲暇时光常常颇有闲情逸致地成群结队赏花。《东京梦华录》中详细描述了城里的百姓如何在正月十九灯会结束之后争先出城探春的场景。探春是时人在清明节之前踏春的前奏,"收灯毕,都城人争先出城探春……次第春容满野,暖律暄晴。万花争出粉墙,细柳斜笼绮陌。香轮暖辗,芳草如茵;骏骑骄嘶,杏花如绣。莺啼芳树,燕舞晴空。红妆按乐于宝榭层楼,白面行歌近画桥流水。举目则秋千巧笑,触处则蹴鞠疏狂。寻芳选胜,花絮时坠金樽;折翠簪红,蜂蝶暗随归骑。于是相继清明节矣"。① 这是何其俏丽的探春图!孟元老浓墨重彩地描绘了东京城里人在春色遍布郊野、花香充盈晴空的清明节前后寻访春色的热闹画面。那种香车碾过之处,芳草如茵、俏枝出墙、细柳轻抚、宝马长嘶的仕女秋千与男儿蹴鞠图,令人读罢向往不已。

　　宋人喜欢戴花、插花、赏花,京城内外花卉种植葱茏。《东京梦华录》卷六"收灯都人出城探春"条记载当时花开之盛:"四时花木,繁盛可观……万花争出粉墙,细柳斜笼绮陌。"应时赏花的风俗,正是从宋朝开始流行开来,每当春暖花开之际,城里的男女老少便争先出城寻访春色,结伴赏花。红妆佳丽、白面书生们更会弹琴奏乐、放声而歌、插戴花朵、饮酒游览。宋人对花的偏爱,使得花卉的种植、买卖异常兴隆,东京早市上卖花吟唱的歌曲婉转优美,时人甚至作《卖花声》广为传唱。《东京梦华录》卷七"驾回仪卫"条记载:"是月季春,万花烂漫,牡丹、芍药、棣棠、木香,种种上市。卖花者以马头竹篮铺排,歌叫之声,清奇可听。"②

　　琼林苑作为太宗以后诸帝游幸赏花、臣僚赛射的主要御园,也是新科举进士及第后,在这里庆贺,称"闻喜妄"的地方。金明池原是太宗年

---

① (宋)孟元老撰,邓之诚注:《东京梦华录注》,中华书局1982年版,第175—176页。
② 同上书,第200页。

代在这里练水军的地方,后来变成皇帝和都人在此观赏水军争标的游戏场所。传为张择端所绘"金明池夺标图"反映的就是水戏的壮观景象。据《东京梦华录》载,每年三月一日开园,四月八日闭池,其间都人游赏,风雨无阻。水战、百戏、商贾、买卖,热闹非凡,使得琼林苑和金明池成为承载市民社会活动的空间场所,这在前朝是不曾有过的情况。《东京梦华录》还载有金明池开园夺标、骑射、百戏及建筑园林的规模情况:"三月一日,州西顺天门外开金明池琼林苑,每日教习车驾上池仪范。虽禁从士庶许纵赏,御史台有榜不得弹劾。池在顺天门外街北,周围约九里三十步,池西直径七里许。入池门内南岸,西去百余步,有面北临水殿,车驾临幸,观争标锡宴于此……政和间用木工造成矣……车驾临幸,观骑射百戏于此池之东岸。"①

从《东京梦华录》来看,北宋市民在因富建都、由街市制建城的主动过程中,环境意识较之前朝发生了很大的进步,这种思想的进步性使得东京城市居民在环境的居住功能方面获得了质的提升。城市中文化设施增加,各类设施逐渐走向专业化、细致化与复杂化,勾栏瓦肆、酒楼茶馆、寺庙园林等空间场所无一不显示出北宋市民文化的泛化与普及。

第二节　临安的城市环境之美

宋室南迁是杭州城市发展中最重要的节点,一个在文化上造于华夏之极的王朝携其百余年的积累来到这里,与杭州的自然山水相遇合,成就自然山水与人文艺术的完美融合。同时,它也标志着传统都城理念的打破,一种新的城市理念的形成。杭州在中国城市建设中的重要性,在于它是中国景观城市观念的原型,是自然与人文相融合的典范。杭州的城市建设在南宋时期达到历史的巅峰,也铸成其超越时空的精神气质,马可·波罗赞称其为"世界上最美丽华贵的天城"。杭州的湖光山色已

---

① (宋)孟元老撰,邓之诚注:《东京梦华录注》卷七,中华书局1982年版,第181—182页。

成为中国园林景观城市的主要代表,曾经对日本、韩国的城市建设产生深远影响,在世界范围享有盛誉。

一、定都临安

临安的选址既是历史的必然也是偶然,它是由战事、政治、经济、环境等多种合力促成的结果。靖康二年(1127年)三月金兵攻陷汴京,徽、钦二帝被虏,北宋王朝宣告结束。五月徽宗第九子康王赵构在抗金将领宗泽等的拥戴下于南京应天府(今河南商丘)登基,改年号为建炎,赵构即为南宋第一个皇帝宋高宗。南宋初建于建炎元年,但正式定都临安则迟至绍兴八年(1138年),十年间关于在何处建都的争议一直存在,最后为什么选择了杭州呢?

最直接的原因是由于战势所迫。定都中原还是江南涉及主战还是主和的问题,这从建炎年间高宗与廷臣关于迁都的几次激烈的争论中可以看出。1127—1131年间,激烈的争论就有三次。① 第一次,南宋初年,宋金对峙,宋军节节败退,应天府势不能保,迁都迫在眉睫,是稳定新政权还是抵挡金军南侵成为要迅速抉择的首要问题。主战派主张建都开封,北上抗金,以报国恨家愁;主和派则主张巡幸东南,前往扬州一带,以躲避金军追击,保全实力;战亦不足、和又不可的折中派则主张暂时回避与金军直接对抗,日后再图反攻。如宰相李纲主张并建三都,"今宜以长安为西都,襄阳为南都,建康为东都,各命守臣,葺城池、治宫室、积校粮,以备巡幸"。② 战亦好,和亦罢,总之,还未等高宗定夺,金兵已经逼近,高宗不得不避走东南,迁都建康。

第二次,建炎三年(1129年)二月,金兵乘胜追击,袭击扬州,赵构仓促过江,逃往对岸的镇江。但镇江、建康濒临大江,离前线太近,并不安全。而浙中钱塘有重江之阻,相对安全,于是决定前往杭州。当时杭州

① 林正秋:《南宋定都临安原因初探》,《杭州师范大学学报》1982年第1期,第29—34页。
② (宋)李心传撰:《建炎以来系年要录》第1册,中华书局1956年版,第143页。

洞霄宫提举卫肤敏认为"钱塘亦非帝王之都,宜须事定亟还金陵",①他认为:"余地狭稠,区区一隅,终非可都之地,自古帝王未有作都者,惟钱氏节度而窃居之,盖不得已也。今陛下巡幸,乃欲居之,其地深远狭隘,欲以号令四方,恢复中原,难矣!"②但时异势异,面对当时的境遇,也没有更好的选择,因此也只能说:"为今之计,莫若暂图少安于钱塘;徐诣建康。"③迁都杭州就此定了下来。

但是由于政治的原因,为标举恢复大义,以示抗金之志,稳定其统治,在平定了"苗刘之变"的叛乱后,赵构仍然决定移跸建康。但是金军进逼,宋军溃退,建康不保,于是朝廷再议定都之事。这次商议也有三种主要意见,分别是定都武昌、建康和吴越。如果迁都武昌,则漕运难继,且地理位置不利于防守,况且一旦南宋朝廷离开江南,江北的流寇必然会骚扰江南,当地难以抵御;因此,高宗则声称要选择建康,"欲定居建康,不复移跸",但这可能只是高宗向天下人表白的一个姿态。金兵强硬,朝臣提出前往吴越避让金兵。尚书考功郎楼炤上奏高宗:"今日之计,当思古人量力之言,察兵家知己之计。力可以保淮,则以淮南为屏蔽,权都建康,渐图恢复;力可以保淮南,则因长江为险阻,权都吴会,以养国力。"④高宗意欲建都建康,无奈金军一路南下,高宗且战且避,经过一番流亡之后,从绍兴迁往临安,于绍兴八年(1138 年)终于正式以临安为行在所。

综上可见,杭州成为南宋的都城,首先是因为战事所迫,形势危急。自徽钦二宗被虏,金兵攻势不断,宋军只有被动防守,危亡之际,只有先保住朝廷,再图恢复。

其次,地理位置使然。当时建都建康呼声较高,但建康靠近前线,势不安全。杭州地处后方,地形南高北低,南边是山,北边有运河,皇宫建

---

① (元)脱脱等撰:《宋史》第 33 册,中华书局 1985 年版,第 11664 页。
② (宋)李心传撰:《建炎以来系年要录》第 1 册,中华书局 1956 年版,第 395—396 页。
③ 同上书,第 396 页。
④ (元)脱脱等撰:《宋史》第 33 册,中华书局 1985 年版,第 11715 页。

在南部,易守难攻。而且此地有凤凰山、馒头山作天然屏障,且凤凰山为全城制高点,南边又有路直通钱塘江,有重江之阻,水乡泽国有助于抵抗金军骑兵。

再次,从历史发展来看,杭州经济发达,交通便利,有人物邑居之繁,在宋代已发展成为东南第一会。五代时期,杭州作为吴越都城,也是北宋时杭州州治所在,又"不被干戈",经过八十多年的建设,比前朝几乎扩大一倍,至北宋成为"东南第一州","兼有天下之美",其民富足安定,有"上有天堂,下有苏杭"之誉。

最后,杭州风景宜人,有山水登临之美。北宋柳永《望海潮·东南形胜》写其繁华景象:"东南形胜,三吴都会,钱塘自古繁华,烟柳画桥,风帘翠幕,参差十万人家。云树绕堤沙,怒涛卷霜雪,天堑无涯。市列珠玑,户盈罗绮,竞豪奢。"①杭州经济繁华,物力雄厚,风景优美,有作为国都所必需的城市体制和雄厚的物质基础。

对于当时定都争议最大的两座城市杭州与建康,北宋欧阳修《有美堂记》中,对杭州与建康进行了比较,认为钱塘兼有天下之至美与至乐:

> 夫举天下之至美与其乐,有不得兼焉者多矣。故穷山水登临之美者,必之乎宽闲之野、寂寞之乡,而后得焉。览人物之盛丽,跨都邑之雄富者,必据乎四达之冲、舟车之会,而后足焉。盖彼放心于物外,而此娱意于繁华,二者各有适焉。然其为乐,不得而兼也。

> 若乃四方之所聚,百货之所交,物盛人众,为一都会,而又能兼有山水之美,以资富之娱者,惟金陵、钱塘。然二邦皆僭窃于乱世。及圣宋受命,海内为一。金陵以后服见诛,今其江山虽在,而颓垣废址,荒烟野草,过而览者,莫不为之踌躇而凄怆。

> 独钱塘,自五代时,知尊中国,效臣顺及其亡也。顿首请命,不烦干戈。今其民幸富完安乐,又其俗习工巧。邑屋华丽,盖十余万家。环以湖山,左右映带。而闽商海贾,风帆浪舶,出入于江涛浩

---

① (宋)柳永撰、姚学贤、龙建国纂:《柳永词详注及集评》,中州古籍出版社1991年版,第144页。

渺、烟云杳霭之间，可谓盛矣。而临是邦者，必皆朝廷公卿大臣。若
天子之侍从，又有四方游士为之宾客。故喜占形胜，治亭榭，相与极
游览之娱。然其于所取，有得于此者，必有遗于彼。独所谓有美堂
者，山水登临之美，人物邑居之繁，一寓目而尽得之。盖钱塘兼有天
下之美，而斯堂者，又尽得钱塘之美焉，宜乎公之甚爱而难忘也。[1]

可见，金陵与钱塘都有山水之美和物质之盛，然金陵经过战争，颓垣
废址，令人凄怆，钱塘则人民幸福安乐，既有山水登临之美，又有人物邑
居之繁。又加之有海上贸易，独兼天下之美，所以定都杭州，又是偶然中
的必然。

南宋临安从 1138 年正式定都算起，持续建都时间长达 138 年，但名
义上一直是"行在所"，即皇帝暂时驻跸的地方，朝廷以此向天下显示其
恢复之志，故称为临安有很强烈的政治色彩。

二、城市布局

南宋都城临安是在独特的自然、历史、文化等因素中和合而成。南
宋初期国力有限，基本沿袭五代吴越国都城旧址，加之独特的地理环境，
所以临安城的建设理念较为灵活，出现了与历代皇城不同的种种异象，
谓都城史上罕见的特例。

临安皇城依山环水，南高北低。西临凤凰山，东边则是低矮的馒头
山，城东南是钱塘江，城西是西湖湖山，皇城主体部分的建筑就集中在两
山之间由南至北的谷地上，"南北展，东西缩"的地理环境，使都城平面形
如腰鼓，所以临安的别称又叫"腰鼓城"。据《西湖游览志》记载："凤凰
山，两翅轩翥，左薄湖浒，右掠江滨，形若飞凤，一郡王气，皆藉此山。"[2]唐
代州治，主要集中在凤凰之右翅，到"南宋建都，而兹山东麓，环入禁苑。

---

① (宋)欧阳修撰，洪本健校笺：《欧阳修诗文集校笺》，上海古籍出版社 2009 年版，第 1035—
　　1036 页。
② (明)田汝成辑撰，尹晓宁点校：《西湖游览志》，上海古籍出版社 2017 年版，第 55 页。

张闳华丽,秀比蓬昆,佳气扶兴,萃于一脉"。①

独特的地形造就了与众不同的都城格局。古代都城布局主要有两种:一是"北宫南市",皇宫在北,居民在南,如唐代长安;二是皇宫置于城中间,周围散布居民,如北宋的汴梁。南宋皇城则开创了"南宫北市"的先河,皇城在南,居市在北,人称"倒骑驴"。南宋皇城总体布局依然按照北宋汴京大内规划,但规模不及,格局也有相应的变化。据《南渡行宫记》称:"(临安)皇城九里。"②可见,皇城规模不大,皇城大内又分为南大内和北大内,南内为禁城,是皇帝所居的宫殿,北内为德寿宫,是高宗退位后所居之处,因高宗在世时间长,政治地位极高,北内的布局也依南内格局而建。

除了独特的地形外,临安的建城理念与开封也不相同。开封在当时是实现了中原统一皇朝的首都,开封皇城宫苑的建设,尽力向历史上的周、汉、唐等中原盛大皇朝学习,务求规模宏大,制度完备,方方正正,规规矩矩。因此,开封城的建设通过人为的改变,将原本平坦的地势、弯曲狭窄的街巷营建成方方正正、体量巨大的皇城宫苑和道宫,有笔直宽阔的御街,连绵起伏的山岳,大面积的湖泊和蜿蜒曲折的河流,并移置了大量采自太湖、灵璧的巨石。但南宋毕竟是经过一番惨痛的挫败后迁到临安,南宋朝野的失落感和耻于现状感是很明显的,这在很大程度上影响了临安皇城宫苑建设的指导方针,如真德秀所说:"国家南渡,驻跸海隅,何异越栖会稽之日? 宗庙宫室本不应过饰,礼乐文物本不应告备,惟当养民抚士,一意复仇。"③所以在营建皇城宫苑时,并没有大兴土木,在尽可能建立皇家威仪与臣民的期许下找到一条折中之路,在旧城的基础上,尽量因地制宜,随顺自然,不做过多人为的改变,这种思想贯穿在临安整个皇城宫苑的整体规划与布局中。如果说开封是经过精心设计的城市,那么南宋临安因受山河之阻,又迫于初年国势危急、无力大规模营

---

① (明)田汝成辑撰,尹晓宁点校:《西湖游览志》,上海古籍出版社 2017 年版,第 55 页。
② (元)陶宗仪:《南村辍耕录》卷一八《记宋宫殿》,中华书局 1959 年版,第 223 页。
③ 佚名:《续编两朝纲目备要》卷一四,中华书局 1995 年版,第 261 页。

建等因素的影响,沿用五代吴越国时期旧城略加改建,形成了自己独特的风格。

朱熹曾以观城比喻读书。朱熹认为读书当如观一座城市,"且如人入城郭,须是逐街坊里巷屋庐台榭车马人物,一一看过方是"。[①] 可见,"街坊里巷屋庐台榭"相关于城市的基本格局,也是城郭的主要标识物。皇城的布局是城市布局的典型形态,各州县城市一般都仿照都城建制。试观临安城的布局。

临安皇城的南大门叫丽正门,丽正门的城楼,是皇帝举行大赦的地方。《梦粱录》记其繁华:"大内正门曰丽正,其门有三,皆金钉朱户,画栋雕甍,覆以铜瓦,镌镂龙凤飞骧之状,巍峨壮丽,光耀溢目。左右列阙,待百官侍班阁子。"[②]雕梁画栋,尽显威仪气象。宫中正殿为大庆殿,又名崇政殿,是举行大典、大朝会之所。据《宋史》载,宋高宗以临安为行宫后,"宫室制度皆从简省,不尚华饰",《武林旧事》中记者许多宫殿都是随事更名,一殿多用:"垂拱、文德、大庆、紫宸、集英,以上谒之'正朝',亦有随事更名者。"[③]《梦粱录》卷八载:"丽正门内正衙,即大庆殿,遇明堂大礼、正朔大朝会,俱御之。如六参起居,百官听麻,改殿牌为文德殿;圣节上寿,改名紫宸;进士唱名,易牌集英。"[④]因不同的功能,易牌更换不同的殿名。

南内大庆殿东西两侧设朵殿,是皇帝举行仪式前休息之所,后改为延和殿,供皇帝便坐视事,即为便殿。内朝宫殿有十余座。勤政殿、福宁殿是皇帝的寝殿。慈宁殿、慈明殿是皇太后起居的殿宇,仁明殿、慈元殿等数座宫殿为皇后、嫔妃所居。太子的东宫为了节省,没有另外修筑,而是和帝、后的宫室经长廊连为一片。至后期,内朝除宫殿外,堂、阁、斋、楼、台、轩、观、亭,星罗棋布。

北内布局亦仿照皇城,有德寿殿、后殿、灵芝殿、射厅、寝殿、食殿等

---

① (宋)朱熹撰,黎靖德编:《朱子语类》,中华书局1986年版,第2086页。
② (宋)吴自牧:《梦粱录》,张社国、符均校注,三秦出版社2004年版,第104页。
③ (宋)周密撰,李小龙、赵锐评注:《武林旧事》,中华书局2007年版,第101页。
④ (宋)吴自牧:《梦粱录》,张社国、符均校注,三秦出版社2004年版,第104页。

十余座殿院,中有金鱼家池、小西湖,湖上有万寿桥,桥中间有四面亭,湖畔垒石为万寿山,还有飞来峰,峰上有座聚远楼。小西湖周边还有香远堂、清深堂、松菊三径、梅坡、月榭、芙蓉冈、浣溪等景观。

各个中央政府机构和太庙、玉牒所等皇家宗庙机构错落有致地分布在大内北门和宁门和朝天门之间的御街的西侧。南宋的三省六部是政府的执政机构,三省,指的是尚书省、中书省、门下省。尚书省下面又有六个部:吏部、户部、礼部、兵部、刑部、工部。三省六部位于御街两侧。太庙设在城外。据《朝野杂记》载:"太庙奉神一岁五飨,朔祭而月荐所,五飨以宗室诸王,朔祭以太常卿行事。"太庙的祭祀活动隆重而且频繁。可见宫殿并不是呈左右对称分布,传统的"前朝后市,左祖右社"的格局被打破。

御街是临安城的一条主要街道,御街南起皇城北门和宁门外,全长约4185米,宽约15.3米,是南宋临安城的中轴线,贯穿全城。临安城沿袭北宋"厢坊制",以御街为中轴,联系各坊巷,同时连接城内小街道,组成临安城的道路系统,形成了杭州城区的基本空间结构。御街也是皇帝于"四孟"到景灵宫朝拜祖宗时的专用道路。《咸淳临安志》等文献记载,铺设南宋御街一共使用了一万多块石板,现考古发掘出了用香糕砖铺的御街。

御街对百姓来说也很重要,它集中了数万家商铺,临安城一半的百姓都住在附近,靠近皇城的街南是政府机构、皇亲国戚的处所,街北设有国子监、太学、武学、贡院等文化教育机构,附近还有当时最大的书市和游艺场。北瓦是当时文化娱乐中心,日夜表演杂剧、傀儡戏、杂技、影戏、说书等多种戏艺,每天有数千市民在这里游乐休闲。据吴自牧《梦粱录》记载,这里名店、老店云集,有名可查的多达120多家,书中绘声绘色地描述了南宋御街夜市的情状:"杭城大街,买卖昼夜不绝,夜交三四鼓,游人始稀;五鼓钟鸣,卖早市者又开店矣……"以御街为轴,这里构成了临安的政治中心、经济中心和文化娱乐中心。

除了南北向的中轴御街,临安城内的街道,大都以东西向为多,与东西两边的城门相通。这样的设计有利于沿街居民的住房坐北朝南,适应杭州多东南风的气候特点,达到冬暖夏凉的效果。

综上可见,临安城规划中体现出的灵活性,不仅局限于礼制建筑的布局,宫殿布局因山就势,气势混成,道路交通的建设也充分体现尊重自然地理的特征,是中国古代利用地形组织建筑群的优秀例证。同时,注重对城市生态环境的保护与利用,体现出城市经营的先进理念。

三、园林城市

南宋时期,中国古典园林的发展已进入成熟期,临安成为园林最精致发达的城市,可以说,临安是以园林景观城市著称于世。杭州在中国城市中的重要性,正在于它是中国景观城市观念的原型,是自然与人文相融合的典范。这一特点的形成主要有以下原因。

其一,独特优美的自然环境,山水宜居亲人。《宋史》卷九七《河渠志》载:"西湖周围三十里,原出于武林泉。"西湖在城西,余则三面环山,耸峙西南的是天竺山,高450米,是西湖第一高峰,与天竺山相连的依次有龙井山、南高峰、玉皇山、凤凰山、吴山等,因处于西湖之南,总称南山。天竺山以北有灵隐山、北高峰、葛岭、宝石山诸峰,总称北山。西湖周边的山皆不高,丘壑岩泉,曲折变化,晦明风雨,四时咸宜,本就是一自然天成的山水景观。

其二,历史丰富的人文环境。历代朝廷疏浚治理西湖的同时,又在西湖沿岸和群山之中建造了大量亭台楼阁,寺庙精舍,"一半湖山一半城",形成山水与城市相融,自然与人文互成的人间仙境。有白居易诗为证,"江南忆,最忆是杭州";"未能抛得杭州去,一半勾留是此湖"。北宋柳永《望海潮·东南形胜》写其繁华景象:"东南形胜,三吴都会,钱塘自古繁华,烟柳画桥,风帘翠幕,参差十万人家。云树绕堤沙,怒涛卷霜雪,天堑无涯。市列珠玑,户盈罗绮,竞豪奢。"南宋文人周密曾如此描绘临安城的环境:"青山四围,中涵绿水,金碧楼台相间,全似着色山水。独东偏无山,乃有鳞鳞万瓦,屋宇充满,此天生地设好处也。"①由此形成了"三面云山一面城"的景观城市。

其三,临安虽然是南宋都城,但毕竟是临时行在,受地理环境、财力与政治等原因的影响,不能像北宋那样大兴土木,显其威仪气派,南宋则相对气象内敛、精致。南宋临安皇城宫苑的建设与北宋开封相比,建筑更趋小巧精致,山水主体环境凸显。经宋金更替后,时人犹记"闻汴有大殿九间者五,相国、太乙、景德、五岳"②,而南宋临安,皇城内,面阔九间的大殿却很少见,皇城内最高殿宇也多为五间大殿。建筑趋于小型后,山水的主体地位则充分显示出来,南宋皇宫最奢华的并非建筑,而是其精致的园林。

其四,因为拥有优美独特的自然环境,加之宋人高雅的审美情趣,有一种自觉的对山水的尊重与顺从,注重依山就势,与山水相和谐,不强调建造过大体量的人工工程。因此,无论是凤凰山皇城,还是德寿宫,其精华部分并不在宫殿区而在后苑区。南宋这些皇宫后苑,看起来规模不大,但精巧奢靡的程度却是惊人。南宋统治者像栽培盆景般精心营建自己的后花园,以模仿和表达自然湖山之美的意境为主旨。

在此基础上,临安形成了以园林景观为中心的城市意象。由于临安的城市布局与建筑并没有严格遵循政治和社会相关权力的等级结构的表达,而是遵循自然山水的脉络生长,遵循在山水中漫游与生活的诗意方式而生成,似一幅长卷连续蔓延,又如"千个扇面"逐一展开。千个扇面的意象出自《西湖老人繁胜录》:"(金国奉使)下节步行,争说城里湖边有千个扇面,不啻说,我北地草木都衰了,你南中树木尚青。"③江南地暖,山水含烟笼翠,俏丽多姿,自与北方风景殊异。这种宏阔的山水景观和精

---

① (宋)周密撰,王根林校点:《癸辛杂识》续集下《西湖好处》,上海古籍出版社 2012 年版,第
115—116 页。

② (宋)周密撰,王根林校点:《癸辛杂识》别集上《汴染杂事》,上海古籍出版社 2012 年版,第
124 页。

③ (宋)西湖老人:《西湖老人繁胜录》,中国商业出版社 1982 年版,第 16 页。

微的千个扇面，共同构成了丰富立体的城市环境之美。

这千个扇面中最著名的便是西湖十景。西湖十景，形成于南宋，据南宋文人祝穆《方舆胜览》载，当时画家称湖山四时景色最奇者有十：平湖秋月、苏堤春晓、断桥残雪、雷峰夕照、南屏晚钟、曲院风荷、花港观鱼、柳浪闻莺、两峰插云、三潭印月（苏堤三塔）。西湖十景名闻中外，流传至今，日本、韩国都有对西湖十景模式的移植与借鉴。

除此之外，还有宫廷中荟萃的各式园林。南宋朝廷借助于临安的山灵水秀，建造了大量的供帝、后闲适生活的场所。"自六飞驻跸，日益繁艳，湖上屋宇连接，不减城中，有为诗曰：'一色楼台三十里，不知何处觅孤山。'""中兴以来，衣冠之集、舟车之舍、民物阜蕃、宫室巨丽，尤非昔比。"西湖已成游览胜地。帝王居处的奢华并不表现在宫殿上，而多表现在园林上。以高宗所居住的德寿宫为例。据《武林旧事》记载，高宗雅爱湖山之胜，恐数跸烦民，乃于宫内凿池造山。① "自此官里知太上圣意不欲频出劳人，遂奏知太上，命修内司日下于北内后苑建造冷泉堂，叠巧石为飞来峰，开展大池，引注湖水，景物并如西湖。其西又建大楼，取苏轼诗句，名之曰'聚远'，并是今上御名恭书。又御制堂记，太上赋诗，今上恭和，刻石堂上。是岁翰苑进《端午帖子》云：'聚远楼前面面风，冷泉堂下水溶溶。人间炎热何由到，真是瑶台第一重。'又曰：'飞来峰下水泉清，台沼经营不日成。境趣自超尘世外，何须方士觅蓬瀛。'皆纪实也。"② 叠山理水，在宫内打造飞来峰、大龙池和万岁山等园林景观。

除此之外，还有风格各异的园林建筑群，满足不同的功能和需要，如有观赏牡丹的钟美堂，观赏海棠的灿美堂，海棠花旁有照妆亭，有赏梅的春信亭、香玉亭，四周环水的澄碧堂，水旁有垂纶亭、鱼乐亭、喷雪亭、流芳亭、泛羽亭，林中有凌寒亭、此君亭，有玛瑙石砌成的会景堂，有四周遍植乔木古松的翠寒堂，还有博雅书楼、观德亭、万景亭、清暑楼等等，宛如

① （宋）周密撰，李小龙、赵锐评注：《武林旧事》，中华书局2007年版，第107页。
② 同上书，第197页。

人间仙境。

以禁中纳凉为例:"禁中避暑,多御复古、选德等殿,及翠寒堂纳凉。长松修竹,浓翠蔽日,层峦奇岫,静窈萦深,寒瀑飞空,下注大池可十亩。池中红白菡萏万柄,盖园丁以瓦盆别种,分列水底,时易新者,庶几美观。又置茉莉、素馨、建兰、麝香藤、朱槿、玉桂、红蕉、阇婆、簷葡等南花数百盆于广庭,鼓以风轮,清芬满殿。御笫两旁,各设金盆数十架,积雪如山;纱厨后先,皆悬挂伽蓝木、真腊龙涎等香珠百斛;蔗浆金碗,珍果玉壶,初不知人间有尘暑也。闻洪景卢学士尝赐对于翠寒堂,三伏中体粟战栗,不可久立。上问故,笑遣中贵人以北绫半臂赐之,则境界可想见矣。"[1]在没有空调等先进技术降温的时代,能够于三伏中觉寒冷战栗,一是因于亭建于山上,气温会比平地凉爽,二是主要靠绿植和水体来降温,通过种植竹木、堆叠假山、修建瀑布、水里种荷、放置各种盆花、风轮吹送花香、堆放冬天收集的冰雪、悬挂香木香料、准备甘蔗汁和各种水果,使园林中浓翠蔽日,寒瀑飞空,故名为"翠寒堂"。凡此种种,都是绿色环保的办法,起到美化环境,营造宜居、利居、乐居的生活环境。

南宋临安园林数量众多,遍布临安城内外,西湖周边更为集中,特别是南山路和北山路两侧各类园林集聚。如城东名园有东御园(即富景园)、五柳园(又名西园)、庆东园(即南园)等名园,城南的庆乐园,尤以韩侂胄的南园和贾似道的集芳园最为著名。据陆游《南园记》载,庆元三年(1197年)二月,慈福皇后赐给平原郡王韩侂胄。嘉泰年间(1201—1204)大兴土木,重新整葺开拓,"因其自然,辅以雅趣",天造地设,极湖山之美。"其宴乐笑语,彻闻神御(太庙)之所"。园林景观的类型主要有皇家园林景观、私家园林景观、寺观园林景观、公署园林景观、公共园林景观等。这些园林景观体系构成多样,有山石景观、水体景观、植物景观、建筑景观等。其景观体系共同构成临安城独特的建筑园林。临安园林数量众多、类型丰富、景观体系构成丰富,使得园林成为各阶层人士游憩的

---

① (宋)周密撰,李小龙、赵锐评注:《武林旧事》,中华书局 2007 年版,第 82—83 页。

最佳去处,游园活动兴盛至极。

四、末世繁华

《梦粱录》《武林旧事》《西湖梦寻》等笔记中,记录了很多临安的繁华生活与四时的游赏之乐。西湖四周,"台榭亭阁,花木奇石,影映湖山,兼之贵宅宦舍,列亭馆于水堤,梵刹琳官,布殿阁于湖山,周围胜景,言之难尽……春则花柳争妍,夏则荷榴竞放,秋则桂子飘香,冬则梅花破玉、瑞雪飞瑶。四时景色不同,而赏心乐事者亦与之无穷矣"。[①]"杭州苑囿,俯瞰西湖,高挹两峰,亭馆台榭,藏歌贮舞,四时之景不同,而乐亦无穷矣。"[②]可见,"赏心之事乐亦无穷"是临安人生活的理想追求。

宋人尚乐,既有理学家的经道之乐,也有常人的世俗享乐,士大夫们作为社会的精英,其赏心乐事将二者兼而有之。孝宗淳熙八年(1181年),时任临安通判的张镃著有《四并集》,记每月的赏心乐事,故又名《赏心乐事》。书中"排比十有二月燕游次序……然为具真率,毋至劳费及暴殄沉湎,则天之所以与我者,为无负无忝"[③],提出无负无忝天之所与的尚乐观点。"盖光明藏中,孰非游戏,若心常清净,离诸取著,于有差别境中,而能常入无差别定,则淫房酒肆,遍历道场,鼓乐音声,皆谈般若,倘情生智隔,境逐源移,如鸟黏黐,动伤躯命,又乌知所谓说法度人者哉。"[④]可见,张镃的游赏之乐不同于凡夫的耽溺于纵欲享乐之中,而是在禅的透脱之中又能得万物之理趣,从而不负天之所与,光明藏中事理自若,不会发生"情生智隔,境逐源移",为物所役之事。苏轼在《前赤壁赋》中有"惟江上之清风与山间之明月,耳得之而为声,目遇之而成色,是造物者之无尽藏也"。张镃的"光明藏"既是佛性三昧,亦是苏东坡所说的"造物者之无尽藏",在达观中对造物者无尽藏的体贴和意会。杨万里《约斋南

① (宋)吴自牧:《梦粱录》卷一二《西湖》,中国商业出版社1982年版,第96—97页。
② (宋)吴自牧:《梦粱录》卷一九《园囿》,中国商业出版社1982年版,第163页。
③ (宋)周密撰,李小龙、赵锐评注:《武林旧事》,中华书局2007年版,第250—251页。
④ 同上书,第251页。

湖集序》云:"初予因里中浮屠德璘谈循王之曾孙约斋子能诗声,余固心慕之,然犹以为贵公子,未敢即也。既而访陆务观于西湖之上,适约斋子在焉。则深目颦蹙,寒肩朦膝,坐于一草堂之下,而其意若在岩壑云月之外者,盖非贵公子也,始恨识之之晚。"①正写其不为俗情所染的超妙境界。

士大夫拥有深厚的学养和高雅的鉴赏力,他们的风雅之致是一个时代审美的风向标。孝宗淳熙十二年(1185年),张镃在南湖北滨购地百亩,构置南湖园林,时称"赛西湖",见其园林之精妙。《桂隐百课》记录了其卜居南湖,营建南湖别业的格局,其中以南湖为中心,修葺扩建成东寺、西宅、南湖、北园、亦庵、约斋、众妙峰山等七大园区。

> 东寺为报上严先之地;西宅为安身携幼之所;南湖则管领风月;北园则娱燕宾亲;亦庵晨居植福,以资净业也;约斋昼处观书,以助老学也。至于畅怀林泉,登赏吟啸,则又有众妙峰山,包罗幽旷,介于前六者之间。区区安恬嗜静之志,造物不相负矣。或问余曰:"造物不负子,子亦忍负造物哉?释名宦之拘囚,享天真之乐适,要当于筋骸未衰时。今子三仕中朝,颠华齿坠,涉笔才十二旬,如之何则可。"余应之曰:"仕虽多,不使胜闲日,余之愿也,余之幸也,改不勉旃。②

张镃提到造物不负人,人亦不负造物的审美观。人不负造物,贵在人能在时间上感悟四时之美好,一年好景君须记,四时风物并看取,能感受自然风物的情趣和理趣。在空间上,贵在能合理布局其生活环境,既能有序安排家庭伦常的生活空间,也能关照到个人精神世界的独立空间,还有人投身于自然怀抱的自由空间,构成一种最为和谐的生活环境,即一种园林式的居住环境。这种和谐的生活环境要求居住者在心境上,既要能入乎其内,又要能出乎于外,要能即物而不着于物,道器如一,这

---

① (宋)张镃撰,吴晶、周鹰点校,当代中国出版社2014年版,第5页。
② (宋)周密撰,李小龙、赵锐评注:《武林旧事》,中华书局2007年版,第225页。

也正体现了宋人既要有君亲之心，又要有林泉之致的中道而居的生活
理想。

　　这种理想的实现一方面需要良好的社会环境作为保障，同时要有雅
正的情志，否则在现实中很容易流于奢华。张镃本人的牡丹会在当时则
名噪一时，其富足奢华讲究即使今日也令人瞠目。周密《齐东野语》中言
"其园池声会服玩之丽甲天下"，并详细记载了他的牡丹会：

> 众宾既集，坐一虚堂，寂无所有。俄问左右云："香已发未？"答
> 云："已发。"命卷帘，则异香自内出，郁然满坐。群妓以酒肴丝竹次
> 第而至，别有名姬十辈皆衣白，凡首饰衣领皆牡丹，首带照殿红一
> 枝，执板奏歌侑觞，歌罢乐作乃退。复垂帘，谈论自如。良久香起，
> 卷帘如前，别十姬易服与花而出。大抵簪白花则衣紫，紫花则衣鹅
> 黄，黄花则衣红。如是十杯，衣与花凡十易，所讴者皆前辈牡丹名
> 词。酒罢，歌者、乐者无虑数百十人，列行送客，烛光香雾，歌吹杂
> 作，客皆恍然如仙游也。①

　　客人先坐在一空空如也的大堂之中，稍后有异香自室内徐徐而入，
然后群妓一批十人分十次分别着异常雅致的服饰，携酒肴丝竹歌舞而
至，每一轮中间会有间歇，待客人自如畅谈，异香再起时，则有下一拨歌
妓再变换服饰与牡丹花而入。这种高雅别致的对声色之美的追求，非一
般王孙贵族可比，由此可见文人雅士对仙境般的奢华生活的讲究和
品味。

　　士人生活已然如此，而人君之身，居极至之地，是天下的标准，周公
所谓"以为民极"者是也，则更有过而不及之处。以德寿宫的皇家生活来
看，《武林旧事》记载太上皇与孝宗的中秋赏月及夜宴：

> 淳熙九年八月十五日，驾过德寿宫起居，太上留坐至乐堂进早
> 膳毕，命小内侍进彩竿垂钓。上皇曰："今日中秋，天气甚清，夜间必

---

① (宋)周密撰，李小龙、赵锐评注：《武林旧事》，中华书局 2007 年版，第 258 页。

有好月色,可少留看月了去。"上恭领圣旨,索车儿同过射厅射弓,观御马院使臣打球,进市食,看水傀儡。晚宴香远堂,堂东有万岁桥,长六丈余,并用吴璘进到玉石甃成,四畔雕镂阑槛,莹彻可爱,桥中心作四面亭,用新罗白罗木盖造,极为雅洁。大池十余亩,皆是千叶白莲。凡御榻、御屏、酒器、香奁、器用,并用水晶。南岸列女童五十人奏清乐,北岸芙蓉冈一带,并是教坊工,近二百人。待月初上,箫韶齐举,缥缈相应,如在霄汉。既入座,乐少止。太上召小刘贵妃独吹白玉笙《霓裳中序》,上自起执玉杯,奉两殿酒,并以垒金嵌宝注碗杯盘等赐贵妃。侍宴官开府曾觌恭上《壶中天慢》一首云:"素飙飏碧,看天衢稳送,一轮明月。翠水瀛壶人不到,比似世间秋别。玉手瑶笙,一时同色,小按霓裳叠。天津桥上,有人偷记新阕。当日谁幻银桥,阿瞒儿戏,一笑成痴绝。肯信群仙高宴处,移下水晶宫阙。云海尘清,山河影满,桂冷吹香雪。何劳玉斧,金瓯千古无缺。"上皇曰:"从来月词不曾用金瓯事,可谓新奇。"赐金束带、紫番罗水晶注碗一副。上亦赐宝盏古香。至一更五点还内。是夜隔江西兴,亦闻天乐之声。[①]

从上述描写亦可见出"造物不负人,人亦不负造物"的环境审美观。中秋月圆,不可辜负好月色,太上皇与皇帝共同赏月、赏花,有清乐燕舞,诗词歌赋,可谓人间至乐。

然乐景中又有着深沉的哀情。林升的《题临安邸》有诗为证:"山外青山楼外楼,西湖歌舞几时休?暖风熏得游人醉,直把杭州作汴州",以乐景写哀景,更增其哀。临安的生活毕竟于不同于开封。南渡苟安,半壁江山,然而越是在危亡之际,越是沉溺于享乐,极尽绮靡,这种张力是一种怎样的心理!

北宋的"梦华体"继续在南宋上演。"梦华体"出自两宋之交的孟元老所写追忆汴京繁盛的《东京梦华录》。"梦华体"可以说是幻灭之后对

---

① (宋)周密撰,李小龙、赵锐评注:《武林旧事》,中华书局 2007 年版,第 204—205 页。

盛世繁华的追忆,正所谓"园圃之废兴,洛阳盛衰之候也"。① 南宋王朝被更替之后,临安皇宫先遭火焚,临安城墙与城门被逐渐夷为平地,后被改为佛寺。南宋耐得翁的《都城纪胜》、周密的《武林旧事》、吴自牧的《梦粱录》等多写于风雨飘摇或改朝换代、繁华梦幻之际,可谓是一部部深寓黍离之悲的记录。《四库全书总目》评《武林旧事》云:"湖山歌舞,靡丽纷华,著其盛,正著其所以衰。遗老故臣,恻恻兴亡之隐,实曲寄于言外,不仅作风俗记、都邑簿也。"《都城纪胜》叙录亦云:

> 宋自南渡之后,半壁仅支,而君若臣,溺于宴安,不以恢复为念,西湖歌舞,日夕流连,岂知剩水残山,已无足恃,顾有若将终焉之志,其去燕巢危幕几何矣。而耐得翁为此编,惟盛称临安之明秀,谓"民物康阜,过京师十倍";又谓:"只兴百余年,太平日久,视前又过十数倍。"其昧于安危盛衰之机,亦甚矣哉。然彼或窥见庙堂之上不能振作,为此以逢其所欲,抑亦知其书流传必贻笑于后世,故隐其姓名,而托"子虚""乌有"之伦乎? 不然,则既操子墨口未读孟坚《两都赋》,托讽谏以立言而为是违道铺张也。②

《四库全书总目提要》谓其:"是时旧敌已去,新衅未形,相与燕雀处堂,无复远虑。是书作于端平二年(1235年),正文武恬嬉,苟且宴安之日,故况趋靡丽,以至于斯。作是书者,既欲以富盛相夸,又自知苟安可愧,故讳而自匿,不著其名……以其中旧迹遗闻,尚足以资考核,而宴安鸩毒,亦足以垂戒千秋。"③均指出这类"梦华体"在繁华背后所记录的深沉情思。

然而,繁华与游赏的表面下,也有政治的较量,与政治秩序密切相关。高宗在位35年,禅位后又25年,高宗影响朝政长达半个世纪,对南宋的政治、经济、文化影响巨大。南宋初年高宗定"和议"为"国是",认同

---

① (宋)李格非撰:《洛阳名园记》,文学古籍刊行社1955年版,第13页。
② (宋)耐得翁撰:《都城纪胜》,中国商业出版社1982年版,第17页。
③ 同上书,第18页。

"和"与"安静"。① 南宋偏安之局自始即建立在"和议"的基础上。高宗退位后,依然关注朝政,左右朝政。孝宗在历史上以孝著称,无改父志,孝宗前期隐忍,后期则希望有所作为,有"恢复"之意。《鹤林玉露》丙编卷四"中兴讲和"条云:"孝宗初年,规恢之志甚锐,而卒不得逞者,非特当时谋臣猛将凋丧略尽,财屈兵弱未可展布,亦以德寿圣志主于安静,不思违也。"②《朱子语类》卷一二七有一句扼要的话:"寿皇本英锐,⋯⋯后来欲安静,厌人唤起事端,且如此打过。"③可知,安静本是高宗的主张,而孝宗则徘徊在"恢复"与"不思违""不敢违"的境地之中。"在淳熙中期,高宗与孝宗之间曾获致一个互相默契的妥协方案。前者同意后者储积力量,为将来'恢复'做准备;后者则尊重前者的'安静'要求,承诺在前者生前不改变建立在'和议'基础上的现状。"④所以,高宗退居德寿宫后,孝宗仍"一月四朝",嘘寒问暖,孝感动天,为我们留下父慈子孝的动人画面,也留下了宫中奢华的生活景象。但"一月四朝"并不只是停留在生活层面,更重要的是高宗要以此影响控制孝宗,使孝宗最终接受其"主于安静"的政治主张。《西湖游览志余》记载:"淳熙中,上(按:孝宗)益明习国是,老成向用矣。一日朝德寿,谓之曰:'天下事,不必乘快,要在坚忍,终于有成。'上再拜,大书揭于选德殿。"⑤可见,高宗与孝宗朝的基本国是即和议与安静,也正是在这一大的政治环境下,才有偏安下的繁华,才有临安山水天下奇的胜景。

或许正如诗人海涅所说:"春天的特色只有在冬天才能认清,在火炉背后,才能吟出最好的五月诗篇。"临安的繁华也只有夷族的铁蹄声中,在无时不在的幻灭感中才能绽放得更绚烂、更深沉,也更耐人寻味。

---

① 余英时:《朱熹的历史世界:宋代士大夫政治文化的研究 》,三联书店 2004 年版,第 809 页。
② (宋)罗大经撰,王瑞来点校:《鹤林玉露》,中华书局 1983 年版,第 302 页。
③ (宋)朱熹撰,黎靖德编,王星贤点校:《朱子语类》,中华书局 1986 年版,第 3601 页。
④ 余英时:《朱熹的历史世界:宋代士大夫政治文化的研究 》,三联书店 2004 年版,第 809 页。
⑤ (明)田汝成:《西湖游览志余》卷二《帝王者会》,浙江人民出版社 1982 年版,第 17 页。

第五章　宋代园林环境美学[①]

　　园林是人们所建造的比较理想的居住环境,《林泉高致》中提出山水的可行、可望、可游、可居"四可"论断,"居"列最高位,它反映了中国人对居住品位的追求,即希望将内心深处认为最美好的山水变为"可游、可居"之所,这样的山水也就是园林兼"家园"了。园居是园林审美的主题,宋人将园居生活称之为"燕居"和"嬉游"。《洛阳名园记》《东京梦华录》等宋代史料都生动地描述了以审美为特征的园居生活。值得我们注意的是宋代很多私家园林都会开园,有着一定的开放特征,只要得到许可,百姓也可以进入,因而园林中除了达官显贵的"燕息"生活外,也有百姓的"嬉游"生活。此外,园林之乐呈现出雅俗共享的生活画面,五彩纷呈。

第一节　园林的生活化转向:"园居"

　　自先秦到宋代,园林的形式和功能发生了重大转变,人们对待园林的观念也发生了颠覆性的改变。先秦至两汉时期,园、囿、圃、苑等形式的园林对大众庶民而言是劳作的场所。直到宋代,人们才普遍地将园林

[①] 本章内容主要由武汉大学城市设计学院 2014 级博士研究生郝娉婷提供初稿,经笔者修改完成。

视为日常生活、审美、居住的家园,这种园林观成形于宋代,并持续至今。在宋代,园林的功能以审美为主,人们更加追求在园林中的审美和享受,而非祭祀、通神等距离现实生活神秘而遥远的精神寄托。精神层次转变的同时,也迎来了实际功利的嬗变:园林直接为人的生活居住服务,并且服务和享用范围扩大到普通百姓。自君臣至走卒均"在这里奉亲自娱,集会交友,享受林泉之乐"。①

一、园林向生活的渗透

李格非在《洛阳名园记》中有园林宴集和百姓游园的记载:

元祐中有留守,喜宴集于此。(《名园记·董氏西园》)

至花时……城中士女绝烟火游之。(《名园记·天王院花园子》)

《名园记》的这些园林活动记载以及前文考证中发现的大量园林交游诗作,传达了关于宋代园林的如下重要信息:(1)北宋洛阳私家园林具备一定的开放性,如《洛阳名园记》中最著名的私家园林独乐园也为百姓提供游览机会,据载,"人以公之故,春时必游"。② 这种开放也会收取一定的费用,很像今天的旅游景点,司马光独乐园守门人吕直还用园林开放所得的游赏钱为该园新添井亭一座。③(2)园林游观不再是公卿贵族和富甲巨商的专利,更渗透到普通士女。这使得园林服务的群体大大增加,园林的享用范围惠及百姓,并渗透到人们的日常生活中。诚如《洛阳名园记》所言,洛阳游园场景十分常见,邵雍云:"三月牡丹方盛开,鼓声多处是亭台。车中游女自笑语,楼下看人闲往来。"④《洛阳名园记》所载仅为洛阳地区私家园林、公共花圃等类型园林的情况,那么这是洛阳独有的风俗还是宋代的普遍现象? 事实上,这是全宋的园林风俗。

---

① 鲍沁星:《南宋园林史》,上海古籍出版社 2016 年版,第 12—13 页。
②③ (宋)胡仔撰,廖德明校点:《苕溪渔隐丛话后集》,人民文学出版社 1993 年版,第 167 页。
④ (宋)邵雍撰,郭彧整理:《伊川击壤集》,中华书局 2013 年版,第 17 页。

　　在宋代以前,少见园林对外开放的记载①,皇家园林更是戒备森严。宋代则不然,各种类型的园林都有开园习俗。北宋的皇家园林对普通百姓开放,形成天子与庶民同乐的文化氛围。金明池、琼琳苑"岁以二月开,命士庶纵观,谓之'开池'。至上巳,车驾临幸毕,即闭"。② 庶民也可以感受昔日只有皇亲国戚才能享受的宫苑美景,这是园林文化向全民日常生活渗透的重要环节。③

　　从北宋开始还出现了各种类型的公共园林④,如郡圃、城市中的亭榭公共空间等,都为市民提供了日常游观、娱乐、休憩场所。《东京梦华录》中所见勾栏瓦舍、茶楼、酒肆等城市公共空间都常有园林化设计,是大众休闲、娱乐的最常见空间。东京不少酒楼规模宏大,并附有园林,对食客开放,如宴宾楼"有亭榭,曲折池塘,秋千画舫,酒客税小舟,帐设游赏"。⑤ 在宋代,从园林归属性质上看,无论公有还是私有,都有开园的习俗,百姓可以自由游观,所以有"洛下园池不闭门"⑥、"名园虽是属侯家,任客闲游到日斜"⑦(穆修《城南五题其三·贵侯园》)之说。其他地区园林也呈现相似情形,如平江南园"每春,纵士女游观"。⑧ 加之遍布各地各种形式的公共园林,使得园林走向普罗大众,上至天子下至走卒,全民共享。据统计,以北宋东京为例,其城郊百姓游赏景点类型比例为:私家园林23%,寺观园林26%,酒肆妓馆18%,公共园林8%,皇家园林2%。⑨ 也

---

① 文王灵囿虽有对民开放的记载,"刍荛者往焉,雉兔者往焉,与民同之",但百姓在其中多从事诸如"刍荛""雉兔"等带有生产劳作性质的活动,且是否对其他非劳作对象开放未见记载。宋代皇家园林对庶民开放性不同,庶民进入园林进行纯粹的娱乐、游憩、审美活动,属于审美意义上的君民同乐。

② (宋)叶梦得:《石林燕语》,上海古籍出版社2012年版,第11页。

③ 不过,据叶梦得描述,这种开放在每年都有一定的时间限制。

④ 近来学界已有学者明确提出宋代有"公共园林"的观点,如毛华松、侯迺慧等。毛华松在《城市文明演变下的宋代公共园林研究》一文中认为公共园林在宋代已经不再是一种非主流园林,而与皇家园林、私家园林、寺观园林等一道,构成主流。

⑤ (宋)孟元老撰,伊永文笺注:《东京梦华录笺注》,中华书局2007年版,第613页。

⑥ (宋)邵雍撰,郭彧整理:《伊川击壤集》,中华书局2013年版,第96页。

⑦ 陈衍评点,曹中孚校注:《宋诗精华录》,巴蜀书社出版社1992年版,第39页。

⑧ (宋)范成大:《吴郡志》卷上,江苏古籍出版社1999年版,第191页。

⑨ 毛华松:《城市文明演变下的公共园林研究》,重庆大学2015年博士论文,第143页。

就是说,私家园林的开放和各类具有开放性的绿地以及公共园林占据日常百姓游观嬉戏的75%,共同为百姓缔造了丰富的娱乐和生活空间。

从孟元老"都人争先出城探春"①而游园的描述看来,"争先"体现百姓对园林游观的高度热诚,积极、主动、自觉地投入园林,并从中找寻生活的乐趣。园林体现出以生活为本的特征。宋人将园林视为家园,而非仅供游览观光,南宋袁燮《秀野园记》云:"此吾家不可阙者,与其增膏腴数十亩而传之后裔,孰若复三亩之园而不坠其素风乎?此厨君子之所乐也,岂徒游观之谓哉?"②园林在宋代社会生活中的渗透体现在如下几点。

首先,游园不论身份。无论男、女、老、少、贫、富与否,全民都积极主动走入园林,并在其中进行各种活动,《洛阳名园记》中"士女"游天王院花园子即如此。宋代,女子同男性一样,频繁出游。刘谊《曾公岩记》载"州人士女与夫四方之人"皆前来桂林赏曾公岩;《说郛》说西池春游时"都城士女欢集";周密《武林旧事》记载了元宵节杭州"都民士女,罗绮如云"。③ 总之女性出游十分常见,大概以李清照"兴尽晚回舟"④为典型。老与幼同样爱游玩,时人田况《浣花亭记》就记载了"曛夜老幼相扶,挈醉以归,其乐不可胜言"⑤的公众尽兴出游场景。皇亲国戚、名士公卿大都拥有自己的宅园,他们之间相邀赏园可谓见惯不惊,那么贫穷者呢?吴自牧言:"至于贫者,亦解质借兑,带妻携子,竟日嬉游,不醉不归。"⑥《洛阳名园记》所提及的诸多私家园林里也上演无论贵贱官民共处园林的场景。富弼、文彦博、司马光等在洛阳组织著名的"耆英会",第一会在富郑公园举行,其他人轮流做东,依次在各园中举办宴集,对此洛阳人邵伯温记载道:"洛阳多名园古刹,有水竹林亭之胜,诸老须眉皓白,衣冠甚伟,

① (宋)孟元老撰,伊永文笺注:《东京梦华录笺注》,中华书局2007年版,第612页。
② (宋)袁燮:《秀野园记》,见《全宋文》第281册,上海辞书出版社2006年版,第242页。
③ (宋)周密撰:《武林旧事》,浙江古籍出版社2011年版,第39页。
④ (宋)李清照撰,黄墨谷辑校:《重辑李清照集》,中华书局2009年版,第10页。
⑤ (宋)田况:《浣花亭记》,《全宋文》第30册,上海辞书出版社2006年版,第52页。
⑥ (宋)吴自牧:《梦粱录》,浙江人民出版社1980年版。

每宴集,都人随观之。"①名士公卿相邀于各园中宴会雅集,"都人随观之"的场景说明了公卿大夫私家园林对百姓开放,允许他们进园游观,同时颇有不论贵贱臣民和乐的园林活动氛围。这说明,在两宋,园林已经走入寻常百姓,无论男女、贵贱,都痴情于园林生活,游则尽兴尽致,"不醉不归"。宋画不乏对这种大众园林生活的描摹。(如图5-1、图5-2、图5-3所示)

图5-1　宋　佚名　《荷亭婴戏图》
《宋画全集》

图5-2　宋　佚名　《春游晚归图》
《宋画全集》

其次,园林游观不论时节。四时有景可赏,无论平时还是节日,均有园林相伴,春有百花酣,夏有蝉噪林,秋有金菊明月清风伴,冬有白雪压松竹,四时游观活动不绝,适逢节气,园中更是人群嬉闹,场面甚是宏大。北宋韩琦云:"天下郡县无远迩小大,位署之外,必有园池台榭观游之所,以通四时之乐。"②韩琦之语见出当时郡县都有通四时之乐的园池以供游观。

图5-3　宋　李嵩　《水殿招凉图》
《宋画全集》

再次,文人雅致生活和百姓世俗生活都在园中开展,园林并非绝对

---

① (宋)邵伯温撰,王根林校点:《邵氏闻见录》,上海古籍出版社2012年版,第58页。
② (宋)韩琦:《定州众春园记》,《全宋文》第40册,上海辞书出版社2006年版,第37页。

意义上的文人清雅品格的呈现场所,而是日常生活的大熔炉(园林中的文雅和世俗嬉闹生活在下文将展开详细论述)。宋人已经普遍建立起在园林中展开日常生活和审美活动,形成高度的"园居自觉"。

园林普及和对人们日常生活的渗透,还可以从宋词中领略,如晏殊的《浣溪沙·一曲新词酒一杯》:"一曲新词酒一杯,去年天气旧亭台。夕阳西下几时回?无可奈何花落去,似曾相识燕归来。小园香径独徘徊。"①宋词通常借助对亭、台、楼、栏楯、窗、帘幕、池沼、小径等园林场景的描摹以抒情,园林题材数不胜数。宋词与园林产生某种相似的内在品格而交织在一起,这时期的词人呈现出园林情怀。正因为园林渗透到宋人生活的各个层面,既有高雅的抚琴弄墨,也有俗化的百姓嬉闹,词作为文学艺术取材于生活,因而园林润物细无声地浸润着宋词领地,使宋词散发园林气息,词人也拥有了园林情怀。②

宋代园林有渗透到社会生活各个角落的趋势,使园林与风俗建立联结,诞生一种园林风俗,成为融入所有中国人血液里的某种精神文化基因并遗传下来。当园林从上古时期的经济生产母体及通神通仙的功能中剥离出,并以居住审美为主要诉求后③,很长一段时间内,园林一般只涉及于达官显贵或文人隐士的生活,且他们多在其中进行功利悬置状态的纯粹美活动,诸如卧听雨打芭蕉,闲看小桥流水、楼台花木掩映,或者从事需要借助园林这样富有诗情画意的空间场所以便更好地展开的高雅活动,如抚琴、弄墨、文酒、诵吟之属。宋代则发生了转变,不仅纯粹意义上的审美活动,或是诗情画意的文人雅事在园林中继承下来,甚至那些过去根本无须在园林中开展的大众化的、普及化的、世俗的日常活动,都在皇家、私家以及公共园林中全面铺开。审美时选择园林,嬉闹游戏

---

① (宋)晏殊:《晏殊词集》,上海古籍出版社2016年版,第7页。
② 唐代诗词中也不乏园林的写照,只不过,还没有形成宋代这样的规模。
③ 在宋代,园林尽管从经济生产母体中剥离出,但并为脱剥殆尽,只是经济生产相对审美已经极度弱化,不太瞩目而已。其实,宋代无论私家还是公共园林,仍然偶见经济生产的影子,如司马光独乐园中有"采药圃",种植草药无论是自给自足还是市肆出售,都是出于经济生产的目的。再如,天王院花园子即是公共游观的园林,也是专门进行牡丹种植和交易的场所。

的世俗日常生活仍然选择园林这样的空间,这说明,园林已经潜入世人生活的方方面面。这时园林的功能则发生了转变——审美、居住、生活,三者融合。

二、"生活"的深层含义

中国文化有"重日用之常"的精髓,中国的环境美学之所以以生活为主题,正因为与这种文化一脉相承。我们所说的"生活"通常包含两层含义:(一) 与来生或未来相异的当下的生活;(二) 日常生活,何为日常生活? 冯友兰对此作出详细解释:"社会中一般人所公共有的,所普通有的生活,就是中国哲学传统中所谓人伦日用。"①冯所言"人伦日用"也就是日常生活,它有两个要点,一是大众享有,二是普通。日常生活不特指少数人的生活(如皇亲国戚达官显贵的奢华生活不能为大众享有),也不特指人们少有的奇异活动(如太空飞行、探险等)。中国人非常看重当下生活中的日常生活。

重视当下的日常生活这一特征来自儒家思想的影响。然而,看似庸俗的日常生活并非庸俗浅显,对此,冯友兰说:"中国哲学所求的最高境界,是超越人伦日用而又即在人伦日中之中。它是'不离日用常行内,直到先天未画前'……它是最实用的,但并不肤浅。"②李泽厚继续提出百姓日用的"深层结构"之说:"所谓'深层'结构,则是'百姓日用而不知'的生活态度、思想定势、情感取向……基本上是以情—理为主干的感性形态和个体心理结构。"③按照李泽厚对儒学的深层理解,全民所共有的普通日常生活中正蕴含和交织的是民族性的心理结构,而非"表层"的结构。看来,所谓"日常生活"看似肤浅,实则属于儒家的"深层"结构范畴。《礼记》《诗经》中充斥了日常琐碎生活的规范或描写,儒家大谈日常生

---

① 冯友兰:《中国哲学之精神》,江苏文艺出版社 2013 年版,第 19 页。
② 同上书,第 21 页。
③ 李泽厚:《初拟儒学深层结构说》,《华文文学》2010 年第 5 期,第 7—14 页。

活,看似缺乏思辨性,殊不知生活之树常青。儒家重日用之常的思想,在今天仍然具有重要的启示意义,因为它关乎民生,而民生无论在过去还是当下,无论在中国还是放之全人类,都是主题。同样,宋代园林中,非园林本身而是世人的生活才处于本位,所以百姓时常嬉闹于园林,沉醉忘乎所以,园林淡化为背景。

从生活所包含的深刻内涵看,宋代园林渗透到上至帝王下至布衣的全民日常生活,开始深入中华民族的精神,成为文化基因。因此,我们说宋代开始形成了以园林为家园并完成生活与园林交融的环境美学思想。《洛阳名园记》中言语精炼的零星园林活动记载却传达出宋人已经视园林为日常生活场所和家园的环境美学观。

三、作为"家园"的园林

宋代人对山水画做了著名的"四可"论断:"世之笃论:谓山水有可行者,有可望者,有可游者,有可居者,画凡至此,皆入妙品。但可行、可望,不如可游、可居之为得。"①行、望、游、居,四重境界中,"居"列最高位。这番话虽然是在言山水画,但它反映了中国人对居住品位的追求,即希望将内心深处认为最美好的山水变为"可游、可居"之所,这样的山水也就是园林兼"家园"了。

宋代的园林不仅是园主个人护心、养性、抒情、言志的场所,更是与亲友共享天伦的乐园,成为一般意义上的"家",如《洛阳名园记》中的东园园主文彦博归洛的园林生活如此:"有园亭花木,日与亲旧宴会,子孙环列,迭奉寿觞,怡然自得。"②文彦博在园林中的生活,有朋友宴会,又与子孙共享天伦,轻松快活自然自得,这种温暖又自由的优游闲哉的感觉显然具备"家"的特征。他在园林中的活动以及情感传达都具备家庭生活特性。何为家?《说文》:"居也。"《尔雅·释宫》:"户牖之闲曰扆,其内

---

① (宋)郭熙撰,周远斌点校:《林泉高致》,山东画报出版社 2010 年版,第 19 页。
② (元)脱脱等撰:《宋史》第 26 册,中华书局 1977 年版,第 9148 页。

谓之家。"家有两层重要含义：一是生活起居之所，这类解释通常都包含场所、物理空间的含义，围绕居住的屋室及在其中的日常展开；二是一种亲缘社会关系，《周礼·地官》："上地家七人，中地家六人，下地家五人"，郑玄注："有夫有妇，然后为家。"夫妇为家，就是以家为单位的亲缘社会关系及情感依托和天伦之乐。亲缘关系连同所居之所共同构成完整甚至是完美意义上的"家"。家不仅是物质性的，也是一种精神性的概念。

同时代的其他人对园林具备同样的情怀，李昉在《更述荒芜自咏闲适》也描述了他的园林生活："手栽园树皆成实，引着儿孙旋摘尝。"姚勉《王君猷花圃八绝·鉴池》云："仙翁晚归来，子孙笑牵衣。"同样，《采衣堂记》描述婺源胡氏家族几世同堂的场景："老木修竹……每晨昏燕闲，亲族咸集，老者坐于上，稚者戏于下。"仅有个人的修身养性不是中国传统意义的完整家庭生活，即便这样的生活构成了某些人的生命全部，那他的家及他也会被贴上"孤家寡人"之属的带有他人奇异眼光以及同情怜悯色彩的标签。上述文彦博、李昉等与朋友相来、儿孙满堂、觥筹交错、笑语萦耳的园居生活，是完美意义拥有美的物理居住空间（园林）及和睦亲缘关系（天伦之乐）的家，"家园感是环境审美的基础"。①

另外，人们非常沉醉于园林，《洛阳名园记》记载《董氏东园》云："董氏盛时，载歌舞游之，醉不可归，则宿此数十日。"②园林本当成为欣赏的对象，但人们载歌载舞、声色自娱的园林活动以及他们本身"不醉不归"的投入状态相叠加，使得大众活动本身相比园林具有更强烈的视听等感官冲击力和气氛感染力，成为园林中的主要内容及焦点所在，"在一片玩乐欢欣的愉悦气氛中，优美的山水景色都消退得遥远无踪了"。③园林原本应该成为游观审美的主要对象，但是在宋代百姓这里，园林的审美主角地位让位于玩耍、嬉闹、歌舞升平的大众生活，反而在"消退"了，准确地讲，园林出现了"对象性消融"的审美融化状态。陈望衡这样解释"对

---

① 陈望衡：《环境美学》，武汉大学出版社 2007 年版，第 24 页。
② （宋）李格非、范成大：《洛阳名园记·桂海虞衡志》，文学古籍刊行社 1955 年版，第 3 页。
③ 侯迺慧：《宋代园林及其生活文化》，台北三民书局 2010 年版，第 402 页。

象性消融"的审美模式:

> 我们在环境中生活,虽然周遭全是环境,我们并没有把它当作
> 对象来欣赏。当然,偶尔我们也会将周遭的环境当作对象来欣赏一
> 番。……环境是生活的一部分,生活是不存在对象的,生活中的审
> 美是一种非对象性的审美,非对象性并不是说无对象性,是说对象
> 性的消融,对象性消融到哪儿去了?消融到生活本身去了。环境的
> 意义主要在居,我们在居之中生活着,也在居之中审美着。①

"对象性消融"的实质就是家园感,人融合于家园环境中,二者毫无
隔阂。"环境审美的'对象性消融'有前提条件,那就是它只对具有家园
感性质的环境。"②

为什么在宋代,大众喧嬉下的园林出现了"对象性消融"的状态?普
罗大众高频率地走入园林,并在其中频繁地从事嬉闹、耍杂活动,园林对
于他们来说成为日常生活的场所,已经太熟悉太自然太舒适自由,以至
于消融到普通大众的日常生活中去了。换言之,宋代时人已经将园林视
为自己的家园,视为人伦日常的生活场所了。宋代百姓的园林游赏活动
有时候非常自由,并不受归属者的束缚和干扰,邵伯温载洛阳花时,"都
人士女载酒争出,择园亭胜地,上下池台间引满歌呼,不复问其主人"。③
所以邵雍有"洛阳交友皆奇杰,递赏名园只似家"④、"遍地园林同己有"⑤
云云,"不复问其主人""似家""己有"说明无论是否拥有园林,宋人普遍
频繁享受园林生活,对其非常熟悉并产生强烈的归属感,以至于将其视
为自己的家园。园林已经渗透到社会生活的各个角落,成为承载风俗和
活动的场所。宋人逢春必游,人们在园中从事花卉等商业交易,开展秋

---

① 陈望衡:《我们的家园:环境美学谈》,江苏人民出版社 2015 年版,第 80 页。
② 郝娉婷:《构建中国式环境美学体系的可贵尝试——阿诺德·伯林特与陈望衡环境美学思想
  比较研究》,《鄱阳湖学刊》2015 年第 6 期,第 46—54 页。
③ (宋)邵伯温撰,王根林校点:《邵氏闻见录》,上海古籍出版社 2012 年版,第 96 页。
④ (宋)邵雍撰,郭彧整理:《伊川击壤集》,中华书局 2013 年版,第 198 页。
⑤ 同上书,第 208 页。

千、蹴鞠、说书、卖艺、嬉戏等活动,也有琴棋书画丝竹管弦之雅趣。鉴于此,侯迺慧说道:"这赏玩的活动已深深融入其日常生活之中,已深深植入其习性之中了。"[1]而这种赏玩的日常生活和所"深深植入"的"习性"其实都已经打上了园林的烙印。

"环境的功能首要的也是基本的是人的生命之根、生存之所、生活之域、精神所依。"[2]我们对环境的美感认知表现为"家园感",认为能给人家一样舒适、自由、放松的环境是美的,并且希望在这样的环境中长期居住。《洛阳名园记》及宋代园林都呈现出这样的家园气息。

那么,宋人园林家园的生活主题又是什么? 相对西方的"罪感文化"、日本的"耻感文化"而言,李泽厚将中国文化概括为"乐感文化"。[3]诚然,先秦儒家"有朋自远方来,不亦乐乎"就体现出强烈的乐感意识。自北宋前中期开始,寻乐成为一种世风。麻台文(仁宗时人,生卒年不详)《游连山涌泉观次文与可韵》:"人生胜事惟行乐。"刘敞(1019—1068)《招邻几圣俞和叔……因而报之》:"扰扰不自适,会为后世嗤。"[4]都体现了宋人积极热诚于寻乐、作乐,并以乐为世之常态,以非乐为反常,将遭受后世之嗤。

而宋人的乐感生活,往往与园林有千丝万缕的关系。自开国政策便鼓励广市田宅、歌舞升平的享乐之风,宋太祖劝告武人释去兵权,"多积金,市田宅以遗子孙,歌儿舞女以终天年"。[5]《梦溪笔谈》记载,真宗朝时,"天下无事,许臣寮择胜宴饮,当时侍从文馆士大夫,各为燕集,以至市楼酒肆,往往皆供帐以为游息之地"。[6]晏殊当时家中贫穷,不能出游,独自留在家中,与昆弟讲习。后来朝廷要选东宫官,真宗谕之曰:"近闻馆阁臣寮,无不嬉游燕赏,弥日继夕。唯殊杜门与兄弟读书,如此谨厚,

① 侯迺慧:《宋代园林及其生活文化》,台北三民书局 2010 年版,第 383 页。
② 陈望衡:《我们的家园:环境美学谈》,江苏人民出版社 2015 年版,第 21 页。
③ 李泽厚:《论语今读》,安徽文艺出版社 1998 年版,第 28 页。
④ (宋)刘敞:《公是集》卷一二,中华书局 1985 年版,第 131 页。
⑤ (元)脱脱等撰:《宋史》第 25 册,中华书局 1977 年版,第 8810 页。
⑥ (宋)沈括撰,张富祥译注:《梦溪笔谈》,中华书局 2009 年版,第 121 页。

正可为东宫官。"公既受官,得对,上面谕除授之意,公语言质野,则曰:"臣非不乐燕游者,直以贫,无可为之具。臣若有钱,亦须往,但无钱不能出耳。"上益嘉其诚实,知事君体,眷注日深。① 可见当时燕游之风是非常流行的。两宋以都城东京和临安为首,世人更是多沉醉于当下的快乐生活,酒肆妓馆、歌舞升平、园林宴游,直至醉不可归。在由上而下驱策下的宋人掀起寻乐享乐生活的高潮。宋代园林的构建以全民生活为本,而宋人园林中的生活又以"乐"为主题。

宋代以"乐"为生活的最高境界,作为全面渗透到宋人生活各个角落的园林自然成为承载乐感生活的物理空间。宋人的园林常以"乐"为主题,如邵雍"安乐窝"、司马光"独乐园"、朱长文"乐圃"以及南宋贾似道"后乐园""养乐园""水乐洞",都将"乐"以园林主题的形式予以标榜。另外,以乐为园林建筑景题的也俯拾皆是,会隐园"和乐庵"、梅冈园"乐静堂"、叶梦得叶氏石林"净乐庵"、范成大石湖"寿乐堂"等都以"乐"为景题,以寄寓主人的乐适心愿。

宋代形成全民寻乐的社会风俗,根据乐的内容(所乐何事)和方式的不同,宋人的园居生活之乐分两大主流:(一) 雅乐,恬淡高雅的士化园林之乐,以"三悦、九客"为活动典型,此为"燕居";(二) 俗乐,世俗大众化的园林之乐,以"百戏、嬉闹"为特色,此为"嬉游"。雅乐和俗乐,士化之乐和大众之乐,只针对乐的内容和途径而言,并没有设定完全的主体身份,以士化雅乐为例,虽然以文人士大夫为主要群体,但百姓也可能有雅趣的一面,如勾栏瓦舍中的民间艺术活动已经见出百姓雅化的一面,宋代的官妓、歌舞伎大多才貌双全,卖艺不卖身,精通琴棋书画,文人士大夫的雅化生活往往也离不开她们。又如,徽宗虽是帝王身份,但深嗜绘画、书法、歌赋、烹茶等文化艺术,也常在皇家园林举办这样充满文人意趣的宴集交流活动,因此文章以"士化"表述。同样,大众化的世俗之乐的主

① (宋)沈括撰,胡道静、金良年导读:《梦溪笔谈导读》,中国国际广播出版社 2009 年版,第115—116 页。

体同时包含从君王到庶民的所有人,宋代常有园林活动下的君民同乐、官民同乐现象。

在这里尤其要注意以名教之乐、正心养性、道德标榜的文人士大夫集团也有世俗化的一面,即使同一个人都会存在矛盾两面的共存和对立,这是宋代文化中雅俗既对抗又合流的表现之一。

第二节　园居生活的审美模式(一):"燕息"

"燕息"是宋代园林中一种典型的生活审美模式,它更多反映了私家园林中文人雅趣的生活状态。"燕息"的园居生活既具有闲适自得的一面,也具有养生和养心的一面,"息"即有休养生息之意。从理想的状态来讲,"燕息"的生活方式实现了悦耳悦目、悦心悦意和悦志悦神三个方面的融合,它既注重园林式栖居中的生生之意、好生之德,同时也体现园林对人的身心的涵养功能。

一、闲适自得的园居雅事

《洛阳名园记》在开篇富郑公园中勾画了一幅富郑公燕燕然栖居于园林中的美好画面,文曰:"郑公自还政事归第,一切谢宾客。燕息此园,几二十年。"这便是《洛阳名园记》乃至宋代园林中典型的园居生活审美模式之一——"燕居"。"燕居"是园林中的个体生活审美状态写照,是园林活动中雅乐生活的精准概括。何为"燕息"?《集韵》:"与宴通。安也,息也。""燕"与"宴"通,有强烈的审美色彩。"宴"除了表示"安、闲"外,还有设酒宴招待他人、充满欢乐之意,"燕乐嘉宾之心"①正是通过设宴达到取乐的目的。燕居是安适的、欢乐的生活。李格非所描述的富郑公"燕居"园林非富弼独有,而是整个洛阳乃至全宋都体现出的园林审美生活。园林"燕居"通常高雅恬淡,表现为园中的"三悦"

---

① 阮元校刻:《十三经注疏·毛诗正义》,中华书局 1980 年版,第 406 页。

"九客"活动。

同时代的沈括的园居生活也大致如此："渔于泉,舫于渊,俯仰于茂木美荫之间,所慕古人者,陶潜、白居易、李约,谓之'三悦'。与之酬酢于心目之所寓者:琴、棋、禅、墨、丹、茶、吟、谈、酒,谓之'九客'。"①沈括的园居也呈现出安闲自得的"燕息"之状,其所慕古人,陶潜、白居易、李约等文人都隐逸经历,高风亮节,以悠闲自得、无求名利、心自驰骋的自由精神感染后世,而琴、棋、禅、墨、茶等文化及艺术活动本身就能陶冶情操、正心养性。"三悦"指沈括的精神风向标,心之所向,而"九客"则是通向心灵快适和自由的具体活动方式。"三悦、九客"是宋代士人普遍的园林恬淡精神和高雅生活的写照。这样的恬淡自适、泼墨拨阮的高人雅士的精神和活动使得日常生活审美化了。

沈括"三悦、九客"的园林燕居生活一语概括宋代文人在园林中的雅乐之志,宋代的文人雅士们无不如此,以司马光及其独乐园为典型。《石林燕语》载:"司马温公作独乐园,朝夕燕息其间。"②具体说来,他是如何燕燕居息的?《独乐园记》典引"鹪鹩巢于深林,不过一枝,偃鼠饮河,不过满腹"③以表达"各尽其分而安"之乐,并自述其园居生活如此:

> 迂叟平日多处堂中读书,上师圣人,下友群贤,窥仁义之原,探礼乐之绪。自未始有形之前,暨四达无穷之外,事物之理,举集目前。……志倦体疲,则投竿取鱼,执衽采药,决渠灌花,操斧剖竹,濯热盥手,临高纵目……④

读书、会友、游心物外探寻哲理、垂钓、浇花、采药、剖竹,逍遥徜徉,唯意所适。司马光的日常生活不仅雅致,甚至超然物外,颇有陶渊明"采

---

① 卢宪:《(嘉定)镇江志》卷一一,清道光二十二年丹徒包氏刻本。
② (宋)叶梦得撰:《避暑录话》,上海古籍出版社 2012 年版,第 121 页。
③ 陈鼓应译注:《庄子今注今译》上,中华书局 2013 年版,第 23 页。
④ (宋)司马光撰,李文泽、霞绍晖校点:《司马光集》第 3 册,四川大学出版社 2010 年版,第 1377—1378 页。

菊东篱下,幽然见南山"①之韵。范祖禹又补充司马光丰富的园林生活,曰"余每见公幅巾深衣坐林间,四张多在焉,或弈棋、投壶、饮酒、赋诗"②,依然是"九客"的文人雅事。司马光云:"惬心皆乐事,容膝即安居"③,司马光的乐在于"惬心",而他的"惬心"之事就是著书、文酒、弈棋、浇花、会友、垂钓等高雅活动。司马光对独乐园的营造也围绕"三悦"展开。独乐园"七景"读书堂、弄水轩、种竹斋、浇花亭、钓鱼庵、采药圃、见山台,就是按照所慕古人大家鸿儒董仲舒、才华盖世杜牧之、嗜竹如命王子猷、安乐悠闲白居易、与帝同榻严子陵、避名深林韩伯休、采菊东篱陶渊明——设计营造的,怀古之情中见出司马光的精神意趣,博古通今神游于万卷之中,尊贵其精神而淡雅其生活,自由隐逸。这是司马光的"三悦"(或者"七悦")。

这种"燕息"园林,高雅恬淡的生活与宋画中所描摹的场景也十分吻合,如图 5-4 所示。洛阳作为北宋时期学术和文化中心,文人雅趣的园林生活最为突出。洛阳文人士大夫集团常相邀游园,并在园中从事高雅活动,文酒唱和、赏花畅谈无不有,开国宰相赵普在洛阳的宅第赵韩王园是北宋文

图 5-4 宋 刘松年 《秋窗读易经图》
《宋画全集》

人常去游观的场所。《九月十日赵韩王园同舍饯送王微之晢出守汝州即席次其韵二首》其一描述王微之等在赵韩王园中的饯别宴会,"谈笑挥毫得佳句,从容聊喜暂班荆。"④园林送别,赠以诗作,别离之情透出

---

① (晋)陶渊明撰,逯钦立校注:《陶渊明集》,中华书局 1979 年版,第 89 页。
② (宋)范祖禹:《范太史集》,景印文渊阁四库全书第 1100 册,台湾商务印书馆 1983 年版,第 395—396 页。
③ (宋)司马光撰,李文泽、霞绍晖校点:《司马光集》第 1 册,四川大学出版社 2010 年版,第 452 页。
④ (宋)刘挚撰,裴汝诚、陈晓平点校:《忠肃集》,中华书局 2002 年版,第 430 页。

雅致。司马光常与友人游赵韩王园并作诗云:"烟曲香寻篆,杯深酒过花"①、"英辞唱和诗千首,高宴游陪禄万钟"②等,均见出文人游园在于酒事、诗事、花事之雅趣。文彦博东园中也时常上演公卿大夫们赏月、划舟、饮酒、吟诗、观舞、看花的闲情雅致,文彦博描述云:"尝同徐勉构东田,花竹成阴雨后天。为爱宪台宽白简,得随相府赏红莲。清尊屡醁吟情逸,红袖频翻舞态妍。归兴直须三鼓尽,月华况是十分圆。"③范纯仁又有"绕圃曲堤都种竹,泛舟双沼不栽莲"④等记载东园宴游之事。又《洛阳名园记》中的会隐园因梅花品种多样,时人常慕名而去,邵雍、司马光等均频繁作南园(即会隐园)赏梅诗。

宋代园林呈现出"子之燕居,申申如也,夭夭如也"⑤的燕居和乐气象。洛阳的文人士大夫们的园林燕居生活只是社会的缩影,其他文人何尝不是如此。同样,北宋朱长文乐圃中有邃经堂,"所以讲论六艺",又有琴台、咏斋,以供平素抚琴赋诗,又有墨池以展玩,钓渚垂纶。⑥并且有娱宾友、约亲属的交游活动。朱长文个人的乐圃生活如此:

> 余于此圃,朝则诵羲,文之《易》,孔氏之《春秋》,索《诗》《书》之精微,明《礼》《乐》之度数;夕则泛览群史,历观百氏,考古人是非,正前史得失。当其暇也,曳杖逍遥,陟高临深。飞翰不惊,皓鹤前引。揭厉于浅流,踌躇于平皋。种木灌园,寒耕暑耘。虽三事之位,万钟之禄,不足以易吾乐也。⑦

朱长文自述的园林生活与司马光、沈括等如出一辙,均"申申如也、

---

① (宋)司马光撰,李文泽、霞绍晖校点:《司马光集》第1册,四川大学出版社2010年版,第472页。
② 同上书,第481页。
③ (宋)文彦博撰,申利校注:《文彦博集校注》上,中华书局2016年版,第357页。
④ (宋)范纯仁:《范忠宣公集》,景印文渊阁四库全书第1104册,台湾商务印书馆1983年版,第581页。
⑤ 杨伯峻译注:《论语译注》,中华书局2014年版,第75页。
⑥ (宋)朱长文:《乐圃记》,见《全宋文》第93册,上海辞书出版社2006年版,第160—161页。
⑦ 同上书,第162页。

夭夭如也",自由、恬淡、闲适、安乐地"燕居"其中。园主大多享受着自由的精神驰骋、丘园之乐,以及舞文弄墨、抚琴诵吟的高雅之事。"三悦九客"是宋代园林中士化雅致生活的精神所指和活动所向,"九客"是为了实现"三悦"。

在"郁郁乎文哉"且"及时行乐不可缓"的宋代,高度发达的文化艺术和享乐生活交织,这就使得园林与诗、词、琴、棋、茶等普遍联系在一起。"九客"活动普遍具备和、清、雅、淡、静等境界,因此也需要与之相称的简雅、清幽的环境来展开,而园林正是这个最贴切的环境。因此,"三悦九客"的士化雅乐生活便与园林结下不解之缘。宋代文献中随处可见"九客"与园林的相互联系。黄庭坚曾与黄裳、王扬休等十三人作茶会①,从黄裳《次鲁直烹密云龙之韵》诗其一"相对幽亭致清话,十三同事皆诗翁"②句看出此茶会在园林中举行。宋代时人的园林唱诵亦非常普遍,经常文酒、吟诵,风雅之致,从贺铸(1052—1125)《田园乐》序有"与彭城诗社诸君会南台佛祠"③、《题张氏白云庄》序"彭城张谋父居泗州之东山,耕田数亩,中择爽垲,列树松竹,结茅其间,榜曰百元庄。甲子九月,置酒招予于寇、陈、王、李四子,酒酣赋诗"④,可见一二。邵雍指出园林能激发诗歌创作灵感,云:"诗扬心造化,笔发性园林。"⑤又云:"遍地园林同己有,满天风月助诗忙。"⑥诗社雅集,唱和吟诵的文化活动透出浓厚的学术和文学气息,也提升了园林的高雅格调。书法讲究写心,文人也常在园林中从事这样的活动,苏轼《石苍舒醉墨堂》云:"我书意造本无法,点画信手烦推求。"

① 详见黄庭坚《博士王扬休碾密云龙同事十三人饮之戏作》诗。
② (宋)黄裳:《次鲁直烹密云龙之韵》,见《全宋诗》卷一一〇三,傅璇琮等主编,北京大学出版社1991年版,第21011页。
③ (宋)贺铸:《田园乐》,《全宋诗》卷一一〇三,傅璇琮等主编,北京大学出版社1991年版,第12520页。
④ (宋)贺铸:《题张氏白云庄》,《全宋诗》卷一一〇三,傅璇琮等主编,北京大学出版1991年版,第12545页。
⑤ (宋)邵雍撰,郭彧整理:《伊川击壤集》,中华书局2013年版,第271页。
⑥ 同上书,第208页。

名士公卿宴集园林多以情感抒发、精神追求为主,体现出高风亮节,借园林抒情,带有很强的审美特征。海外学者对宋代文人士大夫园林的功能也秉持这一看法,认为园林重在修身养性以及自我情感抒发及价值传达(self-cultivation and an expression of the garden owner's most deeply-held values)。① 需要指出,"三悦九客"的园林"燕居"生活,时常伴随美酒佳肴的感官享受,不过,这些只是为了助兴,更多的园林宴集是为以畅叙幽情娱宾客为主要目的。对此,文彦博、司马光等人有明确表示。元丰三年文彦博、范镇、史炤等五人的"五老会",目的在于"喜向园林同燕集,更缘樽酒长精神"。② 司马光组织的"真率会"亦相似,其《和潞公真率会诗》曰:"只将佳景便娱宾"③,赏景以娱宾客,他们对于物质享受则有限定,"酒不过五行,食不过五味"。④ 司马光又云:"小园容易邀嘉客,馔具虽无亦有花。"⑤这些都证明园林中的高雅活动聚会旨在悦心悦神。

然而,三悦、九客的高雅生活不仅时常在文人们的私家园林中才有,帝王也会在皇家园林中发起这样的群宴优游活动,宋徽宗本人才华横溢,颇具艺术修养,他善点茶、分茶,徽宗亲手布茶并请诸位大臣品茶,曰:"此自布茶。"⑥品茶之色、味、香,赏点茶、分茶之茶艺精湛,茗事与纯粹的饮酒不同,它相对安静、恬淡、优雅,与园林这样的空间场所有着天然的默契,使得园林与茗事交映生辉。

宋代园林雅乐自得的个体"燕居"的审美生活模式,不独是北宋洛阳、更是全宋园林生活的写照,这种燕居之乐通常以"三悦"的精神寄

---

① Robert E. Harrist Jr.. "Site Names and Their Meanings in the Garden of Solitary Enjoyment," *The Journal of Garden History*,1993,13(4):199-212.

② (宋)文彦博撰,申利校注:《文彦博集校注》上,中华书局 2016 年版,第 412 页。

③ (宋)司马光撰,李文泽、霞绍晖校点:《司马光集》第 1 册,四川大学出版社 2010 年版,第 453 页。

④ (宋)邵伯温撰,王根林校点:《邵氏闻见录》,上海古籍出版社 2012 年版,第 5 页。

⑤ (宋)司马光撰,李文泽、霞绍晖校点:《司马光集》第 1 册,四川大学出版社 2010 年版,第 455 页。

⑥ (宋)王明清撰,田松青校点:《挥麈录》,上海古籍出版社 2012 年版,第 185 页。

托和"九客"的高雅活动体现出来,见出一个无比闲适、优雅的宋代社会。

二、外适内和的养生功能

园林"燕居"带给园主外适内和的生活体验。宋代园林"括天下之美"①,这样的环境为宋人的燕息生活提供了良好的场所。琴、舞、花、茶、酒、吟、诗书、投壶等"九客"之俦总是贯穿于宋人的园林生活,这些雅趣活动带给主体的感受是"适"。宋人不谋而合地表达这一园林生活感受:

> 投竿取鱼,执纤采药,决渠灌花……逍遥徜徉,唯意所适……踽踽焉,洋洋焉,不知天壤之间复有何乐可以代此也。②(司马光《独乐园记》)

> 唯隐者能外放而内适,故两得焉。……日与方外之士遨然期间,乐乎哉,隐居之胜也。③(尹洙《张氏会隐园记》)

不独洛阳园林生活如此,其余皆相类。张方平(1007—1091)《吴兴归安尉署凝碧堂诗序》云:"琴书在床,窗槛潇洒,茶烹顾渚,酒倾下若,恍疑凌昆阆、濯沧浪,澹乎其适也。"④北宋李宴写其园林生活:"席有诗书,盘有杯杆,而弹有琴,而投有壶,于是啸歌偃息,无有一而不得其适也。"⑤这种高雅恬淡的园林"燕息"生活在宋画中也时常有所体现。(如图5-5、图5-6所示)

---

① (宋)释祖秀:《华阳宫记》,《全宋文》第146册,上海辞书出版社2006年版,第89页。

② (宋)司马光撰,李文泽,霞绍晖校点:《司马光集》第1册,四川大学出版社2010年版,第1378页。

③ (宋)尹洙:《张氏会隐园记》,《全宋文》第28册,上海辞书出版社2006年版,第34页。

④ (宋)张方平:《乐全集》卷三三,宋刻本。

⑤ (宋)李宴:《陕府芮城县群贤凉轩诗并序》,傅璇琮等主编:《全宋诗》卷三九九,北京大学出版社1991年版,第4905页。

图 5-5　宋　宋徽宗 《文绘图》　　图 5-6　宋　宋徽宗 《听琴图》

　　由上可见,文人们所谓的"适",包含有两个层面:外适和内适。司马光有"投竿取鱼,执纤采药";张方平有琴、书、茶、酒;李寔有诗、书、杯、盘、琴等。这些活动均借助园林展开,他们都先选择了一个外适的环境并于其中展开"九客"活动,在外适的体验和引导下,最后达到适心、适意的精神感悟。白居易将这样的情形称之为"外适内和、体宁心恬",他在《芦山草堂居》一文中说:"堂中设木榻四,素屏二,漆琴一张,儒、道、佛书各三两卷……仰观山,俯听泉……外适内和,一宿体宁,再宿心恬,三宿后颓然嗒然,不知其然而然。"①在这里,白居易指明了外适即"从容于山水诗酒间"②,也就是陶醉于"九客"以及美景,而"内和"则是心灵的升华、精神的自由,浑然与天地一体的境界。

　　宋代大兴土木建园林,人们琴、茶、书、吟自娱,相邀交游赏园并唱和,这样的园林生活与唐代白居易履道里宅园的生活颇为相似。白居易在洛阳履道里宅园定居后,常与刘禹锡、裴度等交游唱和,并组织九老

---

① (唐)白居易撰,顾学颉校点:《白居易集》第 3 册,中华书局 1999 年版,第 934 页。
② 同上书,第 933 页。

会。白在《池上篇并序》中说：

> 每至池风春,池月秋……举陈酒,援崔琴,弹《秋思》,颓然自适,
> 不知其他。酒酣琴罢,又命乐童登中岛亭,合奏《霓裳散序》……曲
> 未竟,而乐天陶然已醉,睡于石上矣。[①]

可以想见那一派幽幽琴声高山流水、美酒助兴的艺术生活与园林山水、亭榭的契合。这样的生活方式与环境无疑有助于修身养性、陶冶高雅情操。到宋代,园林雅乐生活更为普遍,与慕白之风不无关系。

《洛阳名园记》所提炼的园林"燕居"多体现在高雅活动上,而其内涵则为"适意""适心",是宋代园林环境美学观念的典型概括。宋代文人士大夫的园林"燕居"生活多为挥毫泼墨、呻吟诵读、斗茶谈笑、抚琴拨阮、观花赏月等活动,风流娴雅,足以适情性而生和乐,体现游心翰墨的文人意境,优游恬淡的精神意趣和自由闲适的内心世界。

三、居养结合的哲境意趣

"燕居"的园林生活审美模式,其意义不仅仅在于生存或活着,更重要的是护心、养心、栖心,居养结合。

中国古代非常看中居住环境对人的塑造功能,孟子曰"居移气,养移体"(《孟子·尽心上》),讲的就是朝夕相处的周遭环境会潜移默化地改变人的心性气质。园林不仅满足物理空间意义上的可居,更重要的是美的环境可以带给人愉快的审美体验。同时,宋代庞大的文人集团频繁在园中从事"三悦、九客"的高雅艺术等活动,成为一时园林风气,从而使得主体普遍具有"外适内和,体宁心恬"的体验和自由和乐的精神境界,在居住中养心性。

文人们无疑明确园林中的花木虫鸟等自然物及其静谧、幽邃的空间有助于洗去心灵的尘渍,陶冶情操,修身养性。这从宋人留下的诗词中

[①] (唐)白居易撰,顾学颉校点:《白居易集》第 3 册,中华书局 1999 年版,第 1450 页。

清晰可见,如"一轩静境阒无尘"(金君卿《题公定兄滴翠亭》)、"是非不到耳……山水有清音"(范仲淹《留题小隐山书室》)、"景幽心自适"(寇准《雪霁池上》)等等。园林因"景幽""山水清音""静境"的悦耳悦目的山水花木物理环境而起到"是非不到耳""适心"的悦心畅神的作用,完成从修身到养性的转变。郭熙在《山水训》中说:"君子之所以爱夫山水者,其旨安在? 丘园养素,所常处也;泉石啸傲,所常乐也;渔樵隐逸,所常适也;猿鹤飞鸣,所常亲也。"①所以园林陶冶性情的功能常与君子品格相接洽,明代何良俊在《是亦园记》中说:"夫君子之为圃,必也宽闲幽邃,缭绕曲折,争奇竞秀,可以观,可以游,可以宜神养性。"金学智将园林的"四可"扩充为"五可",加上"可养",②不无道理。所养的兼有身与心。

宋代文人借园林体验天地之间的逍遥之乐,追求身心的自在和乐。孙筱祥将这样的园林及生活称为"生境"——先是"创造出一个生意盎然的、'木欣欣以向荣,泉涓涓而始流'的'自然美'境界";然后,园主栖居于这片富于自然美的环境中,形成"'悦亲戚之情话,乐琴书以消忧'的'生活美'环境。这种自然美和生活美共同构成中国古典园林的"生境"。③

不过,"生境"只是第一步,宋代文人雅士们还对其进行了超越,其心更自由,融于自然,忘乎所以,游心物外,任凭精神充塞宇宙,感悟生命之无穷,这以司马光独乐园的生活为例:"逍遥徜徉,唯意所适……踽踽焉,洋洋焉,不知天壤之间复有何乐可以代此也"④。可见,以司马光为代表的士人们能够借助艺术化的自然,达到"心"与天地、与"理"相交融的自由境界。苏舜钦《若神栖心堂》云:"予心充塞天壤间,岂以一物相拘关,然于一物无不有,遂得此身相与闲。"⑤陆游《南园记》云:"奇葩美木,争效

---

① (宋)郭熙撰,周远斌点校:《林泉高致》,山东画报出版社2010年版,第11页。
② 金学智:《中国园林美学》,中国建筑工业出版社2005年版,第17页。
③ 孙筱祥:《生境·画境·意境——文人写意山水园林的艺术境界及其表现手法》,《风景园林》2013年第6期,第26—33页。
④ (宋)司马光撰,李文泽、霞绍晖校点:《司马光集》第1册,四川大学出版社2010年版,第1378页。
⑤ (宋)苏舜钦:《苏舜钦集》,上海古籍出版社2011年版,第36页。

于前;清泉秀石,若顾若揖。……高明显敞,如蜕尘垢而入窈窕,邃深疑于无穷。"①在有限的园林中,宋代士人却能感受到"心充塞天壤",感受到无穷的空间,那是因为其"心"借助园林中山石花木鸟兽等有限的自然物并超越它们,在天地间驰骋。总之,心性之学影响了宋代文人士大夫的园林审美观,注重有限园林空间的写意传达,修养身心,达到物质与精神的交融,不仅栖身,更"栖心"。"栖心"即"诗意的栖居",强调要生活得"诗意",强调寻求精神的诗性。中国在漫长的人居文化中一直向往和践行着这种生活。陶渊明的"桃花源"、谢灵运的"山居"、郭熙提倡山水画的"可游可居",其实都在构建诗意的人居环境。人居文化学者刘沛林将"诗意地栖居"引入现代人居环境建设中,认为应该构建能同时满足人的物质与精神双重需求的环境,这才是美好家园。②

园林可以净化心灵,也可以作为沟通天人之际的中介或手段,如邵雍《瓮牖吟》曰:"有屋数间,有田数亩。用盆为池,以瓮为牖……气吐胸中,充塞宇宙。"③宋人对园林的抒发最终都体现了"栖心"与"养心",其精神突破园林,"充塞宇宙",与万物一体同游,这是极高的审美境界。这种境界可以描述为园林的"哲境"。

第三节　园居生活的审美模式(二):"嬉游"

"嬉游"是宋代园林中另一种典型的生活审美模式,与燕燕居息的高雅闲适的园林生活不同,它更多反映了普通士庶在园林中的生活状态,园林是娱乐、嬉游的世俗化、平民化的生活空间。

一、作为娱乐空间的园林

"燕息"的园林生活高雅闲适,普通士庶的园林活动则更加世俗化与

---

① (宋)陆游:《南园记》,见《陆游集》第 5 册,中华书局 1976 年版,第 2499 页。
② 刘沛林:《理想家园——风水环境观的启迪》,三联书店 1996 年版,第 108 页。
③ (宋)邵雍撰,郭彧整理:《伊川击壤集》,中华书局 2013 年版,第 226 页。

生活化,表现为"嬉游"特点,对此,文献中多有记载:"馆榭池台,风俗之习、岁时嬉游……古今华夏莫比。"①南宋张德和对宋代园林中的另一种生活审美画面作了生动写照,即大众的园林"嬉游"。张德和《洛阳名园记序》的"嬉游"概括了宋代爱玩成风的时代文化。宋代园林中均不乏"嬉游"园林情况,董氏西园,"元祐中有留守喜宴集于此"(《名园记·董氏西园》);董氏东园更不逊色,人们载歌载舞而游直至"醉不可归"(《名园记·董氏东园》)。甚至连独乐园园主司马光这样的大儒也会沉醉于美景游乐,而忘记著书立说,园子吕直曾指责道:"方花木盛时,公一出十数日,不惟老却春色,亦不曾看一行书。"②名公卿学者爱好游观尚且如此,更何况普通百姓呢?

游玩娱乐成为一时风气,且时常以园林为背景。北宋时期东京每值清明,士庶"往往就芳树之下,或园囿之间,罗列杯盘,互相劝酬。都城之歌儿舞女,遍满园亭,抵暮而归"。③ 杯盘罗列、歌儿舞女见出嬉游娱乐之状。孟元老在《东京梦华录》中所述的丰富娱乐活动很多都在各种类型的园林空间中展开。洛阳数次为都,其园池游观之俗更由来已久,苏辙云洛人"居家治园池,筑台榭,植草木,以为岁时游观之好"。④

魏晋至唐,园林总给人曲高和寡、阳春白雪的印象,那是少数人高雅宴闲或隐居之地。在宋代,皇家和私家园林的开放,以及各种形式公共园林的存在,让大众嬉游、闹腾的百戏进入园林,使得园林由寂静、安宁、清雅走向喧闹、热烈和通俗,成为大众娱乐空间。洛阳天王院花园子中百姓们管弦其中,绝烟火而游,好一派盛大节日般的园林喧腾气象。不独洛阳,其余各地也如此,例如,成都西园每春时,官府筹办酒会与民同乐,"五日纵民游观,宴嬉西园以为岁事"⑤;李格非友人张耒的《醉郡圃》

---

① (宋)张德和:《洛阳名园记序》,见李格非《洛阳名园记》,文学古籍刊行社1955年版序。
② 王锳:《唐宋笔记语辞汇释》,中华书局2001年版,第110页。
③ (宋)孟元老撰,伊永文笺注:《东京梦华录笺注》,中华书局2007年版,第626页。
④ (宋)苏辙撰,陈宏天、高秀芳点校:《苏辙集》,中华书局2004年版,第412页。
⑤ (宋)吴师孟:《重修西楼记》,见(宋)程遇孙《成都文类》卷二六。

其一写道:"东风流园开百花……游人酒客兴未足,举首白日西南斜"①,描述了郡圃中游人畅饮其中,虽夕阳西下仍意犹未尽的园林观游盛况;福唐地区人们"觞酒于园,郡人嬉游"②;尉迟君筑亭于林木中,"以为燕游嬉憩之所"。③"嬉""宴""游"等反复出现的字眼显示了宋代园林中歌舞升平,觥筹交错的生活场景,并以这种园林宴嬉为"岁事",成为风俗,官民一道,其乐融融。而嬉游常呈现出喧哗、嘈杂和浮华的氛围,如刘过《吴尉东阁西亭》描述舞女"舞忙钗鬓乱"及士人"棋败深杯罚",舞到发钗飞落,棋败以酒作惩,想必氛围甚是热烈欢腾。元宵节东京游人"乐声嘈杂十余里"④,嘈杂喧闹非同一般,梅尧臣《湖州寒食陪太守南园宴》描述寒食节湖州南园"游人春服靓妆出,笑踏俚歌相与嘲",人们打扮得花枝招展,靓装出行,嬉笑吟唱俚歌,相互打趣,见出浮华、自由和脂粉气息。

这种园林娱乐生活甚至无时无刻不在进行,且看林升(约生活于南宋孝宗年间)《题临安邸》:"山外青山楼外楼,西湖歌舞几时休?暖风熏得游人醉,直把杭州作汴州。"该诗尽管旨在警世,但将宋代歌舞升平的园林生活展现得淋漓尽致,园林中浮华、喧闹的大众世俗生活不是一天两天,也不是哪个城市独有,而持续开展,从北宋以汴州为代表到南宋以临安为典型辐射开来,举国上下皆如此。哪怕到南宋,北方已沦于金人之手,荆棘铜驼,腥膻伊洛,宋朝被迫到南方偏安一隅,人们也仍然过着歌舞不休、游人皆醉的嬉戏享乐生活,仍然承袭北宋时期汴梁的游观与娱乐风俗。正因为如此,南宋张德和才发出"风俗之习,岁时嬉游……古今华夏莫比"的感慨。

二、作为观赏对象的园林

宋代大众嬉闹游乐的具体内容,按照园林环境在其中是否被关注,

① (宋)张耒撰,李逸安等点校:《张耒集》上,中华书局2000年版,第276页。
② (宋)文莹撰,黄益元校点:《湘山野录》,上海古籍出版社2012年版,第35页。
③ (宋)赵鼎臣:《尉迟氏园亭记》,见《全宋文》第138册,上海辞书出版社2006年版,第244页。
④ 同上书,第540页。

可分为园林聚焦型与园林非聚焦型。园林聚焦型指以游观景色为主要内容的活动,这类活动将园林作为观赏对象,对园林本身有较强的聚焦和依赖性,如赏花,以洛阳牡丹最为典型,至花时:

> 士庶竞为游遨。①(欧阳修《洛阳牡丹记·风俗记》)

> 太守作万花会,宴集之所,以花为屏帐……举目皆花也。②(张邦基《墨庄漫录》卷九)

除赏花,也有其他景物观赏,《梦粱录》"二月望":"百花争放之时,最堪游赏。都人皆往钱塘门外玉壶……张太尉等园,玩赏奇花异木。"③众人的园林聚焦型活动大都因为特殊景物之故,如春时,万物复苏,百花齐放,树木抽芽,所观赏多为桃红柳绿,奇花异木等景物。前文有"春时""花时",纵百姓"游观"云云,皆属此类,不再赘列。再者,有些园因声名鼎沸,也会吸引众人前来探寻观赏一番。如司马光独乐园,虽"卑小不可与它园班"④,但"人以公之故,春时必游"。⑤ 百姓来游温公园,因好奇德高望重的司马光会居住在什么样的环境中,想必会左顾右盼,所见所闻,都十分聚焦于园林本身,将园林景观视为主要的审美对象。

公众应时应景,将园林作为观赏对象,这类园林生活大多在强烈的新鲜感、好奇感的引导下发生,一旦熟知或了解后,多数人便不再给予过多关注了。因此,百姓的园林游观多表现为"走马观花"式,这与文人化的园林雅乐活动大为不同,文人士大夫会长期关注、感知美景,并因景触情,进入极高的审美和快乐境界。更吸引普通大众的是下一类园林消融为背景的生活。

---

① (宋)欧阳修撰,李逸安点校:《欧阳修全集》第3册,中华书局2001年版,第1101页。

② (宋)张邦基撰,孔凡礼点校:《墨庄漫录》,中华书局2002年版,第239页。

③ (宋)吴自牧:《梦粱录》,浙江人民出版社1980年版。

④ (宋)李格非:《洛阳名园记》,文学古籍刊行社1955年版,第10页。

⑤ (宋)胡仔撰,廖德明校点:《苕溪渔隐丛话后集》,人民文学出版社1993年版,第167页。

三、作为生活背景的园林

宋代园林中还有一类公众沉醉于活动本身而忘却了园林环境的存在。如：

> 董氏盛时，载歌载舞游之。①（《洛阳名园记·董氏东园》）
> 张幙幄，列市肆，管弦其中。②（《洛阳名园记·天王院花园子》）
> 近殿水中横列四彩舟，上有诸军百戏。③（《东京梦华录·驾幸临水殿观争标锡宴》）

在这里，载歌载舞、市肆交易、百戏虽在园林中进行，但园林并没有成为焦点或者审美对象，属于非园林聚焦型的活动。在这种情况下，园林通常作为生活背景或者消融于生活。以园林作生活背景的活动主要分为两大类：第一大类是"百戏"及歌舞等嬉乐活动，如董氏东园的载歌载舞，可谓包罗万象洋洋大观。宋人普遍用"百戏"概括园林中大众活动的品类繁多和热闹盛况，仅孟元老《东京梦华录》一书，"百戏"就出现 17 次。蔡襄在《十日西湖晚归》中说："人随百戏波翻海，酒到三桥月满身"④，勾勒了一幅人山人海熙熙攘攘的游观盛景，沉醉至"月满身"才归。从周密的《武林旧事》中也可知其梗概，据载蒋苑使有小圃，虽不满二亩，"而花木匼匝，亭榭奇巧。春时悉以所有书画、玩器……罗列满前，戏效关扑。且立标杆、射垛及秋千、梭门、斗鸡、蹴鞠诸戏事，以娱游客。衣冠士女至者，招邀杯酒……"⑤游客的蹴鞠、秋千、斗鸡等戏事以及酒宴使蒋苑使园热闹翻腾、喜气洋洋，颇有节日般狂欢的盛大场面。

大众通俗化的"百戏"及歌舞也经常在皇家园林中开展。《梦华录》卷七《驾幸临水殿观争标锡宴》还记载了市民们在金明池的"水傀儡""水

① （宋）李格非：《洛阳名园记》，文学古籍刊行社 1955 年版，第 3 页。
② 同上书，第 5 页。
③ （宋）孟元老撰，伊永文笺注：《东京梦华录笺注》，中华书局 2007 年版，第 660 页。
④ （宋）蔡襄撰：《蔡襄集》，上海古籍出版社 1996 年版，第 126 页。
⑤ （宋）周密撰：《武林旧事》，浙江古籍出版社 2011 年版，第 50 页。

秋千"①等丰富的水戏活动,又卷七《驾登宝津楼诸军呈百戏》记载了大众在琼琳苑进行"爆杖"之类的烟火游戏,"抱锣""扑旗子""舞判"等琳琅满目的舞乐活动,又有"哑杂剧"②等杂戏,歌舞升平,百戏纷呈。皇家园林琼琳苑在普通大众的嬉闹声和百戏杂陈之间成为一个平民化的场所,百姓在其中并没有感觉到束手束脚,而是自由自在地从事着他们一贯以来嬉闹浮华的活动。

第二大类以园林作为背景环境的是市肆化的买卖交易。这在宋代园林中较为常见,据孟元老所叙,百姓们在金明池琼林苑开园时,不仅百戏杂陈,还有市肆林立的各种娱乐和买卖活动,使皇家园林中充斥着市民生活的味道,孟元老云:"车驾临幸观争标,锡宴于此……殿上下回廊,皆关扑钱物、饮食、伎艺人作场,勾肆罗列左右……观骑射、百戏于此。池之东岸……游人得鱼,倍其价买之。"③寺观园林同样充斥着这般市民化、生活化的气息,开放之时,应有尽有的买卖交易尽在其中,《东京梦华录》卷三《相国寺万姓交易》条载相国寺"每月五次开放,万姓交易。大三门上皆是飞禽猫犬之类,珍禽奇兽,无所不有","时果、腊脯之类""赵文秀笔及潘谷墨""土物、香药之类""货术传神之类"④,无所不有,场面宏大热闹。

世俗化的大众活动分别深入到私家园林、皇家园林以及寺观园林。私家园林原本作为个人生活家居、陶冶情操修身养性的场所,但在宋代定期对外开放,引游客观赏、宴饮、嬉戏,阵阵欢腾冲破私家园林原本高雅的格调,并突破纯粹个人生活休憩的功能。独乐园本是司马光破墨拨阮呻吟诵读,"踽踽焉、洋洋焉"的私人生活领域,但也会开园纵百姓游观,即"人以公之故,春时必游",好似热闹的公园。独乐园同时扮演了双重角色,同时承载雅乐和世俗化的生活。同样,当皇家园林可以成为百

①（宋）孟元老撰,伊永文笺注:《东京梦华录笺注》,中华书局2007年版,第660页。
②同上书,第687页。
③同上书,第644页。
④同上书,第288页。

姓娱乐、游观、嬉闹甚至买卖交易的场所时,它的皇权示威意义在这种时刻已经消融在百姓的日常生活中,或者说它的意义不止于皇权标榜,而逐渐向下流动,并扩散开来,成为平民化的世俗化的城市公共生活空间。"对庶民来说,宫廷奇观被感官和物质愉悦所颠覆。"[①]这说明,至高权力正在向普通的日常生活让位,百姓日常游观、娱乐、嬉戏的生活逐渐登上时代的舞台。王劲韬认为:"'皇权展示意义'的消解……所带来的是更多姿多彩的城市生活。"[②]寺观园林原本的功能也被世俗活动所突破,它们本应该是清修之地,"以清净化度群品"[③],甚至具有一定的宗教性质,同皇家园林一样应该神圣不可侵犯,应当距离大众世俗非常遥远。但是,我们惊讶地发现,皇家园林的政治权威在百姓通俗活动中淡去了,寺观园林的清净神圣在大众游观及买卖声中消融了。如此看来,宋代各种类型的园林均是雅俗共赏的。

在宋代,无论哪种园林,无论其原本的功能所指何处,在面临世俗化的大众喧闹、嬉戏活动时,都被冲淡甚至消融于通俗生活本身,园林原本作为审美对象的身份换成舞台背景出现。百戏当在勾栏瓦肆(类似于今天的城市广场、街头绿地)、酒楼、茶馆等公共空间举行,而买卖交易则本应该在市肆街头进行。射垜、秋千、梭门、斗鸡、蹴鞠等五花八门的百戏,以及关扑、吆喝唱卖的交易活动,曾经与"庭院深深"幽邃静谧的园林格格不入,在宋代却在皇家、私家、公共等几乎所有类型园林中司空见惯,并与之水乳交融,这是宋代园林功能多元化、社会思想开放、包容的表现。这样日常又欢闹的生活场景似乎根本不需要在园林中举行,因为无关乎园林审美,大概不会有什么人在"舞忙钗鬓乱""乐声嘈杂十余里",吆喝叫卖声充斥耳边的欢腾又沉醉的场景下,会饶有雅兴地欣赏静谧的

---

① 〔美〕奚如谷:《奇观、仪式、社会关系:北宋御苑中的天子、子民和空间构建》,米歇尔·柯南、陈望衡主编:《城市与园林:园林对城市生活和文化的贡献》,武汉大学出版社 2006 年版,第63 页。

② 王劲韬:《中国古代园林的公共性特征及其对城市生活的影响——以宋代园林为例》,见《中国园林》2011 年第 5 期,第 68—72 页。

③ (宋)张德和:《洛阳名园记序》,李格非:《洛阳名园记》,文学古籍刊行社 1955 年版序。

风景,会去聚焦于鱼嬉池潭、花香四溢、莺飞燕舞、楼木掩映的清雅恬淡的周遭环境。因为这些普世化的大众活动本身具备极强烈的感官冲击力,能迅速激起人们的声色欲,而使人沉浸于活动本身,优美的园林后退为背景罢了。在大众嬉游的风俗下,园林出现重心下移,从"游观"到"游戏",园林从对象转为背景,园林生活也随之发生了从士化雅乐向俗化娱乐的转变。

当全民化行娱求乐的活动在各类园林中展开,同时带来园林功能的突破与原本意义的消融时,说明日常生活和乐感追求已经成为这个时代的风尚。承载这种"生活·乐"的实体空间,正是各种形式的园林。

第四节　园居生活的审美理想:"乐居"

无论是"燕息"还是"嬉游",实质均是寻乐、享乐,其中,既有体道之乐,也有世俗享乐,既有雅乐也有俗乐,园林承载了宋代人的乐感文化,成为乐享生活的空间。

一、再寻孔颜乐处

宋代园林生活中的享乐风气随处可见,"宴于湖者,则彩舟画舫,款款撑驾,随处行乐。"①"风俗之习、岁时嬉游……古今华夏莫比。"②享乐是宋代园林审美生活的主题,这在宋代各种类型的园林中均有体现。文彦博东园中常有文彦博及友人赏园游观活动,文彦博作诗道:"幽兴能招隐,高情自爱闲。从来行乐处,携手一开颜。"③范纯仁也和道:"乘月陪欢忘夜久。"④宋代人对"乐"的追求甚至到达"古今华夏莫比"的程度,而园林成为人们游观寻乐的场所。

---

① (宋)吴自牧:《梦粱录》,浙江人民出版社1980年版。
② (宋)张德和:《洛阳名园记序》,见李格非《洛阳名园记》,文学古籍刊行社1955年版序。
③ (宋)文彦博撰,申利校注:《文彦博集校注》上,中华书局2016年版,第382页。
④ (宋)范纯仁:《范忠宣公集》卷四,景印文渊阁四库全书第1104册,台湾:商务印书馆1983年版,第581页。

全民皆乐,然而"所乐何事"? 答案不一,不同身份不同状态下的乐,均有不同意义。王安石、苏轼、邵雍是北宋时期诗坛"乐"主题中最重要的三人。① 朱熹评价邵雍的诗歌"篇篇只管说乐",邵雍本人将自己的乐分为三重境界:人世之乐、名教之乐、观物之乐,这三乐的程度比例则为万之一二、万万、复万万②,按照领域来源分类,则为生活之乐、伦理之乐、哲学之乐。普通大众的视听之娱,喧腾嬉闹的狂欢大多属于生活之乐;公卿园林宴集,都人百姓观之,是伦理之乐;而文人士大夫们借园林养心护心则属于哲学之乐。生活中的人世之乐虽最浅微,但却是最为根基的,因为那是普世意义上的乐。不同的人所乐相异,各乐其乐,但共同形成宋代的行娱自乐之风。

宋代的名教之乐和观物之乐发端于周敦颐倡导的再寻"孔颜乐处"。据程颢载,其青年时师从周敦颐,周子"每令寻颜子、仲尼乐处,所乐何事"。③ 自此,"寻孔颜乐处"成为宋代士人的人生理想,周子、程子都围绕"寻孔颜之乐"和"颜子所乐何"事展开探讨,由"一箪食,一瓢饮"④推出"安贫乐道"的结论。程颢记载了周敦颐这样优游恬淡的生活状态:"某自再见周茂叔后,吟风弄月以归,有'吾与点也'之意。"⑤周敦颐吟风弄月,透出"曾点气象",脱离世俗名利的物质牵绊,追求自得、超然的精神生活。程颢亦受到影响,他对颜子所乐何事的回答是"正其心,养其性而已"⑥,即正心养性。程颢的诗也体现了正心养性的意思,曰:"云淡风轻近午天,伴花随柳过前川。时人不识予心乐,将谓偷闲学少年。"⑦"云淡风轻"见出对世俗功利物质等的不屑,"心乐"并非如"偷闲少年"一样,而是显示了心灵的真实与自由。显然,程颢与周敦颐的寻孔颜乐处一样,

① 程杰:《北宋诗文革新研究》,台湾文津出版社 1996 年版,第 378—379 页。
② (宋)邵雍撰,郭彧整理:《伊川击壤集》,中华书局 2013 年版,序第 2 页。
③ (宋)程颢、程颐撰,王孝鱼点校:《二程集》第 1 册,中华书局 1981 年版,第 16 页。
④ 杨伯峻译注:《论语译注》,中华书局 2014 年版,第 65 页。
⑤ (宋)程颢、程颐撰,王孝鱼点校:《二程集》,中华书局 1981 年版,第 59 页。
⑥ 同上书,第 577 页。
⑦ 同上书,第 476 页。

都凸显了儒家思想对于最高精神境界的追求,这种最高境界无关于世俗和物质,只在于心灵的超越和自由。这种境界会让人体会到快乐,所以他称这样的境界如"鸢飞戾天,鱼跃于渊"般"活泼泼地"。① 理学家们普遍倡导着这种精神乐趣,宋代吕大临记载了张载的"颜子之乐"的生活,与周敦颐并无二样,吕大临《横渠先生行状》载:"横渠至僻陋……人不堪其忧,而先生处之益安。终日危坐一室,左右简编,俯而读,仰而思……学必如圣人而后已。……先生气质刚毅,德盛貌严,然与人居,久而日亲。"②张载显然也在追求着颜回在陋巷且不改其乐的安贫乐道精神,颇有颜子遗风。后来,谢良佐又有"胸中不着一事"的境界,与周子、程子一脉相承。

由周敦颐发起的"寻孔颜乐处"到"吾与点也之意",到"俯读仰思学必如圣人",又到"鸢飞鱼跃活泼泼底",再到"胸中不着一事",无不有颜子遗风和"曾点气象",其特征都是走向精神的自由、超然,并有摈弃外物的"安贫乐道"之意。这说明理学家在强调道德自律的同时,又追求潇洒闲适的生活方式(乐道,精神的自由与超脱),对自由精神境界的追求其实质是自由自觉的、艺术化的人生境界。

孔颜之乐在宋代社会中尽管只在理学家中倡导,但寻乐风气和乐易精神却会向外蔓延扩散。并且,"再寻孔颜乐处"极度强调精神自由的一面,有助于形成山水之乐并促进园林之乐,因为园林是艺术化的人生境界形成和情感抒发的极佳场所。

宋代文人们的园林生活均有孔颜之乐的风范,由文彦博、司马光等发起的真率会、耆英会即以此为主旨,《洛阳名园记》东园园主文彦博作云:"近知雅会名真率,率意从心各任真。颜子箪瓢犹自乐,庾郎鲑韭不为贫。……务简去华方尽适,古来彭泽是其人。"③司马光《耆英会》曰:"随家所有自可乐,为具虽微谁笑贫。"洛阳耆英会、真率会、同甲会都体

---

① (宋)程颢、程颐撰,王孝鱼点校:《二程集》,中华书局 1981 年版,第 59 页。
② (宋)吕大临:《横渠先生行状》,《全宋文》第 110 册,上海辞书出版社 2006 年版,第184 页。
③ (宋)文彦博撰,申利校注:《文彦博集校注》上,中华书局 2016 年版,第 421—422 页。

现文人士大夫尚贤尚齿不尚官的君子品格，及追求孔颜之乐的精神。

二、转向感官之乐

在宋代寻乐风俗下，所乐何事对于绝大多数人而言绝非圣人之乐。孔颜乐处、曾点气象只是一种最高理想，而落实到时人的生活，官能之欲带动下的乐感才是大众化的、普世的。

"寻孔颜之乐"的实质是致力于自我修养、追求圣人的精神境界。周敦颐、程颢等理学家们所倡导的孔颜之乐特别强调纯粹精神的自由、自在，安贫乐道。在理学家的影响下，文人士大夫也纷纷走上寻乐之路。不过，到绝大多数士大夫这里，"所乐何事"发生了变化，非纯粹重精神轻物质享受的"孔颜之乐"，而是建立在一定物质基础享受上的"乐"，这种乐，兼备物质、感官享受和心灵的自由与安闲两重维度，也即白居易所说的"外适内和、体宁心恬"。通过与自然界的"外适"，形成心灵上的内和，这是借助感官物质之乐向精神自由转化的一种途径，其目的虽和理学家们最追求的精神自由一致，但途径迥然，宋代士大夫非常善于寻求感官之乐，而绝不同于颜子的"安贫"与修行般的清苦物质生活，如司马光独乐园的生活是"樽酒乐余春，棋局消长夏"。因为园林一方面能带来直接的感官之乐：繁花似锦、亭台楼榭、林木掩映、鱼嬉池底以悦目，泉水叮咚、莺啼燕语、蝉鸣密林以悦耳；另一方面又是物质之美、感官享受活动的承载和转换场所。不过，最终园林中悦耳悦目的感官之乐所带来的快适最终通向"内和、心恬"，转化为心灵的自由。所以童寯才说"西方园林悦目，东方园林悦心"。①

宋代文人士大夫阶层的"外适内和、体宁心恬"之乐，与颜子之乐和曾点气象既区别又相联系，联系在于心的自由与快适，而区别则在于是否需要借助声、色、味等感官享受辅助"乐"（心恬、自由、闲适）的形成，换言之，是否剔除感官欲望的物质功利部分。然而，去欲是最难的，孟子有

---

① 童寯：《东南园墅》，中国建筑工业出版社 1997 年版，第 44—46 页。

言"养心莫善于寡欲"。① 老子又曰:"不见可欲,使民心不乱"②。真正的颜子之乐是清贫的,物质极其匮乏的,饮食是"一箪食,一瓢饮",居住"在陋巷"。庞大的文士集团取其养心、精神自由的境界,但并不主张寡欲,这是儒学发展到宋代的一个突出表现。公卿大夫广建园林就是官能享受的第一步,其次,他们在园林中的宴集尽管以精神之真和自由为宗旨,但事实上并未脱离物质享受,如司马光《和子华招潞公暑饮》诗曰:"朱门近在府园东……醉里朱颜却变童。剪烛添香欢未极。"诗中看出,士大夫们所住为朱门府园,大量饮酒也是常态,这些都是明显的官能享受。宋人重视感官享受,在这样的背景下才能促使大量园林产生,并使得园林生活充满诗词茶酒和歌舞升平。正如苏轼《东坡志林》云:"调气养生之事,余云皆不足道,难在去欲。"③就连淡泊名利、终生不仕的邵雍反复倡导的"安乐逍遥"境界的追求,也并没有脱离感官享受,他将自己的宅园名之为"安乐窝",如何安乐逍遥? 正如他的《中秋吟》所云:"天晴仍客好,酒美更身安。四者若阙一,不能成此欢。"④《对花饮》又云:"对酒有花非负酒,对花无酒是亏花。"⑤《欢喜吟》中同样强调视觉、味觉等体验,曰:"吉士为我友,好景为我观。美酒为我饮,美食为我餐。"⑥在邵雍看来,无美酒佳肴便不欢便不乐,必须借助酒这种强烈、刺激的味觉感官冲击和享受才能感受花(自然)之乐。王水照先生认为宋代士人的审美追求不仅仅停留在精神领域和内心世界,"而同时进入世俗生活的体验和官能感受的追求,提高和丰富生活的质量和内容"。⑦ 苏轼在《超然台记》中说:"凡物皆有可观。苟有可观,皆有可乐",⑧这是对感官之乐以及物质

---

① 杨伯峻译注:《孟子译注》,中华书局1960年版,第339页。
② 陈鼓应注释:《老子注释及评介》,中华书局2014年版,第67页。
③ (宋)苏轼:《东坡志林》,中华书局1985年版,第8页。
④ (宋)邵雍撰,郭彧整理:《伊川击壤集》,中华书局2013年版,第187页。
⑤ 同上书,第95页。
⑥ 同上书,第152页。
⑦ 王水照主编:《宋代文学通论》,河南大学出版社1997年版,第52页。
⑧ (宋)苏轼撰,孔凡礼点校:《苏轼文集》第2册,中华书局1986年版,第351页。

之美的正面肯定。从苏轼本人遗留下来的百余篇①,包含鱼、肉、酒、菜的诗作中,也可以体现他的物质享乐观。总之,从文人到普通庶民,宋人的乐感生活,并没有像先秦孔颜那样,摈弃物质享受体现禁欲主义,相反,他们积极地追求物质享受和感官之乐,以致这种乐中通常伴随着浮华之风。否则,也不会大兴土木出现那么多各类的园林,也不会定期开放,以致全民游观嬉乐。

感官之乐需要建立在丰厚的物质基础之上,它在宋代的流行,正是因为宋代具备良好的经济基础,处于中国封建时代经济的最高峰。

三、雅俗之乐共存

以"燕息"和"嬉游"为典型的园林生活分别是雅乐与俗乐的代表,雅俗活动既相区别也相联系,且在园林空间中展开,二者共存。宋人杨时(1053—1135)将此二者区分为"君子之乐"和"众人之乐",杨时作《乐全亭记》云:

> 君子以德为舆,以忠信为軝轵,以志为御,以古圣贤为前驱,以同方合志者为骖乘。乃相与驰骋乎仁义之途,翱翔乎诗书之府,涉猎乎百家之园圃,而后税驾乎至道之墟而止焉。此天下之至乐,而众人不与也。乘飞軨之车,御遗风之驷,郑女曼姬,扶舆挟辀,发轫乎康衢,柅轮于椒丘,衔觞列鼎,丝管间作,凡可以悦耳目而娱心意者,无不具焉。此众人之至乐,而君子不为也。是二乐也,不相为谋,各适其适焉,而醇醨异味矣。②

杨时从所乐何事的角度,将乐分为两类:君子之至乐、众人之至乐,分别对应文中的士化雅乐和大众化俗乐。君子乐在德,乐在圣贤,乐在心之驰骋翱翔于无比广阔的精神领域和自然山水之间,而众人则乐在觥筹交错、管弦丝竹、悦耳目而娱心意。

---

① 王水照主编:《宋代文学通论》,河南大学出版社 1997 年版,第 53 页。
② (宋)杨时:《乐全亭记》,见《全宋文》第 125 册,上海辞书出版社 2006 年版,第 9 页。

是否停留在声色欲的感官冲动层面,是否有物质感官之乐的精神转换,是大众世俗化的园林之乐与士化高雅的园林之乐的实质性区别。"三悦、九客"与"百戏、嬉游"两类活动尽管都在园林之中,但前者会高度依赖于园林环境甚至非园林不可,其审美主体会借助相对冲淡的感官之乐(静谧优美的园林环境、茶、文酒等)作为中间过程,最终达到心灵的净化和精神境界的提升,走向游心物外的审美境界。这里,感官不是目的,是手段。审美主体会在小桥流水、莺啼燕语、琴声悠扬、舞姿翩翩、茶酒醇厚的视、听、味、嗅等感官的快适体验下,由"外适"逐渐转向"内和",精神走向天人之际的通达之处,呈现"和乐"的心境审美状态。园林那如音乐如诗文如画作的环境正好吻合了这一境界,因而在"感官观快适"转向"精神和乐"的过程中有催化剂的效用。

宋代士化的园林生活:清茗美酒、琴棋书画、歌舞相伴,虽有夹杂放浪形骸、声色自娱的感官物质享受,但因这些享受随时与诗词赋咏、文韬才情相左右,甚至催生了时代的文化经典。据载,苏轼《采桑子》的创作伴随着园林、美妓、佳酿三种事物。《施注苏诗》卷九《润州甘露寺弹筝》言:"多景楼上弹神曲。"杨尧卿注曰:"润州甘露寺多景楼,天下之殊景。甲寅仲冬,苏子瞻轼、孙巨源洙、王正仲存同游多景楼,京师官妓皆在,而胡琴者,姿色尤妙,真为希遇。酒阑,巨源请于子瞻曰:'残霞晚照,非奇词不尽。'子瞻遂作《采桑子》。"①《采桑子·润州多景楼与孙巨源相遇》这样的著名文学作品产生的现场因素有三:景之秀,妓之妙,酒之醇,可谓三欲。如果纯粹是这三欲的生活,那么是肤浅的纯物质的,但这三者成为当时文化的直接催生器,合力共振中见出高雅。《禁林宴会集》就是在太宗于太宫设盛馔并令参与者各自赋诗,②这样的皇家园林宴饮背景下产生的。宋代文献中,所见园林、歌舞、诗酒、茗事交映的数不胜数,如徽宗《文会图》中描述的文雅生活场景正是如此。可以说,宋代高度发达的

①(宋)苏轼:《施注苏诗》卷九《润州甘露寺弹筝》,文渊阁四库全书本。
②(宋)李焘:《续资治通鉴长编》卷三二"淳化二年十二月辛卯"条,中华书局1992年版。

园林活动和文化艺术发于感官之乐和物质享受,但并不止于此处,而是前进到游心物外的精神层面。因而,园林的士化生活呈现出欧阳修在《与梅圣俞书》中所概括的"但恐荒淫不及,而文雅过之"①的整体文雅格调。园林成为诗情画意的环境空间,或者说,在宋代园林中,日常生活与琴、棋、书、画、茶、文等清雅文趣活动相融,见出一片恬淡适心的乐境,体现出园林生活化、生活文雅化的士化雅乐的乐居风貌。

世俗化的"百戏、嬉游"等活动则不同,主体会强烈地沉醉在声色欲中,并停留于视、听、嗅、味等感官的快适过程,其精神很少会再向前推进一步,走向更深层次的人生体悟和宇宙感知,从前文众人游乐的"四时奢侈""尚奢靡""靓妆""笑踏俚歌"之语云云见出浮华的享乐之风,为享乐而享乐。当喧闹而热烈的百戏和嬉游、歌舞活动结束后,感官的快适也很快随之消逝。

总之,围绕园林这一视角,我们可以看出,宋人已经具备高度的理性觉醒精神,敢于并且勇于追求自由的精神生活和享乐的感官生活,因此,宋代全民都积极主动地走入园林,在其中展开琴、棋、书、茶、歌、舞的优雅活动以及嬉闹喧腾的世俗"百戏"、歌舞等各类娱乐活动,使得园林生活既"雅"且"俗"。亦雅亦俗,只是方式和格调的区别,最终的主题都是快乐的栖居(栖身与栖心并重)于园林中。

雅俗之乐的活动都在园林中展开,体现的是一种怎样的情怀和气度?

试看苏轼《怀西湖寄晁美叔同年》一诗,云:"西湖天下景,游者无愚贤。"苏轼作为宋代庞大文人集团的典型,以"天下景"和"无愚贤"来描述"景"与"游人",见出这个时代的博大胸襟和君民无贵贱的平等思想。"天下景"和"无愚贤"无疑是对宋代贵族公卿园林对庶民开放的园林精神的最佳写照,这与时人邵雍"遍入何尝问主人"②的描述也完全一致。

---

① (宋)欧阳修撰,李逸安点校:《欧阳修全集》第 6 册,中华书局 2001 年版,第 2445 页。
② (宋)邵雍撰,郭彧整理:《伊川击壤集》,中华书局 2013 版,第 96 页。

有学者认为宋代的文化类型是"相对封闭、相对内倾、色调淡雅的"①,这种看法至少是片面的,宋型文化虽有淡雅、内敛的一面,但从园林管理方式以及后文各类园林中大众化的世俗生活都占据重要地位的角度看来,却更有包容、豁达、开放的气度。

宋代的园林在人们的生活中扮演重要角色,北宋已经形成了雅俗共赏、官民同乐的文化特色,并形成以"燕居"和"嬉游"为园林环境审美生活经典模式。在宋代,以文士公卿阶层为中心,上至皇族,下至庶民,真正意义上奠定了中国自古以来全民自觉地追求在园林中生活和审美的理想。皇家、私家园林对走卒开放及各类形式的公共园林的诞生使园林渗透到全民的日常生活,铺开了全民化的园林栖居的生活方式。人们在园林频繁开展各类活动,以至于形成以园林为家园的观念。总之,在漫长的历史中,直到宋代,园林才成为融入全民精神和血液里的某种物质,形成浓厚的园林情结,并视园林为家园。园林中生活及居住方式无疑是一种典范,使生活带有审美色彩。园居不仅是"身体"的居住,也是"精神"的居住,它显示出对人的终极关怀。园居其实是中国人"诗意栖居"的追求和实践。

宋代所奠定的全民栖居于园林的诗意生活方式一直未磨灭。林语堂提及住宅应该"门内有径,径欲曲……亭后有竹,竹欲疏;竹尽有室,室欲幽;……草上有渠,渠欲细……屋角有圃,圃欲宽;圃中有鹤,鹤欲舞……客至有酒,酒欲不却;酒行有醉,醉欲不归",②并将这样的居所冠名为"一所最合于中国理想的屋子"。这个所谓的"屋子",有曲径、亭、室、泉、圃、鹤,其实质是园林,更有"酒醉"的诗意生活,这样的园居生活仍然显现宋代的影子,这样的园居也是所有人的向往。

---

① 冯天瑜、何晓明等编:《中华文化史》下,上海人民出版社1990年版,第634页。
② 林语堂:《生活的艺术》,新世界出版社2015年版,第227—228页。

第六章 宋代建筑美学思想[①]

宋代的建筑美学思想集中体现在《营造法式》中。《营造法式》由李诚(1035—1110)于元符三年(1100 年)完成编修,崇宁二年(1103 年)海行全国。这部建筑法典在中国乃至世界建筑史上都占据着重要地位。它由政府制定,旨在完善建筑工程管理制度,通过对建筑技术做法编著法式制度,对建筑施工所需的劳动力制定功限定额,对物料的使用制定用料限额,以达到在当时生产力和生产关系的水平下,实现科学管理的目的。这一建筑法典是宋神宗熙宁变法与元丰改制下的产物,受到以新学为代表的务实主义思想的影响,将经济、礼制与文饰相融洽而系统地整合起来,体现了文质合一、礼乐兼济、中和淡雅的建筑审美理想。

《营造法式》不仅积累并提炼了中国远自上古近至北宋末年建筑文化的精华,作为朝廷颁布的建筑法典,它还体现了中国古代统治者的意志,其中突出了中国传统文化中的礼制精神。中华民族的建筑精华与中国文化中礼制精神的统一,是它的核心理念。《营造法式》所涉及的对象主要是官式建筑,包括宫殿、宫苑、衙署、官邸、御前宫观和寺庙中的建筑以及城墙、临水基之类的构筑物,它们同时也是国家意识形态的审美体现。

[①] 本章内容主要由武汉大学城市设计学院 2014 级博士研究生刘思捷提供初稿,经笔者修改完成。

第一节 建筑的功能之美

　　功能与形式是建筑的基本范畴,建筑的艺术美以形式为基础,无论是功能决定形式,还是形式唤起功能,功能与形式都有着十分密切的关系。中国建筑的形式美首先是它的群体美、序列美,例如建筑群的布局和体量体现了封建家族中尊卑、长幼、内外、嫡庶等不同等级人的生活地位和待遇。中国建筑经过长期实践,从春秋战国开始,就注意在保证结构牢固、施工迅速的前提下,寻求各个结构部件之间的比例关系,进而使群体与单体、结构与造型之间呈现出和谐与稳定。《考工记》最先记述了一些比例法则,其中使用最多的是 2:3。到唐代,结构构件的比例关系更趋完整划一。北宋崇宁二年(1103 年)由朝廷颁发的《营造法式》对比例法则作了更细微的规定,将材与梁栿等矩形承重构件的截面规定为 2:3,这一比例不仅接近"黄金分割",是公认的美的比例,而且也恰好是从圆木中锯出抗弯强度最大的方料截面数值,符合现代材料力学原理,可见其独特的功能之美。在《营造法式》中,与此类似的情况还有很多,其对北宋十三项工种的制度、功限与料例进行了规定,虽然该书从形式入手,然而却蕴含了当时建筑物丰富的物质功能与精神功能。

　　两千多年前的罗马伟大建筑家维特鲁威将实用、坚固、美观列为建筑的三要素,可知功能与形式均为建筑的重要元素。我国春秋时期的哲学家老子提出:"埏埴以为器,当其无,有器之用。凿户牖以为室,当其无,有室之用。故有之以为利,无之以为用。"[1]指出以"无"承载"用",以空间承载功能,进而决定形式,可知功能及内容决定形式,而形式不可违背功能。功能与形式的关系问题虽然值得长期讨论,但从《营造法式》中的记载可见,宋式建筑在工匠们长期实践经验基础上,已实现了功能与形式的和谐统一。以下将从屋盖,铺作,柱、梁、枋、额、栿等的大木构架,

---

① 楼宇烈校释:《老子道德经校释》,中华书局 2008 年版,第 26 页。

彩画及台基几个方面进行分别论述。

就屋盖而言,由于木构屋身的防水需要,高大的屋顶与深深的屋檐是十分必要的,起翘的翼角与曲面的屋檐对于散水也十分有帮助,层层灰瓦有助于遮蔽烈日,凹曲反宇的屋面做法也有助于采光。书中可见的屋盖形式有四阿、九脊(厦两头,唐宋时歇山式屋顶称谓)、不厦两头(即悬山式屋顶)及四角或八角斗尖四种,而没有后代所常见的硬山形式。四阿即清代的庑殿式,该形式在宋代也可用于余屋中的仓库屋,并且用飞檐。九脊殿即明清时期的歇山式,自厅堂至亭榭均可使用厦两头造,用于殿堂称九脊殿,亦称转角造。除殿堂外,厅堂与余屋均可用不厦两头造,为了保护山墙与山面梁架免受雨水侵蚀,不厦两头造屋顶有出际做法,书中根据椽数定出了出际之长。四角或八角斗尖亭榭,是亭榭类特有的屋盖形式,殿堂、厅堂、余屋等类房屋均不用。但亭榭也可用厦两头造。这四类屋盖形式有着不同的美学特征。四阿顶宏伟雄壮、流畅稳定,厦两头造华美宏大、巧妙复杂,不厦两头造质朴实用、气质淡雅,斗尖亭榭轻巧柔和、精致美观。各屋盖形式呈现了不同的屋面曲线、屋脊装饰、生起高度,形成了不同的美感,然而这些并非刻意而为之,而是与建筑做法相关,是功能、技术与审美的和谐统一。例如《营造法式》"大木作制度二·举折"中对于举折之制的限定解释了不同屋面曲线的产生完全与结构相关,针对这一点,林徽因也曾作如下评价:"历来被视为极特异极神秘之中国屋顶曲线,其实只是结构上直率自然的结果,并没有什么超出力学原则以外的矫揉造作之处,同时在实用及美观上皆异常的成功。这种屋顶全部的曲线及轮廓,上部巍然高崇,檐部如翼轻展,使本来极无趣、极笨拙的实际部分,成为整个建筑物美丽的冠冕,是别系建筑所没有的特征。……至于屋顶上许多装饰物,在结构上也有它们的功用,或是曾经有过功用的。诚实的来装饰一个结构部分,而不肯勉强的来掩蔽一个结构枢纽或关节,是中国建筑最长之处。"[①]可见屋盖的形式与功

[①] 林徽因:《林徽因建筑文萃》,北京理工大学出版社 2009 年版,第 10—11 页。

能是具有统一性的。

铺作是宋代对每朵斗栱的称呼,包括柱头铺作、补间铺作、转角铺作。也可以用来指斗栱构件的堆叠层次,"大木作制度一·总铺作次序"交代了四铺作到八铺作的做法。建筑规模越大等级越高,所用铺作铺数越多,规模越小等级越低,所用铺数越小。然而现存的八铺作的建筑比较少见,宁波保国寺大殿为七铺作双抄双下昂单栱偷心造,五台山佛光寺大殿为七铺作双抄双下昂重拱偷心造。仅河北正定隆兴寺转轮藏为八铺作双抄三下昂重栱计心造,然而为小木作。斗栱承托挑檐的重量,是结构受力构件的重要部分,即使是简单的斗口跳,都能大幅度改善屋檐的安全系数。自夏、商、周始直至唐代,高台建筑十分流行,而高台则为人工夯筑的土台,因此高大而出檐深远的屋檐对于土台防雨十分有必要,多层出跳的铺作便起到了支撑深远的屋檐的作用。轻巧的斗栱也有助于削弱屋顶的厚重感,使建筑整体更为协调。

斗栱是组合型构件,可根据性能分为两类,一类是起承重作用的主干部件,有华栱、昂、栌斗等,另一类是主要起稳定作用的平衡构件,包括罗汉枋、柱头枋、瓜子栱、慢栱、令栱等一些与承重构件十字相交的构件。两者组成复合结构,坐落在柱头、阑额上,上承梁、栿、枋组成一个较为稳定的承重支撑体系。其中,华栱和昂是最重要的悬挑构件,从结构性能看,可将二者当作悬臂梁,为避免降低其强度,往往避免在上面开挖卯口。此外,华栱受力大于其他类栱,因此,"大木作制度一·栱"中对于华栱限定为足材栱,即高一材一栔21分,广10分,长72分。可见其并未盲目放大华栱的尺寸,而仅仅是增加其断面高度,使其高度比为21∶10,以提高悬臂梁抵抗弯矩的能力,十分符合现代结构力学。《法式》对于昂的记载有上昂与下昂两种,虽然《法式》中对于下昂有更多的关注,但上昂的出现其实早于下昂,在不少汉代的画像砖石及明器中可见其踪影。然而在长期的建筑实践中,上昂逐渐被下昂替代,在南方现存建筑遗留中应用较多,但不如下昂普遍,其多用于殿屋身槽内铺作、平作铺作及藻井中，可在出跳较小的情况下，取得挑的更高的效果，是斜撑与斜梁的混合体。下昂用于外檐铺作的外跳，昂除转角铺作上的角昂用足材外，其余均用单材，符合其受力情况。下昂的出现满足了大挑檐的需要，使挑檐深远而又不因斗栱层层出跳而把檐口抬得过高，于是用斜向的昂来支撑檐口，同时又可将悬挑屋顶的重量用昂尾部屋面的重量来平衡，使建筑在大体量屋顶的承托下更为雄伟威严，且增加了檐下的空间。铺作的结构虽然复杂，但并未有任何不符合结构力学的多余部分，其独特巧妙的结构在实现承托屋檐、转移屋架重量的功能基础上，完美展现了其精致、华美、轻巧、飘逸之美。并且，其强烈的装饰价值也使其承载了重要的精神功能。

"大木作功限一·殿阁外檐补间铺作用栱、枓等数"及"大木作功限二·殿阁外檐补间铺作用栱、枓等数"均于开篇记载"殿阁等外檐，自八铺作至四铺作，内外并重栱计心，外跳出下昂，里跳出卷头，每补间铺作一朵用栱、昂等数下项。八铺作里跳用七铺作，若七铺作里跳用六铺作，其六铺作以下，里外跳并同。转角者准此。"限定了殿阁等高规格建筑需使用复杂且装饰性强的重栱全计心铺作，这类铺作在《法式》中得到了较多的描述，可见其在宋代官式建筑中的重要性和常用性。然而，除了外檐斗栱格外繁复，室内也布置着大量多层斗栱，这虽有承托屋架重量的功能，但在结构上有夸大之嫌，更多的应该是承载着彰显地位的礼制功能。此外，书中篇幅较少的，如单斗只替、把头绞项作、斗口跳等简单的斗栱做法，相较于重栱计心造的繁缛豪华，往往能体现出斗栱轻巧灵活的本质，呈现出更为质朴的美感。

由柱、梁、枋、额、栿等构成的大木构架是建筑的主要力学构件，是确定建筑空间的核心构件，根据其功能的不同可以分为承重构件与围合构件两者。柱、梁、枋、槫、椽子等为承重构件，阑额、地栿、替木、襻间等是围合构件。根据其功能与受力不同，其尺寸也不同，主要承重结构体量较大，而次要承重结构及围合机构规格较小。如"大木作制度二·柱"载："凡用柱之制：若殿阁，即径两材两栔至三材；若厅堂柱即径两材一栔,余屋即径一材一栔至两材。"书中将梁分为檐栿、乳栿、劄牵、平梁、厅堂梁栿五种,尺寸也有些微不同,如"劄牵。若四铺作至八铺作出跳,广两材;如不出跳,并不过一材一栔",而"平梁。若四铺作、五铺作,广加材一倍。六铺作以上,广两材一栔"。可见平梁须承受更大重量。阑额上为补间铺作,承重较小,且更多是围合作用,因此"造阑额之制:广加材一倍,厚减广三分之一"。在不用补间铺作时,"厚取广之半",即更薄了。由额、屋内额、地栿的承重作用更少于阑额,体量更小。由此可知,大木构架的尺寸规定是经过经验总结出的最佳结果,在满足基本功能的基础上进行设定,将不同生长情况的树木处理成适应于各种结构的材,以便进行灵活的配置,以功能需要为基础设定构件大小与形式,实现功能与形式的统一,是力学规律的自然表达,是善与美的统一。

另外,生起与侧脚是书中记载的比较特殊的建筑形式,是指古建筑柱子的制作与安装方法。简单来说,即是柱子制作与安装呈倾斜式,与古希腊建筑中的视觉矫正类似,能使建筑呈现出柔和优美生动的效果。角柱生起是指从平柱至角柱逐渐生起增高,使檐口呈现出柔和的曲线,这是宋式建筑的特点,而清代建筑没有,仅到近角才起翘。侧脚是使柱首微收向内,柱脚微出向外的形式。生起与侧脚在宋代建筑中十分常见,但也并非宋代独有,自隋朝开始就有这一形式,直至宋代才实现成熟与完善。侧脚与生起实现了优美而富有艺术效果的建筑外观线条,然而其并非从形式美角度出发的产物,而是为了增加木构架的内聚力。由于唐宋时期,最高档次的殿阁建筑采用层叠式木构架,即整个构架由柱框层、铺作层和屋盖层依次架叠而成,柱与柱之间仅靠阑额联系,柱框层的整体性极差。采用阑额的建筑,需要通过立柱侧脚的做法增加柱框层的向心力。通过立柱侧脚的做法,屋顶静荷载所产生的水平分力,使柱头向室内方向挤压,阑额的受力状态,从受拉势态变为受压势态,从而可以避免在施工过程中因柱头外闪而出现散架的危险,这种危险在阑额与柱头间采用直榫联系时尤为明显。房屋建成后,外墙对柱子的固持可以加强柱框层的稳定性,但侧脚对于抵抗风力和其他水平作用力仍可起到一定作用。角柱生起则使建筑物的柱头并不处在同一个平面上,而是在一个从房屋中心向四角延伸而形成的盆状曲面上,铺作层也因此落在这个凹曲面上。这样就使铺作层和屋盖层的木架都处于向内微倾的挤压势态中,从而增加了整个木构架的内聚力和稳定性。生起与侧脚从功能出发,既充满创意地实现了建筑木构架的稳固,又创造了宋代建筑飘逸灵动的美,取得了良好的效果。

建筑彩画最初的作用是为了防止建筑木结构的朽毁,"彩画作制度·总制度"中的"调色之法"与"取石色之法"介绍了颜料的调制方法,其中石青、石绿、朱砂三种矿物颜料被称为"主色",另外还有有机颜料、化学颜料、胶矾等,通过提取、调和,书中最多出现104种不同颜色名称。丰富的色彩、熟练的构图,将彩画从早期单纯的实用功能逐渐演变成为一种装饰艺术。彩画的历史十分悠久,早在五千年多前的牛河梁女神庙遗址中就发现了墙面彩画残余。从原始社会到宋代,彩画的图案由简洁到繁复,技法由粗糙到精湛,形式从具象到抽象,及至宋代已臻成熟,具有很高的水平。丰富细腻的彩画在延续建筑大木结构寿命的同时,蕴含着象征多种符号意味的绚丽之美,形成了宋式建筑独有的清丽优美的建筑美学特征。

作为整个建筑赖以稳固的基础,台基的防水避潮功能对于木构建筑至关重要,自夏、商、周到唐代,高台建筑在高等级建筑中十分普及,这不仅由于防潮的功能,更重要的是其气势恢宏、居高临下的高大台基彰显了统治者至高无上的地位。书中记载了宋代使用素土夯筑开始出现的变化,这个时期的夯筑材料除黄土以外开始掺入碎砖瓦、石渣等,此外还记录了一种在夯土中放置圆木的做法,新技术的出现,使基础的承载能力显著提高,为大型古建筑的出现提供技术条件。高大宽阔的台基,狭长的踏道,整齐精致的钩阑,层叠有序的须弥座,使主体建筑更显宏伟壮观。台基与建筑主体主次有序、相互契合,以台基烘托主体建筑的气势,以木构加强整体的凝聚力。在此基础上,台基的使用功能与审美意味实现了和谐统一。

第二节　建筑中的礼制之美

在中国古代封建社会,礼制被赋予重要精神功能与现实意义,而两宋时期礼乐尤为兴盛,在中国传统历史上有着其独特的色彩与重要地位,宋朝礼制与周礼有不可分割的关联,然而又是在新的哲学基础上重建了传统礼治秩序。在这一时期,理学家们对"礼"进行了重新诠释,使"礼"归于"理",因此,对人的行为节制及伦理道德规范须符合天理,并通过林林总总的文饰进行体现,从而使"理"的原则在社会生活的各个层面中得以实现。在宋代,建筑礼制被规范得非常详尽,这源自宋代文人士子对礼的重视。

在思想层面上,北宋大多文人士大夫越来越重视礼对于稳定、治理社会的作用,不少学者从伦理道德角度进行探讨其教化与约束作用,例如胡瑗、周敦颐、张载、程颐、程颢、苏洵、司马光等人。其中,尤其李觏将礼提升到了治国层面,认为礼是"圣人之法制"①,用礼来统一政治、经济、法律、道德、军事等。

王安石延续与发展了李觏关于礼的思想,在《三经新义》中表现最为突出,在众多礼制典籍中,王安石格外推崇《周礼》,《三经新义》中唯有《周官新义》是王安石本人所撰,清代学者全祖望评价该书"盖荆公生平用功,此书最深",并且"是固熙、丰新法之渊源也"。②《营造法式》中的建筑礼制也是这一时代的文化产物。

一、制度规范

关于宋代建筑礼法制度的文献记载非常丰富,《宋史》《宋会要辑

①（宋）李觏:《李觏集》卷二,中华书局2011年版,第11页。
②（清）全祖望撰,朱铸禹汇校:《全祖望集汇校集注》,上海古籍出版社2000年版,第1176页。

稿》《续资治通鉴长编》《天圣令》及《宋刑统》等文献中都载有对祭祀建筑、宫殿、衙署、官邸、赐第、民宅等的规定,如《宋史·舆服志》记载宋代"臣庶室屋制度"云:"宰相以下治事之所曰省、曰台、曰部、曰寺、曰监、曰院,在外监司、州郡曰衙。……私居,执政、亲王曰府,余官曰宅,庶民曰家。诸道府公门得施戟;若私门,则爵位穹显经恩赐者,许之。……凡公宇,栋施瓦兽,门设桴栝。诸州正牙门及城门,并施鸱尾,不得施拒鹊,六品以上宅舍,许作乌头门。父祖舍宅有者,子孙许仍之。凡民庶家,不得施重栱、藻井及五色文采为饰,仍不得四铺飞檐。庶人舍屋,许五架,门一间两厦而已。"①虽然法规森严,民间奢僭之事却不少。朝廷为此多次下诏,效果却并不明显。例如宿白先生在《白沙宋墓》一书中叙述了该墓奢华繁缛的装饰,就该墓主人的庶民身份而言明显是逾制了。而到了北宋晚期,奢僭之风更是有增无减。总的来说,北宋上至统治阶级下至富民阶层,均沉浸在追逐奢靡、贪腐浪费的社会风气中。然而,对外作战耗费钱银不低,且同时要给两国交付岁银,这使得国家财政不堪重负。针对这一经济困境,宋神宗于治平四年(1067 年)即位之后,任用王安石为相,开始了政治改革,旨在实现富国强兵、改良经济、弱化阶级矛盾等目的,即熙宁变法和元丰改制(下文称熙丰变法)。

《营造法式》成书于熙丰变法时期,这场改革运动不仅对北宋统治阶级的政权起到了巩固和加强的作用,还推动了社会经济的发展。其中涉及丰富的改革内容,包括政治、财政、经济、法律、军事、官僚机构等诸多项目。《营造法式》所体现的建筑改革是这一宏大政治改革运动的组成部分之一。作为熙丰变法的产物,《营造法式》是实现节流的手段之一,其中有丰富翔实的建筑礼法制度,它们渗透于《营造法式》的各法条中,一方面对各等第建筑的形式进行约束,另一方面也有助于节省人工物料,从结果上来看,这也是通过经济调控来巩固封建统

---

① (元)脱脱等:《宋史》,中华书局 1985 年版,第 2407—2408 页。

治的稳定性。

从全书来看，《进新修〈营造法式〉序》《劄子》《看详》《总释》和《总例》是《营造法式》的指导思想，其中大量引用《周官》《诗经》《尚书》《易》《春秋》《释名》《礼记》等经学典籍，明确了礼在治国中的重要作用，借此说明建筑必须作为礼的承载与象征得到规范。

从制度规范来看，在《营造法式》中，建筑等第体现在几乎每个工种的"制度""功限""料例"之中，《营造法式》二十八卷还单独列有"诸作等第"，作为建筑礼制的补充。由于篇幅限制，下面对大木作、小木作和彩画作中涉及建筑等第的内容进行总结：①

大木作

大木作的等第区分主要包括材等差异和构件做法等第。

首先，材等是最为直观的礼制规范，因为它与间架、进深、房屋类型都有着直接的关系（见表 6 - 1）。《营造法式》关于材等、材的尺寸计算、材的应用方式等有着一系列的规定。通过材作为大木构件的模数基础，将建筑外观与礼制整合起来。

其次，大木作中还涉及不同构件做法的等第差异，这些做法与材等一样，也与建筑类型相关（表 6 - 2）。同时，建筑类型又与国家等级秩序相关联，例如北宋《天圣令》载："太庙及宫殿皆四阿，施鸱尾，社门、观、寺、神祠亦如之。"②结合《宋史》载"皇帝之居曰殿"③，可以推测当时仅宫殿、御前宫观、寺庙或重要宫观庙宇神祠之类采用殿堂式建筑。

---

① 壕寨的相关内容并不涉及等第。
② 中国社会科学院历史研究所天圣令整理课题组校证：《天一阁藏明钞本天圣令校证》，中华书局 2006 年版，第 187 页。
③ （元）脱脱等：《宋史》，中华书局 1985 年版，第 3598 页。

表 6－1　材等与房屋体量、类型的关系

笔者根据《营造法式》原文制作

材等	应用对象	材等	应用对象
一	九间至十一间殿堂,副阶及挟屋比殿身低一等材,廊屋再比挟屋低一等材。	五	小三间殿堂大三间厅堂
二	五间至七间殿堂	六	亭榭或小厅堂
三	三间至五间殿堂及七间厅堂	七	小殿及亭榭
四	三间殿堂及五间厅堂	八	殿内藻井或铺作较多的小亭榭

同时,根据宋人庞元英《文昌杂录》所载北宋元丰五年(1082 年)在大内之西新建尚书省的规制:"中曰令厅,一百五十九间。东曰左仆射厅,九十六间。次左丞厅,五十五间。"①其中的官署均称厅。另外,"大木作制度·阳马"下有小注:"王公以下居第并厅厦两头者,此制也。"②可见,厅堂与殿堂不仅结构不同,厅堂在等第上也低于殿堂,主要用于官署或官员府邸之类。

因此,二者在铺作上差别明显,根据大木作功限,殿堂铺作被规定为四到八铺作的重栱计心造,然而厅堂中还能使用斗口跳。

另外,虽然根据大木作"等第",有角梁的做法是上等,即四阿顶和厦两头都是上等做法,而不厦两头是中、下等做法,但结合上述四阿顶用于宫殿、太庙之类,而厦两头用于厅堂之类,大约在宋代,四阿顶的等第也是高于厦两头的,然而根据《营造法式》,余屋中也可应用四阿顶③,但《营造法式》功限一般都以最高等级、最复杂的做法作为计算标准,因此估计

---

① (宋)庞元英:《文昌杂录》,中华书局 1958 年版,第 29—30 页。
② (宋)李诫编修:《营造法式》,中华书局 2015 年版,第 5 页。
③ 陈明达:《〈营造法式〉大木作研究》,文物出版社 1981 年版,第 45 页。该书指出,由于《营造法式》"仓廒库屋功限"中也包括有大角梁、子角梁、续角梁、飞子、大连檐、小连檐等的规定,说明其也有四阿顶,并用飞檐。

也只有皇宫中的仓廒库屋才可能用四阿顶。

表 6-2 大木作构件等第

笔者根据《营造法式》原文制作

构件	殿堂、殿阁	厅堂	余屋
屋盖	四阿;九脊殿	王公以下的宅居只能用厅堂厦两头造	四阿、飞檐(仓廒库屋)
铺作	外檐转角、补间铺作:四到八铺作,内、外均重栱计心,外跳出下昂;身槽内转角、补间铺作:四到七铺作,里、外跳并重栱计心华栱造斗口跳可以用于三间九脊殿	华栱里跳上出头承梁,长度须再多加一跳斗口跳可以用于三到五间厅堂	斗口跳;单斗只替
梁栿	檐栿、乳栿、劄牵、平梁	厅堂梁栿	
平棊/平闇椽	宽2.5寸,厚1.5寸		宽2.2寸,厚1.3寸
柱	柱径2材2栔至3材	柱径2材1栔	柱径1材1栔到2材
侏儒柱	柱径1.5材		柱径以1.5材为基础,根据梁栿厚度酌情加减
叉手	宽1材1栔		宽随材或加2-3分,厚为宽度1/3
槫	径1材1栔或2材	1材3分°—1材1栔	1材1分°—1材2分°
椽	水平长度为6尺以下,或6.5—7.5尺,直径9—10分°两椽间距9—9.5寸(副阶8.5—9寸)	水平长度为6尺以下,直径7—8分°两椽间距8—8.5寸	水平长度为6尺以下,直径为6—7分°两椽间距7.5—8寸

续　表

构件	殿堂、殿阁	厅堂	余屋
举高 S＝前后 橑檐枋 心之间 的距离/ 前后檐 柱心（不 出跳或 余屋柱 梁作）	1/3×S 副阶、缠腰： 1/2×S	瓦厅堂： (1/4＋8/100)×S 瓪瓦厅堂： (1/4＋5/100)×S	瓦廊屋： (1/4＋5/100)×S 瓪瓦廊屋： (1/4＋3/100)×S

另外，根据大木作"等第"，用平闇为下等，那么彻上明造应是上、中等，即用月梁的彻上明造为上等，用直梁的彻上明造为中等。

表6-3　大木作等第
笔者根据《营造法式》原文制作

工种	等第		
	上等	中等	下等
大木作	用铺作斗栱、角梁、昂、华栱及月梁	用铺作斗栱但不用角梁、昂、月梁，只用槫、柱、枓、额、椽（大约为不厦两头造） 斗口跳（用华驼峰、子①、大连檐、飞子） 把头绞项作（用泥道栱或用侧项枋）	斗口跳及以下（用槫、柱、枓、额、椽） 平闇（平闇之上为草架、草枓） 斗口跳及以下（用素驼峰、子和小连檐之类）

小木作

"小木作制度"之下有五种形式的格子门，结合"小木作等第"来看，四斜毬文格眼、四斜毬文上出条柽重格眼、四直毬文上出条柽重格眼格子门以及部分四直方格眼属于上等，四直方格眼制度分为七等，

---

① 子即头木。

其中前五等做法为上等,方绞眼与平出线为中等做法,同时,版壁和两明格子门也属于中等做法。然而在"格子门"制度一条,也说明"造格子门之制有六等"①,大约在上等格子门做法之中,也有更细致的等第差别。

阑槛钩窗也有格眼以及出线做装饰,其制度沿用四直方格眼的制度,也就是前五等为上等,方绞眼与平出线为中等。

另外,还有一种借鉴格子门装饰手法,在腰串上做格眼的室内木隔断,即截间格子,分为殿内截间格子和堂阁内截间格子,分别用于殿堂和厅堂结构的楼阁,虽然"等第"中并未提及二者,但根据殿内截间格子"桯内所用四斜毯文格眼"②,而堂阁内截间格子和截间开门格子也是作毯文格眼,因此二者都属于上等。此外,堂阁内截间格子的桯还可细分出三等做法,一是桯面上中心出线,两边压线;二是瓣内双混或单混;三是方直破瓣撺尖。

除上述两种,小木作隔断类构件还有截间版帐、照壁屏风骨、隔截横钤立旌、廊屋照壁版、障日版和栱眼壁版,均属于中、下等。其中栱眼壁版、合版造的照壁版和障日版是中等,牙头护缝造的截间版帐、照壁版和障日版,照壁屏风骨以及隔截横钤立旌都属于下等做法。

在擗帘竿的制度中,其分为三等"一曰八混,二曰破瓣,三曰方直"③,但在"等第"中,六混以上造是中等,通混和破瓣造属于下等做法。这里的"混"即在构件表面用凸出椭圆弧曲面取代平面,"八混"即相连的八个凸出曲面,"通混"即断面整体出一混,"破瓣"即构件断面两边作 L 形凹槽。从上述可知,虽然制度只写了"八混",但实际上出混的方式也是较为灵活,而方直虽然不载于"等第"中,但也应该属于下等做法。

---

① (宋)李诫编修:《营造法式》,中华书局 2015 年版,第 1 页。
② 同上书,第 5 页。
③ 同上书,第 11 页。

平棊用于殿内铺作算桯枋(平棊枋)之上,由较大的方形木框拼合而成,木框安于背版之上,木框的边桯之内用木贴加固,并用难子作护缝。桯的做法等第大约与格子门类似,但除此以外,平棊上贴络的华文还有十三品,分别是盘毬、斗八、叠胜、锁子、簇六毬文、罗文、柿蒂、龟背、斗二十四、簇三簇四毬文、六入圜华、簇六雪华、车钏毬文。这些华纹都是可以相间使用的,或者在云盘华盘里面安设明镜,或者作龙凤浮雕及雕花。《营造法式》中并未对其区分等第,但根据《营造法式》的陈述规律,推测其也属于从高等到低等的顺序。

斗八藻井和小斗八藻井均为上等做法,但根据小木作制度,斗八藻井用于殿堂式建筑内照壁屏风之前,或殿身内前门之前平棊之内,而小藻井只能用于殿堂式建筑的副阶,因此如果细分的话,斗八藻井等第应该高于小斗八藻井。

拒马叉子是用于衙署府邸外的木构活动路障,本来就属于下等做法,叉子是在室外阻挡人群、分隔道路的木栅栏,其制作复杂且有装饰作用,其等第主要与棂子、马衔木和串的几等制度相关。马衔木表面的制度与棂子相同,棂子头的制度有三种,一是海石榴头,二是挑瓣云头,三是方直笋头。棂子身有四等制度,第一种是表面出一混,心内出单线,压边线;第二种是瓣内单混,面上出心线;第三种是方直出线,压边线或压白;第四种是方直不出线。串分为上串和下串,也有三种制度,一种是侧面上出心线、压边线或压白;第二种是瓣内单混出线;第三种是破瓣不出线。其规律也是一等为最高,越往后等第越低,因此叉子的等第就分别表现为以上做法的不同组合,具体参见表6-4。

另外,根据"等第",小木作中的佛道帐、牙脚帐、九脊小帐、壁帐、转轮经藏和壁藏全都属于上等,可见宗教建筑的等级都是上等。

表6-4　小木作等第
笔者根据《营造法式》原文制作

工种	构件	等第		
		上等	中等	下等
小木作	版门	用牙头、护缝、透栓、肘板和副肘板	用牙头护缝	直缝造
	钩阑	重台钩阑（井亭子、胡梯）	单钩阑（撮项蜀柱、云栱造）	单钩阑（斗子蜀柱、蜻蜓头造）
			乌头门、软门（用牙头护缝）破子窗、井屋子	
	格子门、阑槛钩窗	毬文格子眼四直方格眼（出线、一混、四角处作撺尖）程（出线造）	包括平棊格子（方绞眼、平出线或不出线造）程（方直、破瓣、撺尖，素通混或压边线造）	
		斗八藻井，小斗八藻井		
	叉子	内霞子、望柱、地栿、衮砧棍子、马衔木（海石榴头，身内作瓣内单混，面上出心线以上造）串（瓣内单混，出线以上造）	棍子（云头、方直出心线或出边线、压白造）串（侧面出心线或压白造）	拒马叉子同棍子（挑瓣云头或方直笋头）串、托枨、曲枨（破瓣造）
	牌	牌带贴络雕华	素牌（六瓣或八瓣造）	
	棵笼子		六瓣或八瓣造	四瓣造
		佛、道帐，牙脚帐，九脊小帐，壁帐，转轮经藏和壁藏		

工种	构件	等第		
		上等	中等	下等
			栱眼壁版,裹栿版,五尺以上垂鱼、惹草	版引檐,地棚,五尺以下垂鱼、惹草
			照壁版、障日版(合版造)	截间版帐、照壁版、障日版(牙头护缝造)、照壁屏风骨、隔截横钤立旌
	搏帘竿		六混以上造	通混、破瓣造

彩画作

彩画作中有六种彩绘制度,五彩遍装和碾玉装属于上等做法,青绿叠晕棱间装和解绿装饰为中等做法,丹粉刷饰是下等做法,杂间装是前五种制度的组合搭配,等第根据所用制度而定。其中,解绿装几乎不用花纹,仅以缘道显示构件轮廓而已,但另有松文装和卓柏装两种十分雅致的做法。松文装即在梁栿身内遍刷土黄色,以墨和紫檀色画出松纹。卓柏装即在梁栿身内刷黄丹,上面以墨及紫檀色点簇六毬纹,与松文装相间。"等第"中将松文装置于中等做法,推测卓柏装也属于中等。

另外,同为上等做法的五彩遍装与碾玉装之间有着很大差别,从纹样上看,五彩遍装的丰富程度远远超过碾玉装;[①]从色彩上看,五彩遍装应用了五色,包括青、绿、红、黄、白,且可以间金,碾玉装以青绿二色为主导,可以间以少量红色或粉色;从风格上看,五彩遍装更显华贵,在一定程度上延续了唐代富贵华美装饰风格,也能表现出宋代优雅的艺术品

---

① 碾玉装以华文和琐文为主,这两类纹样基本沿用五彩遍装,但华文内不用写生纹样,豹脚合晕、偏晕、玻璃地、鱼鳞旗脚、锁子也不用,仅增加龙牙蕙草。五彩遍装中的飞仙、走兽之类纹样,碾玉装也不用。

位,相比之下,碾玉装如其名称一般,呈现为幽雅、清淡、恬静的美学特征。虽然《营造法式》对于彩画制度的应用建筑类型并未记载,但根据上述对比以及《营造法式》自身陈述惯例,可以推测五彩遍装有可能专门用于宫殿、太庙等一类殿堂式建筑,而碾玉装仅用于官署或更低等第的厅堂式建筑。

表 6-5　彩画作等第
笔者根据《营造法式》原文制作

工种	等第		
	上等	中等	下等
彩画作	五彩遍装,或间金青绿碾玉装	青绿棱间装解绿装,赤、白及结华,松文装柱头、柱脚及槫画束锦	丹粉装,刷赤白、土黄刷门、窗、版壁、叉子、钩阑之类

二、符号象征

《营造法式》中除了实质性的等第划分,也纳入了标志性的符号语言,同样用于维护政治秩序。这些象征性语义往往取自人们的思想观念,其中包括了儒家思想中的礼文化、统治阶级本身的思想意志以及从前代继承下来的传统价值观。

《营造法式》之中,纹样象征主要包括政治象征、宗教象征以及吉祥寓意三类,与礼制相关的多是具有政治符号意味的纹饰,包括最为常见的龙、凤、麒麟之类,这些自古便象征着贤明君主或盛世太平,如《春秋左传正义》"麒凤五灵,王者之嘉瑞"。[①] 此外,獬豸、麒麟、狻猊、象、熊、仙鹿及天马等,也多有政治及礼制内涵。

1. 龙:龙是中国传统纹样的典型,它对于皇权与帝德的象征意义不

———————————

① (春秋)左丘明注,(唐)孔颖达正义,杜预注:《春秋左传正义》,北京大学出版社 1999 年版,第27 页。

言而喻,北宋以前,以龙命名的年号就有十二个,帝王的衣食住行多与龙纹形象结合。关于龙的来源,闻一多先生曾考证其为"由许多不同的图腾糅合成的一种综合体"①,从形式上来看,它是蛇、蜥蜴、鳄等动物的融合体,从意义上来看,龙在最初就是象征权力的各式图腾的结合体。尤其是根据考古资料来看,自仰韶文化时期开始,龙就已经成为君主的象征了。也正是由于龙对于皇权的象征性,《营造法式》之中龙纹的出现频率极高,且图样中提供了多种龙纹的绘制方式。唐宋之后,龙的形式与种类逐渐固定了下来,大致包括坐龙、行龙、升龙、降龙、云龙、草龙、拐子龙、团龙等,明清时期,龙的不同形象与等级制度结合得更加紧密,对民间龙纹的使用限制更多。

2. 凤:龙凤崇拜是中国古代图腾文化的代表,凤同样也具有皇权的象征意味,北宋前以凤命名的年号有十个之多。秦汉古建筑颇尚凤鸟脊饰,这是源自楚人崇火尊凤的习俗。但总的来看,龙与凤在形象上都经历了漫长的演化过程,凤的雏形是鸟类,它的早期形象大约如《说文》所述,即"鸿前麐后,鹳颡鸳腮,龙文龟背,燕颌鸡啄,五色备举"。② 有学者考证凤凰源自孔雀崇拜③,这一说法不无道理,《营造法式》"五彩遍装":

图6-1 《营造法式》"图样卷"平棊华盘中的龙纹和凤纹
李诫编修:《营造法式》"法式三十二",中华书局2015年版,第24页。

---

① 闻一多:《伏羲考》,上海古籍出版社2009年版,第21页。
② (汉)许慎:《说文解字注》,凤凰出版社2007年版,第263页。
③ 冯玉涛:《凤凰崇拜之谜》,《人文杂志》1991年第5期,第108—113页。

"一曰凤凰,[鸾、鹤、孔雀之类同]"①也将凤凰与孔雀归在一类,且《营造法式》图样中凤凰与孔雀的纹样也颇为相似。

3. 麒麟:麒麟颇受统治阶级的喜爱与重视,历史上首个年号"元狩"便是纪念汉武帝捉到一只白麟。《营造法式》中的麒麟纹作走兽状,头上有角,身上有"麟"状纹,蹄形与马相同。与五代梁《宋书·符瑞志》的描述有一定相似性,"麒麟者,仁兽也。……麕身而牛尾,狼项而一角,黄色而马足。……明王动静有仪则见"②,可见麒麟也象征着圣明的君主。

图 6-2 《营造法式》"图样卷"彩画作中的麒麟纹
李诫编修:《营造法式》"法式三十三",中华书局 2015 年版,第 11 页。

4. 獬豸:獬豸与麒麟非常相似,也属于走兽纹。獬豸的形象为,头上有角,身体及足部与狮子类似,尾部与马类似。獬豸是正义的象征,据《符瑞志》载:"獬豸知曲直,狱讼平则至。"③彩画作中将獬豸、麒麟、狻猊

图 6-3 《营造法式》"图样卷"彩画作中的獬豸纹
李诫编修:《营造法式》"法式三十三"中华书局 2015 年版,第 11 页。

---

① (宋)李诫编修:《营造法式》,中华书局 2015 年版,第 15 页。
② (梁)沈约:《宋书》,中华书局 2000 年版,第 531 页。
③ 同上书,第 540 页。

均归于狮子一类,因而四者在身体形态上有相似性。狻猊相传为"龙九子",因其十分勇猛,多立于房屋前门两侧或垂脊上,也具有镇宅、平安的吉祥意味。

5.象:由于古代印度盛产大象,而佛教又来自印度,因此象也常在佛教艺术中得见,然而在中国古代社会,白象也被认为是仁兽的一种,象征着有道明君的出现,《符瑞志》:"白象者,人君自养有节则至。"①

图 6 - 4　《营造法式》"图样卷"彩画作中的象纹
李诫编修:《营造法式》"法式三十三"中华书局 2015 年版,第 12 页。

6.熊:熊的政治象征意义可参见《符瑞志》:"赤熊,佞人远,奸猾息,则入国。"②

图 6 - 5　《营造法式》"图样卷"彩画作中的熊纹
李诫编修:《营造法式》"法式三十三"中华书局 2015 年版,第 12 页。

7.仙鹿:仙鹿在道教艺术中常被绘作仙人坐骑,然而其本身也具有

---

① (梁)沈约:《宋书》,中华书局 2000 年版,第 538 页。
② 同上书,第 538 页。

政治象征意味,见《符瑞志》:"天鹿者,纯灵之兽也……王者道备则至。"①

图 6-6 《营造法式》"图样卷"彩画作中的仙鹿纹
李诫编修:《营造法式》"法式三十三",中华书局 2015 年版,第 12 附页。

8.天马:龙马在中国古代普遍具有王者的象征意义,唐代乾陵神道石刻中便有龙马形象的雕塑。据《符瑞志》记载:"龙马者,仁马也。……长颈有翼,傍有垂毛……王者德御四方则出。"②再看《营造法式》的彩画作图样,天马纹样颈长而有翼,与上述龙马十分相似,且天马头上有类似龙角形状,根据中国古代龙与马的深厚渊源,可以推测《营造法式》中的天马即为《符瑞志》中象征有德王者的龙马。

图 6-7 《营造法式》"图样卷"彩画作中的天马纹
李诫编修:《营造法式》"法式三十三",中华书局 2015 年版,第 12 附页。

总之,《营造法式》作为官式建筑法规,宫殿、宗庙等建筑是其最为重

---

① (梁)沈约:《宋书》,中华书局 2000 年版,第 576 页。
② 同上书,第 537 页。

要的规范对象,等级制度须转化为各种符号语言反映在这些建筑中,以保障皇权的稳定,因此将与政治相关的祥瑞纹样纳入其中有其必要性。

北宋时期,统治阶级为了粉饰太平,对于祥瑞颇为重视,较为著名的是宋真宗"降天书"一事,之后各地官员便争奏祥瑞,以迎合上意。宋徽宗对祥瑞及祥瑞画都十分推崇,艮岳中也豢养了鹤、鹿等众多瑞兽。

祥瑞思想的根源是远古先民们对吉凶祸福的经验和预测,属于祈福文化的一种,后来又吸收了谶纬及道教的部分内容,祥瑞思想的深入人心在于迎合了人们趋吉避凶的心理。北宋时期,祥瑞之说十分盛行,这在《营造法式》纹饰中也有所表现,其主要内容是富贵、喜庆、多子、平安、和谐、稳固之类的吉祥寓意,其中,尤其以家族繁荣、多子多孙之类的题材最为丰富。据载,宋真宗修玉清昭应宫也与祈求皇嗣有关,这一题材对于封建政权而言,也有相当的政治意义。

海石榴华在石作制度、彩画作五彩遍装中为华文第一品,是雕作中起突卷叶华及剔地洼叶华第一品,在小木作中也有广泛应用,可见是《营造法式》中较为常用的华文之一。由于石榴果实颗粒较多,因此被赋予多子的寓意,"榴开百子"也成为海石榴华的吉祥寓意。

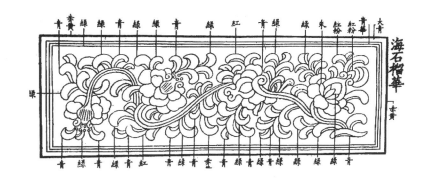

图6-8　《营造法式》"图样卷"彩画作中的海石榴华纹
李诫编修:《营造法式》"法式三十三",中华书局2015年版,第2页。

《营造法式》石作中以化生与华文、卷草纹相间装饰,这里的化生即童子,结合而成为婴戏纹,寓意多子。

图 6-9 《营造法式》"图样卷"彩画作中的化生纹
李诫编修:《营造法式》"法式三十三",中华书局 2015 年版,第 14 附页。

麒麟虽有政治意味,在民间也有麒麟送子的典故。

鱼的繁殖能力较强,多有儿孙满堂、多子多福的吉祥寓意,《营造法式》中的鱼纹可见彩画作五彩遍装中的华文第八鱼鳞旗脚,它以鱼鳞形状为基础进行艺术处理,既美观又寓意吉祥,殿内斗八中也应用了飞鱼、牙鱼纹。

人丁兴旺离不开夫妻和谐,鸳鸯雌雄不离,自古便象征夫唱妇随的美好情意,《营造法式》纹样中的鸳鸯纹也有这一寓意。

此外,象征家族和谐、兴旺的还有柿蒂纹和锁子,柿蒂纹在小木作平棊中为华文第七品,在彩画作五彩遍装中,将四瓣柿蒂与其他华文围合而成团窠柿蒂纹,因其与果实相生相伴,而被赋予家族牢固、人丁兴旺的美好寓意。锁子为五彩遍装琐文第一品,另有相似纹样联环锁、玛瑙锁与叠环,其由内凹弧线组合而成人字形的四方连续纹,彼此之间紧密连接,因而象征着连接不断的和谐寓意。

此外,《营造法式》中也有不少象征富贵美满的纹样,例如石作、雕作及彩画作中,以石材、木材及颜料在柱础、钩阑柱头、牌带四周、照壁版、

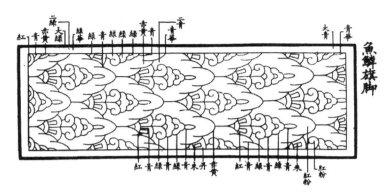

图 6‑10　《营造法式》"图样卷"彩画作中的鱼鳞旗脚纹

李诚编修:《营造法式》"法式三十三",中华书局 2015 年版,第 5 页。

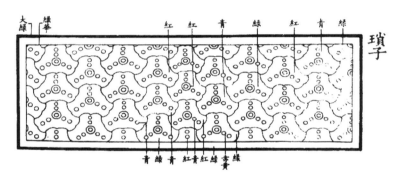

图 6‑11《营造法式》"图样卷"彩画作中的锁子纹

李诚编修:《营造法式》"法式三十三",中华书局 2015 年版,第 5 页。

图 6‑12　《营造法式》"图样卷"彩画作中的团科柿蒂纹

李诚编修:《营造法式》"法式三十三",中华书局 2015 年版,第 4 页。

栱眼壁,及梁、额、橑檐枋、椽、柱等大木构件上展现形态各异的牡丹华,并与龙、凤、走兽等纹样穿插补空,展现了富丽华贵的美学效果。

象征喜庆、吉利的纹样也颇受宋代统治阶级热衷。例如,由于鹊在民间有喜兆象征,有喜鹊之称,因而也赋予了《营造法式》练鹊纹装饰之外的喜庆寓意。

《营造法式》中锦鸡纹、羚羊纹、如意头、方胜与万字曲水纹也有着吉利的寓意。鸡与吉谐音,且古人称鸡有"五德",因而鸡纹承载了吉祥寓意;羊纹也常用来象征吉祥,《说文》"羊,祥也"[①];如意头有着祈福的意味,《营造法式》分单卷如意头和三卷如意头,用于彩画作最高规制的五彩遍装与碾玉装,其卷数仅有一卷和三卷,而没有二,从古代的数字信仰来看,奇数表阳而象征天,这里应当承载了向天祈祷吉祥如意的理想;另外,方胜及方胜合罗是应用于竹作与彩画作中的抽象几何纹,主体由多个菱形相交而成,象征同心吉祥;万字曲水纹也有吉祥不断的寓意。

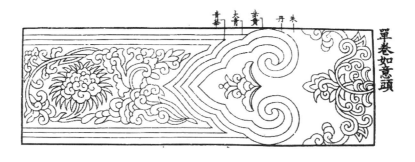

图6-13 《营造法式》"图样卷"彩画作中的单卷如意头纹样
李诫编修:《营造法式》"法式三十三",中华书局2015年版,第15页。

象征皇权的纹样及祥瑞纹样,源自儒、释、道及民间文化的交融与结合。《营造法式》纹样虽以装饰为主要目的,但其作为官定建筑术书,必然在纹样的选择上迎合当时的主流文化和政治需要,因此,这些具有政

---

① (东汉)许慎:《说文解字注》,凤凰出版社2007年版,第88页。

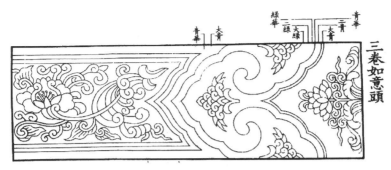

图 6‑14　《营造法式》"图样卷"彩画作中的三卷如意头纹样

李诚编修:《营造法式》"法式三十三",中华书局 2015 年版,第 16 页。

治象征、宗教象征及吉祥寓意的符号语言对官式建筑的营造而言,有其重要价值。

第三节　建筑中的文饰之美

建筑作为一门艺术,有着丰富的装饰语言。建筑中的艺术表达,包括建筑艺术形式和诸多建筑符号等在内,均反映出人们对美的理解和向往。在《营造法式》中,几乎每个工种在处理结构问题上,都会涉及装饰做法。其中,尤其以第十四卷彩画作与装饰艺术关系最为密切,其中详述了彩画作的总制度以及六种彩画绘制方法,六种形式极为不同,且各有特色的绘制模式,分别为五彩遍装、碾玉装、青绿叠晕棱间装、解绿装饰、丹粉刷饰和杂间装。通过色彩的搭配与运用,各种绘制模式在整体色调的表现上呈现出相对不同的效果,五彩遍装及杂间装积极运用冷色但色彩相对绚丽丰富,碾玉装及青绿叠晕棱间装为冷色调,丹粉刷饰为暖色调,解绿装饰为冷色调中兼有暖色。《营造法式》所代表的宋官式建筑做法,从纹样、色彩和韵律三方面展现装饰艺术的高度。

一、纹样

《营造法式》中有着丰富的纹样内容,基于人的审美而组织于各构件中。纹样的组织往往与其施用构件的形式相关,木构件形式大多是较长的长方形,但也存在较短的块面,如拱眼壁之类。华文的应用是最为普遍的,华文前三品"海石榴华[宝牙华、太平华之类同]""宝相华[牡丹华之类同]"以及"莲荷华",适用范围最广,"以上宜于梁、额、橑檐方、椽、柱、枓、栱、材、昂、拱眼壁及白版内;凡名件之上,皆可通用"①。这三品华文中,海石榴华、牡丹华以及莲荷华是真实世界中存在的花卉,而另外几种华文,甚至包括另外六品华文,均是现实中花卉题材的重新再设计。因此,牡丹华与莲荷华可以直接画成写生画,海石榴华也可画出两种形态,一是"铺地卷成",即花叶肥大而没有枝条,另一种是"枝条卷成",即花叶肥大但微露枝条,这两种形式大约是根据石榴花在自然界中不同形态创作而来。除了这三种纹样,前三品华文大多也是接近于自然花卉形态的,即花与叶的组合,这与后六品有所不同,后六品即团窠宝照、圈头合子、豹脚合晕、玛瑙地、鱼鳞旗脚、圈头柿带,是以连续纹的形式出现的,有些类似于几何连续纹。

"凡华文施之于梁、额、柱者,或间以行龙、飞禽、走兽之类于华内","如方、桁之类全用龙、凤、走、飞者,则遍地以云纹补空"。② 这里所说的华文,应该是指的上述前三品华文,而不是后六品,从《营造法式》纹样或现遗存中来看大约也是如此。一般情况下,龙、凤、走、飞之类属于写生花鸟画或者宗教画题材,从上表中也可知,这些题材多作写生画,将其绘制于梁、额、柱、枋、桁、拱眼壁之中,必然呈现为华美、丰富而有层次感的视觉效果,这与抽象几何纹所传递的静态平衡的视觉效果极为不同,因此,应当是以写生华文烘托龙、凤、走、飞之类生动之物,而这种画法与花鸟画的构图方式也是一致的。

与此同时,《营造法式》之中还有大量对称构图的纹样,例如华文中的后六品以及六品琐文,从源头来看,这些纹样也源自日常物品或花鸟

---

① (宋)李诫编修:《营造法式》,中华书局 2015 年版,第 4 页。
② 同上书,第 4—5 页。

鱼虫的再设计和再创造。自然物体往往呈现为不规则的形式,但由于装饰的需要,正如同格式塔心理学所指出的"每一个心理活动领域都趋向于一种最简单、最平衡和最规则的组织状态"①,画工们不得不将这些不规则形式向规则方向进行艺术加工,正如阿恩海姆所指出的:"艺术品……为了得到一种由方向性的力所构成的式样。在这一式样中,那些具有方向的力是平衡的、有秩序和统一的。"②《营造法式》中华文后六品和琐文的图像所呈现出的正是这样基于丰富内容、结构和质感的平衡统一。这种内容并没有如自然物本身一般复杂,但它们的组成也是具有层次性的,即贡布里希所述:"审美快感来自于对某种介于乏味和杂乱之间的图案的观赏。单调的图案难于吸引人们的注意力,过于复杂的图案则会使我们的知觉系统负荷过重而停止对它进行观赏。"③

从《营造法式》图样可知,尽管存在着写生画式的纹样,然而它们最后也和其他的二方连续纹或是四方连续纹一样,被控制在相对对称平衡的构图之中。这一现象倒不仅仅出现于彩画作之中,在雕作、小木作、石作等各种具有装饰纹样的工种中也存在,有不少学者认为,这是《营造法式》在装饰上开始程式化倾向的体现,正如贡布里希所述:"当各种纹样有了各自的意义之后,人们随意制作图案的自由就要受到传统势力的限制。在完全有控制的符号里,我们可以察觉到一种对标准化和可重复形式的需求。"④

也就是说,《营造法式》所反映的官式建筑彩画纹样,无论从题材或是技术上都需要迎合所谓的"传统势力",这一方面来自具有政治意义、宗教内涵、吉祥寓意的传统官式建筑规范,另一方面也需要迎合统治阶级的审美倾向,这也可以解释一些宫廷画中常见的花卉在《营造法式》中

① [美]鲁道夫·阿恩海姆著,滕守尧、朱疆源译:《艺术与视知觉》,中国社会科学出版社 1984 年版,第 37 页。
② 同上书,第 39 页。
③ [英]E. H. 贡布里希著,杨思梁、徐一维、范景中译:《秩序感:装饰艺术的心理学研究》,广西美术出版社 2015 年版,第 18 页。
④ 同上书,第 29 页。

不存的原因,例如梅花或菊花。在李诫编书的过程中,满足了以上诸多限制之后而确定的纹样,便呈现为一系列具有标准化、形式重复等性质的肌理。

然而,《营造法式》彩画也并不是如清代琢墨彩画或旋子彩画一般的固定、严肃,而是有一定变化余地的,正如"五彩遍装制度"所述,华文或云纹与"行龙、飞禽、走兽之类"的组织方式都没有被绝对固定,而是"任其自然"的,也就是充分发挥宫廷画工的审美。这从客观上确保了建筑群中不同单体在艺术表现上的个性与多样性,反而显得趣味盎然。

二、色彩

《营造法式》的色彩审美倾向与唐宋变革关系密切,正如阿恩海姆所述,"对色彩反应的典型特征,是观察者的被动性和经验的直接性;而对形状知觉时的最大特点,是积极的控制"。① 也就是说,人类对色彩的视知觉是与感性体验相伴随的,而宋人的内敛、封闭、淡泊的思想追求也正是《营造法式》建筑色彩倾向于冷色调的主要原因。

关于彩画作的色彩搭配,《营造法式》中有不少篇幅进行了陈述,大致方法是:以青、绿、红三色为主色,以赤黄、白等其他色彩辅助,黄色只有五彩遍装可以使用,但用的面积不是很大。此外,彩画作中色彩的搭配方式主要有两种,一是同一或相邻色相的不同饱和度、明度的色彩组合,二是不同色相之间的冷暖色组合。

第一种色彩搭配方式主要是针对叠晕之法,青、绿、朱三种主色都有叠晕的做法,即"自浅色起,先以青华,[绿以绿华,红以朱华粉]次以三青,[绿以三绿、红以三朱]次以二青,[绿以二绿、红以二朱]次以大青,[绿以大绿、红以深朱]"②这就是用同一色相不同饱和度、明度的色彩构

---

① [美]鲁道夫·阿恩海姆著,滕守尧、朱疆源译:《艺术与视知觉》,中国社会科学出版社 1984 年版,第 458 页。
② (宋)李诫编修:《营造法式》,中华书局 2015 年版,第 5 页。

成色阶,用于缘道中,这种色彩组合方式在当代设计中都十分常用,观者对其的视觉感知是和谐、舒缓的。

　　第二种色彩搭配方式是存在图底关系时,用来加强对比度,将人们的视觉注意力转向图形,也就是纹样。这种做法在《营造法式》中被称为"间装之法",即"青地上华纹,以赤黄、红、绿相间;外棱用红叠晕,红地上,华文青、绿,心内以红相间;外棱用青或绿叠晕。绿地上华文,以赤黄、红、青相间;外棱用青、红、赤黄叠晕。〔其牙头青、绿、地用赤黄;牙朱,地以二绿,若枝条绿、地用藤黄汁,罩以丹华或薄矿水节淡青,红地;如白地上单枝条,用二绿,随墨以绿华合粉,罩以三绿、二绿节淡。〕"[1]这种做法在五彩遍装中用得最为普遍,这主要是因为五彩遍装在色彩上不受限制,而其他几种彩画作可以使用的颜色本身就比较少,然而这种冷暖色搭配也还是存在于碾玉装、青绿叠晕棱间装等彩画作中的。例如碾玉装中的"映粉碾玉"做法,还有"柱头用五彩锦,或只碾玉。橑作红晕,或青晕莲华"。[2] 青绿叠晕棱间装可以作"三晕带红棱间装"[3],柱头可以作五彩锦。解绿装饰屋舍可在身内通刷土朱,缘道用青、绿叠晕,等等。

　　在《营造法式》的用色之中,提高对比的做法有很多。例如,比起色相,明度更能引起人们对色彩差别的认知,因此用墨色点心或压边、用粉色描边等等,往往能形成更为清晰明快的视觉效果。另外,互为补色的颜色往往更能烘托出彼此,而朱色(红色)和青、绿色互为补色,这几种颜色构成图底关系,使色差得以强化,让观者在视觉上感知到的颜色会比原本更加"轮奂鲜丽"。

三、韵律

　　在礼制标准下,建筑形成参差错落的对比形式,呈现为充满韵律的

---

[1] （宋）李诫编修:《营造法式》,中华书局 2015 年版,第 5 页。
[2] 同上书,第 7 页。
[3] 同上书,第 8 页。

艺术表现。礼的实质是严格的等级制度,按今日之观点,也许不能称之为善,但这并不妨碍人们专从形式上去欣赏它的美。① 这一点可以从宏观和微观上分别进行考察。

首先,从宏观上来看,建筑与建筑之间,以及建筑与环境之间构成了一种和谐而具有韵律感的美。

从整体来看,由于建筑礼制思想贯穿建造始终,从建筑之初的用材开始,根据《营造法式》"大木作制度一·材"中提出的"材有八等,度屋之大小,因而用之"②,明确规定了八等材的截面尺寸和应用范围,指出材的大小与房屋的规模应当相适应,需在建造之前,根据拟建房屋的规模预设所选材的等级。根据不同的房屋类型,对间数、间广、椽数、材份、材等、额栿长度及截面、铺作层数、屋内形式、屋盖形式等均进行限定,以确保殿堂、厅堂、副阶、余屋、亭榭、廊、观等单体,在反映等级的基础上彼此关联而成为一个整体,而其中各单体之间保持体量差异。

因此,总的来看,这是通过形式、位置、繁简的差异构成规模宏大、和谐均衡的整体形态,以追求具有动态韵律感的精神性表现。中国古代建筑虽常以院落或园林的形式出现,却不会让人产生囿于建筑空间之内的约束感。因此,通过各建筑单体之间的对比与统一,构成形式上的关联与呼应,以烘托出的完整意境,形成主次分明、和谐统一、秩序井然的整体美。

其次,从微观上来看,各等级建筑具有不同的艺术美。等级较高的官式建筑或宗教建筑等呈现雄伟恢宏、装饰隆重、结构巧妙的美学风格。这一美学特质可从不少线索中提炼而得。例如,从宋徽宗《瑞鹤图》中繁复的铺作层、巨大的鸱尾及精致的屋脊起翘,展现北宋东京宣德楼的华美气质。《东京梦华录》对其也有记载:"大内正门宣德门列五门,门皆金钉朱漆,壁皆砖石间砌,镌镂龙凤飞云之状,莫非雕甍画栋,峻角层檐,覆以琉璃瓦,曲尺朵楼,朱栏彩槛,下列两阙亭相对……"③以上文字结合北

① 陈望衡:《〈营造法式〉中的建筑美学思想》,《社会科学战线》2007年第6期,第1—7页。
② (宋)李诫编修:《营造法式》,中华书局2015年版,第1页。
③ (宋)孟元老撰,伊永文笺注:《东京梦华录笺注》,中华书局2006年版,第40页。

宋文物铁钟上的东京宣德楼形象，可以得知宣德楼雄伟高耸、装饰繁复之美。另外，在《宋会要辑稿》中有北宋汴梁宫殿外朝部分的记载："宣德门内正南门曰大庆……东西横门曰左右升龙。正殿曰大庆……殿九间，挟各五间，东西廊各六十间，有龙墀、沙墀。正至朝会、册尊号御此殿……郊祀斋宿殿之后阁。东西两廊门曰左右太和。"①可见大庆殿前殿面阔九间，有后阁与挟屋，以东西廊围合成巨大宫院，体量十分恢宏。总而言之，这类建筑多以雄伟不失灵巧，华美不失优雅为其美学特征。

　　普通官式建筑及部分宗教建筑则呈现高大华丽、精雅细致的美学风格。宋代庞元英在《文昌杂录》中记载了北宋元丰五年（1082年）在大内之西新建尚书省的规制，云："在大内之西废殿前等三班，以其地兴造，凡三千一百余间。都省在前，总五百四十二间。……西南曰兵部，职方、驾部、库部在焉。其北曰刑部，都官、比部、司门在焉。又其北曰工部，屯田、虞部、水部在焉。并如吏部之制。厨在都省之南，东西一百间。华丽壮观盖国朝官府未有如此之比也。"②《宋史》云："宰相以下治事之所曰省、曰台、曰部、曰寺、曰监、曰院。在外监司州郡曰衙……凡公宇栋施瓦兽，门设梐枑。诸州正牙门及城门并施鸱尾，不得施拒鹊。"③结合宋代建筑遗存，如保国寺大殿、玄妙观三清殿、虎丘云岩寺塔、苏州罗汉院双塔等形制来看，在体量、间数、面阔、铺作层数、装饰上有一定简化与弱化，但相较于民宅，仍是华美壮观，富有装饰性的。而市井民宅则呈现为因地制宜、实用简约的美学风格。《宋史·舆服志》载宋代"臣庶室屋制度"云："庶民曰家。……凡民庶家，不得施重栱、藻井及五色文采为饰，仍不得四铺飞檐。庶人舍屋，许五架，门一间两厦而已。"④

　　因此，普通民宅的建筑在体量、结构与装饰往往有诸多限制，因而较为简单。在《文姬归汉图》《中兴祯应图》《千里江山图》《四景山水图》等

① 刘琳、刁忠民、舒大刚、尹波等校点：《宋会要辑稿》，上海古籍出版社2014年版，第3750页。
② （宋）庞元英：《文昌杂录》，中华书局1958版，第29—30页。
③ （元）脱脱等：《宋史》，中华书局1985年，第2407页。
④ （元）脱脱等：《宋史》，中华书局1985年版，第2407—2408页。

宋代绘画中,有不少民宅农舍的表现。这些建筑大小不一,往往为简单的柱梁作,并基于地形构成院落,成一字、丁字、曲尺、工字等形式,工字是宋代较为普遍的建筑形式。屋顶以《营造法式》中记载的不厦两头造为主,少有厦两头造,个别也有二层楼带平座腰檐的,总体来看更侧重于合理适用、简约质朴的特点,与《营造法式》所代表的森严礼制下的庄严之感形成对比。

第四节　建筑中的审美理想

李泽厚先生曾指出:"艺术虽然不能简单地与美学等同,但它是同审美意识直接相关的,并且是审美意识的最集中的表现。"[1]建筑作为一门艺术,毫无疑问也是同人们的审美意识密切相关的,建筑中的艺术表达——包括建筑艺术形式和诸多建筑符号等在内,均反映出人们对美的理解和向往。《营造法式》记录和保存了大量的宋人对建筑的审美意识,集中体现在建筑的艺术形式语言与诸多建筑符号之中。宋人在建筑中所体现的审美意识不仅具有宋朝的时代特征,而且也见出中华审美文化的传统。一是阴阳和合,这是中华民族传统的哲学精神,也是美学精神,不独宋代具有,各个时代都具有,但宋代有它的特点。二是淡雅旨趣,这是宋代审美的重要特征之一。

一、阴阳和合[2]

阴阳概念最初出自《老子》的"万物负阴而抱阳,冲气以为和"[3],而关于其渊源,有学者认为阴阳观念最早源于楚文化体系,因为在《老子》《庄子》《楚辞》等楚文化范围的著作中有着大量的阴阳之说,在此

---

[1] 李泽厚、刘纲纪:《中国美学史》第 1 卷,中国社会科学出版社 1984 年版,第 6 页。
[2] 本节相关内容作为课题中期成果发表于《中国美学》第 5 辑,刘思捷:《阴阳和合审美思想与宋代建筑》,社会科学文献出版社 2018 年版。
[3] 陈鼓应注释:《老子注释及评介》,中华书局 1984 年版,第 225 页。

基础之上,融合了东方或北方殷人"五行"思想和周文化中的"中行"思想等之后,逐渐成为中国古代独特文化体系中最为主要的思想体系。①

《周易》中也有着丰富的阴阳之说,其理论之影响更为深远,《周易》分为"经"和"传"两部分,这两部分中都充溢着阴阳理论。《易经》之中的卦由阴爻和阳爻组成,阴阳展现为《周易》之二维。与此同时,阴阳和谐又是《易传》中的主导思想,例如"一阴一阳之谓道"②;"阴阳不测之谓神"③;"乾,阳物也;坤,阴物也。阴阳合德,而刚柔有体,以体天地之撰,以通神明之德。"④

《周易》中的阴阳思想对中国古代审美观念影响极深,阴阳派生出了有无、刚柔、动静、虚实、明暗、形神、大小等对立统一的概念,引导了绘画、园林、建筑、文学等艺术领域有关艺术形式的各种理论,《周易》所强调的相反事物之相交、相合所产生的神妙,一直被推崇为中国古代艺术的最高审美标准,"刚柔相推而生变化"⑤,"是故阖户谓之坤,辟户谓之乾;一阖一辟谓之变,往来不穷谓之通"。⑥ 阴阳和合正是这种对立统一之中的变化之美。

阴阳和合的观点在中国古代审美中颇具典型性,关于这一点,《左传》记载了晏婴的观点:"若以水济水,谁能食之? 若琴瑟之专一,谁能听之? 同之不可也如是。"⑦形式美源自对立元素的化合,而非相同元素的重复。这也正如恩格斯所说的:"真理和谬误,正如一切在两极对立中运动的逻辑范畴一样,只是在非常有限的领域内才具有绝对的意义。"⑧而在审美范畴内,单一、相同的事物是单调的,正是对立事物之统一、交感

① 敏泽:《中国美学思想史》上卷,齐鲁书社 1987 年版,第 82 页。
② (宋)朱熹注,李剑雄标点:《周易》,上海古籍出版社 1995 年版,第 136 页。
③ 同上书,第 139 页。
④ 同上书,第 155 页。
⑤ 同上书,第 136 页。
⑥ 同上书,第 146 页。
⑦ 李梦生译注:《春秋左传译注》,上海古籍出版社 2010 年版,第 1105—1106 页。
⑧ [德]卡尔·马克思、弗里德里希·恩格斯:《马克思恩格斯全集》第 20 卷,人民出版社 2008 年版,第 99 页。

与杂糅,才创造了变幻的艺术形式,进而产生欣赏价值。钱穆先生对此曾总结道:"中国古人观念,好兼举相反之两端而和合言之。"①这是中国古代审美思想中最具代表性的特征。对立事物的阴阳消长源于其变易发展,"生生之谓易"②,这一动态过程生发出新的审美,也正是中国古代审美所推崇的对立之统一。

宋代的理学是儒学发展史上尤为重要的崭新阶段,理学家们格外推崇《周易》,因此对其中的阴阳观念多有继承与解读。

理学家十分重视"气"这一概念,认为"气"是宇宙本体。程颐③和朱熹都认为:"阴阳,气也。"④张载认为"太虚即气"⑤,同时他又指出:"气有阴阳,推行有渐为化,合一不测为神。"⑥"气"容纳了阴阳二元的对立和合,万物在化合的过程中,由对立冲突逐渐走向统一和合,即"太和","太和所谓道,中涵浮沉、升降、动静、相感之性,是生絪缊、相荡、胜负、屈伸之始"。⑦ 从这一角度来看,"气"聚散、运动、化合的特性,与理学家眼中阴阳和合之理也是殊途同归了。后来,王阳明也延续了这一观点,说:"太极之生生,即阴阳之生生。……阴阳一气也,一气屈伸而为阴阳;动静一理也,一理隐显而为动静。"⑧同时,他又指出,"'生'字即是'气'字"。⑨ 总的来看,"阴阳"象征着对立元素,"气"是二者之化合,"生"则体现为这一运动过程。

阴阳和合思想对于艺术创作也有着重要的影响,如在书法创作方面,唐代书法家虞世南强调书法中的阴阳和合:"字虽有质,迹本无为,禀

---

① 钱穆:《宋代理学三书随劄》,三联书店 2002 年版,第 118 页。
② (宋)朱熹注,李剑雄标点:《周易》,上海古籍出版社 1995 年版,第 139 页。
③ (宋)程颢、程颐:《二程集》,中华书局 2006 年版,第 162 页。
④ (宋)周敦颐撰,梁绍辉、徐苏铭等点校:《周敦颐集》,岳麓书社 2007 年版,第 65 页。
⑤ (宋)张载撰,章锡琛点校:《张载集》,中华书局 2012 年版,第 343 页。
⑥ 同上书,第 16 页。
⑦ 同上书,第 390 页。
⑧ (明)王阳明:《传习录》,中州古籍出版社 2008 年版,第 219 页。
⑨ 同上书,第 210 页。

阴阳而动静，体万物以成形，达性通变，其常不主。"①另一位唐代书法家
孙过庭提出的"五合"与"五乖"，也是这种对立统一、阴阳和合观念的引
申，他说："又一时而书，有乖有合，合则流媚，乖则彫疏，略言其由，各有
其五：神怡务闲，一合也；感惠徇知，二合也；时和气润，三合也；纸墨相
发，四合也；偶然欲书，五合也。心遽体留，一乖也；意违势屈，二乖也；风
燥日炎，三乖也；纸墨不称，四乖也；情怠手阑，五乖也。"②宋代的苏轼在
《次韵子由论书》中曾提出他个人的书法审美理想是"端庄杂流丽，刚健
含婀娜"③，这些观点都强调艺术审美中对立统一的辩证思维。

　　在文学创作方面，北宋的王安石曾在《上人书》中借雕镂喻文章，该
文从性质上来说，讨论的虽是为文，但王安石以器物作为比喻，反而成为
他个人器物审美观的直接体现。如他说："且所谓文者，务为有补于世而
已矣；所谓辞者，犹器之刻镂绘画也。诚使巧且华，不必适用；诚使适用，
亦不必巧且华。要之，以适用为本，以刻镂绘画为之容而已。不适用，非
所以为器也；不为之容，其亦若是乎？否也。然容亦未可已也，勿先之其
可也。"④在这里，他将"适用"与"巧且华"作为对立概念，对于二者只取其
一都持否定态度，从而确立了"以适用为本，以刻镂绘画为之容"的对立
统一标准。此外，南宋严羽在论述诗歌创作时提出了一个重要命题，即
"言有尽而意无穷"。⑤ 言与意作为形式与功能相对，但二者相合却是有
尽走向无穷。与之思路相近的还有欧阳修的"笔简而意足"。⑥

　　总之，阴阳和合审美思想对中国古代的艺术思想与表达影响巨大，
并涉及古人方方面面的审美，建筑审美也涵盖于其中。

　　阴阳和合的审美思想同样体现在《营造法式》之中。《营造法式》中

---

① 上海书画出版社、华东师范大学古籍整理研究室选编：《历代书法论文选》，上海书画出版社
　 1979 年版，第 113 页。
② 同上书，第 126—127 页。
③ （宋）苏轼：《苏轼诗集》卷一，中华书局 1982 年版，第 209 页。
④ （宋）王安石：《王文公文集》，上海人民出版社 1974 年版，第 45 页。
⑤ （宋）严羽撰，张健校笺：《沧浪诗话校笺》，上海古籍出版社 2012 年版，第 33 页。
⑥ （宋）欧阳修撰，李之亮笺注：《欧阳修集编年笺注》4，巴蜀书社 2007 年版，第 408 页。

关于建筑宏观布局之类的内容陈述较少，更多是涉及具体的施工标准以及结构形式，也体现有阴阳和合思想，具体表现在结构关系、纹样题材和色彩搭配三个方面。

第一，在结构关系的处理方面，若将《营造法式》结合现存宋遗构来看，宋式建筑结构是最能体现这种阴阳和合、对立统一之美的，然而这一审美特征是需要通过对比方能观察得更清晰。

以斗栱（铺作）为例，虽然战国时便已出现斗栱了，但随着时代发展，呈现为不同的审美倾向。从现有的石窟艺术及汉代画像石、明器可知，汉代的斗栱形式简单、组织灵活。以普遍认为反映了中国南北朝建筑特色的日本法隆寺五重塔为例，它的特点是出檐超过柱高，但斗栱形式十分简单，斗栱的结构作用不显著，出檐的深度是依靠增加椽径实现的，因此五重塔的屋顶看起来非常厚重。相比之下，宋代建筑的进步在于借助华栱或下昂的出跳承托出檐，削弱椽架承重，精致的斗栱、变薄的椽架和屋顶反宇从视觉上缓解了建筑上半部分原有的厚重感，使整体刚柔和谐。

斗栱发展至宋代经历了漫长过程，上述特点在唐代已颇见端倪，然而，唐宋斗栱的差别还是存在的，由于唐代建筑仅存有四座，且大都体量过小，对比不是很明显，因而须向极大继承唐代建筑特色的辽、金中去寻找证据。现存辽、金建筑较宋代建筑往往显得格外雄浑、阳刚、粗犷，一方面这与现存的极大一部分辽、金建筑在分件的精美程度上有所欠缺有关，斜栱的大量运用、补间铺作与柱头铺作不一致也使其烦琐，缺乏精致感。相较之下，北宋初期斗栱做法虽延续唐代风格，但逐渐有了变化，《营造法式》正是宋代建筑成熟的标志。从《营造法式》可知，宋官式建筑已经不用斜栱了，补间铺作的结构作用增强，多层级出跳铺作体系也得以完善，使得檐下看起来整齐大方。尤其是，从《营造法式》看来，宋官式建筑对于构件细节的处理非常重视，包括栱的两头以卷杀处理，讹角斗、圆斗的做法及下昂尖的弧形凹面等。不少辽、金建筑的栱头甚至是方形的，这样一对比，宋代官式建筑中疏朗而不失精致的斗栱可见一斑。例如,宁波保国寺大殿除了栱件更为柔和外,其独有的八瓣栌斗与八瓣柱缓解了承重结构的刻板与强硬,也颇有刚柔相济之美。

众所周知,随着宋元时期材的逐渐缩小和拼合木方的应用,斗栱尺寸一再缩小,同时,墙体对石灰与砖的应用增强了防水能力,出檐缩短,斗栱的结构功能再次减弱,明清时期斗栱尺寸更为缩小,转化为檐下的装饰带。

因此,总的来看,斗栱的发展从早期以满足结构需求为主,过渡至晚期以发挥装饰及伦理功能为主,在宋代这一特殊时期,斗栱实现结构与审美、刚与柔的平衡与统一。这在《营造法式》中也有体现。

第二,在纹样题材的选择方面,《营造法式》十分强调纹样题材上的动静平衡。这一做法也不是李诫所创,而是源自自古以来中国人阴阳和合思想在实践中的延续。阳象征着成长、生气,阴寓意着衰落、静止。建筑由木、砖、石等材料构成,本身是静止、稳重的,与此同时,建筑装饰中则多采用具有生命意味的动物、植物或宗教题材,形成一种动静相宜的平衡感,使建筑的笨重感得以弱化,使原本厚重的梁、枋、斗、栱、柱、桁、椽等木构件呈现精致的姿态。在《营造法式》中,石作、小木作、雕作、竹作、窑作与彩画作等章节均对纹样的应用进行相应解说,尤其是雕作与彩画作集中了大量的纹样品第、图案形式的描述。虽然二者在纹样的内容与应用上有诸多差异,但总体而言,根据图案题材的不同,彩画作与雕作的纹样主要可总结为植物纹、几何纹、动物纹、飞仙纹、云纹及抽象纹样六类。其中,植物纹、动物纹、飞仙纹、云纹四类都是直接与生命意味相关联的。

在对这些题材进行表现时,《营造法式》"图样卷"有侧重表现生机感的倾向,例如,运用最广的华文之中,花叶形式往往呈现向上之姿,虽然现实之中的花叶并非都是抬头向上的,但《营造法式》图样中这些花叶纹饰却在各构件中呈现向上攀爬之姿,赋予人们勃勃生机之感,充满向上的力量。另外,仙禽纹、飞仙纹及云纹在各工种中应用亦十分广泛,这类符号语言本身具有生命意味,且具有道教升仙意味。再者,从动物纹、牵拽走兽纹、琐文等其他纹样中可以发现,《营造法式》往往试图展现母题最具生命活力的时刻,如花卉盛开、草叶舒展、飞禽展开羽翼、动物奔走等。几乎所有飞禽均表现为飞翔形态,这在生活中是较少见的,即使是山鸡、华鸭也呈现为舒翼似飞翔之姿,而几乎所有走兽都表现为奔走形态,甚至较笨重的象、犀牛、熊也仿佛格外轻盈,而牵拽走兽纹更刻画得动态十足、栩栩如生。另外,琐文也并非单纯的几何形态,而是大量融入花或动物纹样,使其美观而不拘谨。这些富有生命意味的题材与形式,向观者展现生意盎然的审美情趣,中和了木石结构本身的厚重、呆板,使建筑在稳重中又颇显情趣。

第三,在色彩的搭配应用方面,《营造法式》十分重视冷暖、明暗的对比统一。在色彩的运用中,暖色为阳、冷色为阴,亮色为阳、暗色为阴。在彩画作中,由于礼制的原因,只有五彩遍装可以饰五彩,而碾玉装、青绿叠晕棱间装、解绿装饰都是以青绿色为主,丹粉刷饰由白、黄、朱色简单刷饰而成,受礼制限制颇多。

在五彩遍装的间装之法中,要求纹饰颜色与青、绿、红三种底色形成冷暖匹配。如果以青色作衬色,地上所绘华纹"以赤黄、红、绿相间;外棱用红叠晕"。以红色作衬色,地上"华纹青、绿,心内以红相间;外棱用青或绿叠晕"。如果以绿色作衬色,地上华纹"以赤黄、红、青相间;外梭用青、红、赤黄叠晕"。另外,牙头(多用于格子、平闇、软门、版门、乌头绰楔门之类)和枝条(多用于拱眼壁之类),"其牙头青、绿,地用赤黄;牙朱,地以二绿,若枝条绿、地用藤黄汁,罩以丹华或薄矿水节淡青,红地;如白地上单枝条,用二绿,随墨以绿华合粉,罩以三绿、二绿节淡"[1]。因此,五彩遍装虽然应用了暖色,但十分注意冷暖色、明暗色相间,这种复杂的颜色搭配在纹样之内也是存在的,表现为阴阳和合、冷暖相宜、明暗协调的审美感受。

其他几种彩画作虽然用色受到礼制限制,但也体现了冷暖搭配的意

---

[1] (宋)李诫编修:《营造法式》,中华书局 2015 年版,第 5 页。

识,例如在碾玉装用粉道、仰版素红,青绿叠晕棱间装中用红叠晕,解绿装饰施以朱地等等。杂间装中更是将不同彩画作中的颜色进行了糅合,体现为冷暖相济的平衡之美。

形而上之于宇宙真理,形而下关乎建筑形器,可见,阴阳和合的对立统一之思辨意识在中国古代物质和精神文化中,是体用一源、一以贯之的。

二、淡雅旨趣

淡雅的旨趣是宋人对审美风格的追求,是属于宋时代的,这种审美风格的追求与阴阳和合并不矛盾,它是体现在淡雅之中,而不是一种剑拔弩张的形式。阴阳和合精神贯穿了整个中国古代审美思想之中,但每个时代的审美风尚仍不一样,比如宋代追求淡雅旨趣,而唐代追求雄壮奔放,时代审美体现在了各种艺术形式之中,包括文学绘画等等,同样也反映在建筑上。

宋代文人的淡雅审美源于四方面。一是物质经济的繁荣和社会地位的提升,这带来了闲适安逸的生活体验,正如宋程颢诗云:“云淡风轻近午天,傍花随柳过前川。时人不识余心乐,将谓偷闲学少年。”[1]诗中歌咏的闲居自得之趣,在宋诗中并不少见。

二是理学中融合了道教与佛教的思想,开始推崇平淡,追求静的境界、淡的境界和清的境界。

三是中国古代的文化发展有其自然的规律,汉代雄壮,魏晋淡雅,唐代绚烂,宋代则平淡,总的来看跌宕起伏,文化呈现为一种否定之否定的发展规律,宋代文人开始向更早时期的魏晋吸取养分。魏晋时期文人士子也向往平淡,然而与宋代却不一样,魏晋是以平淡来避世,宋代却是以平淡来享受。

四是宋代加工技术和工具的进步。工具的发展以工艺进步、种类细

---

① 汤霖、姚枫注:《千家诗注析》,甘肃人民出版社 1982 年版,第 2 页。

化以及从一器多用向专业化方向发展。在宋代,木材加工工具较为完善,伐木方面以斧和框锯①为主,以斤作为辅助,《营造法式》中制作飞子、飞魁的"结角解开""交斜解造"的做法便必须依赖于框锯的使用。② 驼峰这类曲线形构件则需要框锯配合曲凿加工。与此同时,精加工工具开始丰富起来,在用单面刃斧和斤对木材进行粗加工之后,可用鐁、削和刨进行细平木加工,鐁是前端较尖、十分锋利的双面刃器具,削是弧背凹刃的小刀。除以上工具外,还可使用鐁③、锛、镞等等。在进行榫头、卯口或孔洞的加工时,可以使用锥、钻、凿之类工具。木材的雕刻可用剞④、劂⑤和削。以上每种工具都有不同形态的子类别,形成了宋代丰富的工具体系。此外,铸铁造工具转为锻铁造,宋代的工具以锻造的钢刃熟铁为主,新的技术使营造工具更加坚固与锋利,大大提升了效率。另外,宋代的旋床技术也出现进步,旋作加工更为精美,旋作是少府监文思院⑥和后苑造作所⑦下属的工种之一,这两个部门都专门负责制造贵族所用的精美装饰品,二者能将旋作纳入其下,说明北宋时期的车床加工品已经非常精致,甚至极有可能与手工制品相媲美。因此,也有学者认为,先进工具的使用,尤其是先进的木作工具,为唐代雄浑风格向宋代淡雅风格的转型提供了技术基础。⑧

淡雅审美也是宋代审美走向生活的表现,这种趋势影响了整个宋代社会的审美,官式建筑的审美自然也包括在其中,从《营造法式》来看,主

---

① 框锯的发明可追溯至唐代,其形象最早见于《清明上河图》中一处车辆作坊中。框锯的优点在于可以通过齿形变换及纵横两用,提高解割木材的效率。
② 结角解开和交斜解造,即分别将一条方木沿短边和长边两个方向进行斜向分解,这类精细加工如果没有框锯难以进行。
③ 或鐁,即扁凿,可便于对体积较小的构件、小木作构件或特殊形式的加工。
④ 一种曲刀。
⑤ 一种曲凿。
⑥《宋会要辑稿·职官二七》载:"文思院,太平兴国三年置,掌金银、犀玉工巧之物,金彩、绘素装钿之饰,以供舆辇、册宝、法物及凡器服之用,隶少府监。"
⑦《宋会要辑稿·职官三六》载:"后苑造作所,在皇城北,掌造禁中及皇属婚娶名物。旧在紫云楼下,咸平三年并于后苑作,改今名,以内侍三人监。"
⑧ 李浈:《中国传统建筑木作工具》,同济大学出版社2015年版,第104页。

要是体现在以下四个方面。

第一,装饰的精致化与生活化。装饰上注重精致,体现为雅,而题材上亲近生活,则呈现为趣,《营造法式》中大量的细节正说明了这种淡雅旨趣。

正如上文所述,《营造法式》体现的建筑细节的柔化处理,是同时代辽金建筑所欠缺的。这种细节美化涉及了很多对象,尤其是两个构件相交的节点处,或者是构件的两头、边线等。例如,石作重台钩阑上的蜀柱,"其盆唇之上……刻为瘿项以承云栱"①,华栱与瓜子栱"每头以四瓣卷杀,每瓣长四分"②,泥道栱与慢栱"每头以四瓣卷杀,每瓣长三分"③,令栱"每头以五瓣卷杀,每瓣长四分"④;飞昂"昂面中二分,令势圜和"⑤,另外还有琴面昂和批竹昂的做法;栌斗"底四面各杀四分,欹一分"⑥,另有圜斗和讹角斗的做法;梁、阳马、阑额、地栿、替木等大木结构也是以卷杀,柱更有梭柱之法。这种细节美化的做法在其他作中也普遍存在,使得建筑从整体到局部都表现为雅致而不生硬的形式美。

关于装饰题材的生活化趋势,这一点并不仅仅出现于《营造法式》之中,在宋代宫廷画、纺织品、瓷器等等之中都十分明显。上文所述的趋俗化、趣味化题材现象也影响到了《营造法式》中的纹样类别,《营造法式》中仍存在大量的宗教性题材,但较唐代和北宋初期已经在比例上有了大幅度地减少。在《营造法式》中占主要部分的是纯观赏性的题材,尤其是取材于花鸟画的华文和走兽纹。这些趣味性的生活题材使装饰更为活泼、可爱,减弱了政治性和宗教性绘画带来的严肃感。

第二,彻上明造的化俗为雅。彻上明造是屋内形式之一,另外一种做法是用平棊或平闇,二者差别在于,前者将结构作为审美对象展露出

---

① (宋)李诫编修:《营造法式》,中华书局 2015 年版,第 8 页。
② 同上书,第 2、4 页。
③ 同上书,第 3—4 页。
④ 作鸳鸯交手栱的情况下,令栱只用四瓣卷杀。
⑤ (宋)李诫编修:《营造法式》,中华书局 2015 年版,第 4 页。
⑥ 同上书,第 8 页。

来,后者是用平棊或平闇将梁架挡起来。当然也有如宁波保国寺大殿这样将彻上明造与平棊结合起来的做法,这种做法则更加考究。在发现之初,该殿被误认为是无梁殿,但深入考察后发现梁、枋、蜀柱、叉手等结构被藻井、平棊等结构刻意挡住,可见其虽然是彻上明造,但对于结构的形式美处理也是极为考究。

第三,功能与形式的相济合宜。虽然从现代主义建筑开始,有了"形式追随功能"的说法,然而在建筑历史上,但凡被认为是优秀的建筑实例,基本上都兼具使用功能与形式审美,也就是符合了公元前一世纪的古罗马建筑大师维特鲁威提出的标准"实用、坚固、美观"①,实用和坚固是对功能的要求,美观是对形式语言的要求,功能与形式相辅相成,缺一不可。如果建筑仅仅追求功能,则不免流于平庸,但如果刻意追求装饰,又不免有些浮夸,只有实现功能与形式的辩证统一,才能化俗为雅,实现淡雅的审美。

《营造法式》对于处理结构构件在功能与形式上的平衡颇为重视,这是对于中国古代建筑传统审美理论的延续。中国古建筑中的构件基本上都是有实际功能的,也有部分是曾经有功能构件的遗存或衍变,例如鸱尾是保护脊檩处木构节点的草泥混合物的艺术改造。《营造法式》代表的宋代官式建筑体现了对功能与形式的辩证统一,但在处理上较唐代更为考究、精致、优雅,蕴含了匠人们巧妙的构思。

正如上文所述,在《营造法式》中,构件在确立尺寸标准上是非常细致和理性的,晚唐出现了慢栱,但其细化与标准化是在宋初。《营造法式》规定华栱和令栱栱长72分°,瓜子栱和泥道栱62分°,慢栱92分°。同为横栱,令栱比泥道栱、瓜子栱长,从受力上看令栱加长可减少橑檐枋所受弯矩,慢栱施于瓜子栱和泥道栱之上,承托檐下木方,减少其弯矩,使檐下更稳定。从视觉上看,铺作立面参差错落有致,也更为美观,表现为形式与功能的统一。

---

① [古罗马]维特鲁威著,陈平译:《建筑十书》,北京大学出版社2012年版,第68页。

　　宋代的铺作体系是十分成熟的,尤其体现在两点上,一是补间铺作的结构作用增强,二是多层级出跳铺作体系的完善。这两点不仅有助于斗栱尺寸的减小,也增加了出檐深度,完善的铺作体系,尤其是补间铺作的规范对于宋式建筑在结构受力与视觉语言上的协调起到了重要作用。

　　更为重要的是,宋代的铺作已不仅仅是重要的结构构件,它也具有较高的艺术价值。在视觉上,宋式铺作更追求均衡的构图,无论是单朵铺作还是檐下的铺作层,都有着对称和谐的形式美。此外,出跳的栱件与墙体构成图底关系,形成对比,体现了一定的规则感。

图 6 - 15　蓟县独乐寺观音阁檐下和平坐下均匀布置的铺作
笔者自摄

　　宋式铺作是结构力学和艺术美的双重载体,装饰不是作为结构的附庸,审美与结构功能在此会通合一。这种统一性体现了当时理学家们对于文道合一的理想与追求,颇合文人雅趣的审美。

　　第四,营造以生活为本。《营造法式》体现了十三个工种的制作工艺,其中虽以基础营造和大木结构为根本,但在一些工种制度中,也能察觉到宋人在设计中追求生活质量和品位的考究。

　　石作中有不少石构小品,与封建礼法、基础营造关系都不大,而是用于生活细节之中,但也被《营造法式》囊括,例如流盃渠、水槽子、马台、井口石、山棚锭脚石以及幡竿颊等石构小品。

流盃渠与"曲水流觞"这一民俗相关。曲水流觞自古就有，发展至魏晋已成为文人雅集的重要娱乐活动之一，唐宋时期的私家园林中，流盃渠作为象征文人雅趣的文化符号普遍出现。宋人尚文，曲水流觞更是成为凝聚了宋代君臣文化活动和淡雅旨趣的载体。

《营造法式》中关于流盃渠的制作方法有详尽的描述，大致看来应有两种方法，一是直接用石块拼合并在上方剜凿水池，二是先铺底版，在底版上垒砌石块，在其上剜凿水池。流盃渠见方一丈五尺，用25段见方三尺的石材拼合，石材厚一尺二寸。在流盃渠的上表面中剜凿出宽一尺、深九寸的水道。渠中水道往往蜿蜒，或凿成"風"字，或凿成"國"字。

如果用底版垒造，做法是先在心内安一段长四尺、宽三尺五寸的看盘，看盘外的渠道石长三尺，宽二尺，厚一尺。底版的长宽与渠道石相同，厚六寸，在渠道石上剜凿，方法同上。

在流盃渠的出水和入水处均有顶子石，共二枚，均为长三尺、广二尺、厚一尺二寸的形式，其上方的剜凿方法与流盃渠内部一致。这块也可以用垒造的方法，如果是垒造，则顶子石厚一尺，在其下铺设厚六寸的底版石。出水和入水处都用斗子，共两枚，见方二尺五寸，厚一尺二寸，在斗子上表面也开凿池子，见方一尺八寸，深一尺，斗子也可垒造，方法同上。

底版垒造的做法属于用小石块拼合出较大体块的做法，与拼合柱在思路上是一致的，《营造法式》对于这一小品有两种做法的详细记载，也说明了流盃渠在官式建筑中十分常见，这也反映了曲水流觞这一充满雅趣的文化活动是宫廷生活和官员生活中必不可少的。

水槽子是供牲畜饮水之用的石槽，马台是供人骑上马匹时踩踏之用的上马石，井口石用于井边，山棚锭脚石是稳定棚架用的脚石，幡竿颊是固定旗杆用的石构件。相较于台基、柱础石、赑屃鳌坐碑一类，上述石作名件往往并不显眼，更多是用于生活细节之中，再看《营造法式》中的记载，确实细致到了是否叠涩作、是否镌雕华文、是否起突莲瓣这一地步，这些对于日常生活物品的考究正是宋人淡雅旨趣之所在。

第七章　宋元山水画中的环境美学

　　山水文化是中国文化的结晶。中国的山水文化经历了从山水神学到山水哲学、山水诗、山水画和山水园林时期。山水神学是山水文化的滥觞期,通过观象授时,天地分野,形成了早期的山水图式理论;山水哲学始于先秦儒道思想,是智者乐水、仁者乐山的见仁见智时期;魏晋时期"庄老告退,而山水方滋",山水诗和山水画出现,是山水文化的美学形成时期,这种美学精神在宋元山水画中得到体现,宋元是山水画发展的鼎盛时期,也是山水园林的环境居住理想普遍自觉的时期。园林是立体的山水画,山水园林的精神融汇到城市当中去,便形成了山水城市的概念。山水文化的发展经历了从神学到哲学到美学到文学艺术再到山水园林城市的发展,从无到有,从虚到实,从二维到三维,具有鲜明的历时性和共时性,层深累积地体现于后世的山水艺术中,源远流长,根深叶茂。

　　就五代宋元山水画的发展来看,从北宋到南宋再到元代,山水画的发展在不同的时代有不同的风格,从思想的发展到艺术的表现均有开创之功。北宋山水画气象阔大,既注重对自然环境的格物致知,同时也将其社会伦理观融入其中,建构一种理想的自然和社会秩序。南宋山水画则更注重南方景致和山水名胜的表现,理想的人居景观得到突出的表现。元代现实中的山水因为战争被破坏了,而心中的山水却确立起来。

元代文人的山水绘画呈现向内转的变化,山水成为表达内在心灵的一处家园,成为一种更加理想化的山水,绘画中表现的环境美学更从身的安放转向内心的安放。在心物关系上,北宋心物均受制于理,南宋的心物关系上则重诗意的营构,元代心超脱于物,不受物的约束,山水画作为心灵地图的功能更突出,在山水画中,心学的色彩更浓厚。心灵的山水成为画家的终极山水和精神栖居之地,完整地表达出山水在中国文化中的精神位置。

第一节　北宋山水画中的环境审美观

与唐代注重人物道释画不同,五代北宋,山水画地位凸显,山水画的发展也迎来了高峰时期。这一时期,山水画巨匠辈出,杰作频现,如五代的荆浩、关仝,北宋的李成、范宽、董源、巨然、郭熙等,构成了古典中国山水画的高峰。其中,全景式山水作为北宋山水画的主流形态极具特色,"全景山水"又称为"巨幅山水",或"大山大水",这种山水画大气磅礴,可谓"笼天地于形内,挫万物于笔端",画多全景式构图,中峰鼎立,自平地而至山巅,山有宾主,画有曲直,有开合,有分疆,有重叠。云树流泉、屋舍人物为点缀,有机妥帖,形成了当时颇为流行的山水图式。如荆浩的《匡庐图》是宋以前全景山水模式的典型作品。其后,关仝、李成、范宽的绘画与荆浩的山水皆有师承关系。

北宋山水画中相关的环境审美论述集中体现在郭熙(生卒年不详,约生活在公元1000—1100年间)的《林泉高致》中,《林泉高致》是对五代以来山水绘画的理论总结,也是中国山水美学发展史上的重要理论著作,体现了宋代山水审美的新气象。从环境美学的角度来看,《林泉高致》中将林泉之致与庙堂之心相结合的思想是宋代居住理念在绘画中的体现,而这一理念最终在宋代园林化的居住方式中得以实现,体现了当时重建礼乐文明的社会理想。

一、居住理念的变化

关于山水画的作用,《林泉高致》山水训中开宗明义讲道:"君子之所以爱夫山水者,其旨安在? 丘园养素,所常处也;泉石啸傲,所常乐也;渔樵隐逸,所常适也;猿鹤飞鸣,所常观也。尘嚣缰锁,此人情所常厌也;烟霞仙圣,此人情所常愿而不得见也。"①君子爱夫山水,在于山水是君子"常处""常乐""常适""常观"的对象,为什么山水能让人这样呢? 一是为了逃避尘世,即所谓"尘嚣缰锁,此人情所常厌也";二是为了寻仙,即所谓"烟霞仙圣,此人情所常愿而不得见也"。

郭熙此说,基本上符合宋以前的情况。宋朝以前,出现过两种社会状况:一种是治世,一种是乱世。大体上治世,爱夫山水,是为了寻仙。这方面,唐朝显得特别突出。乱世,爱夫山水,为的是避世,这方面,魏晋南北朝显得特别突出。郭熙认为,传统的这种山水观到宋朝有所变化:

> 直以太平盛日,君亲之心两隆,苟洁一身,出处节义斯系,岂仁人高蹈远引,为离世绝俗之行,而必与箕颖埒素,黄绮同芳哉!《白驹》之诗,《紫芝》之咏,皆不得已而长往者也。然则林泉之志,烟霞之侣,梦寐在焉,耳目断绝,今得妙手,郁然出之,不下堂筵,坐穷泉壑,猿声鸟啼,依约在耳,山光水色,滉漾夺目,此岂不快人意,实获我心哉! 此世之所以贵夫画山水之本意也。②

变化的原因,一是太平盛世,君亲之心两隆,要尽忠尽孝,因而既不能学尧时的巢父隐于箕山、许由避于颖水;也不能效秦末的夏黄公与绮里季隐居商山。《诗经》中刺宣王不能爱贤的《白驹》诗,商山四皓自我标榜的《紫芝》诗,都不是这个时代所需要的诗。那么,君子爱好山水的志趣又如何得到实现呢? 从山水画得到实现。有那么一些画家画山水画,他们画的山水,君子将它挂在厅堂欣赏,仿佛就见到真山水一样了,这就

---

①② (宋)郭熙撰,周远斌点校:《林泉高致》,山东画报出版社 2010 年版,第 9 页。

是当时世人所以贵夫山水画之本意。

可见,宋人将山水画作为实现君子"林泉之志"的替代品,这是一个非常重要的信息。它让我们联想到南北朝时南朝画家宗炳的《画山水序》。在这篇文章中,宗炳阐述了山水画的由来:

> 圣人含道应物,贤者澄怀味像。至于山水,质有而趣灵,是以轩辕、尧、孔、广成、大隗、许由、孤竹之流,必有崆峒、具茨、藐姑、箕首、大蒙之游焉,又称仁智之乐焉。夫圣人以神法道而贤者通,山水以形媚道而仁者乐,不亦几乎?余眷恋庐、衡,契阔荆、巫,不知老之将至,愧不能凝气怡身,伤跕石门之流,于是画象布色,构兹云岭。①

宗炳认为轩辕等圣人贤人喜爱山水,是因为山水"质有而趣灵",这"质"、这"灵",指的是"道"。山水"以形媚道"即以形之美吸引人们去悟道。圣人贤人喜爱山水为的是悟道,在悟道中感受到快乐,宗炳将这种快乐称之为"仁智之乐"。宗炳说,他年轻时喜爱游山玩水,足迹遍江南,为的也是悟道。现在老了,不能"凝气怡身,伤跕石门"实地游历名山大川了,于是就"画象布色,构兹云岭",从画面中的山水中感悟山水中的道意。

山水画也是替代品。郭熙的替代观与宗炳的替代观有什么不同呢?这里最为重要的是替代什么?宗炳认为,"圣人含道应物,贤者澄怀味像",他们游山玩水,实是悟道。山水画作为山水的替代品,替的是什么?是悟道。郭熙认为君子的爱好山水,是因为山水能寄托他们的"林泉之志"。按郭熙的看法,林泉之志一是为避世,二是为寻仙。而在宋朝,对于知识分子来说,一味求林泉之志也就是说单纯地做隐士访神仙是不能的了,因为知识分子要有担当即要有社会责任感,这社会责任感一是要忠君,二是要孝亲。林泉之志不是社会主流意识形态,社会主流意识形是以儒家为灵魂融入道佛二家的理学。理学的核心为"内圣外王","内

---

① 陈传席:《六朝画论研究》,中国青年出版社2014年版,第113页。

圣"就是要做君子,具有高尚的道德;"外王"就是要出将入相,为国家做出一番事业。北宋理学家张载表述自己的人生观:就"内圣"来说,"天地之塞,吾其体;天地之帅,吾其性。民吾同胞,物吾与也"①;就"外王"来说,就是"为天地立心,为生民立命,为往圣继绝学,为万世开太平"。

实现"内圣外王",必须入世,不能出世,这样"林泉之志"就不能得以实现了。欧阳修就为此感叹过,他说:"夫穷天下之物,无不得其欲者,富贵者之乐也;至于荫长松,藉丰草,听山流之潺湲,饮石泉之滴沥,此山林者之乐也。而山林之士视天下之乐,不一动其心。或有欲于心,顾力不可得而止者,乃能退而获乐于斯。彼富贵者之能致物矣,而其不可兼者,惟山水之乐尔。"②对于追求"内圣外王"的知识分子来说,不能不选择"能致物"的富贵者之乐,于是"山水之乐"就不能兼顾了。虽然实际的"山水之乐"因为社会担当在身,不能充分实现,但有山水画做替代,也可在一定程度上获得这种快乐了。

既然山水画只是"林泉之志"的替代品,欣赏山水画的人又现实地生活在尘世上,这样,山水画就不能不打上浓郁的尘世风味,透现出温馨的生活情调。

在《林泉高致》山水训中,郭熙强调画中的山水是人的生活环境:

> 世之笃论,谓山水有可行者,有可望着,有可游者,有可居者。画凡至此,皆入妙品。但可行可望不如可游可居之为得,何者?观今山川,地占数百里,可游可居之处,十无三四,而必取可居可游之品。君子之所以渴慕林泉者,正谓此佳处故也。故画者当以此意造,而鉴者又当以此意穷之,此之谓不失其本意。③

与魏晋时期宗炳的"可游"相比,《林泉高致》更是突出了"可居"的思想。宗炳的《山水画序》是在魏晋玄学影响下滋生的游心畅神的山水图

---

① (宋)张载:《张载集》,中华书局1978年版,第62页。
② (宋)欧阳修:《欧阳文忠公集》,商务印书馆1919年版,第1189页。
③ (宋)郭熙撰,周远斌点校:《林泉高致》,山东画报出版社2010年版,第16页。

式,圣贤之士游历山水是体道之游。而郭熙则在可行、可望、可游、可居之中强调了"居"的思想。从心之所游,到身之所居,将可居可游统一起来,这是宋人环境美学思想的突出体现。

《林泉高致》的环境审美思想,一是突出山水作为人居环境的意义,一是突出山水作为人养德的意义。郭熙认为作画是心性的炼养,是去人欲的功夫:

> 不精则神不专,必神与俱成之。神不与俱成则精不明;必严重以肃之,不严则思不深;必恪勤以周之,不恪则景不完。故积惰气而强之者,其迹软懦而不决,此不注精之病也;积昏气而汨之者,其状黯猥而不爽,此神不与俱成之弊也。以轻心挑之者,其形略而不圆,此不严重之弊也;以慢心忽之者,其体疏率而不齐,此不恪勤之弊也。故不决则失分解法,不爽则失潇洒法,不圆则失体裁法,不齐则失紧慢法,此最作者之大病出,然可与明者道。①

郭熙在这里与其在说如何绘画,不如说是在讲如何涵养心性气质。在郭熙看来,绘画是养德的渠道之一。要画好画,则要去人心中的惰气、昏气,戒其轻心、慢心。画之病,即心之病,因此,可以绘画来涵养心性,变化气质,此可谓"画以明道",这一思想正与柳宗元强调的"文以明道"有异曲同工之妙。

在切于日用、近思体仁的修为方面,宋人强调"居养"。张载谈到居养之道时,进一步阐释孟子所提出的"居移气,养移体"的思想,认为:"居仁由义,自然心和而体正。更要约时,但拂去旧日所为,使动作皆中礼,则气质自然全好。……故君子心和则气和,心正则气正。其始也,固亦须矜持。古之为冠者,以重其首;为履,以重其足。至于盘盂几杖为铭,皆所以慎戒之。"②居养之初,须借日常器物和外在环境涵养其矜持谨敬之心。可见,古人小到衣冠鞋履亦是行其矜持之道,养其谨敬之心。推

---

① (宋)郭熙撰,周远斌点校:《林泉高致》,山东画报出版社2010年版,第21页。
② (宋)张载撰,章锡琛点校:《张载集》,中华书局1978年版,第265页。

而言之,其所用之日常器物、所居之山水楼阁、所游之琴棋诗画,亦莫不如此,皆其所养也。在这种背景之下,宋人重视环境的居养之道是非常自然的了。

二、山水图式的理想

居,需经营位置,择其吉处,其中自然会涉及关于环境选择的学问,即风水学。"风水一直是中国人追求理想环境的代名词"①,风水好的环境,更能体现出山水的生生之意,天地的好生之德,是天地之仁的表现。对于重视"可居"的郭熙而言,风水理论自然是不可忽视的,且在宋儒看来,风水环境也与天地之理息息相关。因此,表现在山水画中,山水的空间经营,屋舍布置,皆要合乎自然之理。

郭熙既是神宗所青睐的画师,且"少从道家之学"②,自然深谙风水之学与山水画的内在关系。郭熙把风水理论的方法和原理引入山水画论,明确主张画亦有相法。郭熙认为:"画亦有相法。李成子孙昌盛,其山脚地面皆浑厚阔大,上秀而下丰,合有后之相也。非特谓相,兼理当如此故也。"③"理当如此",谓"相法"之后有"理"存焉,相地、相人、相画,均有一理贯之,此理既是山水布置的自然之理,也是人世兴衰的社会之理,二者之间又相互贯通。

在《林泉高致》中,山水画的构成图式与风水图式多有一致之处,主要体现为山水图式的要素论、山水图式的构成论和山水图式的观法论。

其一,在山水图式要素论中,山水画的意象构成主要有山水草木树石烟云,其中亭台楼阁、桥径宅舍、渔樵行旅安置其间。《山水训》中对山川形势的体察和山石林泉烟云等的经营布置,均与风水理论所使用的是同一套话语体系:

---

① 陈传席:《六朝画论研究》,中国青年出版社 2014 年版,第 1 页。
② (宋)郭熙撰,周远斌点校:《林泉高致》,山东画报出版社 2010 年版,第 3 页。
③ 同上书,第 18 页。

山以水为血脉，以草木为毛发，以烟云为神彩，故山得水而活，得草木而华，得烟云而秀媚。水以山为面，以亭榭为眉目，以渔钓为精神，故水得山而媚，得亭榭而明快，得渔钓而旷落，此山水之布置也。①

石者，天地之骨也，骨贵坚深而不浅露。水者，天地之血也，血贵周流而不凝滞。②

山水画的构成要素也是生命有机体的构成要素。这种表达模式与《黄帝宅经》《管氏地理指蒙》等堪舆著作相一致。如《黄帝宅经》中说："宅以形势为身体，以泉水为血脉，以土地为皮肉，以草木为毛发，以舍屋为衣服，门户为冠带，若得如斯，是事俨雅。"③《青囊海角经》也讲："夫石为山之骨，土为山之肉，水为山之血脉，草木为山之皮毛，皆血脉贯通也。"④类似于此的表达在风水书中甚为常见。

"相地如相人"，古代气化论的哲学思想认为盈天地间一气也，大地像人体一样，是一个充满生气的有机体。宇宙生命和人的生命贵在有"气"，气要贯通，有气才能活，有气才有神，有气才能旺。因此，风水理论讲"藏风聚气"，讲"寻龙点穴"，就是要寻找生气的贯通，在生气出露的地方点胎结穴，选择良好的生宅和死宅，这样才会气脉不断，生意充沛。"穴者，山水相交，阴阳融凝，情之所钟处也"。山水画讲气势，即画中龙脉，山水画也注重点胎结穴，即注重画眼的经营布置，要在生气出露的地方安营扎寨，布置屋舍。在李成、郭熙的山水画中，画眼的位置即画面的视觉中心，通常也是在两山夹一水的下方，即风水中所讲的阴阳交合处，如李成的《晴峦萧寺图》就合于典型的风水模式。

有气才有神，《管氏地理指蒙》中指出："山无草木曰童，是山无皮毛，

---

① （宋）郭熙撰，周远斌点校：《林泉高致》，山东画报出版社 2010 年版，第 49 页。
② 同上书，第 50 页。
③ 顾颉主编：《堪舆集成》，重庆出版社 1994 年版，第 4 页。
④ 同上书，第 84 页。

风可吹土成尘,雨得穿脉浸渍者。"①草木旺则地脉血气旺,所谓气血调宁则草木葱郁,"故万物之生,以乘天地之气,善而有祥,嗔而有沴。纷纷郁郁为祯祥,郁郁葱葱为佳瑞。……郁郁葱葱,言气之条畅而佳皆阴阳之和"。② 郭熙也强调"山得水而活,得草木而华,得烟云而媚","水得山而媚,得亭榭而明快,得渔钓而旷落",既是写山水画的要素,更是写山水之精神和山水之气象。

其二,在山水图式构成论中,山水图式的构成与风水法则一样,讲究山水盘旋曲折,山环水抱,揖让有情。郭璞古本葬经对藏风环境的要求是"宛委自复,回环重复。……欲进而却,欲止而深。来积止聚,冲阳和阴。土厚水深,郁草茂林"。③ 山水画追求山势、水势的蜿蜒曲折,诸山之间也要求与风水中的靠山、朝山、护山一样,结构完整。在山水构成图式中,郭熙对高山、浅山及峰峦山脊的布置做了明确说明,认为:"山有高有下,高者血脉在下,其肩股开张,基脚壮厚,峦岫冈势培拥相勾连,映带不绝,此高山也。故如是高山谓之不孤,谓之不什。"④山水构图中,高山要不孤不什,孤是孤单,什是零散,高山而孤,体干则有零碎之理;"下者血脉在上,其巅半落,项领相攀,根基庞大,堆阜臃肿,直下深插,莫测其浅深,此浅山也。故如是浅山谓之不薄,谓之不泄。"⑤浅山要不薄不泄,薄是不厚,泄即发散,浅山而薄,则神气有散泄之理,零碎或散泄都不利于聚气,而峰峦山脊之间要培拥相连,宾主辅次,映带不绝,环顾有情,这是山水布置之妙。

在店落村舍的布置中,郭熙认为:

> 店舍依溪,不依水冲,依溪以近水,不依水冲以为害。或有依水冲者,水虽冲之,必无水害处也。村落依陆不依山,依陆以便耕,不

---

① 顾颉主编:《堪舆集成》,重庆出版社 1994 年版,第 210 页。
② 同上书,第 327—328 页。
③ 顾颉主编:《堪舆集成》,同上,第 340 页。
④⑤ (宋)郭熙撰,周远斌点校:《林泉高致》,山东画报出版社 2010 年版,第 49 页。

依山以为耕远。或有依山者，山之间必有可耕处也。①

店落村舍的布置并不是随意安排的，而是合乎自然之理，合乎好生之德，利于生生之意。《管氏地理指蒙》中也有类似描述："凡当面冲来之水，须大水拦截于外，而始不与穴地相冲。"②水之环抱有情者为美为吉，直冲急流者为恶为凶，人依山水，而山水亦不能冲犯人。

在山水画中，适合人居住的店舍村落常常是内气外气相乘。何谓内气、外气？《青乌先生葬经》讲道："内气萌生，言穴暖而生万物也；外气成形，言山川融结而成形象也。生气萌于内，形象成于外，实相乘也。"③选穴的关键要能倚凭周围山川拱抱阻御风沙，迎纳阳光，使阴阳和合，形成良好生态小气候；同时，龙、砂、水种种景观意象，钟情穴中，游目骋怀，形成最秀丽宏壮的山水景观。王安石的"一水护田将绿绕，两山排闼送青来"，正是一幅好山水。

总之，风水图式，以生生为本，是自然之生意的体现，人生天地间，贵在能乘自然之生意，合于天地之德，成就万物之仁。

其三，就山水图式的观法论而言，观山水之法也与相地术相关。郭熙提出"远取其势，近取其质"和"三远法"：

> 山水，大物也。人之看者，须远而观之，方见得有一障山川之形势气象。若士女人物，小小之笔，即掌中几上，一展便见，一览便尽，此看画之法也。④

> 真山水之川谷远望之以取其势，近看之以取其质。⑤

> 山有三远，自山下而仰山颠谓之高远，自山前而窥山后谓之深远，自近山而望远山谓之平远。……高远之势突兀，深远之意重叠，

---

① （宋）郭熙撰，周远斌点校：《林泉高致》，山东画报出版社 2010 年版，第 76 页。
② 顾颉主编：《堪舆集成》，重庆出版社 1994 年版，第 327 页。
③ 同上书，第 108 页。
④ （宋）郭熙撰，周远斌点校：《林泉高致》，山东画报出版社 2010 年版，第 15 页。
⑤ 同上书，第 26 页。

平远之意冲融而缥缥缈缈。①

这种宏观的视角正与相地术中的观察方式相一致。风水中的寻龙认脉,讲求源远流长,远取其势。龙脉悠远,则生气连贯,因为"远者龙长,得水为多;近者龙短,得水为少"。② 风水讲究"得水为上,藏风次之"。有生气的地方,一是因特殊的地质形态,地中有水,富有生气,来脉远,则水流长,故称"得水为上"。二是依靠外在的山水形势,山体"势止形昂",则可藏风。势止,指龙来结穴,前涧后冈;形昂,指气盛不局促,故称"藏风次之"。源远流长,势止形昂,则生气旺盛,草木繁茂。

郭熙观画,首重形势气象。龙大则势大,《葬书》:"地势原脉,山势原骨,委蛇东西,或为南北,千尺为势,百尽为形。势来形止,是谓全气。""势远形深者,气之俯也。"故无论绘画还是风水,均注重山势走向。山体蜿蜒曲折,"势如万马,自天而降","势如巨浪,重岭叠嶂","势如降龙,水绕云从",均是好气象。相地术中,把小形放入大势中考察。注重从大环境观察小环境,大处着眼,小处着手。这一观照方式表现出鲜明的由大到小的视角。而这种景观也能给人壮美舒畅之感,符合景观美学的要求,可谓美与真、善的统一。

郭熙的高远深远平远之三远法构图多是全景山水,大山大水。五代到北宋,无论是荆浩、关仝、范宽、李成的江北雄伟山水,还是董源、巨然的烟水江南,均气势磅礴,境象宏大。但在包览宇宙之时,并没有放弃对微观细节的体察与表现。如范宽《谿山行旅图》,远看,大山雄浑苍莽,气象宏大;近看,有树丛泉石、行旅人骡,微渺但生机盎然,至于岩石肌理、土壤质地、树木筋节等又极精微,正是郭熙画论中"远取其势,近取其质"和三远法观物取象方式的体现。

---

① (宋)郭熙撰,周远斌点校:《林泉高致》,山东画报出版社2010年版,第51页。
② 顾颉主编:《堪舆集成》,重庆出版社1994年版,第105页。

三、人伦秩序的隐喻

《林泉高致》中的山水图式中除了风水图式之外，还体现出社会人伦图式。如果说风水图式注重的是山水之仁，那么人伦图式则注重的是社会之仁。"天以阳生万物，以阴成万物。生，仁也；成，义也。阴阳，以气言；仁义，以道言。故圣人在上，以仁育万物，以义正万民。所谓定之以仁义。天道行而万物顺，圣德修而万民化。大顺大化，不见其迹，莫知其然之谓神。天道圣人，其道一也。"①仁，是《林泉高致》中人伦图式的灵魂，突出体现为二：

第一，山水画的空间图式，隐喻等级规范、礼教秩序。

在画面布局上，重视山峦布局，体现出浓郁有封建宗法意味。中国传统的山水审美，特别重视山，孔子说，智者乐水，仁者乐山。早在先秦时期，山就被赋予神性和仁德的意义。《诗·大雅·崧高》曰："嵩高维岳，峻极于天。维岳降神，生甫及申。惟申及甫，为周之翰。四国于蕃，四方于宣。"高山峻极，耸峙入云，钟灵毓秀，此文、武之德也。岳山高大，而降其神灵，和气以生甫侯、申伯，实能为周之桢干屏蔽，而宣其德泽于天下也。维岳降神，犹山川出云也。虎啸而风生，龙兴而云起，物理感应，自然之符。故圣主必得贤臣，犹大山必生良木。主德昭明，则众才自附也。② 孟郊在致李筦将军的颂诗《上河阳李大夫》中写道："试登山岳高，方见草木微。山岳恩既广，草木心皆归"③，所谓高山仰止，景行行止。

到宋代，这种高山崇拜体现出浓郁的宗法意味。大礼与天地同节，对此，郭熙有着清晰的自觉：

> 大山堂堂为众山之主，所以分布以次冈阜林壑，为远近大小之宗主也。其象若大君赫然当阳，而百辟奔走朝会，无偃蹇背却之势

---

① (宋)周敦颐：《周敦颐集》，中华书局1990年版，第23—24页。
② 马一浮：《复兴书院讲录》，浙江古籍出版社2012年版，第204页。
③ (唐)孟郊：《上河阳李大夫》，《全唐诗》卷三七七，扬州书局刻本，第4228页。

也。长松亭亭为众木之表，所以分布以次藤萝草木，为振契依附之师帅也，其势若君子轩然得时，而众小人为之役使，无凭陵愁挫之态也。①

高山是群山和草木朝向的中心，这种等级秩序和礼仪为北宋士人所注重。郭熙自己就是这样画山水的："山水先理会大山，名为主峰。主峰已定，方作以次，近者、远者、小者、大者，以其一境主之于此，故曰主峰。（如君臣上下也）"②他的《早春图》中，大山如神龙自天而降，龙脉开合起伏，不仅有气势，而且有源头，蜿蜒而至。主峰象征着至尊之主，其他的山峦体现向它朝拜的意味。此画具有明显的王权中心的意味。郭熙又说："林石先理会大松，名为宗老。宗老意定，方作以次杂窠、小卉、女萝、碎石，以其一山表之于此，故曰宗老。（如君子小人也）"③郭熙的《窠石平远图》写深秋平远山水，画面近景中布置窠石寒林，写石不薄不泄，写林先理会大松，次以杂窠小卉点缀其间，正是其画论思想的鲜明体现。

这种手法不仅郭熙在使用，其他画家也在使用，如范宽的《溪山行旅图》，主峰是龙头的正面像，由远而来的正面龙首，拔地而起，正是王权威仪的象征，体现出恢宏高大与谨严恭敬的气象。这些都与社会人伦图式相契合。

北宋山水画的全景式中峰构图，显示出大山堂堂的庙堂气象，其中山水树木林石，主从有致，秩序井然，正是其天地之法则、人伦之秩序所在，是北宋理学家追求礼乐文明在山水画中的意象呈现。山水画浓缩的既是宇宙天地之理，又是社会人伦之理，故大气宏壮，而又井然有序，体现出宋代理学中自然宇宙之理与人伦社会之理的中庸和谐的思想。

第二，山水画的时间图式，隐喻四时教化，仁德流布。

北宋绘画喜欢画四季模式，郭熙对四季变化感知精微，《林泉高致》中对四时晨昏之景多有传神描绘：

① （宋）郭熙撰，周远斌点校：《林泉高致》，山东画报出版社2010年版，第26页。
②③ 同上书，第72—73页。

真山水之云气,四时不同:春融冶,夏蓊郁,秋疏薄,冬黯淡。

真山水之烟岚,四时不同,春山澹冶而如笑,夏山苍翠而如滴,秋山明净而如妆,冬山惨淡而如睡。[①]

郭熙最著名的《早春图》即是典型。此画隐隐可见地气上升,冰雪融化,万物萌动,一片兴旺的景象,画画气氛也隐喻着一定的政治意味。美国美术史论家姜斐德说:"《早春图》精细地描绘了众所周知的代表皇恩浩荡的春天景象。在孕育万物的温暖阳光下,世界生机勃勃。"[②]《早春图》成为对神宗和王安石所带来的新政成功的隐喻和礼赞。[③] 北宋的全景山水画中,巨型山水的高远构图,可以理解为对国家政局稳定的颂扬。

李成、郭熙也善画寒林图,有荒寒、萧索的意境,但同时也是取其含藏生机,"退藏于密"从而"无往不复"的德性,春生夏长秋收冬藏,四时之教也。宋人偏爱春夏秋冬四时画,亦可从此角度加以理解。北宋山水画生机郁然,正以无言之教,明天地之无私,示其生成长养之化育,明其法象则效之教令。

这种取譬联类的感格思维方式在古代诗教理论中屡见不鲜,《礼记·孔子闲居》篇云:"天有四时,春秋冬夏,风雨霜露,无非教也。地载神气,神气风霆,风霆流行,庶物露生,无非教也。"[④]北宋画教亦与诗教相类,取类感应,以山水明之。

所以郭熙强调"画者皆有所为述作也"[⑤],一方面,作画要合乎天地自然法则,认为"凡经营下笔,必合天地"。[⑥] 另一方面,作画要合乎社会人伦之道,认为:"如今成都周公礼殿,有西晋益州刺史张牧画三皇五帝,三代至汉以来,君臣圣贤人物,灿然满殿,令人识万世礼乐,故王右军恨不

① (宋)郭熙撰,周远斌点校:《林泉高致》,山东画报出版社 2010 年版,第 26 页。
② [美]姜斐德:《宋代诗画中的政治隐情》,中华书局 2009 年版,第 26 页。
③ 同上书,第 26—27 页。
④ 马一浮:《复兴书院讲录》,浙江古籍出版社 2012 年版,第 202 页。
⑤ (宋)郭熙撰,周远斌点校:《林泉高致》,山东画报出版社 2010 年版,第 106 页。
⑥ 同上书,第 72 页。

克见。而今士大夫之室,则世之俗工下吏,务眩细巧,又岂知古人于画事别有意旨哉!"①画作要合乎礼乐文明,使文质相合,美善相提。可见,郭熙在画论中的思想正是北宋理学家追求礼乐文明的哲学思想的显现。

综上所述,《林泉高致》中的山水美学是自然生意之美与社会秩序之美的结合,是宋代理学思想影响下山水审美的新气象。《林泉高致》将庙堂与林泉统一起来的居养之道,体现了宋代园林式生存的理念,这一理念最终在宋代山水园林中得以实现,而园林化生存正是宋代环境美学的重要表现。就此而言,《林泉高致》正可成为宋代环境美学的宣言,"极高明而道中庸,致广大而尽精微",在宏观与微观,在身与心,在自然与社会中,叩其两端,实现其居养之道。

第二节　南宋山水画中的环境审美观

南宋偏安江南,高宗在位 35 年,退位 25 年,对朝政的影响长达半个多世纪,因此,高宗的基本国策"求和"成了南宋最根本的政治主张。为安抚士人,高宗鼓励士人营建园林,乐享山水,上层贵族们的生活日趋精致,诗画雅集,不衰北宋。江南风景秀丽,四时景色优美,与北方景致殊异,再加上受宋代理学精神的影响,宋人绘画注重格物明理,有写实之风。在地理环境、政治环境和理学思想的多重影响下,南宋山水绘画景观呈现出不同的特点。

一、自然景观的变化

两宋绘画都注重对实体景观的观察与表现。韩拙在《山水纯全集》中说:"品四时景物,务要明乎物理,度乎人事。"②又说:"得四时之真气,造化之妙理,故不可逆其岚光,当顺其物理也。"③物各有理,山水草木,四

---

① (宋)郭熙撰,周远斌点校:《林泉高致》,山东画报出版社 2010 年版,第 105 页。
② 潘运告主编,刘成淮、金五德译:《宋人画论》,湖南美术出版社 2000 年版,第 79 页。
③ 潘运告主编,刘成淮、金五德译:《宋人画论》,湖南美术出版社 2000 年版,第 76 页。

时变化,皆当澄心体察。明乎物理,即要能得物象之真,写其形,又要能得物象之气,写其神,还要能知物象之原,明其性。这是两宋绘画都较为注重的。郑午昌在《中国画学全史》中评论宋代的绘画时说:"宋人善画,要以一'理'字为主,是殆受理学之暗示。惟其讲理,故尚真;惟其尚真,故重活。而气韵生动、机趣活泼之说,遂视为图画之玉律,卒以形成宋代讲神趣而不失物之画风。"①朱良志指出:"宋代绘画伴随着理学的演进而发展,其受理学的影响具有清晰的脉络。将理学的精神贯穿在心性修养、观照万物、题材选定、命意确定、画风格调等方面,化理学之精神为画道之灵魂,形成了宋代绘画特有的时代风格。"②可见,都是强调理学精神对绘画的影响。格物不是强调以我观物,而是重在以物观物,是要把山水作为一种纯物观看,并不是自我欲望和自我情感的投射,而是要客观地表现、物如其是地呈现。格物注重对物之形象、物之气韵与物之性理的体察与领悟,即物的形、气、性三个方面。

宋人在画论中留下了大量的格物之法及其对山水实体景物的细致观察及记录,记录的客观翔实在当今也不多见,是古人为我们留下的丰富资源。如对山体的描写:"山有主客尊卑之序、阴阳逆顺之仪,其山各有形体,亦各有名,习山水之士、好学之流切要知也。"③韩拙在《山水纯全集》中借洪谷子即荆浩之口对山的形体和名称进行了描述:

> 尖曰峰,平曰顶,圆曰峦,相连曰岭,有穴曰岫,峻壁曰崖。崖下曰岩,岩下有穴而名岩穴也。山大而高曰嵩,山小而高曰岑。锐山者,高峤而纤峻也,卑小尖者扈也,小而众山归丛者名罗围也。言袭陟者山三重也,两山相重者谓之再木映也。一山为坯,小山曰岌,大山曰岠,岌谓高而过也。言属山者相连属也,言峄山者连而络绎也,络绎者群山连续而过也。山冈者,其山长而有脊也。言翠微者,近

---

① 郑午昌:《中国画学全史》,上海古籍出版社 2001 年版,第 242 页。
② 朱良志:《扁舟一叶:理学与中国画学研究》,安徽教育出版社 1999 年版,第 68 页。
③ 杨成寅编著:《中国历代绘画理论评注·宋代卷》,湖北美术出版社 2009 年版,第 191 页。

山傍坡也。山顶众者,山巅也。岩者,洞穴是也。有水曰洞,无水曰府。言堂者,山形如堂室也。言嶂者,如帏帐也。言小山别大山,鲜不相连也。言绝景者,连山断绝也。言屋者,左右有山夹山也。言碛者,多小石也。平石者,盘石也。多草木者谓之岵,无草木者谓之垓。石载土谓之崔嵬,石上有土也。土载石谓之岨,土上有石也。土山曰阜,平原曰坡,坡高曰垅。冈岭相连,掩映林泉,渐分远近也。言谷者,通路曰谷,不相通路者曰壑。穷渎者无所通,而与水注者川也。两山夹水曰洞,陵夹水曰溪。溪中有水也,宜画盘曲掩映断续,伏而后见也。①

必须有体物的真切,才会有在绘画中表现出的严谨。上述对山体山形命名的细致、分类的翔实可谓一部山体类型学教科书,令人叹为观止,从中可见宋人的求真精实,在"见物如是"中有隐含着"见物如喜"的深情。

另外,对东西南北四方之山、春夏秋冬四时之景也都有丝丝入扣的观察,如《山水纯全集》中讲道:

> 山有四方体貌,景物各异:东山敦厚而广博,景质而水少;西山川峡而峭拔,高耸而险峻;南山低小而水多,江湖景秀而华盛;北山阔堰而多阜,林木气重而水窄。东山宜村落薪锄、旅店山居、宦官行客之类,西山宜用关城栈路、罗网、高阁观宇之类,北山宜用盘车骆驼、樵人背负之类,南山宜江村渔市、水村山郭之类,但加稻田渔乐,勿用车盘骆驼,要知南北之风故不同尔,深宜分别。②

既是对不同地方山的特点的描述,也是对不同地域的生态系统所做的阐述。这既是物理,也是画理。除了对山体景观名状的描绘外,还对水体、林木、土石、云雾烟霭岚光风雨雪雾、人物舟桥寺观山居舟船四时

---

① 杨成寅编著:《中国历代绘画理论评注·宋代卷》,湖北美术出版社 2009 年版,第 191—192 页。
② 同上书,第 192 页。

之景的精彩记录,此处不一一列举。宋代山水画能达到历史高峰离不开这种穷究物理的精神。

《笔法记》中记有荆浩画古松的过程:"太行山有洪谷,其间数亩之田,吾常耕而食之。有日,登神钲山,四望回迹,入大岩扉,苔径露水,怪石祥烟,疾进其处,皆古松也。中独为大者,皮老苍藓,翔鳞乘空,蟠虬之势,欲附云汉。成林者,爽气重荣;不能者,抱节自屈。或回根出土,或偃截巨流,挂岸盘溪,披苔裂石。因惊其异,遍而赏之。明日,携笔复就写之,凡数万本,方如其真。"[1]荆浩作画多有写实,他细观山间林木,自觉已得松树生存的道理,近于一种纯粹的科学理论研究,但又不只是在生物科学的层面上,这种研究绝不脱离具体的事物,从一事一物中体会天地之理。也只有建立在深入了解山水自然性的种种存在与表现的基础上,才能对山水进行审美性的分析,写其神韵,传其性理。

正是在此基础上,南宋山水绘画中呈现出反映南方山水的独特景观。南方的山水影响了山水画风的转变,比如地貌的分异影响了画面的构图,地质及岩石的不同也影响了用笔的技法,空气湿度的地域分异影响了南北两派的用墨风格,植被与水系状况的地域分异影响了两派的意境营造。[2] 沈括曾分析南派董源和巨然的画风:"江南中主时,有北苑使董源善画,尤工秋岚远景,多写江南真山,不为奇峭之笔。其后建业僧巨然,祖述源法,皆臻妙理。大体源及巨然画笔,皆宜远观。其用笔甚草草,近视之,几不类物象;远观则景物粲然,幽情远思,如睹异境。如源画《落照图》,近视无功;远观村落杳然深远,悉是晚景;远峰之顶,宛有反照之色。此妙处也。"[3]依中国画史上记载,董源在笔墨上用的是"点子皴",以疏密浓淡的点子来作画,近看一片墨点,远看物相毕露,这是江南空气湿润有迷离闪烁的感觉所致,如《潇湘图》卷和《夏山图》。这与北方空气干燥、物相清明所形成"斧凿痕"不同,皆是环境使然。董源《夏景山口待

---

[1] (五代)郑浩撰,王伯敏标点注译,邓以蛰校阅:《笔法记》,人民美术出版社1963年版,第1页。
[2] 宋晓峰:《基于地理学视角的中国山水画分析》,《人文地理》2012年第6期,第158—160页。
[3] (宋)沈括撰,杨渭生新编:《沈括全集》,浙江大学出版社2011年版,第433页。

渡图》是一幅景观复杂度极高，又极为统一的画卷，平远辽阔。这些图景与江南风光合拍，江水秀润，云雾显晦，与元以后的山水相比，环境的复杂度高。这时的山林景观尚未遭到大规模破坏，植被复杂度高，和谐有序性高，这种高复杂度实态景观，为寻求那种天人合一的美感提供了真实的基础。①

"画以地异。写画多有因地而分者，不独师法也。如李思训、黄筌，便多三峡气象者，生于成都也。宋二水、范中立有秣陵气象者，家于建康也。米海岳曾作宦京口，便多镇江山色。黄公望陷于虞山，落笔便是常熟山色。信高人笔底往往为山水所囿乎！"②强调画真山水，这也是宋代山水画与明清的不同，贵在师法自然，故有开创之功。明代盛行摹古风气，文必秦汉，诗必盛唐，画亦如此。宋人于真山真水上探讨，学画山水，要看真山水，师法自然。五代山水画大师荆浩在《笔法记》中反复论写生，强调要有真景。"北苑之若有若无，河阳之山蔚云起，南宫之点墨成戏，子久、元镇之树枯山瘦，迥出人表，皆毫不著象，真足千古。"③可见，山水画中环境审美的基础是对自然环境的客观表现。山水画是人与自然在充分尊重基础上的互相生成。

二、人居景观的凸显

南宋偏安求和，江南山川形胜，加之宋人高雅的审美趣味，使得当时皇宫后苑、园林建筑之精美奢华尤非昔日可比，加之自然山水犹如千个扇面展开，人们更加追求环境的精致与格调。在山水绘画中，与北宋的全景山水相比，南宋出现了截景山水或边角山水，画面中也更突出人审美化的生活状态。如果说，北宋全景山水中，山水是主体，那么南宋边角山水中，人的生活状态和生活环境得到了凸现，即人居活动更加突出，建

---

① 王建革：《江南环境史研究》，科学出版社 2016 年版，第 469 页。
② （明）唐志契撰，张曼华校注：《绘事微言》，山东画报出版社 2015 年版，第 11 页。
③ 同上书，第 14 页。

筑与山水更加融合,这类绘画我们可称之为屋木山水画。

屋木是建筑的一个泛称,屋木作为一个独立的画科首次出现在宋徽宗时期。徽宗朝设立的宣和画学,将绘画分为六种画科,分别是佛道、人物、山川、鸟兽、竹花、屋木。屋木在不同时期叫法不同,东晋顾恺之称之为"台榭",《历代名画记》中属于这一范畴的有宫观、台阁、屋宇、屋木等。在《宣和画谱》中根据画家、所收藏画的类别又分出十门,道释、人物、宫室、蕃族、龙鱼、山水、鸟兽、花木、墨竹、蔬果。这其中的宫室即是屋木,在画屋木之时会部分借助界尺行笔,因此也有称"界画"。

"界画"一词见于南宋邓椿《画继》的屋木舟车部分,其中谈到"郭待诏,赵州人,每以界画自矜",又说"任安,京师人,入画院,工界画","画院界作最工"。[1] 南宋以后凡用界尺画的屋木、舟车等统称为"界画"。《宣和画谱·宫室叙论》说:"故自晋宋迄于梁隋,未闻其工者。粤三百年之唐,历五代以还,仅得卫贤以画宫室得名。本朝郭忠恕既出,视卫贤辈,其余不足数矣。"[2]北宋郭忠恕界画独绝,宋人李廌在《德隅堂画品》记录了郭忠恕所画《楼居仙图》的描述:"作石似李思训,作树似王摩诘,至于屋木楼阁,恕先自为一家,最为独妙。栋楝楹桷望之中虚,若可投足,栏循塸户,则若可以扣历而开阖之也。以毫计寸,以分计尺,以尺计丈,增而倍之,以作大字,皆中规度,曾无小差。"清人徐沁的《明画录》就说在描绘宫室时,要"胸中先有一卷木经,始堪落笔"。可见,界画只是指屋木画中用界尺作画的部分,屋木的外延要比界画广,所以这里我们统称之为屋木,主要指宫观、亭台楼阁、桥梁水利等一切人为的土木构造。

人居环境的营造是屋木山水画的重要内容。自古山水画的形成并未完全脱离建筑。起初,山水只是为了衬托主题而作为背景出现,为满足离宫别苑的需要,后面出现了大量的山水场景,随后,山水逐渐摆脱附属和陪衬的地位,山水成为主体,慢慢发展成一门独立的画种。但不管

① 杨成寅编著:《中国历代绘画理论评注·宋代卷》,湖北美术出版社 2009 年版,第 277 页。
② 岳仁译注:《宣和画谱》,湖南美术出版社 1999 年版,第 170 页。

何者为主,山水画中一般都兼有屋木。特别是在宋代的山水画中,大多数作品属于屋木山水画的范畴,将屋木置于自然之中,与山川交融,浑然一体。山水画中屋木的经营位置构成了一个重要的方面。屋木山水画的一个重要特点是人气,即以人为中心的居住环境的整体构建,屋木山水中总少不了人的存在,或者人在屋中,或者人在屋外,总有商旅渔樵。或者画面虽无人,但有人生活的气息,显示出是人生活于其中的世界。

北宋屋木山水画中,山水占画面的主体,屋木与人点缀其中,虽是点缀,但如同天地之间,灵心一点,却是画眼所在。这种布置是古人世界观的艺术体现,人在天地之中,人在山水之间,这决定了山水在画面中的主体地位,山水草木是天地之仁、自然之大德的体现,屋木桥梁、亭台楼阁则是人生活的世界,人居住于天地自然之中,如草木虫鱼是天地自然中的一个有机组成部分,所以不能占据主体,而是寄居其间,"小"意味着在自然面前的谦卑。虽"小",但也不可或缺,如果没有人的气息,便觉了无生气,没有一体相亲之感。故山水是主体,但屋木和人是焦点。"山川风光凝聚之点,多在渡头桥头,山水等在此等处交会,所以诗情画意亦荟萃于斯也。"①如关仝的《山溪待渡图》等,屋木桥梁的选址多为可游可居之地。

南宋屋木山水画中,建筑与人的活动则成为画面的主体部分。如南宋宫廷画家刘松年(1155—1218)的《四景山水图》,四段山水采用边角式的构图方式,与北宋大山堂堂中峰构图的方式不同,为截景式的风格,从中亦可见杭州西湖边富家庭院的布置与设施。画面以人物活动为中心,突出人居环境,结合界画技法,精心构建楼阁庭院、水榭木桥等建筑。画家的注意力从表现山川自然的野趣转移到人工营造修饰的景物,这种题材风格的转变,从侧面反映出南宋时期贵族官员们追求享乐的生活态度。刘松年是画院中人,又是杭州人,对西湖景色、皇宫后苑及贵族官员的庭院别墅都极为熟悉,也有条件去接触,其画能反映当时贵族社会的

---

① 李霖灿:《中国美术史讲座》,广西师范大学出版社 2010 年版,第 112 页。

真实生活环境,也是建筑史上讲到南宋时必引的形象资料。

图 7‑1　宋　刘松年　四景山水图　绢本充色　每幅 41.3×67.9 至 69.5 厘米
北京故宫博物院藏

　　画中对当时的建筑景观进行了如实地表现。格子窗是宋代尤其是南宋特有的建筑形式,冬暖夏凉,安装灵活。《四景山水图》卷·春卷楼上外层格子窗已拆,仅留下横陂,里层格子窗则以淡墨勾出。夏景中的庭院面向西湖,视野开阔,掩藏在绿荫中的主屋通过曲廊到达湖堂,堂前凸字型露台宽阔平坦,围以栏杆,左右设太湖石与花木,露台前凸出通过一段平桥至水中升起的亭子,炎热的天气让主人拆掉所有的格子窗,四面通透。秋景图中密树繁瓦把装着两层格子窗的居室衬得敞亮明净,成为全图的视觉中心,黑漆的窗架窗隔与家具轮廓分明,情趣古雅,整个庭院显得宁静安详。此屋的结构完整清晰,人字庇、博风、悬鱼、内外两层子窗、台基以及室内的桌子、屏风无不刻画精到。冬景中由回廊连通的三屋装满格子窗,通体窗棂隔扇式的暖阁建筑。三个屋顶中,右屋等级最高,有中间隆起两旁稍低的单檐悬山顶,前有卷棚顶抱厦,有屋五间。三开间东西厢房的格子窗被平均分割为三个横陂和十二扇等宽的长窗,西厢房外层的移门也清晰可见。① 四季图景反映了当时富家恬静雅致的生活。

《四景山水图》卷体现出南宋士大夫们对理想的居住环境的表达与追求,也体现了建筑文化最基本的内涵:跟自然在一起。楼台建筑与清幽的山体相融,营造出最适宜的人居环境。春景图中重楼深院掩映于林木山石之间,画面左下方,几株垂柳泛绿,桃李争妍,游人踏青,正是"云满山头树满溪,春风浩荡绿初齐"的怡人景色。夏景中湖上的水阁凉亭,围以栏杆,主人阁中纳凉,视野开阔,安逸清闲。秋景水天一色,明静如妆,高士雅坐,宛如仙境。冬景高松挺拔,山裹银装,苍竹白头,空气清冽,屋内温暖如春。人与自然融为一体,各异其趣。

屋木山水画可以说是营造空间法式的艺术,表达了画家理想中的建筑与自然环境的关系。屋木山水画中的一个主要内容是人如何居于天地之间的主题,屋木山水重在人居,实际上讲的是人与自然、人与社会的关系,乃至人与人自己的关系。屋木山水的中心是人的活动,既表现出人的物质生活世界,也是人的精神所安居之处。屋木山水画中的世界是一个人可以走进去的世界。郭熙在《林泉高致·画意》中说:"余因暇日,阅晋唐古今诗,什其中佳句,有道尽人腹中之事,有装出目前之景,然不因静居燕坐,明窗净几,一灶炉香,万虑消沉。则佳句好意,亦看不出,幽情美趣亦想不成。既画之主意,亦岂易及乎境界已熟,心手已应。方始纵横中度,左右逢源。"只有在"静居燕坐""万虑消沉"的除欲去杂的过程中,那"道尽人腹中之事""装出目前之景"的"佳句好意""幽情美趣",才能涌上心头,观照美的空间才能形成。这是一种异乎寻常的认识境界,只有这样,审美者才能把注意力集中于一点上,凝神观照自然物象。

人要走进大自然,才能拥有和感知他的世界。宗白华在《艺境》中描述:"中国人的宇宙概念本与庐舍有关。'宇'是屋宇,'宙'是由'宇'中出入往来。中国古代农人的农舍就是他的世界。他们从屋宇得到空间观

---

① 傅伯星:《宋画中的南宋建筑》,西泠印社出版社 2011 年版,第 92—96 页。

念。从'日出而作,日入而息',由'宇'中出入而得到时间观念。空间、时间合成他的宇宙而安顿着他的生活。他的生活是从容的,是有节奏的。对于他空间与时间是不能分割的。春夏秋冬配合着东南西北。……时间的节奏一岁十二月二十四节率领着空间方位东南西北等以构成我们的宇宙。所以我们的空间感觉随着我们的时间感觉而节奏化了、音乐化了。画家在画面所欲表现的不只是一个建筑意味的空间'宇'而须同时具有音乐意味的时间节奏'宙'。一个充满音乐情趣的宇宙时空合一体是中国画家、诗人的艺术境界。"①在画家眼中,空间充满着活力,是一个充满生命的感知空间。绘画本身更多的是一种心灵"以心目而成之"的创作历程,一幅作品的诞生是对事物认知程度的印证,即以心灵的力量驱使精神不断地拓展其空间的意念,而这一切是由心灵空间的宽窄来决定空间大小和认知程度。屋木山水画所追求的审美理想,其根据正是对生生不息的宇宙规律的表现。

建筑不只是建房造桥,而是世界观上的建构与反省。全景山水给我们的视角并不是一片建筑,而是看待这个世界的视角,是人在世界中的存在,建筑在自然中的存在,房子是人存在状态的呈现。从屋木所占的位置来看,屋木山水中的房屋总是隐在一隅,并不占据主体的位置,建筑在每一处自然地形中总是喜欢选择一种谦卑的姿态,亲近自然,使人们的生活恢复到某种非常接近自然的状态。这种建筑方式,是画家通过对自然法则的学习,经内心的智性和诗意的转化,使得屋木成为人与自然积极对话的半人工、半自然的存在。重回自然之道,这是古代画家与建筑家的哲学思想。因为屋木既是对自然的尊重,同时也是人们对自己生活的营构。自然中有着更高的道德和价值,也只有在自然中的景观建筑和城市才是诗情画意的生活环境,最终形成自然、建筑、城市相融合的体系。对现代建筑师而言,也需要从传统中找到创新的方式,重返自然,重返建造现场。屋木山水可以为我们重返自然提供重要的启示。

---

① 宗白华:《艺境》,北京大学出版社 1987 年版,第 209 页。

从人在画中的位置来看是大中见小,又能小中见大的布局,这与西方绘画突出人与建筑的主体中心位置有所不同。屋木山水中的人都是很小的,"小"意味着人在世界中,人走进世界,通过自己的身体去感受,由自己的体验推宕开来,由草木虫鱼推及礼乐文明,体悟仁的造化生生不息之理,"(仁)虽弥漫周遍,无处不是,然其流行发生,亦只有个渐,所以生生不息"。[①] 仁的世界是需要走进自然世界中,感知自然之理,感知自然之中的真善美,感知自然之中的节制、秩序与生机,感知天道人事,一体之情,流行无碍,所谓"俯仰之间,万物一体,鸢飞鱼跃,道无不在"的境界。可见,以小见大,实际上是一种格物之道,并不是外在物理尺度上的小与大,而是强调由近及远,由此及彼,由形下及形上的格物之法。这涉及如何理解山水画及山水园林中"小中见大"的问题,它实质上是将形上的风景在形下的世界中显现出来,这就是中国山水画及山水园林中的美学精神。人占据的空间虽然小,但他优游的空间广大。譬如人从屋内看屋外,亭子房屋是一种轻盈空透的大空间类型、大空间结构。这种构图的安排实际上是出于哲学上的自觉和审美上的追求。

古代建筑特别是山水画中的建筑是对自然山水诗意生活的建构,提倡一种与自然彼此交融的生活方式。世界是营造的对象,对每一块场地的组构,其实蕴含着对世界的理解态度。在山水画中,每一幅画都是营造的活动,是在对自然的充分理解上,对审美生活的追求和对现世生活的超越。

三、湖山胜景的呈现

郭若虚提出:"画乃世之相押之术,谓之心印,本自心源,想成形迹,迹与心合,是之谓印。"[②]可见,画中景是谓心印,人所营构的环境美学也为心之印,无论是画中景还是现实生活中的景,均是人心营构之象。在

---

① (明)王阳明:《王阳明全集》(上),上海古籍出版社2011年版,第29页。
② 潘运告主编,米田水译注:《图画见闻志画继》,湖南美术出版社2000年版,第34页。

景观的营造中,最重要者依然取决于人之心性。

北宋与南宋的心境有所不同。北宋"士大夫与皇帝共治天下",士人大都有"居庙堂之高则忧其民,处江湖之远则忧其君"的忧患之心,有积极进取之象,南宋政权偏安到江南一隅,建都杭州,委屈求和,虽岳飞、文天祥、陆游、辛弃疾等士人有志在恢复、北定中原的决心,但无奈朝野享乐之风盛行,又没有得道之君的加持,士人报国之心备受压制。加之江南风景清丽,湖川众多,雨水丰沛,极易出现烟雨迷蒙、云雾缭绕的景象,出现了"暖风熏得游人醉,只把杭州做汴州"的歌舞升平的表象。

南宋山水画以画院画家为主,南宋画院画家兼有文人与画师的双重特质,也就是说他们同时具有文人气质和画匠精神。"画院画家"是特指在宫廷设置的专业绘画机构内供奉朝廷的画家,他们有正式的俸禄和一定的官阶。中国古代画院自五代时期成立,两宋获得较大的发展,徽宗时成立"画学",仿科举法录取画家并进行严格的专业训练的培养。徽宗多用唐人诗句对画工进行考试,如"野水无人渡,孤舟尽日横""踏花归去马蹄香""竹锁桥边卖酒家"等,将文人趣味引入画院,将有无"诗意"作为绘画的考核标准,如邓椿《画继》记载:

> 所试之题,如"野水无人渡,孤舟尽日横",自第二人以下,多系空舟岸侧,或拳鹭于舷间,或栖鸦于篷背。独魁则不然:画一舟人卧于舟尾,横一孤笛,其意以为非无舟人,止无行人耳,且以见舟子之甚闲也。又如"乱山藏古寺",魁则画荒山满幅,上出幡竿,以见"藏"意,余人乃露塔尖或鸱吻,往往有见殿堂者,则无复藏意矣。[①]

可见,对画的品评讲究以诗意入画,画要以象来尽意,留下想象的空间情感的意味。这种文人趣味和诗意追求也一直延续到南宋画院之中,对南宋画院山水画的诗意表现产生直接影响。

除了诗意趣味外,画院画家还要表现出皇家趣味。一般来说,画院

---

① 潘运告主编,米田水译注:《图画见闻志·画继》,湖南美术出版社2000年版,第31页。

画家的职能即是要服从国家或宫廷的审美意识形态。画院作画的职能主要有：其一，政教作用，有意识形态的功能，如礼乐教化的职能。其二，宗教或祭祀职能，为皇家的祭祀活动服务。其三，纪实作用，古代有左图右史的记录方式，以图像记录国家发生的重大事件和皇室生活要事。其四，装饰和娱乐功能。加之，南宋画院画家在偏安求和的政治环境下，在经济繁荣、风景秀丽的杭州湖山胜地，形成了新的画院风格。

新的画院风格在山水绘画上的突出表现，即走向审美化。与北宋注重礼乐教化、格物认知及政治隐情的山水画有所不同，南宋山水画更注重对湖山胜景的表现，以及由此体现出的审美精神。湖山胜景图是自然山水与人文艺术的完美融合。正如南宋杭州的建城标志着传统都城理念的打破，它在中国城市建设中的重要性即在于它是中国景观城市观念的原型，"西湖十景"正是在南宋得以流行。

八景、十景模式的流行，表现在绘画上就是对"湖山胜景"的表现。如最早可追溯到北宋中期宋迪所画的《潇湘八景图》[①]，在南宋成为画家们热衷表达的一个主题。除此之外，如曹勋在《松隐文集》中有绝句"题俞撙画八景"，分别为"浙江观潮、鉴湖垂钓、吴松秋远、庐山霁色、海门夕照、赤壁扁舟、鄂渚晴光、潇湘雨过"[②]，皆为当时向往之美景，此八景之地包括两浙、江西、荆湖地带，八景全在长江一线之南，为南宋经济与文化之核心区域，其景观本为自然之胜地，同时也是人文荟萃之地。

对胜景的描绘，多采取藏与露、显与隐、有限与无限的表达形式相结合，更加注重写意，如马远和夏珪等，则置景物一角或半边，其余画而则淡化为渺远的江天或朦胧的烟云，景物缩小简化，主体性更强，意境更突出，呈现出与北宋山水不同的审美特色。不再是大山堂堂的宏壮气象，而是选择空灵幽静的溪山一角来安顿心境。

---

① ［日］内山精也著，陈广宏、益西拉姆译：《宋代八景现象考》，《新宋学》第 2 期，上海辞书出版社 2003 年版，第 389—409 页。
② （宋）曹勋：《松隐文集》卷一九《题俞撙画八景》，宋集珍本丛刊影印傅增湘嘉业堂丛书本，第 41 册，第 557—558 页。

小景或截景画必要表现境界。而境界如何表现？杜牧的"烟笼寒水月笼沙"，江南多云雾纲缊，烟云迷雾在美学上可以起到间隔的效果，这种审美意境的创造以韩拙提炼的"三远法"为典型的理论形态。如果说《林泉高致》中的高远、深远、平远与自然空间密不可分，而稍后韩拙在其《山水纯全集》中所归纳的"三远"则更是一种心理空间或者诗意空间："有近岸广水，旷阔遥山者，谓之阔远。有烟雾溟漠，野水隔而仿佛不见者，谓之迷远。景物至绝而微茫缥缈者，谓之幽远。"①韩拙的三远法显然以意境的营造取胜。当然这种"阔""迷""幽"的意境是以江南地区特殊的地理环境，加之云雾烟霭这些缥缈变幻的景致为基础的。

而这一美学精神的形成，也可以说是南宋文人在政治抱负不得施展的情况下，在日常生活中培育出更精致的审美和享乐之风。宋人尚乐，如果说北宋士人更注重理学家的体道之乐，那么南宋文人画中更多体现出富家子弟们精致而有品位的世俗享乐。

第三节　元代山水画中的环境审美观

元代山水画已经从北宋的格物重理、南宋的重诗意，转到元代的"写出胸中一点洒落不羁之妙"。在心物关系上，北宋心物均受制于理，南宋的心物关系上则重诗意的营构，元代心超脱于物，不受物的约束，山水画作为心灵地图的功能更突出，心的主观性创造性更加强，吾心即宇宙。在山水画中，心学的色彩更浓厚。心灵山水也可以说是画家的终极山水，是精神栖居之地，其建筑环境更具有一种象征意味。

南宋山水画的创作主体主要是画院画家，画院画家一方面要表达皇家气象，同时画院画家也是极有文学修养的文人。元代不设画院，山水画创作主体主要是文人。从宋至元，文人地位差别很大。宋代士大夫与皇帝共治天下，天下兴亡，匹夫有责，北宋士大夫内圣外王兼修，南宋偏

---

① 潘运告主编，熊志廷、刘城淮、金五德译：《宋人画论》，湖南美术出版社 2000 年版，第63页。

安一隅,文人在内忧与外患的分裂中尽力保持一种人格的平衡。而元代,由于统治者对文人几乎采取全面压制,科举考试的取消也阻断了文人的用世之心,元代文人受尽歧视,基本上呈现群体性的退隐思潮,元代画家中的自然风景更萧疏荒冷了。"当外在的反抗和经邦济世前途渺茫或力不从心时,人们就会转而追求内在的精神自由和人格完美以及性情的抒发"①,所以,元代文人的山水绘画呈现向内转的变化,山水成为表达内在心灵的一处家园,成为一种更加理想化的山水。元代现实中的山水因为战争被破坏了,而心中的山水却确立起来。南宋繁华破灭之后,元代文人含藏于内,进入冬日的沉寂,绘画也表现出相应的简静来。下面以元代最具代表性的画家及其经典作品加以分析。

一、"鹊华秋色"与故园之恋

《鹊华秋色图》是中国山水画史上的杰作,是赵孟頫(1254—1322)于1295年为赠予好友周密所作。赵孟頫是宋太祖嫡系第十二世孙,作为皇室后裔,二十五岁遭遇南宋灭亡,三十二岁接受元世祖忽必烈征召,北上在异族政权的朝廷做官。其行为受时人非议,但其内心也有自己的矛盾和痛苦。此画是赵孟頫四十多岁时,从济南任职返回故乡后为好友周密(1232—1298)所作。周密祖籍济南华不注山下,号称华不注山人,曾祖父因金兵南下随高宗南渡后,从此流寓江南,周密生长在吴兴,从未去过济南,但在《草窗韵语》中署名"齐人周密公谨父",其晚年的野史杂著中则自称"历下周密",可见,内心一直认同齐人的身份。周密著有《齐东野语》《武林旧事》等,其中《武林旧事》仿《东京梦华录》追忆南宋临安的繁华,借以表达对故国深深的眷恋。赵孟頫既为周密述说济南风光之美,并作此图相赠。作品取自济南名山华不注和鹊山风光,此图以长卷制图,平远构图方式展开,鹊华两山成左右对称布局,连接两山的是一派广袤无垠的洲渚湖泽景色。右边尖峭的是"华不注山",左方平顶的是"鹊山"。

---

① 陈传席:《中国山水画史》,天津人民出版社2001年版,第238页。

此图与宋代写真山水画的风格不同,更多是一种言己之情志。一方面,鹊华秋色是一种象征符号,这里既寄托了周密对故乡家园的思恋,也饱含着赵孟頫内心深处的哀伤,更是借此写出了元统治下的整个宋遗民对故国的"黍离之悲",所以此画是宋元易代之际宋人集体心声的写照,是时代苦闷的象征,是元代山水画上不朽的经典。

另一方面,"仕元"是赵孟頫一生最大的纠结和痛苦所在,作者借这幅画言己之苦闷和不得已之情。赵孟頫在《罪出》一诗中曾写道:"在山为远志,出山为小草。古语已云然,见事苦不早。平生独往愿,丘壑寄怀抱。图书时自娱,野性期自保。谁令堕尘网,宛转受缠绕。昔为水上鸥,今如笼中鸟。哀鸣谁复顾,毛羽日催槁。"①其诗开篇借远志与小草写出了自古以来的在山与出山,即仕隐的内在张力。远山和小草的典故出自东晋谢安。远志是一种药草,据说其根为远志,其出苗为小草。《世说新语》中记载:"谢公始有东山之志,后严命屡臻,势不获已,始就桓公司马。于时人有饷桓公药草,中有远志。公取以问谢:'此药又名小草,何一物而有二称?'谢未即答,时郝隆在坐,应声答曰:'此甚易解。处则为远志,出则为小草。'谢甚有愧色。桓公目谢而笑曰:'郝参军此过乃不恶,亦极有会。'"②晋人尚隐逸,谢安本隐居东山,后迫于朝廷严命,不得已出山为官。郝隆以此讥讽谢安素有远志,而今出山为小草之意。宋元之际,仕隐问题又成为社会关注的焦点,文人多喜欢用这一典故以映射隐居与出仕的矛盾、理想与处境的落差;或讥讽揶揄他人,或自我发泄孤愤,如金代文学家元好问(1190—1257)有诗句:"小草不妨怀远志,芳兰谁为发幽妍?"感慨小草犹能胸怀远志,芳兰又能为谁发出芬芳呢?元代学者陆文圭(1252—1336)《送铺若晦南游》有诗句:"从无高小草,恐有遗当归",写其归隐之心。

---

① 李铸晋:《鹊华秋色:赵孟頫的生平和画艺》,三联书店 2008 年版,第 64 页。
② (南朝)刘义庆编,柳士镇、刘开骅译注:《世说新语》,贵州人民出版社 1996 年版,第 672 页。

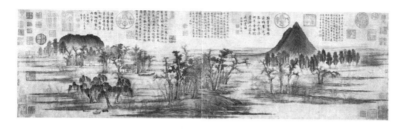

图 7 - 2　元　赵孟頫　鹊华秋色图　纸本水墨 纵 28.4 厘米　横 93.2 厘米
台北故宫博物院藏

赵孟頫借此诗言出仕之罪和丘壑之志,在他这里,出入显然不能如宋代士大夫那么协调,而呈现"水上鸥"与"笼中鸟"的强烈对立,而典故中的"一物二称"也似乎是时人在讥讽其曾一身事二主。这种被迫出仕为小草的无可奈何之痛,又有谁能知晓! 故所画"鹊华秋色"正是写其痛,寄其思,而景物的似与不似,像与不像并不是最重要的标准,故此"园"一方面指现实的家乡、家园、故国,另一方面即指精神的家园,隐逸山野的林泉高致。由上可见,《鹊华秋色图》说明了宋元之际的画风出现向内转的特点。

二、富春山居与江渚渔樵

《富春山居图》是黄公望(1269—1354)82 岁时上下富春江创作的山水长卷,利用三四年的时间完成,可以说是一生漫长时间的积累。《富春山居》写江岸重峦叠嶂,浑厚大气,近山线条皴擦,远山淡墨渲染,沙渚两岸,树石错落,极富变化。树丛林间,或渔人垂钓,或独坐茅亭,或樵夫山行。将近七百厘米的长卷,观者如入画间,在山水晨昏间徜徉,看尽历史时空中变化中的富春山。画家既是在描绘客观风景,也是抒写胸中豁达的襟怀,是漫漫人生长途的最后回首和对生命的领悟。

富春江位于浙江省中部,是黄公望晚年落脚的地方,数年间,黄公望上下富春江,云游于此,看山看水,看人世间的沧桑变化。富春江在历史文化上有长久的故事,层深累积,积淀富春江的文化记忆和山水神韵。

其中最早最著名的是隐居江畔的严子陵。东汉的严子陵帮助刘秀起兵，运筹帷幄，后刘秀做了皇帝，大封君臣，严子陵拒绝征召，隐居富春江，钓鱼自乐。富春江边便有了纪念严子陵的钓台。隐居垂钓的故事使富春江的山水有了不同的象征隐喻的意味。正是为了凭吊纪念严子陵，范仲淹写下了"云山苍苍，江水泱泱，先生之风，山高水长"的名句。另一篇著名的描写富春江景色的是梁武帝时吴均的一封书信散文《与宋元思书》，写"自富阳至桐庐，一百许里，奇山异水，天下独绝"的富春江景色，"风烟俱静，天山共色，从流飘荡，任意东西"，其中有"鸢飞戾天者，望峰息心；经纶世务者，窥谷忘返"，既是书写自然景色，亦是隐喻人事心境，既是述山川之美，也是借山水启迪人性。这些描写和文化积淀可以说写出了富春江的神韵。

元代，曾经为亡于异族痛苦的南宋遗民，经过蒙古人的统治，多采取不合作的态度，隐逸江湖，不与新的政权合作。半个多世纪后，在黄公望这位老道人的眼里，在几度浮沉之后，或许发现了这一片江山真正的主人，并不是为帝王所有，也不属于任何政权或民族，而是生活于其中的江渚渔樵，及鱼虾麋鹿等，这才是江山真正的主人，黄公望所画的就是这样一片纯粹的山水和宇宙时空中的哲学意识。黄公望的富春山居正是自然与人文山水的结合孕育而生。

《富春山居图》的意义正要把山水从世事的纠纷中解脱出来，把山水还原为最初与最终极的本质存在。山水画如果介入现实，就有时代的牵绊。两宋绘画中的建筑物、人物都有时间的细节，楼阁屋宇、衣冠鞋履都有时代的因素细节，如刘松年《四景山水图》卷·冬卷中的前后四合院，前门为简单的随墙门，中门为较复杂的单檐歇山顶，以入两个耳房中的移门和掩门、格子窗等都画得惟妙惟肖，如实地反映出南宋建筑的特色。两宋画中的建筑人物能够反映出清晰准确的时代信息，而元代山水画中的人和建筑都还原到极简，脱略了时代因素，渴望寻找一种更本真的存在。山水间的房舍都是寥寥几笔，没有复杂琐碎的装饰，只是一种象征性的屋宇，在大山大水间，在宇宙时空中，只是一个短暂又微小毫不起眼的存在。《富春山居图》的渔人舟船也绝无细节，与宋代《清明上河图》写实的屋宇相比，将视线拉远，近处的细节都会不见，而只有最纯粹的东西才会留下。尤其到画卷的后段一部分，没有建筑物，没有舟车，没有人物，更是还原到纯粹的自然，永恒的山水，宇宙的洪荒，超越了时代的兴亡成毁。不是以人为中心的生活世界、地理环境，而是山水的一种还原，一种更加通透的直观，"不知有汉，无论魏晋"，简静到无一丝纤尘杂滓，聪明尽去，正如画家晚年自号"大痴"。用现代的话来讲，是对人类中心主义的消解，在现代生态文明和环境美学的视野下，透出一种现代性的智慧和对人类文明的反思。

图7-3　元　倪瓒　六君子图
纸本水墨
纵61.9厘米　横33.3厘米
上海博物馆藏

元代绘画上常说"逸笔草草"，"逸"是一种逃离，从现实的名利束缚中逃离，从一切有形具象的虚伪形式中逃离，"逸"是一种真正的沉潜和淡漠空灵。黄公望在《富春山居图》画卷里传达出的万物静观、清明悠远的生命情怀，对生活在匆忙急迫中的现代人，确实可以提供精神上的另一种向往。

三、"一河两岸"与永恒的山水

一般而言，绘画中可看出三种观物之法，一是受理学思想影响，写花鸟之性、山水之真，如宋代花鸟画，是客观地写照，写天地之仁、天地的生生之意，重理趣。二是写作者之情，写画者之意，如苏轼的枯木竹石图、朱耷的花鸟画等，表现作者的喜怒哀乐、爱恨情愁，重一己之情志，赵孟頫的"鹊华秋色"即是一代表，体现出文人画的情趣，为有我之境。三是受道家思想影响，借山水写天地恬淡寂寞无为之性，如倪瓒的山水画，写天地永恒的空寂之境，继承魏晋以玄对山水的绘画美学。

山水画首先是一道文化的风景，涉及如何观、观什么的问题。倪瓒（1301—1374）的山水画多呈"一河两岸式"的独特构图，近景一土坡，几棵老树，偃仰有姿，一空亭，极简风格，四根柱子，茅草屋顶，古朴至极，中景湖水空灵，留白效果，上段则是远山一抹，如《容膝斋图》《秋林野兴图》《安处斋图》《六君子图》《紫芝山房图》等，同一题材，类似构图方式一画就是三四十年，这在求创新的现代人是不可想象的，而倪瓒一画三十年，背后到底有一种怎样的力量使然？

显然，他并不追求创新，他画的是他的生活哲学和居住理念。从其画题即可看出，"容膝斋"，"斋"有整洁身心之意。圣人为腹不为目，不追逐五色、五音、五味的外求生活，能容膝足已。"安处斋"，是身之安处之地，更是心之安处之地。倪瓒在五十抒怀诗中说："旅泊无成还自笑，吾生如寄欲何归？"这种几十年也画不厌的构图，正是倪瓒的身心归止之处，是倪瓒的处世哲学和安身之道。此"道"是道家之道，道家强调"虚静恬淡寂默无为是天地之本"，"虚静恬淡寂默无为是人之本"，此"图"深得陶渊明"采菊东篱下，悠然见南山"的意趣。近景中的空亭疏林，与远景中超逸绝尘的山峦隔岸相对，正是虚静恬淡之人悟对虚静恬淡之天地之本，是此岸的人面对彼岸的宇宙洪荒、面对世界永恒寂静的领悟，我们可称之为"悟对通神"式的构图。

此岸的近景中，或是空亭一座，或是杳无人迹，或是象征君子高士的树木，这正是倪瓒对体道之人的虚静澄彻之心的表达，只有虚静之人才能体虚静之道。正如韦应物《咏声》："万物自生听，太空恒寂寥。还从静中起，却向静中消。"倪瓒为友人周逊学作《幽涧寒松图》，并题诗云："秋暑多病喝，征夫怨行路。瑟瑟幽涧松，清荫满庭户。寒泉溜崖石，白云集朝暮。怀哉如金玉，周子美无度。息景以桥对，笑言思与晤。"倪瓒的画所要讲述的正是庄子的"虚静恬淡寂寞无为天地之本，虚静恬淡寂寞无为万物之本也"，人以虚静之心对虚静之本，这是经典的永恒魅力所在。正如《千字文》里说："空谷传声，虚堂习听。"形而上的风景在一个形而下的绘画世界里实现，这是中国绘画高明的地方。而倪瓒的山水所构建的正是人生存于天地之间的永恒家园，清净本心。正所谓"云林通乎南宫，此真寂寞之境也，再著一点便俗"。①

这种"悟对通神"式的构图也是人与自然关系的一种深层的对话，是人与天地自然的对话，"相看两不厌，只有敬亭山"。诗中的意境，在宋人的绘画和园林中被感性地表现出来，亭是经常出现在绘画中和园林中的意象。关于亭的美学，有着丰富的多维度的意蕴。其一，亭往往是人欣赏风景的最佳点，是风景荟萃之处。其二，人停下来与自然对话。如建于宋代白鹿洞书院中的独对亭，有独对亭望五老（峰）之说，站在独对亭，面对五老峰，静观四时之变化，体悟自我之本性，"万物静观皆自得，四时佳兴与人同"，人与自然便在亭与山的对话中实现了。天性没表现时，寂然默然，就好像万籁俱静时的五老峰；天性表现出来之后，和蔼如春，无物不宜，又像是风和日丽之中的五老峰。往返之中，独自体味着天地之本与人性之本。其三，亭不只是观赏之处，还是用于教育诸生的场所。书院有大意亭，《大意亭记》曰：君子由学而之敬，由敬而之诚之明。敬以主之，明以照之，诚以要之。夫然后道之大意，触之于物，得之于目，契之于心，又奚惑焉！苟不敬、不明、不诚，则泰山在前犹聩聩耳，而道乎哉？此实洞之遗教也。然则斯亭匪直为山川之迹，云物之景，耳目之玩，可知也。② 只有做到了敬、诚、明，才能掌握道的大意。山水玩赏中感悟儒家义理，这就是寓教于乐。

倪瓒画中的亭，多为空亭，此亭既是实物的亭，也可以作为象征意象的心之亭。观察物的本性与变化，即是体会心灵的性与情的变化关系。倪瓒绘画中人与自然的对话关系与朱熹的理学观物之法不同，更多带有

---

① （清）恽寿平撰，张曼华校注：《南田画跋》，山东画报出版社 2012 年版，第 11 页。
② 吴国富、黎华：《白鹿洞书院》，湖南大学出版社 2013 年版，第 183 页。

道家的意味。朱熹在书院中留下很多石刻,如流杯、流觞、流杯池,体现一种曲水流觞的生活乐趣,也是活泼泼之心灵境界譬喻。枕流、漱石、听泉、风雩、风泉云壑等则体现了观赏山水的无边乐趣,既可以借助山水淘洗心胸,也可以根据这些石刻的提示自我磨砺。自然风物与人文气息融为一体,鸢飞鱼跃,所遇即道。书院石刻大都体现了儒家的义理,在那些珍藏于阁楼、陈列于案头的纸质经典之外,成为另一种与山水浑融、永不磨灭的石质经典。朱熹《次卜掌书落成白鹿佳句》诗曰:"深源定自闲中得,妙用元从乐处生。莫问无穷庵外事,此心聊与此山盟。"①溪山草木都是修身之物,欣赏山水自有别样的情怀。正如宋元山水画成为永恒的经典,屋木山水中的居住环境也成为一种永恒的家园。倪瓒的屋木山水就是要表现永恒的精神家园。

山水画发展到元代,明显地可以看出它有一种精神的力量。中国人对山水的兴趣是很特殊的,认为山水比人更美,山水最后在中国人心里变成了带有类宗教色彩的状态,它成为一个能够和世俗抗衡的精神力量。这是中国文化的一个核心,比名利更高洁的东西,我们的文化中永远有它的位置。

可见,元代山水画意象并不像北宋文人那般致力于对山水真实性的描绘,它也不同于南宋的诗意山水,元代山水画是画家内心真实而纯粹的情感表现。从元代山水绘画中可以看出,在心物关系上,元代绘事更重视内心的超然,心的主观能动性得以彰显,绘画中表现的环境美学更从身的安放转向内心的安放。从心物的内在逻辑上,理学走向了心学,理学的环境审美观也走向了心学的环境审美观。

---

① 吴国富、黎华:《白鹿洞书院》,湖南大学出版社2013年版,第215页。

第八章　苏轼的环境审美观

　　苏东坡被称为"坡仙"，李白被称为"谪仙"，都被奉为仙，也都是在贬谪中成就其仙境。然作为道教徒诗人的李白与苏东坡不同，李白的仙气是带有道教徒意味的，不同凡人的浪漫气息，而东坡的仙境更是人间的、现世的，是身处逆境，也要甘之如饴，是靠人间的温暖排解心中的苦闷，"我欲乘风归去，又恐琼楼玉宇，高处不胜寒。起舞弄清影，何似在人间"。李白的仙是"乘风归去""琼楼玉宇"，东坡的仙是"何似在人间"，有着人间的烟火、人间的色彩。如苏轼所说"上可陪玉皇大帝，下可以陪卑田院乞儿"，"眼见天下无一个不是好人"，走到哪里都能用自己的灵性去照亮周围，发现乐趣，发现生活，是真正对人的大爱和平等。所以，李白的仙是道教的仙，东坡的仙是人间的仙，人间的仙境与道教的洞天福地不相同，它不需要另找一个洞天福地，而是融入当地人的生活，活在当下，享受当下，成就一种审美的生活，这样贬谪之地也能成为一种审美的环境。苏轼将这一理想践行出来，这是苏轼给人世间的宝贵财富。苏轼的环境美学既是一种人间的情趣，更是一种对天地之道的深刻领悟，有一种透脱的智慧。

第一节　居住环境:此心安处是吾乡

逆境中的从容达观,苏轼是做得最淋漓尽致的一个。"心似已灰之木,身如不系之舟。问汝平生功业,黄州惠州儋州。"这首《自题金山画像》[①]是苏轼对自己一生功业的总结,是苏轼的自画像。苏轼一生历经宦海浮沉,仕途坎坷,黄州、惠州和儋州是他的三个谪居之地,也是东坡诗词文创作的重要时间段,更是其精神蜕变生长、人生气象发生变化的地方。随着地理空间和人生境遇的转移和变化,东坡的文学创作空间也有了更为广阔的领域和丰富的蕴意,文风经历了由早期的积极用世到忧患悲慨,最终到旷达和自我的完成。

其一,黄州的突围。

元丰二年(1079 年)苏轼因陷乌台诗案,被贬黄州。"魂飞汤火命如鸡",几乎被处死,巨大的心理落差以及初到异地的惶遽,空负一腔报国建功之热血的遗恨,使之一度以"逐客"自称,因此在某种程度上来说,这一时期东坡词风由最初的豪放转为伤感落寞再到旷达。"乌台诗案"之前,苏轼的精神支柱是儒家经世济民、积极用世的思想。初到黄州的苏轼表现出对整个社会的怀疑退避和对人生的空漠之惑,使他有时间冷静的思考一些问题。"艰难困苦,玉汝于成。"黄州的四年,从 44 岁至 48 岁,苏轼成为苏东坡,完成其华丽的转身。

促使其成功转变的原因是多方面的,一是苏轼自小有"士当以天下为己任"的儒家用世之心及坚持其政治理想的操守;二是苏轼以佛道的修养,在精神上自我保全操守,且能把儒道两家美好的品格和修养融入自己的生命中。三是这种潜在的性情在忧患艰危中才能充分地显现出来。这种绽放是在贬谪中促成的,而贬谪之地的自然环境在这种转变中起到了重要的作用。

---

① (宋)苏轼撰,夏华等编译:《东坡集》,万卷出版公司 2014 年版,第 209 页。

一方水土一方风物,黄州的奇异风景能转移人的注意,开阔人的胸襟。初到黄州,苏轼将自然作为一种对象性的呈现,能够保持一定的距离,反观自己,反思自己,从而洗涤尘垢,起到治愈的效果,心境转为旷达。《初到黄州》中写道:"自笑平生为口忙,老来事业转荒唐。长江绕郭知鱼美,好竹连山觉笋香。逐客不妨员外置,诗人例作水曹郎。只惭无补丝毫事,尚费官家压酒囊。"写其复杂矛盾的心绪,既有徒有用世之心、难成济世之才的自嘲自伤,又有江山风物之美的自在呈现。但此首诗里人与景还是有所分离的状态,景是自在的,人则是有满腹心事。其后,景与人越来越相融合。初到黄州时,苏轼寄居定惠院,后来携家眷住在城南江边被废弃的旧驿站临皋亭。黄州多竹,城南更有茂林修竹、陂池亭榭,风景优美。在这样的居住环境中,境与人能更好地对话交流,相互影响。这可以从《安国寺浴》一诗中见:"尘垢能几何,翛然脱羁梏。披衣坐小阁,散发临修竹。心困万缘空,身安一床足。岂惟忘净秽,兼以洗荣辱。"[1]写定惠院之东的一株海棠人不知其贵。"江城地瘴蕃草木,只有名花苦幽独。嫣然一笑竹篱间,桃李漫山总粗俗。自然富贵出天姿,不待金盘荐华屋。……陋邦何处得此花,无乃好事移西蜀。寸根千里不易致,衔子飞来定鸿鹄。天涯流落俱可念,为饮一樽歌此曲。明朝酒醒独还来,雪落纷纷那忍触。"其中"自然富贵出天姿,不待金盘荐华屋"是苏轼与海棠的对话,更是诗人与自己的对话,写海棠亦正写自己。体味到自然和生命的自在本身,忘却世俗之名利,化解精神之痛苦,将人世间的荣辱得失、穷达祸福视为过眼烟云。

不得不说,自然环境在这个转变的过程中起到了重要的作用。如伯牙学琴于成连,三年有余,而琴曲的精微寂寞之情仍不能领会,于是成连说:"我虽传曲,未能移人之情。我师方子春,在东海之中,能移人之情,我们一同去拜访吧。"于是二人来至蓬莱仙山,成连留下伯牙说:"你在这

① (宋)苏轼撰,冯应榴辑注,黄任轲、朱怀春校点:《苏轼诗集合注》,上海古籍出版社 2001 年版,第 1000 页。

里练习，我去迎接我的老师。"说罢乘船而去，久未归。伯牙心急，四处张望，就是看不到师傅的影子，听到海水汹涌，群鸟悲鸣。伯牙仰天长叹，领会其中的含义，乃援琴而作《水仙操》。此正所谓自然能移人情性。东坡固然儒道佛精通，有深厚的知识储备和灵心慧质，但最后成就其达观，还需要独特的机缘，而这个机缘正是贬谪的现实处境与拥有"节物清和，江山秀美"的黄州山水和合而成。可以说正是黄州成就了苏轼，也是苏轼成就了黄州。所谓美不自美，因人而彰。苏东坡以自己的灵性照亮了黄州，使黄州的自然景物从此有了不同的况味，成为黄州自然美的发现者、确定者和建构者。元丰五年（1082 年）谪居黄州时期所作《念奴娇·赤壁怀古》所描写的赤壁磅礴壮美之景观，然而在陆游《入蜀记》中记载："亦茅冈耳，略无草木。"①范成大《吴船录》亦云："赤壁，小赤土山也，未见所谓'乱石穿空'之境，东坡词赋微夸焉。"②苏轼词所造景物之雄起壮丽与自然实景之寻常萧条形成了一种强烈的心理反差和视觉冲击，而这种艺术化造景的方法又要和词人的创作心理和动机意图相联系，历史的积淀赋予地理环境本身特有的蕴意和内涵，使得词人有所感格，在对其进行审美观照时，不免无意识地扩大了赤壁矶内在的生命力和感染力。

在逆境中生出的旷达才是真正的旷达，这种旷达能抚平内心的焦虑和郁结，而真正的平淡起来。苏轼在黄州完成了这种转变，所以他能将生活过得充满诗意，他能与几百年前的陶渊明心灵相通。在黄州，他给友人的书信中提到："近于城中得荒地数十亩，躬耕其中。作草屋数间，谓之东坡雪堂，种蔬接果，聊以忘老。"③在友人的帮助下，在东坡住地开出一片土地来，亲自耕种，清贫度日。苏轼《雪堂记》："苏子得废圃于东坡之胁，筑而垣之，作堂焉，号其正曰'雪堂'。堂以大雪中为之，因绘雪于四壁之间，无容隙也。起居偃仰，环顾睥睨，无非雪者。"④真正淡泊起

---

① （宋）陆游：《陆放翁全集》，中国书店 1986 年版，第 281—286 页。
② （宋）范成大：《范成大笔记六种》，中华书局 2012 年版，第 300 页。
③ （宋）苏轼：《苏轼文集》第 5 册，中华书局 1986 年版，第 1829 页。
④ （宋）苏轼：《苏轼文集》第 1 册，中华书局 1986 年版，第 410 页。

来。于此,苏轼得名东坡,在这里,九死一生,人生开始一种新的际遇,人间的真仙,能上能下。黄州前与黄州后,一个诗人一个哲人的成长,完成了自我突围和自我超越。黄州与苏轼的相遇,演绎出千古风流,一片最亮丽的风景。苏轼在那里创造了"瞬间即永恒"的风景,最后终于悟到"此心安处是吾乡"。

其二,惠州的安处。

绍圣元年(1094年),苏轼谪居惠州。三年的岭南生活不可谓不艰难,但是此时的苏轼已能甘之如饴。他携次子过和侍妾朝云在岭南乡野中觅道求仙,修身养性,享受岭南生活。

"仿佛曾游岂梦中,欣然鸡犬识新丰。吏民惊怪坐何事,父老相携迎此翁。苏武岂知还漠北,管宁自欲老辽东。岭南万户皆春色,会有幽人客寓公。"①苏东坡初到惠州,犹如远归故里,重逢旧人,毫无陌生感,从黄州到惠州地理空间的位移实则车马劳顿,生活环境也愈发恶劣,词人有意描写惠人热情相迎的待客之道和淳朴简单的品性,刻画了一个其乐融融、宾主尽欢的异质空间。更是用典发出如是感叹:流放胡地的苏武哪里知道有朝一日得以回到朝廷,而管宁大抵也是以为要在江东老去,自己是何等幸运,在这春意盎然的岭南,定然有那隐居幽地的世外高人来见我,怡然悠闲心态可见一斑。苏轼通过历史空间的客观描述以言其自老岭南的隐逸倾向,不乏对现实空间进行了美化和理想化的嫌疑,也就是说地理空间转化为了审美空间。东坡居士对惠州风景进行了一种审美观照和文学构思的地理想象,这种艺术化的审美建构完成了自然地理环境自身的生命表达。

然而,同样列为"唐宋八大家"之位的苏轼和韩愈,被贬岭南地区之后,二人所处的地位、处境、心态皆有所差异。唐代诗人韩愈被贬潮州,从宋代开始,潮州的山水都改姓韩,如原来经常有鳄鱼出没的恶溪改为韩江;韩愈当年诵读《祭鳄鱼文》的渡口改为韩渡;韩江东岸的笔

① (宋)苏轼撰,王水照、朱刚选评:《苏轼诗词文选评》,上海古籍出版社2011年版,第200页。

架山改为韩山;韩愈当年府治所在之路改为昌黎路;韩愈登临过的小亭改为韩亭;就连亭前相传为韩愈手植的橡树也被尊称为韩木。仅在宋代,潮州人就四次大规模地改建韩公祠,以后又不断维修。至于韩愈在潮州的民间传说,如访问岭、走马牵堤、插薯苗、灰墙瓦屋、叩齿庵、韩公帕、湘子桥等早已家喻户晓。现在仍有不少人经常到韩文公祠烧香拜祭,潮人已把韩愈当成神来敬拜了。可见,韩愈在潮人心目中的地位甚高。

相比之下,在惠州致力于改善民生,同情岭南人民艰苦生活的苏轼则是"低调"的,东坡寓惠的遗迹相对较少,西新桥、东坡井、东坡园、苏堤玩月……但作为书、诗、词、画、文皆有所能的一代文豪,并不妨碍惠人对他的敬重和尊崇,因此后人有"一自坡公谪南海,天下不敢小惠州"的美誉。

此外,二人同是谪迁岭南,但是心境、地位却是截然不同的,韩愈虽被逐出京城,仍挂"刺史"官衔,故而受到当地政府的支持,并且韩愈针对当时潮州存在的两个大问题——鳄鱼的危害和文化的落后,采取了具体措施:为驱逐鳄鱼,设坛以祭并写下了著名的《鳄鱼文》;又兴办学校,进行教育启蒙,从而使得其声望大增。由此可见,韩愈依旧是意气风发、叱咤风云的,他受到贬谪诰令的影响是极小的。这一点苏东坡是不可比拟的,以罪臣的身份被流放至此,自然是无法仰仗当地官吏的"关怀",自身生活条件艰苦,目睹岭南人民的苦难生活,内心所受冲击较大,然而在理学盛行的宋代,文人士大夫往往追求一种理性、含蓄、内敛的情感表达方式,因此苏轼的宣泄是克制的,再加上从黄州到惠州这样一个心境的过渡阶段,他的内心已经渐趋平和,甚至不再关注自身的贬谪命运,亦非停留在克制感情这一基础层面上的。他显然已经超乎现实束缚,真正地做到了享受生活的豁达之人。

诚然,金粉珠玉、锦绣罗绮的盛唐气象里无处安放个人的轻愁浅怨。"一封朝奏九重天,夕贬潮州路八千。欲为圣明除弊事,肯将衰朽惜残年! 云横秦岭家何在? 雪拥蓝关马不前。知汝远来应有意,好收吾骨瘴江边。"①谪途路远,老马尚且不愿前往,韩愈却依然申明为国鞠躬尽瘁的心愿,最后一句虽隐含悲壮凄凉之感,但更是带有一股狂气和释然之意。反观苏轼,"常羡人间琢玉郎,天教分付点酥娘。自作清歌传皓齿,风起,雪飞炎海变清凉。万里归来颜愈少,微笑,笑时犹带岭梅香。试问岭南应不好? 却道,此心安处是吾乡。"②看似是在问恤歌伎柔奴,又何尝不是在发问于己呢? 结句颇有安然大方、超迈洒脱之风,于平凡淡然中见得真谛。在经受了诗文祸案、身陷囹圄之辱的苏轼,已然不复"便引诗情到碧霄"的一味豪达之态了,显然东坡先生心态趋于平和,在平淡的生活当中晓得安身立命之重要性。雄浑壮大的盛唐里,诗文须得发黄钟大鼓之声才能与之相和,清逸劲妙的宋代,宽柔以纳多变之风。苏子面对所有的变化更易,更是以笑颜对之,以虚怀容之,以超然之姿抛之、忘之而后怡然自处。

此外,由于元祐党争而同时被贬谪流放的还有"苏门词人"一派。如果说苏轼已经跳出悒郁苦闷的园囿,进而达到"自乐"的境界,那么秦观、黄庭坚之流则多停留于被贬之后郁郁不得志、忧愁恐畏之情难以纾解的阶段,秦观尤甚。他是沉溺于过往的典型,词中反复不断地追忆缠绵悱恻、肝肠寸断,仿佛是生活在记忆之中,而这种记忆还是经过一番艺术美化的、更加理想化的心理境界,把心灵存放在一片虚幻的美好之中,而饮鸩止渴却进一步加重了眼前的痛苦感受。下面我们来看这首出自秦观的《踏莎行》:

> 雾失楼台,月迷津渡,桃源望断无寻处。可堪孤馆闭春寒,杜鹃声里斜阳暮。驿寄梅花,鱼传尺素,砌成此恨无重数。郴江幸自绕郴山,为谁流下潇湘去?③

一朝获罪,往后数年难以平息胸中郁气,"失""迷"二字可见其内心

---

① (唐)韩愈:《韩愈选集》,人民文学出版社 2001 年版,第 122—123 页。
② (宋)苏轼撰,夏华等编译:《东坡集》,万卷出版公司 2014 年版,第 76 页。
③ (宋)秦观撰,徐培均校注:《淮海居士长短句》,上海古籍出版社 1985 年版,第 69 页。

的迷茫与不安,一"孤"字尽写飘零之感。梅花寄故人,尺素传亲友,奈何终究是天南水北自相隔。最后结句更是凄厉,将词人内心不平之气抒发得淋漓尽致。在此诗中,"桃源"不再是陶渊明笔下干净纯洁的避世之所,而是流水枯竭的衰败景象,人人所寄寓美好愿望的境地如何成了少游眼中的颓败景象呢? 显然,犹如"桃源"存在的朝廷此刻让他感到无比的失望。岭南自古形成的贬谪文化是多元的,或悲慨苍凉,或忧郁沉闷,而超脱淡然者,独文忠公一人耳。

而对于惠州自然美景的描绘在苏轼寓惠期间的诗词作品当中占据相当大的数量,他的山水散文游记行文颇有意趣,不拘常格,于景中悟真理,于哲思中赏风景,借景说理,寓理于景。《记游松风亭》一文亦是理趣盎然:

> 余尝寓居惠州嘉祐寺,纵步松风亭下。足力疲乏,思欲就亭止息。望亭宇尚在木末,意谓是如何得到? 良久,忽曰:"此间有什么歇不得处?"由是如挂钩之鱼,忽得解脱。若人悟此,虽兵阵相接,鼓声如雷霆,进则死敌,退则死法,当恁么时也不妨熟歇。[1]

偏于口语化的语言风格,活泼轻松自问式的自我宽慰妙趣十足,行文雅趣,松泛之中自有洒脱飘逸、浑融自然的风度。寺中钟声悠远荡开,松声如涛,有如天籁,此时此刻天地万物处处充满了禅意,先生在这浑厚的大自然中有所悟,并且从中得以解脱,心不为情所役也,其中意味好不妙哉! 天人合一,大概由此可见一二。

再有《迁居》一诗,先生筑新居于白鹤峰之上,名曰"朝云堂",抑或"白鹤居"。内有"思无邪斋""德有邻堂"等房间,其中寓意深刻:

> 前年家水东,回首夕阳丽。去年家水西,湿面春雨细。东西两无择,缘尽我辄逝。
>
> 今年复东徙,旧馆聊一憩。已买白鹤峰,规作终老计。长江在

---

[1] (宋)苏轼撰,夏华等编译:《东坡集》,万卷出版公司 2014 年版,第 244 页。

北户,雪浪舞吾砌。

青山满墙头,馨几云髻。虽惭抱朴子,金鼎陋蝉蜕。犹贤柳柳州,庙俎荐丹荔。

吾生本无待,俯仰了此世。念念自成劫,尘尘各有际。下观生物息,相吹等蚊蚋。①

依山傍水而居,临风沐雨而老,堂前屋后绿树成荫,山清水秀,不得不说是养老佳境。"罗浮山下四时春,卢橘杨梅次第新。日啖荔枝三百颗,不辞长作岭南人。"②先生自离开他的"自然故乡"——四川眉山之后再无缘重返家乡,而此时此刻又与手足子由相隔天涯,地理空间的阻隔在一定程度上使得苏轼逐渐形成了不念过去、不问未来、活在当下的一种平和冲淡的生活状态。惠州作为他的第二"地理故乡",自然也是他审美心灵的"地理故乡",自然而然地,苏轼在这短暂的较为顺心的三年生活里对惠州产生了一种归属感和热爱之情。"不辞长作岭南人"一句显示出了苏轼内心的安宁与美好期待。心在哪里,家在哪里,对于东坡而言,便是如此。

晚年再贬海南,面对精神上的挫折,苏轼有"云散月明谁点缀,天容海色本澄清"(《六月二十日夜渡海》),一切的苦难已不在心中,早已置之度外,依然月华皎洁,海色澄清。面对身体的衰朽,苏轼有"浮空眼缬散云霞,无数心花发桃李"(《独觉》),肉眼看不见了,但心眼明亮,桃李灿然,真正做到了《中庸》中所说的"君子无入而不自得焉"。

第二节 自然审美:人间有味是清欢

明末学者黄宗羲在《景州诗集序》中说:"诗人萃天地之清气,以月、露、风、云、花、鸟为其性情,其景与意不可分也。月、露、风、云、花、鸟之

---

① (宋)苏轼撰,刘乃昌选注:《苏轼选集》,齐鲁书社 2005 年版,第 138 页。
② (宋)苏轼撰,曹慕樊、徐永年主编:《东坡选集》,四川人民出版社 1987 年版,第 295 页。

在天地间，俄顷灭没，而诗人能结之不散。常人未尝不有月、露、风、云、花、鸟之咏，非其性情，极雕绘而不能亲也。"①诗人能精微捕捉和描写自然之景貌，然诗人写景时，多是情中景，大都带有以己观物，唯大诗人能掌握自然语言的含义，了解到大自然和人生的本质。

其一，清欢的风景。

以《前赤壁赋》为例，首先写景，清风徐来，水波不兴，月出东山，水光接天，一幅清风明月、朗朗乾坤、遗世独立的景象；再写与景相对之客，对景起情，情思却厚重浓郁，怨慕泣诉，不绝如缕，羡长江之无穷，叹枭雄今安在，哀吾生之须臾；最后写苏轼对风月景致的理解：

> 客亦知夫水与月乎？逝者如斯，而未尝往也；盈虚者如彼，而卒莫消长也。盖将自其变者而观之，而天地曾不能一瞬；自其不变者而观之，则物与我皆无尽也，而又何羡乎！且夫天地之间，物各有主，苟非吾之所有，虽一毫而莫取。惟江上之清风，与山间之明月，耳得之而为声，目遇之而成色，取之无禁，用之不竭，是造物者之无尽藏也，而吾与子之所共适。②

显然，苏轼的视角与客人不同，客人自"我"观之，系"我"之喜怒哀乐，苏轼则超脱"我"的视角限制，而从道的变与不变观之，则物与我同然，物与我各有主，"主"即道之理。由此，我情脱落，道情显现，客与我才能"共适"。文中所写表面上是客与主的不同心境，而实际上也是苏轼乃至每个得道者的心路历程，从小我中突围，最终在各种纠结中找到一种出路，此出路即天地之理。景自人眼中的景转为一种道中景，情也从人之情转为一种共适之情，这种转变是人与景的共生互成。景是无声之教，而无声之教唯有无碍之人方能领悟，由此，"江上之清风，与山间之明月"才能成为人间的清欢。

---

① (明)黄宗羲撰，全祖望补修，陈金生、梁运华点校：《黄宗羲全集》第10册《南雷诗文集》上，浙江古籍出版社2012年版，第16页。
② (宋)苏轼撰，李之亮笺注，《苏轼文集编年笺注》第1册，巴蜀书社2011年版，第15页。

柳宗元在贬谪之地,"投迹山水地,放情咏《离骚》","参之《离骚》以致其幽",可谓"以骚对山水",写冷落清幽之景,诉沉郁高洁之志;欧阳修谪滁州,写得之心而寓之酒的山水之乐,在众乐乐、乐无穷的欢声笑语中隐藏其一段"太守颓然其间"的心事,心事很深沉,需借浓酒沉醉,可谓"以醉对山水";与欧、柳不同,苏轼可谓"以理对山水",真正体现了宋人的理趣,可以说开辟了山水审美的新境界。其中,自然开启了人,人也真正走向了自然,实现人与自然的互成,只有这样,人才能真正得天地之清欢。

其二,清欢的品味。

能得天地之清欢才能品天地之至味。元丰七年(1084 年),苏轼"从泗州刘倩叔游南山",此时冬雪消尽、春意萌动,东坡作《浣溪沙》:"细雨斜风作晓寒,淡烟疏柳媚晴滩,入淮清洛渐漫漫。雪沫乳花浮午盏,蓼茸蒿笋试春盘。人间有味是清欢。"①如何才是"有味"呢? 民以食为天,俗世众生无一不追求舌尖美味,热烈的辛辣,浓郁的香甜,青涩的酸,敦厚的咸……众口难调,各有所爱;更是有各种调味品:花椒、八角、盐、味精……给食物提色、增味,无所不能。味蕾的享受往往能带给人们一种满足感和幸福感,苏轼也是一位善于发现美食、制作美食和品尝至味的人。

岭南地处南国沿海,气候温和,物产丰富,但是岭南人家并无酿酒习俗,于是苏轼自酿桂酒以当琼瑶仙露品之,为此写下了不少的酒赋、酒颂。《浊醪有妙理赋》一篇描写杯中趣味,即使不解其中味的人也会领悟到陶然微醉的快乐:

> 酒勿嫌浊,人当取醇。失忧心于昨梦,信妙理之疑神……兀尔坐忘,浩然天纵。如如不动而体无碍,了了常知而心不用……今夫明月之珠,不可以襦,夜光之璧,不可以铺。刍豢饱我而不我觉,布帛燠我而不我娱。唯此君独游万物之表,盖天下不可一日而无。在

---

① (宋)苏轼撰,夏华等编译:《东坡集》,万卷出版公司 2014 年版,第 71 页。

醉常醒,孰是狂人之药。得意忘味,始知至道之腴。①

饮至兴酣处,酒香沾衣,胸胆开张,浑身轻灵飘逸,神思飞至浩瀚宇宙,飘飘然若出世仙人,唯饮者独得个中美妙滋味,苏东坡如是。哪里是令人发狂的害人之药呢?

此外,酒和羊肉亦是美味佳肴,他给弟弟子由的信中提到了烤羊脊的做法:

> 惠州市肆寥落,然日杀一羊。不敢与在官者争买,时嘱屠者,买其脊骨。骨间亦有微肉,煮熟热酒漉,随意用酒薄点盐炙,微焦食之,终日摘剔牙綮,如蟹螯逸味。率三五日一餔。吾子由三年堂庖,所饱刍豢灭齿而不得骨,岂复知此味乎? 此虽戏语,极可施用。但为众狗待哺者不悦耳。②

子曰:"食不厌精,脍不厌细。"③东坡所食不过寻常之物,然而他能够欣欣然享受其中,并且颇有花样变化,也是其顺其物性,"与之所共适"的人才会有这般"知味"之悦吧。

东坡对荔枝的喜爱更是可见一斑,在谪居惠州不到三年的时间里,写了五首荔枝诗,还有其他诗中也多次写到荔枝,其中"海山仙人绛罗襦,红纱中单白玉肤。不须更待妃子笑,风骨自是倾城姝"(《四月十一日初食荔枝》),写荔枝的仙姿风骨,正是苏轼自适的表现,其意味一如黄州的海棠。"日啖荔枝三百颗,不辞长做岭南人"(《食荔枝》),写其对荔枝的喜爱,对物性至味的品尝,在对自然本真的体悟中品味人生的本质。"宫中美人一破颜,惊尘溅血流千载。……我愿天公怜赤子,莫生尤物为疮痏"(《荔枝叹》),借由荔枝抒发了对民生的担忧和对朝廷的劝谏,爱民忧政的思想也借此表露无遗,难怪黄庭坚称"读之使人耳目聪明,如清风自外来也"。

---

① 林语堂:《苏东坡传》,群言出版社 2009 年版,第 222 页。
② 同上书,第 221 页。
③ 杨伯峻译注:《论语译注》,中华书局 2006 年版,第 117 页。

其三,清欢的人生。

"清欢"的味道是食物给予身心的舒服和愉悦之感,但更有"虚心味道玄"①(《秋日夔州咏怀》)的意味,这正是苏轼的人生态度使然。苏轼对禅道思想的接受和融会贯通的过程也是一种品"味"的过程,从中所感受到的则是精神上的解脱和释放,使他能超乎"心为情所役"的拘囿。儒家的"仁义",佛学的"空净",道教的"虚静",使得苏轼的思想格局和心境气质都产生了巨大的变化,从而形成了其独有的旷达的人生态度,这种超迈旷达与深情并不矛盾,反而相互成就。

苏轼和他的侍妾王朝云在惠州生活时,则是这样一种深情的清欢。他称朝云"天女维摩",赞美她的一尘不染。绍圣二年(1095 年)七月五日,朝云去世让苏轼痛心不已,留下了著名的咏梅诗以悼念朝云:"玉骨哪愁瘴雾? 冰姿自有仙风。海仙时遣探芳丛,倒挂绿毛么凤。素面常嫌粉污,洗妆不退唇红。高情已逐晓云空,不与梨花同梦。"②以梅喻人,高洁清丽之姿,飘飘若仙之风,恰似朝云品格,亦是苏轼品格。

苏轼对惠州百姓也是这样一种深情的清欢。这种对惠州自然山水油然而生的喜爱之情促使苏轼关注惠人生活,当然这也与他体恤百姓、忧国忧民的精神相关,多次上递奏章为民请命。同时,苏轼在岭南留下了无数的和陶诗,表现出了对归隐逸趣、安然生活的向往。

苏轼喝过北方的烈酒,尝过江南的荔枝,但最终他最爱的是这人间清淡的欢愉,此时的他不再是惊慌失措的"逐臣",是来到这世上看人间美景,享世俗之乐的"闲客"了。在更为蛮荒的儋州,苏轼亦然如此:"我本儋耳人,寄生西蜀州。忽然跨海去,譬如事远游。"(苏轼《别海南黎民表》)他深深爱上这片荒蛮之地,高唱:"余生欲老海南村,帝遣巫阳招我魂。"(苏轼《澄迈驿通潮阁二首》之二)他在这片南荒之地浇洒心血,甚至感慨:"九死南荒吾不恨,兹游奇绝冠平生。"(苏轼《六月二十夜渡海》)豪

① (唐)杜甫:《杜甫全集》,上海古籍出版社 1996 年版,第 225 页。
② (宋)苏轼撰,夏华等编译:《东坡集》,万卷出版公司 2014 年版,第 88 页。

达旷爽的他在几经磨难之后微笑地面对这个世界,热爱生活,在这临近"天涯海角"的蛮荒之地留下了他飘逸的身影、俊逸的文采,以及诗意的生活态度。

文学作品的创作往往离不开地理环境这一生长的摇篮,地理环境自身的因素也让文学作品有了各种形态的表达方式,这二者的交互影响最后甚至会改变一个诗人的文笔气质。东坡多年的谪居生活,异地的风物在心理和精神上都给予了一定程度上的宽慰和灵感,他在这里纾解了被困偏远之地的郁气,也释放了他飘逸高朗、悠远淡然的文气,留下了众多脍炙人口的诗篇。当然,东坡的诗词佳作,让被贬之地不再是人们记忆当中荒凉野蛮的弹丸之地了,而在他血泪之作中生发着勃勃生意,经久不衰,流芳百世。

第三节 环境治理:究其本末穷物理

除了有"此心安处是吾乡"的居住理念和对"人间有味是清欢"的受享之外,苏轼也极其注重对社会环境的治理。苏轼对环境的治理最有名的是治理西湖。欲了解西湖景观,不可不提到苏轼,不可不读苏轼的《乞开杭州西湖状》一文。此文对西湖之于杭州的地位、西湖的重要性及对西湖的治理方法的阐释,在今天依然具有重要的价值和意义。正是由于苏轼的除葑和苏堤的修建,西湖成为历史上最为有名的景观湖,苏轼可称为"西湖之父"。

西湖自唐代开始得到重视和利用。"杭本近海,地泉咸苦,居民稀少。唐刺史李泌始引西湖水作六井,民足于水。白居易又浚西湖水入漕河,自河入田,所溉至千顷,民以殷富。湖水多葑,自唐及钱氏,岁辄浚治。"①可见,在唐代,西湖一直处在有效地利用和治理之中。然经历五代战乱后,自宋建国起,"稍废不治,水涸草生渐成葑田。熙宁中,臣通判本

---

① (元)脱脱等:《宋史》第31册,中华书局1985年版,第10812—10813页。

州,则湖之葑合盖十二三耳。至今才十六七年之间,遂堙塞其半。父老皆言十年以来,水浅葑横,如云翳空,倏忽便满,更二十年,无西湖矣。使杭州而无西湖,如人去其眉目,岂复为人乎?"①

可见,宋元祐四年(1089 年)七月,苏轼第二次来杭州,出任知州之职时,其时西湖已半为葑田,雨水多时无法贮蓄;而干旱年月,则湖枯水涸,如此再过二十年,西湖将废矣。"使杭州而无西湖,如人去其眉目,岂复为人乎?"苏轼认为,保西湖就是保杭州。于是上呈朝廷《杭州乞度牒开西湖状》,从多方面论述了疏浚西湖的重要性与可行性:

> 臣愚无知,窃谓西湖有不可废者五。天禧中,故相王钦若,始奏以西湖为放生池,禁捕鱼鸟,为人主祈福。自是以来,每岁四月八日,郡人数万,会于湖上,所活羽毛鳞介以百万数,皆西北向稽首仰祝千万岁寿。若一旦堙塞,使蛟龙鱼鳖,同为涸辙之鲋。臣子坐观,亦何心哉!此西湖之不可废者,一也。杭之为州,本江海故地,水泉咸苦,居民零落,自唐李泌始引湖水作六井,然后民足于水,井邑日富,百万生聚,待此而后食。今湖狭水浅,六井渐坏,若二十年之后,尽为葑田,则举城之人,复饮咸苦,其势必自耗散。此西湖之不可废者,二也。白居易作《西湖石函记》云:"放水溉田,每减一寸,可灌十五顷;每一伏时,可灌五十顷,若蓄泄及时,则濒河千顷,可无凶岁。"今虽不及千顷,而下湖数十里间,茭菱谷米,所获不赀。此西湖之不可废者,三也。西湖深阔,则运河可以取足于湖水。若湖水不足,则必取足于江潮,潮之所过,泥沙浑浊,一石五斗。不出三岁,辄调兵夫十余万功开浚,而河行市井中,盖十余里,吏卒骚扰,泥水狼藉,为居民莫大之患。此西湖之不可废者,四也。天下酒官之盛,未有如杭者也,岁课二十余万缗。而水泉之用,仰给于湖,若湖渐浅狭,水不应沟,则当劳人远取山泉,岁不下二十万功。此西湖之不可废者,五也。②

---

① (宋)苏轼撰,邓立勋编校:《苏东坡全集》,黄山书社 1997 年版,第 367—368 页。
② (宋)苏轼撰,李之亮笺注:《苏轼文集编年笺注》第四册,巴蜀书社 2011 年版,第 169—170 页。

苏轼认为西湖不可堙废的理由有五点：

其一，西湖为放生池，为人主祈福之地。自真宗天禧年间，每年四月八日，去西湖放生祈福已成一习俗，数以百万计的鸟兽虫鱼得以存活，放生祈福，可以养天地之和气。

其二，西湖是杭州最大的饮用水源。杭州是由潮水冲积淤沙而成的江海之地，地下水咸苦难饮，自唐德宗时李泌来到杭州任刺史，决定引西湖水入城，发动民众开凿了六口大井，此后居民因此解决了深受其苦的饮水问题，这才赖其水土资源之利，市井日渐繁荣，城区人口日渐增长，西湖实为奠定这一切的基础。

其三，西湖是农业种植灌溉的水源。当年白居易在他所写的《西湖石函记》中说："开闸放水灌溉农田，湖水每下降一寸，可灌溉农田十五顷；每十二个时辰，可灌溉农田五十顷，如果蓄存与泄放及时，则沿河千顷农田旱涝保收，可免凶年饥岁。"如今湖水所灌溉的农田虽然不及千顷，但毗邻下湖数十里的地方，种植出产的茭菱稻谷等农作物，其所收获仍然无从计量。

其四，西湖是杭州的交通命脉。西湖水与运河密切相关。如果西湖深而广阔，则运河可以通过湖水加以补给。如果湖水不足，则势必以钱塘江潮加以补给。江潮所过，泥沙俱下，浑浊不堪，一石水五斗沙。用不了三个年头，就得调集士兵民工花费十余万个工时对湮塞的河道加以疏浚，而运河流经杭州市区大约有十余里，届时官吏士兵四处骚扰，污泥浊水满目狼藉，实为城中居民最大的祸患。

其五，西湖是杭州的商业命脉。天下官营酿酒业的兴盛，没有哪里比得上杭州的，每年所征收的赋税高达二十余万缗（一缗千钱）。而酿酒所需之水，主要依靠西湖，如果西湖日渐浅狭，酿酒之水供不应求，则必然要劳动人力远取山泉，往来奔劳，一年下来所花费的人工当不下二十万人。

综上可见，西湖是杭州城市的命脉，它既是城市的饮水之源，也是交通、农业、商业命脉，还是感召天人和气的精神之所。

　　而当时的西湖，"葑积为田，水无几矣。漕河失利，取给江潮，舟行市中，潮又多淤，三年一淘，为民大患，六井亦几于废"。① 葑田造成河面湖水减少，运河失去湖水，只好依赖长江涨潮，潮水混浊多淤塞，船舶要在市区航行，每三年要疏通一次，成为市民的大患。六井也几乎废弃无用。

　　葑田虽然有利于扩大耕地面积，提高收益，但西湖上的葑田，却带来很多危害。对此，苏轼除葑田、修长堤、疏浚河道，治理西湖环境。

> 　　轼见茅山一河专受江潮，盐桥一河专受湖水，遂浚二河以通漕。复造堰闸，以为湖水畜泄之限，江潮不复入市。以余力复完六井，又取葑田积湖中，南北径三十里，为长堤以通行者。吴人种菱，春辄芟除，不遣寸草。且募人种菱湖中，葑不复生。收其利以备修湖，取救荒余钱万缗、粮万石，及请得百僧度牒以募役者。堤成，植芙蓉、杨柳其上，望之如画图，杭人名为"苏公堤"。②

　　苏轼疏通茅山运河和盐桥河，茅山运河接受钱塘江水，盐桥河吸收西湖水，又建造水闸，控制湖水的储蓄与宣泄，于是海潮才不至于流入市区。再以多余的财力重整六井，人民因而得到好处。并将西湖中的葑田清除，所挖出来的水草和淤土，在湖中筑为长堤，南北直接相通，以利通行。湖中种菱荷，所得利润，既可作为维护基金，也成为西湖一景。堤上，种植芙蓉花开、杨柳如烟，景色如画，人称"苏公堤"，长堤卧波，苏堤春晓，成为西湖十景之首。苏轼完成了对西湖的生态改造。随着镜湖的萎缩消失，西湖成为江南最著名的景观湖，成为文人诗歌的集中创作地。明末张岱言："自马臻开鉴湖，而由汉及唐，得名最早。后到北宋，西湖起而夺之，人皆奔走西湖，而鉴湖之淡远，自不及西湖之冶艳矣。"③清理葑田后的西湖形成了相对稳定的水面，曲院风荷，也成为西湖十景中的第二景。"毕竟西湖六月中，风光不与四时同，接天莲叶无穷碧，映日荷花别样红。"（杨万里《晓出净慈寺送林子方》）西湖的人工化景观在宋代得

①② （元）脱脱等：《宋史》第 31 册，中华书局 1985 年版，第 10812—10813 页。
③ （明）张岱：《西湖梦寻》，上海古籍出版社 2013 年版，第 4 页。

以加强。

除了西湖外,苏轼还在徐州、开封等地疏浚河道,治理水患。苏轼谈到开封诸县多水患,认为其原因在于"吏不究本末,决其陂泽,注之惠民河,河不能胜,致陈亦多水"。① 要究其本末,则要能顺天之时,因地之宜,运用之道,存乎于人。顺天之时,因地之宜,即要能通达天时、地理,要能格物穷理。

朱子在谈到治理河决之患时,曾谈到顺其自然之理,以疏散为上的原则:

> 潘子善问:"如何可治河决之患?"曰:"汉人之策,令两旁不立城邑,不置民居,存留些地步与他,不与他争,放教他宽,教他水散漫,或流从这边,或流从那边,不似而今作堤去圩他。元帝时,募善治河决者。当时集众议,以此说为善。"又问:"河决了,中心平处却低,如何?"曰:"不会低,他自择一个低处去。"②

儒者做学问的目的,就是要穷尽天下万物之理,探寻天下万物之本源,并将其应用于具体的生活中,在环境治理中则要遵循自然规律,以疏为主,顺性而为,这一原则对现代环境治理依然具有重要的指导意义。

---

① (元)脱脱等:《宋史》第 31 册,中华书局 1985 年版,第 10812—10813 页。
② (宋)朱熹撰,黎靖德编,王星贤点校:《朱子语类》卷二,中华书局 1986 年版,第 31 页。

第九章　陆游的环境审美观

南宋君臣偏安一隅，求和以图苟安，在这样的时代背景下，南宋士人一方面有着不知国土沦丧何日收复的深沉、悲痛、焦灼的爱国情怀，另一方面又享受着"暖风熏得游人醉"的旖旎风光，同时南宋文人具有历史文化积淀下来的清明哲思与高雅情致，这就造成了南宋文人的双重特性。这种双重性表现在环境审美中，即是江山情怀与山水意象，二者统一于士人的田园理想，陆游的环境审美观鲜明地体现了这一特征。

陆游的人格如同他的诗一样，有"悲愤激昂"的一面，也有"闲适细腻"的一面，因此他的环境审美也是既有忧国忧民的一面，又有旷达洒脱的一面。具体而言就是，以"家国天下"为核心，"江山"寄托着陆游的家国情怀，它象征国家主权，隐喻礼教秩序，承载着国家的兴亡，是陆游庙堂之志的具体表现；山水代表着陆游的林泉之心，在理学观念的影响下，其山水审美以处身于境、以情观物、观物之理为特征；田园是陆游的居住理想，在田园中倡导礼教秩序，他的家国情怀得到安放；把自然山水引入园林，他的林泉之心得到满足，田园生活也因此审美化；庙堂之志与江湖之远的理想在田园之中找到栖居之所，陆游在自然与社会之间找到了一种平衡。

陆游虽然是以文学著称于世，但是陆游本意却不是当诗人，他志在经世治国,尤其向往驰骋疆场,完成统一大业。然而现实中的种种原因,使得陆游既不能居于庙堂做官,又不能赴战场收复失地,只能把所有的想法付诸笔端,因此陆游的诗文是研究陆游思想的重要依据。

陆游在其文章中虽然没有明确提到环境这一概念,但其对环境美学的核心问题——人与自然的关系却有诸多思考,他的山水诗、田园诗、游记散文都有对环境审美方式的论述,而且陆游一生到过福建、江西、四川等多个地方,几乎是走遍了南宋境内的名山大川,有着丰富的审美实践,其环境审美观也在实践中得到了丰富。

陆游对周围环境的认识,对人与自然关系的思考,不是魏晋风流人士式的求仙问道,而是着眼于国计民生、世道人心。爱国主义精神使陆游山水审美带有强烈的国家意识,而仕途的失意又使陆游寄情山水,转而在自然山水中体悟宇宙、自然、人生之理。强烈的济世精神使陆游不可能真正归隐,因此退居田园是他的选择,此时他也不是沉溺于田园风光的独善其身,而是在实践中倡导礼教,力图营建一个景美、人美的居住环境。

第一节 江山意象与家国情怀

陆游生于宋徽宗宣和七年(1125 年),仅仅两年之后"靖康之难"就发生了,因此陆游是在极为动乱的时代里成长和生活的。始自幼年惨痛逃亡经历,让陆游很早就立下了收复失地、杀敌报国的志向,再加上家人师友的言传身教,以及儒家精神的熏染,爱国主义、家国精神成了陆游美学精神最内在的动力,即便是后来远离了庙堂、战场,陆游的爱国热情也不曾彻底消失。

其一,作为国家主权象征的江山意识。

南宋国家的分裂使陆游对周围环境的认识带有强烈的国家意识,山川河流等自然要素在陆游看来,第一要义就是象征着国家主权的国土。《秋夜晓出篱门迎凉有感二首》云:"三万里河东入海,五千仞岳上摩天。

遗民泪尽胡尘里,南望王师又一年。"①在这首诗中,"三万里河""五千仞岳"显然都不是自然意义上的高山和河水,而是国家主权的象征,"遗民泪"也刚好与诗题中"秋夜""迎凉"暗合,壮阔的高山与失望的民心形成鲜明的对比,从而突出了诗人希望国家统一的强烈愿望。

这种以山水指代国家、国土的用法,古代汉语里有专门的词汇——"江山""河山"或"山河"。《世说新语》里也有此类用法,如:"袁彦伯为谢安南司马,都下诸人送至濑乡。将别,既自凄惘,叹曰:江山辽落,居然有万里之势。"②这里的"江山"一语双关,含有国家之意。《世说新语》的创作时间正是国家动荡不安的南北朝时期,在此之后身处国家危难之际的诗人们,都常用自然界中的"江""山""河"指代国家、国土。如"莫把江山夸北客,冷云寒水更荒凉"(范成大《秋日二绝》其一)、"待从头,收拾旧山河,朝天阙"(岳飞《满江红》)。可见,在陆游这样胸怀国家的志士眼里,自然山水就是国家主权的象征。

因为自身收复失地的强烈愿望,自然山水也常被陆游比作"战士"。如《风雨中望峡口诸山奇甚戏作短歌》云:"白盐赤甲天下雄,拔地突兀摩苍穹。凛然猛士抚长剑,空有豪健无雍容……正如奇才遇事见,平日乃与常人同。"③在这首诗中,陆游就把"白盐""赤甲"两座山描绘成抚剑的猛士,风雨中的山犹如战士挥剑搏斗,杀气横生,"奇才""常人"借江山说人事,表明了陆游想要上阵杀敌的雄心壮志。除此首诗之外,《剑门关》《初发夷陵》等作品都是融写景与抒发爱国之情于一体。可见,以江山写国事、抒壮志正是陆游山水审美的特色所在。

其二,作为礼教秩序隐喻的江山意识。

"江山"既然是国家主权的象征,必然也就涉及国家权力的分配,蕴

①(宋)陆游撰,钱仲联、马亚中主编:《陆游全集校注》第2册,浙江教育出版社2011年版,第2页。
②(南朝)刘义庆撰,许传武校点:《世说新语》,上海古籍出版社2013年版,第56页。
③(宋)陆游撰,钱仲联、马亚中主编:《陆游全集校注》第1册,浙江教育出版社2011年版,第144页。

含着国家秩序。山水的形态、空间布局在中国自古就有等级规范、礼教秩序的隐喻意义。如《诗经》中《天保》《崧高》等是借永恒的日月、稳固的高山、长青的松柏来表现王权的稳固;汉赋中伟岸的山川、物种丰富的猎场,也被古人视为君权神授的合理说明。

陆游也常在诗文中用日月山川来喻指君王至高的权利和德行。其《皇帝御正殿贺表》云:"恭惟皇帝陛下,体天覆广,如日正中"[①],就是以太阳比喻君主。在陆游为皇帝及其亲属所写的"表""笺"中此类用法极多,视君主为天子几乎是古人的集体意识。陆游浓郁的宗法等级观念还落实在他品评人们改造山水的实践中,《智者寺兴造记》云:

> 寺在金华山之麓,峰嶂屹立,林岫间出,日月映蔽,风云吞吐,而前之形势无以留之。如王公大人南向坐帷幄中,宜其前有列鼎大牲之养,盛礼备乐之奉,宾客进趋,傧相襜翼,将吏武士,执木过槷何,然后为称。今乃巍然独坐,而侍卫者皆奔趋而去,则其威重无乃少损乎。于是始议凿大池,潴水于门,梁其上通大路,而增门之址,高于故三之二,异时所谓奔趋而去者,皆肃然就列,恪然执事,则王公大人之尊,于是始全。[②]

寺庙与周围的山水如何布局,参照的对象是"王公大人"的礼教秩序,掘池、修路、增加门的高度就如同钟鸣鼎食的王公贵族家里要盛礼备乐,方便文武宾客依礼来往一样,为的是显示大人之尊。这正是宋人追求君臣有别、礼乐秩序的价值观在山水审美中的显现。这种意识,宋代画家郭熙在论画时说得更为明确:

> 大山堂堂为众山之主,所以分布以次冈阜林壑,为远近大小之宗主也。其象若大君赫然当阳,而百辟奔走朝会,无偃蹇背却之势也。长松亭亭为众木之表,所以分布以次藤萝草木,为振契依附之

---

① (宋)陆游撰,钱仲联、马亚中主编:《陆游全集校注》第9册,浙江教育出版社2011年版,第55页。
② 同上书,第495页。

师帅也,其势若君子轩然得时,而众小人为之役使,无凭陵愁挫之态也。①

大山象征着君主,其他山冈丘陵、藤萝草木则是追随他的臣民,高耸的大山正是至高无上的君权的写照。总之,"江山"不是单纯意义上的山水,而是礼教秩序的象征。

其三,作为兴亡之叹载体的江山意识。

如果说"江山"的空间布局关乎礼教秩序,那么从"江山"的时间维度来看,当自然山水承载着国家意识以后,借由"江山"思古、怀古、吊古的伤逝之情、兴亡之叹便随之产生了,尤其是那些和以往的朝代更替密切相关的山水景观更成了诗人吟咏的对象。

陆游《楚城》云:"江上荒城猿鸟悲,隔江便是屈原祠。一千五百年间事,只有滩声似旧时。"②屈原身处的那个国力每况愈下的楚国,正和陆游所处的南宋一样,都在风雨飘摇之中,陆游无一字说国家,但是"只有滩声似旧时"一句早已暗示了一切。和陆游同处南宋的辛弃疾面对长江发出的也是"千古兴亡多少事?悠悠,不尽长江滚滚流"的慨叹。③ 国难当头的时刻,诗人更是无比怀念曾经在这里指点江山、挥斥方遒的英雄人物,认为"生子当如孙仲谋",盼望着收复河山。此时,与其说诗人是在观赏山水,不如说诗人是在议论国家的兴衰,抒发爱国之情。诗人对政治理想的执着追求和献身精神交汇在一起,熔铸在"江山"这个具有特定意义的意象中。

其实不只是实实在在亲眼看见"江山",有时只是看到画着江山的地图,陆游对统治者不作为的批判,自己想要完成恢复大业的欲望都喷薄欲出,如《观长安城图》《观大散关有感》《观运粮图》等。总之,陆游的山水审美是与国家意识紧密结合的,如果向上溯源,可以说屈原《离骚》中

---

① (宋)郭熙撰,周远斌点校:《林泉高致》,山东画报出版社 2010 年版,第 26 页。
② (宋)陆游撰,钱仲联、马亚中主编:《陆游全集校注》第 2 册,浙江教育出版社 2011 年版,第 190 页。
③ (宋)辛弃疾撰,崔铭导读:《辛弃疾词集》,上海古籍出版社 2010 年版,第 315 页。

上下求索的楚骚传统,正是这种爱国主义美学的源头。陆游出自江西诗派,而江西诗派"一祖三宗"中的"一祖"——杜甫也是以沉郁的爱国之情著称。诗人热爱祖国大好河山的情感都是出自至诚,当其爱国的英雄气概融入自然时,其山水审美便具有了一种壮阔的崇高之美。

第二节　山水意象与林泉之心

国家多难的现实固然让爱国主义精神成了陆游美学精神的核心,但这只是陆游环境审美观的一部分,尤其是当他抗金复国、经世治国的愿望受到打击的时候,陆游闲适的山水情怀便愈发突出了。这也是陆游异于前人的地方,面对"忠而不见用"的现实,陆游并没有像屈原一样投江而死,走向极端,而是在儒家爱国思想的基础上,融合了释道两家思想,由家国天下转向个体心灵,在自然山水中思索自然、人生之理。

陆游一生都钟情于自然山水,自述是:"平生爱山水,游陟老不厌。"①当他放下满腔热血将身心都寄托于山水时,山水不再是国家的象征,而是恢复了本来的面目,时时令陆游陶醉。此时,自然万物不仅是他失意心灵认同的对象,更是他的审美对象,乐趣无穷。

同时,身处宋代这样一个理学盛世,陆游的山水审美也受理学家"穷理尽性"说的影响,讲究在有形的山水中发现普遍的天理。朱熹说:"上而无极太极,下而至一草一木一昆虫之微,亦各有理。"②意指要在一草一木中去格物致知。陆游自己也认为:"一物之不识,一理之不穷,皆有憾。"③因此陆游的山水审美也带着理学色彩,主张在自然山水中观理尽性,落实在其游览山水的实践以及诗文中就表现为处身于境,以情观物,观物之理。

---

① (宋)陆游撰,钱仲联、马亚中主编:《陆游全集校注》第 6 册,浙江教育出版社 2011 年版,第 115 页。
② (宋)朱熹:《四书集注》,北京古籍出版社 2000 年版,第 288 页。
③ (宋)陆游撰,钱仲联、马亚中主编:《陆游全集校注》第 10 册,浙江教育出版社 2011 年版,第 428 页。

其一,处身于境,"正在山程水驿中"。

唐代诗人王昌龄说"欲为山水诗",则要"神之于心,处身于境"①,意指山水诗要想写的形似,"处身于境"是十分必要的。陆游也说:"君诗妙处吾能识,正在山程水驿中。"②只有身处于自然中,才能观得景物之妙,才能写出景物的"神"与"形",所以陆游山水审美的特征之一是强调身体的到达。

首先,陆游"处身于境"的主张体现在他不畏艰险,注重实地游览体验山水之美的个性上。如《入蜀记》中记载他游"三游洞"一事,虽然这"三游洞"白居易和友人之前来过,写过《三游洞序》;苏洵、苏轼、苏辙父子也来游过,在洞壁上题过诗,洞中景象前人已经在诗文中都描绘过了,明明可以"以文代行",站在前人的肩膀上看风景,而且去三游洞的路途又多石头,"险处不可着脚",但是陆游还是要亲自来看,并且还写了《系舟下劳溪游三游洞二十八韵》记录此次游览的经历。可见,陆游欣赏山水注重的是身体的到达,强调要当下、直接地面对山水,切身、切物的感受自然山水之美。

陆游主张亲自体验山水之美的观点也和画家郭熙、理学家朱熹等人的看法一致。郭熙在《林泉高致》中说"身即山川而取之,则山水之意度见矣",又"欲夺其造化……莫大于饱游卧看"。③ 意思是说要发现、把握自然之美,必须饱游卧看,对自然山水作直接、广泛、深入的观照。朱熹也说:"大学不说穷理,只说格物,便是要人就事物上理会。"④意指"格物"不能离开物去主观臆想,不能无物。

其次,身体的到达还在于调动身体的各种感官,真真切切感受自然之美,这与静坐在家中看山水画所获得的体验是绝不一样的。陆游写

---

① 徐复观:《王国维〈人间词话〉境界说试评——中国诗词中的写景问题》,见《中国文学论集续编》,九州出版社 2014 年版,第 77 页。
② (宋)陆游撰,钱仲联、马亚中主编:《陆游全集校注》第 6 册,浙江教育出版社 2011 年版,第 35 页。
③ (宋)郭熙撰,周远斌点校:《林泉高致》,山东画报出版社 2010 年版,第 36 页。
④ (宋)朱熹撰,黎靖德编,王星贤点校:《朱子语类》,中华书局 1986 年版,第 288 页。

"鸟语如相命,鱼浮忽自惊"①(《舍傍晚步》),是听觉与视觉到达后与鸟、鱼的感应。一个"语"字、一个"惊"字把鸟儿、鱼儿的生机展现得淋漓尽致。"野花碧紫亦满把,涧果青红正堪摘"②(《醉歌》)是视觉与味觉的联动,意指诗人由眼前看到成熟的果实,想到要摘来亲自品尝。

正是对各种感官体验的细腻描写,才使得陆游的诗显得活泼自然,清新明快。钱锺书评价杨万里的"活法",是"努力要跟事物——主要是自然界——重新建立嫡亲母子的骨肉关系,要恢复耳目观感的天真状态"。③ 其实这句话也可以用来形容陆游的山水审美,若不是与自然建立了真切的血肉联系,绝写不出"船窗帘卷萤火闹,沙渚露下蘋花开"④(《泊公安县》)这种生机盎然的诗句。

其二,以情观物,"万物之最灵为人"。

在身体到达的基础上,陆游还做到了"以情观物",即情感的到达,强调的是人要怀着真切的情感去感受自然山水及动植物之情、之美,所以这"情"有两个方面的意思,一是物情,二是人情。

首先是物情。陆游总是自由的亲近自然,把自然万物都当作和人类一样有感情的知己,所以毋宁称陆游的自然审美是朋友之间的一种情感交流。"山晴更觉云含态,风定闲看水弄姿。"⑤(《秋思》其二)大自然中的白云微风、青山绿水都成了他的好友,与他结下了缘分。他写人饮一口虾蟆碚的泉水即是"疑换骨""可忘年",其中虽有夸张,但是泉水对人心情的影响却是不可否认的。万物有情在陆游山水审美中的另一个表现是,本来具有神性色彩的"山川诸神",在陆游看来既有"神"的神秘,也有

---

① (宋)陆游撰,钱仲联、马亚中主编:《陆游全集校注》第 1 册,浙江教育出版社 2011 年版,第71 页。

② 同上书,第 112 页。

③ 钱锺书:《宋诗选注》,人民文学出版社 1989 年版,第 161 页。

④ (宋)陆游撰,钱仲联、马亚中主编:《陆游全集校注》第 2 册,浙江教育出版社 2011 年版,第196 页。

⑤ (宋)陆游撰,钱仲联、马亚中主编:《陆游全集校注》第 1 册,浙江教育出版社 2011 年版,第344 页。

人的亲切。如《入蜀记》写三峡神女峰是"为仙真所托",但同时"每八月十五夜月明时,有丝竹之音,往来峰顶"。这神女似乎也和人一样爱丝竹管弦之乐,充满了人世的温情。这种山神人格化的审美取向,使得陆游的山水审美富有想象而又不失其真。由此可见,陆游总是带着一颗审美的心去感受自然之美,所以他总能于平凡处发现美。郭熙认为:"看山水亦有体。以林泉之心临之则价高,以骄奢之目临之则价低。"①他的意思是说不是任何人都能发现蕴含在山水中的、较高层次的审美价值,必须具备"林泉之心",而陆游正是有了审美的心胸,所以他才能发现"物情",他登临山水才是有别于常人的"高价"。

其次是人情。陆游说"万物之最灵为人",强调人的主观能动性,所以他对自然的观赏是自我满足式的观赏,不以资源的消耗为前提。具体而言就是陆游常常能在身到、情到的基础上和前人的审美体验"神遇",并由此而"得趣"。如《入蜀记》记载:"城壕皆植荷花。是夜月白如昼,影入溪中,摇荡如玉塔。始知东坡'玉塔卧微澜'之句为妙也。"②陆游是在亲自观赏、体验了前人所说的美景后,与前人诗文中所提及的审美体验产生了共鸣,前人虽然不在场,但前人的感受却在场,陆游也因此得到了自我与他人的双重审美体验。这种山水审美,不是像谢灵运那样"凿山浚湖,功役无已……伐木开径,……决(湖)为田"。③ 陆游不是致力于斧凿自然景物,把自然山水变成自己可以驾驭掌控的战利品,而是重在精神层面的愉悦。陆游山水审美的这一特征又是与宋人崇尚读书是分不开的,陆游一生嗜书如命,前人诗句自能随手拈来。

因为重"情",所以陆游对自然山水美的肯定不仅是停留在形态美、声音美、色彩美的层面,他还特别强调景观的建设要能传人情和物情,要能展现景物内在的气质韵味。如《入蜀记》记载陆游游东坡故居:"正南

---

① (宋)郭熙撰,周远斌点校:《林泉高致》,山东画报出版社 2010 年版,第 14 页。
② (宋)陆游撰,钱仲联、马亚中主编:《陆游全集校注》第 1 册,浙江教育出版社 2011 年版,第 90 页。
③ (南朝)沈约:《宋书》第 6 册,中华书局 1983 年版,第 1743 页。

有桥,榜曰"小桥",以"莫忘小桥流水"之句得名。其下初无渠涧,遇雨则有涓流耳。旧只片石布其上,近辄增广为木桥,覆以一屋,颇败人意。"①这桥本来只是几块儿石头铺就而成,因苏轼出名后便大力改造,如此一来,就不是石桥与木桥的差距,而是失去了苏轼诗歌中的韵味,失去了内在的美。正如人物画不仅要形似还要能表现人物内在的精神气质一样,陆游的山水审美也讲究要保存和展示景物的意境和韵味。

其三,观物之理,"以静镇物难"。

身体的到达、情感的到达,是身心之"动",这种动态的审美很容易流于走马观花的形式,停留于事物的表面而无所得。因此陆游又讲究以静镇物:"以才胜物易,以静镇物难。以静镇物,唯有道者能之。泰山乔岳之出云雨,明镜止水之照毛发,则静之验也。如使万物并作,吾与之逝,众事出错,吾为之变,则虽疲精神,劳思虑,而不足以理小国寡民,况任天下之重乎?"②也就是说,观物不只需要调动感官,要"动",还要运用人的理性认知能力,要"静",才能不因物而变,陷入被动,达到"镇物"的效果,从而把握到事物背后的"理",进而承担起天下的重任。

可见,"以静镇物"是为了由耳目感官的表象深入到事物的内部,是为了得"理",也就是理学家所提倡的由"格物"到"致知",因此陆游对自然山水景物的描写中也常常包含着"穷理"的意味。

"理"有两层含义:

首先是自然界中山川动植本来的"物性",也就是自然固有之理,这反映在陆游的诗文中就是大量的精细考辨。《老学庵笔记》记载:"英州石山……其佳者质温润苍翠,叩之声如金玉,然匠者颇密之。常时官司所得,色枯槁,声如击朽木,皆下材也。"③可见,哪怕只是一块儿石头,陆

---

① (宋)陆游撰,钱仲联、马亚中主编:《陆游全集校注》第 9 册,浙江教育出版社 2011 年版,第 95 页。
② 同上书,第 445 页。
③ (宋)陆游撰,钱仲联、马亚中主编:《陆游全集校注》第 11 册,浙江教育出版社 2011 年版,第 210 页。

游也要考证其来源,辨析其质地高下,从而"致知"。钱钟书评价陆游的诗是"熨帖出当前景物的曲折情状",深究其原因,便是陆游这种细致的"格物"精神,因为是对自然事物有了全面细致的了解,所以才能抓住对象的特色,一语破的。如"绿叶忽低知鸟立,青萍微动觉鱼行"(《初夏闲步村落间》)中的"绿叶忽低""青萍微动",便是抓住了景物一瞬间的动态变化,从而达到生动形象的效果。

其次是由自然万象思考宇宙、人生的哲理。这种自然观古已有之,如《庄子》《楚辞》中对宇宙人生的思索,只是到了宋代这种"理趣"才发展到顶峰,所以宋代的山水诗被称作是异于唐代山水诗的第二个高峰。陆游《游山西村》即是写景说理的佳作,又如《溪上》云:"看云舒卷了穷达,见月盈亏知死生",这是从白云的舒卷和明月的圆缺中体悟到了人生的浮沉与生死的必然性。可见,由自然山水体悟社会人生之道是陆游山水审美的特征。

陆游的可贵之处还在于,由自然山水认识到自然之理、社会之理后,他得出的结论并不是征服自然,彻底改造自然界的山水,而是主张自然美与人工美的交相发挥。《入蜀记》记载:"庙依峭崖架空为阁,登降者,皆自阁西崖腹小石径……飞甍曲槛,碧丹缥缈,江上神祠,唯此最佳。"[①]可见,陆游环境审美的标准正是利用山水原有的自然条件,加以人工的适当发挥,也就是司空图所说的"真予不夺",这美景是天赐的,也是人造的,人与山水融为一体,没有间隔。

总体来看,陆游的山水审美呈现出一个由物到情,再到理的过程。这和宋代的绘画相似,《圣朝名画评》评价宋画是"先观其气象,后尽其去就,次根其意,终求其理"。[②] 陆游的处身于境可理解为观其气象,以情观物是观其意,而观物之理是求其理。

---

① (宋)陆游撰,钱仲联、马亚中主编:《陆游全集校注》第 11 册,浙江教育出版社 2011 年版,第 71 页。
② 李泽厚:《美的历程》,三联书店 2009 年版,第 188 页。

第三节　田园意象与栖居之所

陆游虽然在自然山水中放松了身心,收获了自由,但是这并不意味着陆游真的要归隐山林,儒家的入世思想才是陆游思想的主流。陆游曾在《乐郊记》中直表心意:"出处一道也,仕而忘归与处而不能出者,俱是一癖,未易是泉石,非钟鼎。"①可见,沉溺山水不是陆游的心思所在。

一方面是喜爱自然山水的林泉之心,另一方面是忘不了的国家、放不下的庙堂之志和离不开的世俗享受,如何化解这对矛盾呢? 解决的办法就是请自然山水入人世,让自然山水变成自己的家园。陆游 40 岁时在山阴老家修建了自己的园林——三山别业,除了中间外出做官,陆游大多数时间都在此生活,直至 85 岁终老。陆游的归居,不同于陶渊明彻底断绝同官场联系的避世,也与谢灵运在始宁别业里求仙问道式的归隐有着根本的区别。因为陆游强烈的爱国主义精神,以及宋代勇于担当、兼济天下的士风,都让他不可能只在"三山别业"里独善其身,其《农舍》《北窗》《忧国》等诗作都表明陆游是身在江湖,心系天下。因此我们不能说陆游是"隐于"三山别业,而只能说陆游是"居于"三山别业。在这里,陆游一方面可以亲近自然,满足自己的林泉之心;另一方面陆游也与社会保持着密切联系,遵守着儒家的礼教秩序,虽处江湖之远,仍不忘"致君尧舜上"。

其一,田园生活化。

宋代是儒学复兴的朝代,人们之所以在政治上尊崇正统,哲学上讲道统,文学上提倡文统,原因就在于经历了五代十国的混乱之后,人们渴望一种秩序性的建构来恢复国家的稳定。儒家的礼教也因重秩序被反复提倡,南宋社会动荡不安时,礼教秩序更是被推崇至极。宋代对儒家礼教秩序的发展之处还在于,理学家把礼教秩序、社会伦理更加生活化、

---

① (宋)陆游撰,钱仲联、马亚中主编:《陆游全集校注》第 9 册,浙江教育出版社 2011 年版,第 444 页。

美学化了。因此家庭、邻里和谐所展现的人情人性之美、伦理秩序之美，也被诗人视为美的对象纳入了田园诗的表现范围。

至此，田园诗里再不是只有诗人一个人的身影，而是诗人的家人、邻里乡亲，集体频繁出现在诗中，并且其中还夹杂着诗人的政治理想。这和陶渊明、王维等人侧重于展现诗人个人心性人格的田园诗是绝不相同的，因为退居田园不再只是个人高标独立的独善其身，而是可以实践儒家仁民爱物、"致君饶舜上"的社会理想的地方。正是在这个意义上来说，陆游的家国情怀在田园里得到了安放，虽处江湖之远的田园，他仍然可以忧国忧民。具体表现有以下几点：

第一，不仅展现农村的风土人情之美，而且尤其强调礼教对于淳朴民风的养成作用。陆游之前的田园诗对乡村淳朴民风也多有描写，如陶渊明《移居二首》、孟浩然《过故人庄》、王维《渭川田家》等。陆游也写《农家》《村邻会饮》等诗表现村邻和谐，与前人相似。陆游在前人之上更进一步之处在于，他的田园诗中还增加了教民以礼的内容，如《示邻里》云："从今相勉躬行处，《士》《庶人》章数十言。"[1]诗中所说的《士章》《庶人章》出自"五教之要"的《孝经》，分别讲的是"士"的孝和百姓的"孝"，陆游还说"《孝经》一生行不尽"。可见，陆游的田园诗并不是理想化的田园牧歌，而是蕴含着丰富的礼教内涵。

第二，注重农业生产的四时教化，以体现仁德流布的美德，这在宋以前的田园诗中也是少见的。陆游的田园诗中有很多涉及"劝农以时"的内容，如《甲子晴》《春夏雨旸调适颇有丰岁之望喜而作》等。陆游在夔州、严州等地所写的劝农书中，也表达了"垦辟以时"的思想，强调农时，一是为了便于农民生产，二则是为了体现统治者关心百姓的仁德。《礼记·月令》讲孟春之月，君王要"命布农事""以教道民"，这样"民"才能不惑。由此可知，陆游按照四季的变化劝农也有尊天时、守礼教的意味。

---

[1] （宋）陆游撰，钱仲联、马亚中主编：《陆游全集校注》第 7 册，浙江教育出版社 2011 年版，第 28 页。

第三,陆游常由农事谈及礼教与治国之道。如《书意》云:"解牛知养生,牧羊知治民……手自蓻嘉木,先当培其根,又戒无欲速。"[1]这就是由养羊和种树悟出"治民"的道理,其浓郁的家国情怀可见一斑,这和王维"倚杖柴门外,临风听暮蝉"(《辋川闲居赠裴秀才迪》)的悠闲是完全不一样的。对于官员不遵守礼教秩序、欺压百姓的行为,陆游也是大胆揭露,其《农家叹》云:"门前谁剥啄? 县吏征租声。一身入县庭,日夜穷笞榜。"[2]面对县吏征租,农民深受迫害的事实,陆游深表同情,他就像农民的代言人,一心为民,其忧民、爱民之心不亚于杜甫。

综上所述可知,陆游的田园诗异于陶渊明、孟浩然、王维等人的"独善其身",而是承载着强烈家国意识,因此多是对乡村生活的描写,对国计民生的思考,呈现出乡村伦理秩序之美。陆游说:"天生父子立君臣,万世宁容乱大伦。籍莩可诛无复议,礼非为我为何人?"[3]可见,陆游视礼教秩序为正统,因此淳朴的民风、四时的流转、农业生产也被他视为与礼教相关,而他的家国情怀也正是以此种方式在田园里得到了安放,他的退居田园也因此异于避世,呈现出积极入世、生活化的特征。

其二,生活审美化。

陆游虽然热爱国家、重视礼教,但是他毕竟不是主张"存天理,灭人欲"的理学家,而是和欧阳修、苏轼等人一样,是个热爱生活的文人士大夫。因此退居田园时,陆游一方面坚守着儒家义理,另一方面也坚持着自己亲近自然的林泉之心,把山水引入了家中,修建了自己的三山别业。

在宋代,把自然山水引入家中,修建自己的园林可以说是一种时代风气。对此,画家郭熙解释说:"山水有可行者,有可望者,有可游者,

---

[1] (宋)陆游撰,钱仲联、马亚中主编:《陆游全集校注》第 7 册,浙江教育出版社 2011 年版,第 245 页。

[2] (宋)陆游撰,钱仲联、马亚中主编:《陆游全集校注》第 4 册,浙江教育出版社 2011 年版,第 286 页。

[3] (宋)陆游撰,钱仲联、马亚中主编:《陆游全集校注》第 9 册,浙江教育出版社 2011 年版,第 434 页。

有可居者……但可行可望不如可游可居之为得。"①也就是说宋人的审美取向不是片刻的"可望可行",而是长久的"可游可居",而且为了尽忠尽孝,人们也不能隐居山林,因此园林就成了人们的最终选择,陆游自然也不例外。正是在与自然比邻而居的过程中,陆游形成了以"闲适"为特征的环境审美。清人王士禛曾总结说:"务观闲适,写村邻茅舍,农田渔耕,花石琴酒事,每逐日月、记寒暑。读其诗如读其年谱也。"②

一方面,"闲"从侧面说明了陆游的审美对象极为丰富,物物皆可观。因为三山别业是要把自然山水纳入自己的家园,满足陆游亲近自然万物的爱好,所以其构成要素极为丰富。第一是自然界中的山水,"傍篱丛积寒犹绿,绕舍流泉夜有声"(《幽居》),表明屋舍四周有小溪;《假山》《小亭》说明家中有特意做的假山,还有休憩的小亭子,而《夜汲井水煮茶》《鱼池将涸,车水注之》《盆池》等诗则说明家中还有水井、池塘和盆栽。第二是自然界中的动植物以及各种农作物。陆游在屋舍之外开辟了东南西北四个园圃,种着梅花、菊花、海棠等花卉以及各种瓜果蔬菜,养着鱼、猫、狗、马、鹿等各种动物。陆游自称是"驯禽惊不去,熟果坠无声"(《小园》),其物种之丰富可见一斑。对陆游而言,园中的山山水水、花草树木、鸟兽虫鱼,不仅是他实实在在的生活环境,更是他日常生活审美的对象,所以他早写《早至园中》、午写《午晴至园中》、晚写《夜听竹间雨声》;春写《春日对花有感》、夏写《初夏杂咏》、秋写《秋日郊居》、冬写《冬晴行园中》。总之,园中的任何一种景物都可以成为陆游的审美对象,家中的园林就是陆游随时随地自由亲近万物的乐园。

另一方面,"适"是针对陆游的审美体验而言。正如白居易在《池上篇》中说自己居于田园是"知分识足,外无求焉"一样,陆游自云:"舍后及

①（宋）郭熙撰,周远斌点校:《林泉高致》,山东画报出版社2010年版,第16页。
②孔凡礼、齐志平编:《古典文学研究资料汇编·陆游卷》,中华书局1962年版,第1962页。

旁,皆有隙地,莳花百余本,当敷荣时,或至其下,徜徉坐起,亦或零落已尽,终不一往。"①他观赏花草也是随时、随地、随性,是真正的舒畅自在。

当我们把以上几点综合来看的时候,会发现在三山别业里,陆游的身心都得到了安放,舒适自然;同时自然万物也都有属于自己的生存空间,人和其他生命体之间是相互依存、互惠互利的关系,是一个有机的整体。此时与其说自然景物是人的审美对象,不如说自然就是人实实在在的生活之所、生存之域,人和自然是融为一体的,而这种闲适自然的生活也正是宋人的生活理想、审美理想。

其三,居住理想化。

通过上述对陆游村居生活的分析可知,陆游不是把对山水的喜爱引向道家的归隐求仙,而是把它引向儒家的"入世",将其满足在现实生活中,道家所求的"仙境"就在人间,而且这种认识并不只是陆游一人独有,而是宋人的普遍认知。

从"仙境"的美丽环境角度来看,宋人园林的建造集优美性与实用性于一体,人们把对仙境的想象都落实在了现实中。在宋代以前的游仙诗中,人们对仙境多有描绘,如郭璞《游仙诗十九首·其三》云:"翡翠戏兰苕,容色更相鲜。绿萝结高林,蒙笼盖一山。"②李白《游泰山六首·其六》云:"山明月露白,夜静松风歇。仙人游碧峰,处处笙歌发。"③翡翠鸟、兰花、绿萝、树林、明月、山峰、笙歌等等事物都被诗人视为仙境中所有的景物,优美动人。

在陆游的三山别业及其周围,我们同样可以看到类似的优美景物。《舍北摇落景物殊佳偶作》云:"林疏鸦小泊,溪浅鹭频来。"④除此之外还有《幽居》《小园》等诗对亭台楼阁的描写,不胜枚举。总之,仙界的奇花

---

① (宋)陆游撰,钱仲联、马亚中主编:《陆游全集校注》第 9 册,浙江教育出版社 2011 年版,第488 页。
② 沈文凡主编:《汉魏六朝诗三百首译析》,吉林文史出版社 2014 年版,第 117 页。
③ (唐)李白撰,王琦注:《李太白全集》中册,中华书局 1977 年版,第 925 页。
④ (宋)陆游撰,钱仲联、马亚中主编:《陆游全集校注》第 4 册,浙江教育出版社 2011 年版,第399 页。

异草、琼楼玉宇在人间也建了起来,陆游的三山别业还是规模较小的私家园林,韩侂胄所建南园、宋徽宗所建艮岳更是亭阁楼观、乔木茂草无所不包,所以此时人世的居住环境就和仙境一样。

关于实用性,即对宋代美如仙境的园林的功用有三点需要区分。第一,不同于商纣王修高达千尺的"鹿台"以祭祀神灵,带着浓厚的巫神色彩。第二,不同于魏晋南北朝时的求仙问道,例如谢灵运修建始宁别业就是为了追求佛道,羽化而登仙。第三,不同于西方基督教所说的天堂,不主张禁欲系的官能压抑,也不是近乎宗教的心灵净化。山水园林在宋人眼中就是舒适美丽的生活环境,是安身立命之地,是游玩、愉悦性情的场所,赏花游园就是人们日常生活的一部分,人们追求的是现世人生,而不是宗教彼岸。

从"仙境"居住的"仙"来看,所谓的"神仙"主要有两点令古人羡慕,一是长生不死,二是仙界没有人世的苦难,没有名利的争夺,是自由自在、无拘无束的。面对这两个问题,宋代的有识之士融儒道佛三家思想,也做了回答。第一,对于人寿命有限的事实,陆游很是旷达,他说:"月淡烟深听牧笛,死生常事不须愁。"①(《看梅绝句·其二》)可见,陆游重视的是人生在世的享受,而不纠结于必然死亡的事实。苏轼则从哲理的角度做了回答:"自其变者而观之,则天地曾不能以一瞬;自其不变者而观之,则物与我皆无尽也,而又何羡乎?"(《前赤壁赋》)生死问题在"变"与"不变"的辩证理解中得到了消解。如果说陶渊明、谢灵运仍然不能超脱生死,那么宋人则是在魏晋的恐惧中多了一丝旷达。

第二,宋代理学家把人世的苦难归结为"道"的衰落,即礼教秩序的混乱给人民带来了灾难,所以儒家在宋代再次复兴,人们重新阐释天理、人理,规范礼教秩序,提倡"道",要用"道"来解决社会问题。陆游对"道"的衰微表达了这样的看法:"不幸自周李以来,世衰道微,俗流而不返,士

---

① (宋)陆游撰,钱仲联、马亚中主编:《陆游全集校注》第1册,浙江教育出版社2011年版,第11页。

散而无统……后我宋诞受天命,崇经立学,以为治本。"①陆游虽然不是道学家,但是他与朱熹交好,和道学家一样,以"崇经立学"、复兴儒道为己任。因为如果每个人坚持着自己的道德操守,并且都在属于自己的位置上履行自己的职责,那么人间就会井然有序,没有苦难,仙界也就无可羡慕。

第三,宋人对尘世间的功名利禄也有了更加清晰的认识,有着一种旷达和洒脱。范仲淹持的是"不以物喜,不以己悲"的态度;苏轼是"归去,也无风雨也无晴"的豁达;陆游是"我是天公度外人,看山看水自由身"的乐观自信。这不是靠躲进山林、逃避现实来达到神仙似的逍遥,也不是闭关锁门,炼丹吃药,祈求在另一个世界解脱,而是人自身对于"名利"有了清晰的认识,能够自我解脱,达到"逍遥"的境界,也就是庄子所说的"神人无功,圣人无名"。宋人的淡泊宁静是发自内心的,神仙般的自由是由人自身得到了满足。

总而言之,宋人认为人们不需要到天上的仙境去参与和分享神的快乐,现实人间就是仙境,至此也就可以理解为何宋代士大夫自认为是处于"太平盛世",并且把"为天地立心,为生民立命,为万世开太平"视为自己的理想了,因为他们的理想就是把人世打造成"仙境"。因此陆游退居田园时,没有一味沉溺于道家的炼丹之术,也不似佛教信徒的无欲无求,而是在田园里踏实生活,他一方面坚持自己的爱国情怀,重视礼教,另一方面也自在欣赏田园美景,安放自己的林泉之心,他在自然与社会之间找到了一种平衡,也在艺术化的生活与社会理想之间找到了一种平衡。

综上所述可以看到,陆游的环境审美始终以他的爱国主义精神为根本动力,以"家国天下"为核心。因为有着浓郁的家国情怀,所以祖国的大好河山对他来说首先是国家的象征,是他安身立命之地;其次,名山大川的美景是"耳得之则为声,目遇之则成色"的无尽宝藏,是陆游走向个

---

① (宋)陆游撰,钱仲联、马亚中主编:《陆游全集校注》第9册,浙江教育出版社2011年版,第472页。

体心灵,体悟宇宙、自然、人生之理的路径所在;再次,陆游强烈的济世救国精神,决定了他不可能做一个真正的隐士,整日游山玩水,因此把自然请回家,退居田园是他最终的选择,而在退居田园之时,陆游不仅自由地亲近自然,而且十分重视礼教,关心国家大事,并以此安放了自己的国家情怀。可见,陆游是宋代典型的儒士,"为天地立心,为生民立命,为万世开太平"是他的人格理想,也是他的审美理想。

参考文献

古籍类:

程树德集释,程俊英、蒋见元点校:《论语集释》,中华书局 1990 年版。

陈鼓应译注:《老子今注今译》,商务印书馆 2003 年版。

杨伯峻译注:《孟子译注》,中华书局 1960 年版。

李学勤主编:《十三经注疏》,北京大学出版社 1999 年版。

刘琳、刁忠民、舒大刚、尹波校点:《宋会要辑稿》,上海古籍出版社 2014 年版。

傅璇琮等主编:《全宋诗》,北京大学出版社 1991 年版。

曾枣庄、刘琳主编:《全宋文》,上海辞书出版社 2006 年版。

(梁)沈约撰:《宋书》,中华书局 2000 年版。

(南朝)刘勰撰,范文澜注:《文心雕龙注》,人民文学出版社 1958 年版。

(五代)刘昫等撰:《旧唐书》,中华书局 1975 年版。

(宋)薛居正撰,陈垣、刘迺龢点校:《旧五代史》,中华书局 1974 年版。

(宋)欧阳修校注:《新五代史》,中华书局 1974 年版。

(宋)司马光编撰:《资治通鉴》,中华书局 2009 年版。

(宋)周敦颐撰,陈克明点校:《周敦颐集》,中华书局 1990 年版。

(宋)张载撰,章锡琛点校:《张载集》,中华书局 1978 年版。

(宋)邵雍撰,郭彧整理:《邵雍集》,中华书局 2010 年版。

(宋)程颢、程颐撰,王孝鱼点校:《二程集》,中华书局 1981 年版。

(宋)朱熹撰,黎靖德编,王星贤点校:《朱子语类》,中华书局 1986 年版。

(宋)朱熹、吕祖谦编,叶采集解,严佐之导读:《近思录》,上海古籍出版社 2010 年版。

(宋)司马光撰,李文泽、霞绍晖校点:《司马光集》,四川大学出版社 2010 年版。

（宋）欧阳修、宋祁等撰：《新唐书》，中华书局 1983 年版。

（宋）欧阳修撰，洪本健校笺：《欧阳修诗文集校笺》，上海古籍出版社 2009 年版。

（宋）王安石撰，中华书局上海编辑所编：《临川先生文集》，中华书局 1959 年版。

（宋）苏轼撰，孔凡礼点校：《苏轼文集》，中华书局 1986 年版。

（宋）苏轼撰，李之亮笺注：《苏轼文集编年笺注》，巴蜀书社 2011 年版。

（宋）苏辙撰，陈宏天、高秀芳点校：《苏辙集》，中华书局 2004 年版。

（宋）范成大撰，富寿荪标校：《范石湖集》，上海古籍出版社 2010 年版。

（宋）范成大撰：《范成大笔记六种》，中华书局 2002 年版。

（宋）陆游撰，钱仲联、马亚中主编：《陆游全集校注》，浙江教育出版社 2011 年版。

（宋）杨万里撰，辛更儒笺校：《杨万里集笺校》，中华书局 2007 年版。

（宋）陈旉撰，刘铭校释：《陈旉农书校释》，中国农业出版社 2015 年版。

（宋）王溥撰：《五代会要》，上海古籍出版社 2006 年版。

（宋）李昉等撰：《太平御览》，中华书局影印本 1960 年版 。

（宋）范成大等撰，刘向培点校：《范村梅谱》（外十二种），上海书店出版社 2017 版。

（宋）欧阳修等撰，王云点校：《洛阳牡丹记》（外十三种），上海书店出版社 2017 版。

（宋）李格非撰：《洛阳名园记》，文学古籍刊行社 1955 年版。

（宋）程大昌撰，黄永年点校：《雍录》，中华书局 2005 年版。

（宋）洪迈撰，穆公校点：《容斋随笔》，上海古籍出版社 2015 年版。

（宋）沈括撰，杨渭生新编：《沈括全集》，浙江大学出版社 2011 年版。

（宋）孟元老撰，邓之诚注：《东京梦华录注》，中华书局 1982 年版。

（宋）吴自牧撰：《梦粱录》，中华书局 1985 年版。

（宋）四水潜夫辑：《武林旧事》，浙江人民出版社 1984 年版。

（宋）周密撰：《齐东野语》，中华书局 2004 年版。

（宋）耐得翁撰：《都城纪胜》，文渊阁四库全书本。

（宋）王称撰：《东都事略》，文渊阁四库全书本。

（宋）罗大经撰，王瑞来点校：《鹤林玉露》，中华书局 1983 年版。

（宋）《宣和画谱》，浙江人民美术出版社 2012 年版。

（宋）郭熙撰，周远斌点校：《林泉高致》，山东画报出版社 2010 年版。

（五代）荆浩撰：《笔法记》，人民美术出版社 1963 年版。

（宋）韩拙撰：《山水纯全集》，商务印书馆 1927 年版。

（宋）李诫编，梁思成注释：《营造法式注释》，清华大学出版社 1980 年版。

（宋）罗大经撰，王瑞来点校：《鹤林玉露》，中华书局 1983 年版。

（宋）方勺撰，许沛藻、杨立扬点校 ：《泊宅编》，中华书局 1983 年版。

（元）王祯撰，缪启愉、缪桂龙译注：《农书译注》，齐鲁书社 2009 年版。

（元）骆天骧撰：《类编长安志》，三秦出版社 2006 年版。

（元）脱脱等撰：《宋史》，中华书局 1985 年版。

（明）王守仁撰，吴光、钱明、董平、姚延福编校：《王阳明全集》，上海古籍出版社 2011 年版。

（明）唐志契撰，张曼华校注：《绘事微言》，山东画报出版社 2015 年版。

（明）黄宗羲撰，全祖望补修，陈金生、梁运华点校：《宋元学案》，中华书局 1986 年版。

（清）恽寿平撰，张曼华校注：《南田画跋》，山东画报出版社 2012 年版。

（清）王夫之撰，王孝鱼点校：《诗广传》，中华书局 1964 年版。

（清）王夫之撰，刘韶军译注：《宋论》，中华书局 2013 年版。

（清）李光地撰，冯雷益、钟友文整理：《御纂周易折中》，中央编译出版社 2011 年版。

著作类：

孔凡礼、齐志平编：《古典文学研究资料汇编》，中华书局 1962 年版。

钱钟书著：《宋诗选注》，人民文学出版社 1989 年版。

宗白华著：《宗白华全集》，安徽教育出版社 1994 年版。

钱穆著：《钱穆先生全集》，九州出版社 2011 年版。

钱穆著：《朱子新学案》，九州出版社 2011 年版。

钱穆著：《宋明理学概述》，台北"国立编译馆"1975 版。

余英时著：《朱熹的历史世界——宋代士大夫政治文化的研究》，三联书店 2011 年版。

余英时著：《士与中国文化》，上海人民出版社 2003 年版。

李泽厚著：《中国古代思想史论》，三联书店 2009 年版。

李泽厚著：《美的历程》，三联书店 2009 年版。

蒙培元著：《理学的演变》，台湾文津出版社 1990 年版。

吕思勉著：《理学纲要》，商务印书馆 2015 年版。

贾丰臻著：《中国理学史》，上海古籍出版社 2014 年版。

陈来著：《陈来儒学思想录》，华东师范大学出版社 2016 年版。

邓广铭著：《北宋政治改革家王安石》，北京出版社 2016 年版。

漆侠著：《宋代经济史》，中华书局 2009 年版。

赵士林著：《心学与美学》，中国社会科学出版社 1992 年版。

陈望衡著：《环境美学》，武汉大学出版社 2007 年版。

陈望衡著：《中国古典美学史》，武汉大学出版社 2007 年版。

张法著：《中国美学史》，上海人民出版社 2000 年版。

朱志荣著:《中国美学简史》,北京大学出版社 2008 年版。

叶朗主编,潘立勇等著:《中国美学通史》(宋金元卷),江苏人民出版社 2014 年版。

吴功正著:《宋代美学史》,江苏教育出版社 2007 年版。

刘方著:《宋型文化与宋代美学精神》,巴蜀书社 2004 年版。

侯迺慧著:《宋代园林及其生活文化》,台北三民书局 2010 年版。

童寯著:《东南园墅》,中国建筑工业出版社 1997 年版。

金学智著:《中国园林美学》,中国建筑工业出版社 2005 年版。

鲍沁星著:《南宋园林史》,上海古籍出版社 2016 年版。

刘沛林著:《理想家园——风水环境观的启迪》,上海三联书店 1996 年版。

刘敦桢主编:《中国古代建筑史》,中国建筑工业出版社 2013 年版。

浙江大学中国古代书画研究中心编:《宋画全集》,浙江大学出版社 2008 年版。

薛富兴著:《山水精神:中国美学史文集》,南开大学出版社 2009 年版。

李铸晋著:《鹊华秋色:赵孟頫的生平和画艺》,上海三联书店 2008 年版。

潘运告主编:《宋人画论》,刘成淮、金五德译,湖南美术出版社 2000 年版。

汤麟编著:《中国历代绘画理论评注·隋唐五代卷》,湖北美术出版社 2009 年版。

郑午昌著:《中国画学全史》,上海古籍出版社 2001 年版。

朱良志著:《扁舟一叶:理学与中国画学研究》,安徽教育出版社 1999 年版

范明华著:《〈历代名画记〉绘画美学思想研究》,武汉大学出版社 2009 年版。

杨成寅著:《中国历代绘画理论评注·宋代卷》,湖北美术出版社 2009 年版。

傅伯星著:《宋画中的南宋建筑》,西泠印社出版社 2011 年版。

潘富俊著:《中国文学植物学》,猫头鹰出版社 2015 年版。

陈传席著:《六朝画论研究》,中国青年出版社 2014 年版。

王建革著:《江南环境史研究》,科学出版社 2016 年版。

王水照著:《苏轼传稿》,中华书局 2015 年版。

陶文鹏著:《两宋士大夫文学研究》,中国社会科学出版社 2012 年版。

陈侃理著:《儒学、术数与政治灾异的政治文化史》,北京大学出版社 2015 年版。

[美]杜维明著:《儒家思想新论:创造性转换的自我》,江苏人民出版社 1996 年版。

[美]田浩著:《朱熹的思维世界》,江苏人民出版社 2011 年版。

[美]李约瑟著:《中国科学技术史》,科学出版社 2017 年版。

[美]包弼德,刘宁译:《斯文:唐宋思想的转型》,江苏人民出版社 2001 年版。

[美]包弼德著,[新加坡]王昌伟译:《历史上的理学》,浙江大学出版社 2009 年版。

[美]刘子健著,赵冬梅译:《中国转向内在:两宋之际的文化转型》,江苏人民出

版社 2012 年版。

　　［美］艾朗诺著，杜斐然、刘鹏、潘玉涛、郭勉愈校：《美的焦虑：北宋士大夫的审美思想与追求》，上海古籍出版社 2013 年版。

　　［美］刘易斯·芒福德著，宋俊岭、倪文彦译：《城市发展史——起源、演变和前景》，中国建筑工业出版社 2005 年版。

　　［美］姜斐德著：《宋代诗画中的政治隐情》，中华书局 2009 年版。

　　［法］谢和耐著，刘东译：《蒙元入侵前夜的中国日常生活》，北京大学出版社 2008 年版。

　　［日］浅见洋二著，金程宇等译：《距离与想象：中国诗学的唐宋转型》，上海古籍出版社 2013 年版。

　　［日］小岛毅著，何晓毅译：《中国思想与宗教的奔流》，广西师范大学出版社 2014 年版。

后　记

　　本书主要是在对宋代理学中的环境审美观进行研究的基础上，进一步对宋代的自然环境、农业环境、城市环境、园林建筑环境及山水画中的环境美学思想等进行理论探讨。但从北宋到南宋，时间长达 320 年，期间无论是社会政治、经济生活还是人居环境，包括自然生态环境和城乡区域环境等均发生了许多变化，同时随着宋代文官制度的极大发展和活字印刷术的发明应用，宋代的文献资料相比于前朝也大大地增加了，这些在客观上都为宋代环境美学的研究带来了极大的困难。由于笔者能力所限，在文献资料的搜集、整理上尚存在诸多疏漏之处，在很多重要的理论问题和具有代表性的环境美学思想的阐述上也可能存在粗浅不足的地方，比如在关于宋代自然生态环境的变迁、从北宋到南宋城乡环境尤其是乡村环境的发展以及不同城市环境的特征等方面，都有所遗漏，尚需将来能有机会做出更加全面深入的研究与探讨。

　　本书的完成得到了丛书主编陈望衡教授的博士研究生的鼎力协助，部分章节由他们提供初稿，后经笔者依据全书的思路、观点和行文风格进行修改完成，其中包括第三章第三节和第四章第一节（谢梦云）、第五章（郝娉婷）、第六章（刘思捷），其中若有纰漏不当之处概由本人负责,同时在此也对她们的辛勤付出和学术贡献致以衷心的感谢!

丁利荣

2022 年 5 月 30 日